航天科技图书出版基金资助出版

航天器在轨服务任务规划与控制

王兴龙　蔡亚星　王耀兵　著

中国宇航出版社
·北京·

图书在版编目（CIP）数据

航天器在轨服务任务规划与控制 / 王兴龙，蔡亚星，王耀兵著. -- 北京：中国宇航出版社，2024.1

ISBN 978-7-5159-2264-5

Ⅰ.①航… Ⅱ.①王… ②蔡… ③王… Ⅲ.①航天器—飞行控制—研究 Ⅳ.①V448.2

中国国家版本馆 CIP 数据核字(2023)第 132694 号

责任编辑　赵宏颖　　**封面设计**　王晓武

出版发行　中国宇航出版社

社　址　北京市阜成路 8 号　**邮　编**　100830

(010)68768548

网　址　www.caphbook.com

经　销　新华书店

发行部　(010)68767386　(010)68371900

(010)68767382　(010)88100613（传真）

零售店　读者服务部　(010)68371105

承　印　天津画中画印刷有限公司

版　次　2024 年 1 月第 1 版

2024 年 1 月第 1 次印刷

规　格　787×1092

开　本　1/16

印　张　16.75　**彩　插**　4 面

字　数　408 千字

书　号　ISBN 978-7-5159-2264-5

定　价　108.00 元

航天科技图书出版基金简介

航天科技图书出版基金是由中国航天科技集团公司于2007年设立的，旨在鼓励航天科技人员著书立说，不断积累和传承航天科技知识，为航天事业提供知识储备和技术支持，繁荣航天科技图书出版工作，促进航天事业又好又快地发展。基金资助项目由航天科技图书出版基金评审委员会审定，由中国宇航出版社出版。

申请出版基金资助的项目包括航天基础理论著作，航天工程技术著作，航天科技工具书，航天型号管理经验与管理思想集萃，世界航天各学科前沿技术发展译著以及有代表性的科研生产、经营管理译著，向社会公众普及航天知识、宣传航天文化的优秀读物等。出版基金每年评审1～2次，资助20～30项。

欢迎广大作者积极申请航天科技图书出版基金。可以登录中国航天科技国际交流中心网站，点击“通知公告”专栏查询详情并下载基金申请表；也可以通过电话、信函索取申报指南和基金申请表。

网址：http：//www.ccastic.spacechina.com

电话：(010) 68767205，68767805

序

随着世界各国开发利用空间的广度和深度不断增加，人造地球卫星、载人航天器和深空探测器等各类航天器的能力水平和应用程度不断提升，极大地促进了国民经济发展、科学技术进步和现代社会建设，并在各个领域取得了显著的经济社会效益。以地球同步轨道卫星为代表的高价值大型复杂航天器，研制成本高、在轨寿命长，即使增加了大量冗余备份和多种可靠性设计，依然有部分航天器在寿命周期内因系统设备发生故障而导致整体功能降低或失效。对于航天器的许多故障，如果能够以较小的资源代价对其进行维修并恢复正常功能，将产生巨大的经济社会价值。因此，面向高价值航天器故障修复和功能维护的在轨服务技术成为目前航天技术领域的一个新兴研究热点。

航天器在轨服务是一项技术复杂度高、专业综合性强、多学科交叉集成的航天系统工程。航天器在轨服务任务规划与控制主要研究如何统筹考虑任务需求和资源条件，通过全局运筹和科学计算，合理规划服务卫星的轨道机动策略和目标任务序列，并根据规划结果设计服务卫星的控制策略，完成服务卫星对空间目标的逼近、消旋、捕获和稳定等在轨服务任务，其中涉及多个学科的理论与工程问题，具有相当的技术难度。这些问题的解决，对于推动我国空间技术发展和促进空间技术向地面技术转化都具有重要意义。

本书作者长年从事航天器在轨服务相关技术研究工作，具有坚实宽广的专业理论基础和系统丰富的工程设计经验，在航天器和空间机械臂总体设计、动力学与控制等方面取得了丰硕的理论研究成果，并在空间站在轨组装与维护等重大工程中得到应用。

本书系统总结了作者多年来关于航天器在轨服务任务规划与控制技术的相关研究成果，主要围绕在轨服务任务过程中涉及的动力学建模、任务规划、控制系统设计和试验验证等多项关键技术展开讨论，结构清楚、内容翔实，理论与工程结合紧密，在多个方面提出了独创性的见解和方法，具有较高的学术水平和出版价值，将有力促进我国航天器在轨服务的技术发展与工程应用。

中国工程院院士 

2023 年 6 月

前　言

面向航天器故障修复和功能维护的在轨服务技术是当前航天技术领域的新兴研究热点。地球同步轨道卫星由于其宝贵的轨道位置资源、高昂的自身成本价值和显著的经济社会效益成为航天器在轨服务的主要对象。针对当前地球同步轨道卫星广泛多样的在轨服务需求，需要进行高效合理的航天器在轨服务任务规划，统筹安排服务资源，在最大化满足任务需求和充分利用资源的前提下，优化确定服务卫星的轨道机动、任务分配和服务序列等。同时，服务卫星对空间目标的捕获对接是对其进行在轨服务的前提和基础。对于因推进剂耗尽或系统故障而处于慢旋或翻滚状态的空间失稳目标而言，其逼近、消旋、捕获和稳定过程的任务规划与控制问题复杂，理论研究与试验验证难度较大，具有探索创新性和工程实用性。因此，开展航天器在轨服务任务规划与控制技术研究对于提高经济效益、促进技术发展、增强军事实力和参与未来在轨服务市场竞争都具有十分重要的意义。

本书是一本系统论述航天器在轨服务任务规划与控制的专著，以地球同步轨道在轨服务为任务场景，重点阐述了服务卫星及其配置的空间机械臂对地球同步轨道目标卫星进行优化排序、安全逼近、接触消旋、在轨捕获和调整稳定过程中涉及的动力学、规划与控制等理论方法和算例验证。全书共 10 章。第 1 章绪论，概述航天器在轨服务任务分析，调研计划发展概况，剖析技术研究现状，给出本书内容与系统设定。第 2 章阐述航天器轨道姿态动力学基础知识，介绍矢量与坐标转换数学基础，论述相对轨道姿态动力学建模方法。第 3 章阐述空间机械臂动力学基础与建模方法，包括空间机械臂与服务卫星平台刚体动力学建模、空间机械臂连接的柔性组合体动力学建模。第 4 章针对航天器在轨服务任务建模与序列规划问题，分析地球同步轨道目标特性，推导霍曼-兰伯特四脉冲交会模型，介绍地球同步轨道在轨服务任务建模方法，阐述基于强化学习的服务序列规划方法。第 5 章针对空间失稳目标安全逼近任务规划与控制问题，分析空间失稳目标姿态运动，介绍基于动态安全走廊的快速逼近与紧急撤离任务规划方法，阐述服务卫星相对轨道姿态耦合控制方法。第 6 章针对空间失稳目标脉冲接触消旋建模与控制问题，设计接触消旋策略，推导接触检测方法与接触力模型，介绍脉冲接触消旋最优控制方法，给出空间机械臂与服务卫星平台协同控制方法。第 7 章针对空间失稳目标在轨捕获任务规划与控制问题，介绍空间机械臂视觉伺服与目标运动预测原理，阐述基于速度增益矩阵动态调整的目标捕获轨迹规划方法，给出全局终端滑模轨迹跟踪控制方法，分析视觉测量误差对目标捕获控制精度的影响。第 8 章针对目标捕获后组合体角动量转移与抑振控制问题，介绍柔性组合体角动量转移与抑振规划方法，给出柔性组合体动力学模型奇异摄动分解过程，阐述轨迹跟踪与振动抑制复合控制方法。第 9 章给出航天器在轨服务任务规划与控制仿真软件设计开发案例，并对空间失稳目标逼近/消旋/捕获/稳定全过程进行仿真。第 10 章阐述在轨服务机械臂工程设计与验证，介绍工程设计方法，给出设计实例，并介绍地面与在轨验证方案。

本书研究工作得到了中国空间技术研究院周志成院士和曲广吉教授的悉心指导和全力支持。周志成院士高屋建瓴、系统全面地指明了本书相关技术的研究与发展方向，并为本书作序。曲广吉教授对本书的理论研究与创作进行了深入细致的指导，提出了许多宝贵意见和建议。两位导师形象的思维方法、敏锐的问题意识、严谨的思辨能力和科学的力学观念都使作者受益匪浅，在此特向两位导师致以崇高的敬意和衷心的感谢，并向曲广吉教授致以深切的怀念。本书撰写与成稿过程中得到了中国航天科技集团有限公司包为民院士、于登云院士，中国空间技术研究院戚发轫院士、高耀南研究员、王典军研究员、李志研究员、王大轶研究员、杨雷研究员，通信与导航卫星总体部黄普明部长、王作为书记、郑驰研究员、李静涛研究员、白光明研究员、王敏研究员、仲小清研究员、吕红剑研究员，国防科技大学罗亚中教授，北京航空航天大学董云峰教授等专家领导的关心和支持，在此一并表示感谢。

本书研究内容仅限于航天器在轨服务技术领域的一部分，由于作者水平有限，书中难免有疏漏和不足之处，敬请读者批评指正。

作者

2023 年 6 月

目　录

第 1 章　绪　论 …… 1

1.1　航天器在轨服务概述 …… 1

1.1.1　在轨服务概念 …… 1

1.1.2　在轨服务任务分析 …… 2

1.1.3　在轨服务研究意义 …… 4

1.2　航天器在轨服务计划发展概况 …… 4

1.2.1　国际在轨服务市场现状 …… 4

1.2.2　美国在轨服务计划发展概况 …… 6

1.2.3　欧洲在轨服务计划发展概况 …… 13

1.2.4　其他在轨服务计划发展概况 …… 15

1.3　航天器在轨服务技术研究现状 …… 17

1.3.1　航天器在轨服务任务规划 …… 17

1.3.2　空间失稳目标逼近与消旋 …… 18

1.3.3　空间机械臂动力学建模 …… 21

1.3.4　空间机械臂运动轨迹规划 …… 22

1.3.5　空间机械臂控制系统设计 …… 24

1.4　本书内容与系统设定 …… 25

1.4.1　本书主要内容 …… 25

1.4.2　系统基本设定 …… 28

1.4.3　符号与坐标系定义 …… 29

第 2 章　航天器轨道姿态动力学基础与建模 …… 32

2.1　矢量与坐标转换 …… 32

2.1.1　矢量与矩阵运算 …… 32

2.1.2　坐标转换矩阵 …… 33

2.1.3　张量矩阵坐标转换 …… 35

2.1.4　坐标系旋转效应 …… 36

2.2　航天器轨道动力学基础 …… 38

2.2.1　航天器二体问题 …… 38
2.2.2　航天器轨道根数 …… 39
2.2.3　航天器轨道常用公式 …… 42
2.2.4　航天器轨道摄动 …… 43
2.3　航天器姿态动力学基础 …… 45
2.3.1　航天器姿态描述 …… 45
2.3.2　航天器姿态运动学方程 …… 48
2.3.3　航天器姿态动力学方程 …… 49
2.3.4　空间环境干扰力矩 …… 50
2.4　航天器相对轨道姿态动力学建模 …… 52
2.4.1　相对轨道动力学方程 …… 52
2.4.2　相对姿态动力学方程 …… 54
2.4.3　相对轨道姿态耦合动力学方程 …… 55
2.5　本章小结 …… 56

第 3 章　空间机械臂动力学基础与建模 …… 57
3.1　空间机械臂与服务卫星平台刚体动力学建模 …… 57
3.1.1　模型假设与符号 …… 57
3.1.2　平台受控刚体运动学方程 …… 59
3.1.3　自由漂浮刚体运动学方程 …… 60
3.1.4　平台受控刚体动力学方程 …… 61
3.1.5　自由漂浮刚体动力学方程 …… 63
3.1.6　模型仿真验证 …… 63
3.2　空间机械臂连接的柔性组合体动力学建模 …… 66
3.2.1　模型假设与符号 …… 66
3.2.2　柔性关节动力学方程 …… 68
3.2.3　柔性体上任意点速度 …… 69
3.2.4　柔性组合体动能 …… 70
3.2.5　动量守恒方程 …… 73
3.2.6　柔性组合体动力学方程 …… 74
3.2.7　模型仿真验证 …… 75
3.3　本章小结 …… 80

第 4 章　航天器在轨服务任务建模与序列规划 …… 82
4.1　地球同步轨道目标特性分析 …… 82
4.1.1　目标分布特性 …… 82

4.1.2　目标运动特性 …… 84
4.1.3　目标几何特性 …… 85
4.1.4　目标光学特性 …… 86
4.2　地球同步轨道动力学建模 …… 87
4.2.1　地球同步轨道服务场景 …… 87
4.2.2　霍曼-兰伯特交会模型 …… 88
4.3　地球同步轨道在轨服务任务建模 …… 90
4.3.1　在轨加注/维修任务 …… 90
4.3.2　辅助位置保持任务 …… 90
4.3.3　倾角漂移调整任务 …… 91
4.3.4　废弃卫星离轨任务 …… 91
4.3.5　失效卫星救援任务 …… 92
4.4　基于强化学习的服务序列规划 …… 94
4.4.1　强化学习算法 …… 94
4.4.2　状态与动作定义 …… 96
4.4.3　奖赏函数定义 …… 97
4.4.4　服务序列规划流程 …… 97
4.5　工程算例仿真验证 …… 97
4.5.1　仿真参数设定 …… 97
4.5.2　霍曼-兰伯特交会仿真结果 …… 99
4.5.3　服务序列规划仿真结果 …… 100
4.6　本章小结 …… 103

第5章　空间失稳目标安全逼近任务规划与控制 …… 104
5.1　空间失稳目标姿态运动分析 …… 104
5.1.1　不同类型卫星姿态运动 …… 104
5.1.2　目标卫星姿态运动分析 …… 106
5.1.3　服务卫星姿态运动分析 …… 107
5.2　空间失稳目标安全逼近任务规划 …… 108
5.2.1　动态安全走廊定义 …… 108
5.2.2　直线逼近路径选择 …… 109
5.2.3　动态安全走廊逼近策略 …… 109
5.2.4　轨道转移阶段任务规划 …… 111
5.2.5　直线逼近阶段任务规划 …… 113
5.3　逼近过程中的紧急撤离任务规划 …… 113

5.3.1 紧急撤离策略 …… 113
5.3.2 安全逼近速度分析 …… 115
5.3.3 紧急撤离时间分析 …… 116
5.4 服务卫星相对轨道姿态耦合控制 …… 117
5.4.1 相对耦合误差动力学模型 …… 117
5.4.2 相对轨道姿态耦合控制器设计 …… 118
5.5 工程算例仿真验证 …… 119
5.5.1 仿真参数设定 …… 119
5.5.2 安全逼近与紧急撤离仿真结果 …… 120
5.5.3 服务卫星耦合控制仿真结果 …… 123
5.6 本章小结 …… 125

第 6 章　空间失稳目标脉冲接触消旋建模与控制 …… 126
6.1 空间失稳目标接触消旋策略 …… 126
6.1.1 消旋杆方案设计 …… 126
6.1.2 接触消旋策略流程 …… 127
6.2 空间失稳目标接触消旋动力学建模 …… 129
6.2.1 目标卫星动力学模型 …… 129
6.2.2 消旋杆接触检测方法 …… 130
6.2.3 消旋杆接触力模型 …… 132
6.3 空间失稳目标脉冲接触消旋最优控制 …… 133
6.3.1 脉冲接触消旋控制器设计 …… 133
6.3.2 控制系统稳定性分析 …… 134
6.3.3 章动收敛条件分析 …… 135
6.4 空间机械臂与服务卫星平台协同控制 …… 136
6.4.1 空间机械臂点到点规划与控制 …… 136
6.4.2 服务卫星平台前馈补偿协同控制 …… 137
6.5 工程算例仿真验证 …… 139
6.5.1 仿真参数设定 …… 139
6.5.2 脉冲接触消旋仿真结果 …… 140
6.5.3 协同控制仿真结果 …… 144
6.6 本章小结 …… 147

第 7 章　空间失稳目标在轨捕获任务规划与控制 …… 149
7.1 空间机械臂视觉伺服与目标运动预测 …… 149
7.1.1 空间机械臂视觉伺服系统 …… 149

7.1.2　卡尔曼滤波运动预测 …… 151
7.2　空间机械臂自主捕获失稳目标轨迹规划 …… 152
7.2.1　目标捕获轨迹规划问题 …… 152
7.2.2　速度增益矩阵动态调整方法 …… 154
7.2.3　目标捕获轨迹规划方法 …… 157
7.3　空间机械臂全局终端滑模轨迹跟踪控制 …… 158
7.3.1　全局终端滑模控制器设计 …… 158
7.3.2　控制系统稳定性分析 …… 160
7.3.3　跟踪误差收敛时间分析 …… 161
7.4　视觉测量误差对目标捕获控制精度影响 …… 163
7.4.1　视觉测量误差模型 …… 163
7.4.2　测量误差到单步控制误差传递模型 …… 164
7.4.3　测量误差到最终控制误差传递模型 …… 165
7.5　工程算例仿真验证 …… 166
7.5.1　仿真参数设定 …… 166
7.5.2　目标捕获轨迹规划仿真结果 …… 167
7.5.3　机械臂轨迹跟踪控制仿真结果 …… 170
7.5.4　测量误差影响仿真结果 …… 172
7.6　本章小结 …… 176
第 8 章　目标捕获后组合体角动量转移与抑振控制 …… 178
8.1　柔性组合体角动量转移与抑振规划 …… 178
8.1.1　角动量转移优化方法 …… 178
8.1.2　基于粒子群算法的抑振轨迹规划 …… 180
8.2　柔性组合体动力学模型奇异摄动分解 …… 184
8.2.1　柔性组合体奇异摄动模型 …… 184
8.2.2　慢变子系统动力学方程 …… 185
8.2.3　快变子系统动力学方程 …… 185
8.3　柔性组合体轨迹跟踪与振动抑制复合控制 …… 187
8.3.1　柔性组合体复合控制结构 …… 187
8.3.2　慢变子系统全局终端滑模控制 …… 187
8.3.3　快变子系统 LQR 最优控制 …… 188
8.4　工程算例仿真验证 …… 188
8.4.1　仿真参数设定 …… 188
8.4.2　角动量转移与抑振规划仿真结果 …… 189

8.4.3 柔性组合体复合控制仿真结果 …… 193
8.5 本章小结 …… 197

第9章 航天器在轨服务任务规划与控制仿真软件 …… 198

9.1 航天器在轨服务任务规划与控制仿真软件开发 …… 198
9.1.1 仿真软件框架结构设计 …… 198
9.1.2 仿真软件功能模块开发 …… 199
9.2 空间失稳目标逼近/消旋/捕获/稳定全过程仿真 …… 203
9.2.1 仿真算例设定与程序流程 …… 203
9.2.2 安全逼近过程仿真结果 …… 203
9.2.3 接触消旋过程仿真结果 …… 205
9.2.4 在轨捕获过程仿真结果 …… 206
9.2.5 组合体稳定过程仿真结果 …… 207
9.3 本章小结 …… 209

第10章 在轨服务机械臂工程设计与验证 …… 210

10.1 在轨服务机械臂工程设计 …… 210
10.1.1 设计要求 …… 210
10.1.2 设计流程 …… 212
10.1.3 任务分析与指标分解 …… 213
10.1.4 系统设计 …… 214
10.1.5 执行子系统设计 …… 216
10.1.6 控制子系统设计 …… 220
10.1.7 感知子系统设计 …… 224
10.2 在轨服务机械臂设计实例 …… 228
10.2.1 设计要求 …… 228
10.2.2 系统总体设计 …… 229
10.2.3 执行子系统设计 …… 231
10.2.4 控制子系统设计 …… 232
10.2.5 感知子系统设计 …… 234
10.3 在轨服务机械臂工程验证 …… 234
10.3.1 验证项目矩阵 …… 234
10.3.2 地面验证方案 …… 235
10.3.3 在轨验证方案 …… 237
10.4 本章小结 …… 239

参考文献 …… 240

第1章　绪　论

随着航天技术的不断发展，人类对空间的探索与开发水平逐渐提高，以应用卫星、载人航天和深空探测为代表的航天活动也不断增加，在经济、科技、军事等领域都产生了显著的综合效益[1-3]。现代高价值航天器通常采用长寿命、高可靠的大量冗余备份设计，但其长期存在的高成本、高风险等问题并没有得到根本解决，严重制约着人类航天事业的可持续发展。为保证航天器长期稳定运行，面向故障修复和功能维护的在轨服务技术应运而生，并逐渐蓬勃发展[4]。

1.1　航天器在轨服务概述

1.1.1　在轨服务概念

航天器在轨服务[5-12]是指在空间通过人、机器人或者两者协同完成涉及延长各种航天器寿命、提升任务执行能力的一类空间操作。航天器在轨服务的概念最早于20世纪60年代被提出，限于当时的技术水平，涉及范围仅限于航天员对部分航天器故障部件进行在轨维修与更换。最早的航天器在轨服务试验完成于1973年，当时美国航天员在天空实验室上利用太空行走技术进行了太阳翼释放和临时太阳防护罩展开等维护操作[5]，展示了航天器在轨服务的可行性。在随后的50多年中，世界各国航天机构进行了一系列地面、空间试验和应用研究，使航天器在轨服务的方式、内容和对象都有了很大拓展。目前国际上依靠航天员参与的有人在轨服务已进入工程应用阶段，如哈勃太空望远镜的在轨维修[13]、国际空间站的在轨组装与维护[14,15]等；无人自主的在轨服务卫星也有部分进行过在轨演示试验，如美国的任务扩展飞行器（Mission Extension Vehicle，MEV）[16]、英国的移除碎片项目（RemoveDEBRIS）[17]等；一些新的无人在轨服务卫星计划正在进行方案论证和研制，如美国的地球同步轨道卫星自主服务（Robotic Servicing of Geosynchronous Satellites，RSGS）[18]等。

地球同步轨道卫星由于其宝贵的轨道位置资源、自身高昂的成本价值和显著的经济社会效益，成为航天器在轨服务的主要对象。面向地球同步轨道卫星的高轨航天器在轨服务与面向低地球轨道空间站的低轨航天器在轨服务有着本质区别：1）空间站运行的轨道高度较低（约400 km），地球同步轨道卫星运行的轨道高度较高（约36 000 km）；2）空间站在轨服务主要依靠航天员参与完成，地球同步轨道卫星在轨服务主要通过无人自主方式完成；3）空间站在轨服务一般面向自身进行维修维护，地球同步轨道卫星在轨服务一般面向失效目标卫星进行维修维护；4）空间站在轨服务的任务目标通常是合作目标，地球同步轨道卫星在轨服务的任务目标通常是非合作目标，或者是合作目标出现姿态失稳等非合作工况。基于上述区别，本书主要研究面向地球同步轨道卫星的高轨航天器在轨服务系统。

面向地球同步轨道卫星的高轨航天器在轨服务系统主要由空间段和地面段组成。空间段主要包括若干运行于地球同步轨道的服务卫星，配置空间机械臂、主动对接机构和相对导航测量设备，可完成对目标卫星的安全逼近和捕获对接，并进一步完成故障维修等在轨服务操作。地面段主要包括商业运控中心和地面测控站，商业运控中心负责整个在轨服务系统的资源调度和运行管理，地面测控站负责服务卫星的遥测遥控和跟踪测量。作为一项空间基础设施，系统建成后将长期服务于地球同步轨道卫星，具备长期在轨的运营能力和灵活快速的响应能力，能够及时处理多种复杂的在轨维修维护服务任务。

1.1.2　在轨服务任务分析

当前，地球同步轨道卫星存在广泛且多样的在轨服务需求，如2009年美国GeoEye－1卫星天线指向系统发生故障，严重影响卫星业务正常开展[19]；2013年俄罗斯AMOS－5卫星电源系统发生故障，影响了发动机控制能力，造成卫星寿命缩短[20]；2017年美国EchoStar－3卫星通信功能中断，导致卫星失效无法离轨，滞留于同步轨道缓慢漂移，多次与其他正常卫星产生碰撞风险[21]；2006年中国Sinosat－2卫星火工品管理器失效，太阳翼二次展开和天线展开失败，卫星无法正常工作，目前处于自旋状态[22]；2008年中国NigComSat－1卫星太阳帆板驱动机构发生故障造成整星失效，卫星姿态翻滚且无法离轨，增加了地球同步轨道碰撞风险[23]；2017年中国Chinasat－9A卫星由于运载火箭未能将卫星送入预定轨道，导致卫星推进剂寿命损失超过10年[24]。本书在统计分析地球同步轨道卫星在轨服务需求的基础上，归纳总结了5类典型的地球同步轨道卫星在轨服务任务，见表1－1。

表1－1　典型的地球同步轨道卫星在轨服务任务

序号	服务类型	服务内容
1	在轨加注/维修	对于推进剂紧缺或在轨发生故障的目标卫星，需要服务卫星对其进行在轨推进剂加注或故障维修排除，以延长卫星工作寿命或恢复卫星正常功能
2	辅助位置保持	对于推进剂紧缺但不具备在轨接受加注能力的目标卫星，需要服务卫星通过接管控制的方式辅助其进行东西/南北位置保持，以延长卫星工作寿命
3	倾角漂移调整	对于在轨不进行南北位置保持的目标卫星，其倾角处于摄动漂移状态，当倾角漂移至上限时，需要服务卫星对其轨道面进行调整，以恢复倾角初值
4	废弃卫星离轨	对于寿命耗尽或整星失效无法挽救的废弃目标卫星，需要服务卫星辅助其进行离轨，将其转移至坟墓轨道，防止其滞留于同步轨道与其他卫星产生碰撞风险
5	失效卫星救援	对于整星失去控制但尚可挽救的失效目标卫星，需要服务卫星对其进行救援，排除故障恢复控制后，再将其返回原轨道位置或转移到新轨道位置

针对上述典型在轨服务任务，需要统筹安排服务资源，在最大化满足任务需求、资源利用充分的前提下，优化确定服务卫星的轨道机动、任务分配和服务序列等。同时，各类在轨服务任务的前提和基础都是服务卫星对目标卫星的捕获对接，因而空间机械臂技术成

为航天器在轨服务体系的核心关键技术[25-30]。正常稳定目标的在轨捕获技术较为简单，且已有相对成熟的交会对接方案。但对于因推进剂耗尽或系统故障而处于失稳状态的目标卫星而言，往往因初始角动量和能量耗散等因素而处于慢旋或翻滚状态[31,32]。在服务卫星逼近和机械臂捕获过程中可能产生碰撞冲击、捕获窗口时间受限等问题。此外，地球同步轨道卫星一般都是带有太阳翼或天线等柔性附件的大型或超大型卫星，目标捕获后的组合体重稳定过程中可能产生角动量转移、柔性振动等问题。

地球同步轨道在轨服务任务规划与控制主要难点如下：

1）地球同步轨道卫星存在在轨加注、辅助位保、失效救援等多种服务任务需求，不同任务所消耗的速度增量和时间相差较大。同时，服务卫星在执行任务过程中，其轨道参数可能发生较大改变，直接影响与下一目标的交会轨迹规划。在轨服务任务建模复杂，目标服务序列规划约束多且求解困难。

2）地球同步轨道卫星在推进剂耗尽或故障、失效后，往往因初始角动量和能量耗散等因素处于慢旋或翻滚状态，目标卫星上锚定的预期捕获部位跟随星体姿态翻滚运动，其空间位置和指向存在不确定性且时刻变化，空间失稳目标的捕获对接技术难度远大于空间稳定目标。

3）地球同步轨道卫星一般都是带有太阳翼或天线等大型附件的大型或超大型卫星。由于目标姿态失稳，在服务卫星逼近和机械臂捕获过程中，服务卫星和目标卫星本体以及太阳翼或天线等大型附件之间极有可能发生碰撞，产生安全性问题，使服务卫星和机械臂的运动轨迹规划较为复杂。

4）由于目标卫星姿态翻滚，在轨捕获操作存在捕获窗口时间较紧的问题，使大时延的机械臂地面遥操作技术难以完成捕获任务，必须采用空间机械臂智能自主控制方式，才能在有限时间内快速完成对目标卫星的抓捕操作，因此对机械臂控制系统的自主性和实时性提出了更高的要求。

5）地球同步轨道卫星质量和转动惯量较大，机械臂捕获目标前后，末端负载的质量和转动惯量发生突变，对机械臂控制系统冲击较大，容易引起系统失稳。此外，机械臂本身还存在建模精度、外部干扰等参数和非参数不确定因素，这些都对机械臂控制系统的稳定性提出了更高的要求。

6）服务卫星和机械臂捕获目标卫星后，末端大负载使得机械臂关节和臂杆的柔性显著增加，机械臂操作过程中容易激发低阶模态从而产生振动，影响机械臂轨迹跟踪控制精度。如何在实现精确轨迹跟踪控制的同时尽可能地抑制机械臂的柔性振动，成为一个亟待解决的技术难题。

基于上述任务难点分析，对服务卫星和机械臂提出以下能力要求：

1）具备自主任务分配与规划能力，能够合理规划目标间的转移轨道以及各目标的服务序列，满足速度增量和时间消耗最优的任务需求。

2）具备绕飞观测和相对导航能力，能够利用导航测量设备得到服务卫星与目标卫星的相对轨道姿态信息，满足目标卫星观测导航的任务需求。

3）具备近距离逼近空间失稳目标的能力，能够快速逼近目标卫星，避免可能产生的碰撞等安全问题，满足目标卫星安全逼近的任务需求。

4）目标具备慢旋空间失稳减速的能力，能够利用消旋工具接触产生的力/力矩对目标卫星进行制动，满足目标卫星消旋稳定的任务需求。

5）具备在轨捕获空间失稳目标的能力，能够利用机械臂对目标捕获部位进行跟踪、抓捕和连接，满足目标卫星捕获连接的任务需求。

6）具备组合体姿态调整稳定的能力，能够利用服务卫星和机械臂对目标捕获后组合体的姿态进行调整稳定，满足在轨服务维护的任务需求。

1.1.3 在轨服务研究意义

航天器在轨服务任务规划与控制技术研究具有重要的理论意义。航天器在轨服务技术体系涉及动力学建模、任务规划、控制系统设计和试验验证等多方面理论与工程问题，这些任务规划与控制问题的解决，对于带动我国空间技术发展和促进空间技术向地面技术转化都具有重要意义。

航天器在轨服务任务规划与控制技术研究具有重要的经济意义。服务卫星通过机械臂捕获目标后，可以进一步对目标进行辅助变轨、推进剂补给、故障修复等在轨服务操作，救援发射失利的卫星，延长卫星在轨寿命，修复卫星系统故障，降低卫星任务失利风险，产生巨大的经济效益。

航天器在轨服务任务规划与控制技术研究具有重要的军事意义。地球同步轨道在通信、导航和遥感等领域都具有重要的战略价值，航天器在轨服务技术能够为我国空间基础设施的长期正常运行提供保障。必要时，非合作目标捕获技术还可以作为空间攻防手段，具有重要的军事威慑意义。

航天器在轨服务任务规划与控制技术研究还可以为我国参与未来国际在轨服务市场做技术准备。考虑到未来高价值卫星广泛的在轨服务需求，很多国家都在制订在轨服务计划。我国在轨服务技术的发展，不仅可以对本国卫星进行在轨服务，还可以参与部分国际在轨服务市场的竞争。

1.2 航天器在轨服务计划发展概况

1.2.1 国际在轨服务市场现状

目前国际在轨服务市场的发展已经达到了技术可行性、可接受的任务风险水平和商业案例可行性的临界点，并影响未来的航天器系统设计和空间段结构。表 1－2 列出了国际在轨服务市场的领先企业及在研产品[33]。

表1-2　国际在轨服务市场领先企业及在研产品

类别	企业名称	项目名称	项目内容
商业	Airbus	O. CUBED8	该公司利用其在轨运行的“立方体服务”和“空间拖船”概念探索近地轨道(LEO)和地球同步轨道的观测、延寿、升级和碎片清除技术
	Altius Space Machines	Bulldog	该公司开发的Bulldog概念航天器将为潜在的巨型LEO星座提供在轨部署服务
	Astroscale	ELSA-d10	该公司的太空清扫卫星将针对寿命末期失效卫星开展主动清除服务，以清理太空垃圾
	Busek	SOUL	该公司的脐带卫星(SOUL)概念是一个利用系绳与主飞行器相连的小型航天器，用于执行检查、航天器维修、碎片清除和其他在轨服务任务
	Chandah Space Technologies	InsureSat	该公司已获得在地球同步轨道远程监视InsureSat卫星的许可证
	Effective Space & IAI	Space Drone	该公司和以色列航空航天工业局正在联合研制太空雄蜂概念航天器，在轨执行延寿服务
	iBOSS	iBOSS	在轨卫星服务与装配(iBOSS)智能积木空间飞行器利用标准化接口、模块化和在轨服务与组装技术设计和制造在轨可重构卫星
	Maxar	Dragonfly	该公司正在开发一种具备在轨组装能力的空间飞行器——蜻蜓，以组装在轨卫星和其他空间基础设施
	Made In Space, Inc.	Additive Manufacturing Facility	增材制造装备(AMF)项目于2016年3月启动，是唯一提供在轨3D打印、结构制造服务的项目，目前AMF安装在国际空间站上
		Archinaut	该公司的设计理念是在轨制造和组装大型空间结构
		Fiber Optics Manufacturing	该公司的光纤电缆制造于2017年9月启动，在微重力环境下生产ZBLAN，在地面使用中具有独特性能
	Northrop Grumman Innovation Systems	Mission Extension Vehicle	该公司于2019年和2020年共发射两颗任务扩展飞行器，为国际通信卫星组织(INTELSA)的卫星提供延寿服务
		Mission Robotic Vehicle	任务机器人飞行器(MRV)是MEV在轨服务飞行器的第二代产品，能够提供在轨检查、升级和维修服务
		CIRAS	商用机器人装配和服务概念飞行器(CIRAS)将采用MEV和MRV建造，实现大型空间结构的组装
	RemoveDEBRIS Consortium	RemoveDEBRIS	RemoveDEBRIS项目于2018年6月启动，主要用于在轨演示空间碎片清除技术，是ESA开发的e-Deorbit项目的先期验证项目

续表

类别	企业名称	项目名称	项目内容
民用和政府	美国国防高级研究计划局（DARPA）	RSGS	DARPA 计划启动地球同步轨道卫星自主服务计划，为卫星提供在轨检查、维修、轨道重定位和升级服务
		Orbital Express	2007 年 3 月发射的轨道快车演示了飞行器在轨自主交会对接、推进剂加注和升级等技术
	欧洲空间局（ESA）	E - Deorbit	e - Deorbit 是 ESA 开发的在轨服务项目，旨在使用机器人将在轨飞行器拖曳离轨
		D - Orbit	2016 年 10 月，意大利 D - Orbit 公司与 ESA 合作开发 LEO 在轨拖曳技术，使寿命终结的飞行器实现大气层再入
	美国国家航空航天局（NASA）	ISS	国际空间站（ISS）面积为一个足球场大小，运行在 LEO 上，由多个功能舱体组装而成，空间站持续接受推进剂加注和新技术载荷升级
		Lunar Gateway	“月球门户”是下一代空间站，计划在月球轨道上进行能源和动力模块的组装
		Restore - L	Restore - L 将为 1999 年发射的一颗 Landsat - 7 卫星进行推进剂加注并重新拖曳至新的轨位
		RRM & Raven	RRM 项目和 Raven 项目由国际空间站支持，正在轨演示推进剂加注和机器视觉技术

1.2.2 美国在轨服务计划发展概况

美国在轨服务计划主要包括轨道快车（Orbital Express）、前端机器人使能近期验证（FREND）、凤凰计划（Phoenix）、任务扩展飞行器（MEV）、地球同步轨道卫星自主服务（RSGS）和在轨服务/组装与制造（OSAM）等。

1.2.2.1 轨道快车

美国 DARPA 于 1999 年公布了轨道快车计划[34,35]，并于 2007 年成功完成在轨飞行试验，其具备在轨捕获、在轨加注和模块更换等多项功能，成为在轨服务技术发展史上的里程碑事件[36]。轨道快车计划包括两颗卫星：服务卫星（ASTRO）和目标卫星（NEXTSat）。ASTRO 搭载机械臂，用于验证在轨自主交会、目标捕获、推进剂补给、模块更换等任务。机械臂由 MDA 公司研制，总长 3.3 m，总质量 71 kg，具有 6 个自由度，采用肩 2 -肘 1 -腕 3 构型，末端安装有手眼相机。NEXTSat 模拟需要维修或补给的卫星。轨道快车机械臂在轨服务试验包括：机械臂视觉监测试验、蓄电池传送试验、机械臂辅助分离试验、机械臂自主抓捕目标试验等。轨道快车概念图如图 1 - 1 所示。

1.2.2.2 前端机器人使能近期验证

DARPA 于 2004 年开展通用轨道修正航天器（Spacecraft for the Universal Modification of Orbits，SUMO）计划[37]，其目标是为绝大多数没有预先安装抓捕装置或

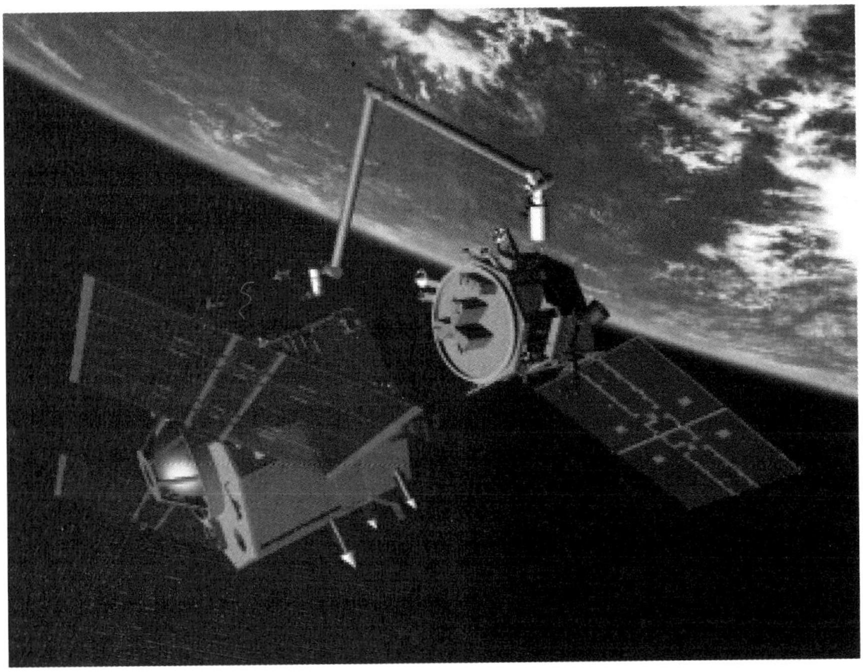

图 1-1　轨道快车概念图

合作标志器的航天器进行在轨服务，以演示验证机器视觉、空间机械臂、自主捕获等技术。2006 年 SUMO 更名为前端机器人使能近期验证（Front-end Robotics Enabling Near-term Demonstration，FREND）[38]，旨在开展针对空间机械臂自主抓捕非合作目标技术的研究。SUMO/FREND 的服务卫星和机械臂如图 1-2 所示。服务卫星由载荷舱和推进舱组成。载荷舱包括 3 副 7 自由度机械臂、3 个末端执行器工具箱、1 套机器视觉系统和远距离探测设备等。推进舱包括星敏感器、惯性测量单元、GPS 接收机、控制计算机、远地点发动机、姿控推力器、太阳翼和地面通信设备等。在演示计划中，服务卫星逼近到距离目标卫星 1.5 m 的位置，然后控制机械臂将末端执行器插入目标卫星的星箭对接环内，完成对目标卫星的捕获。

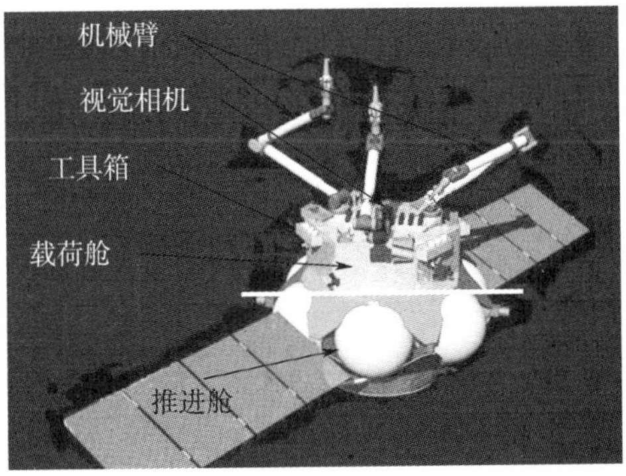

(a)服务卫星

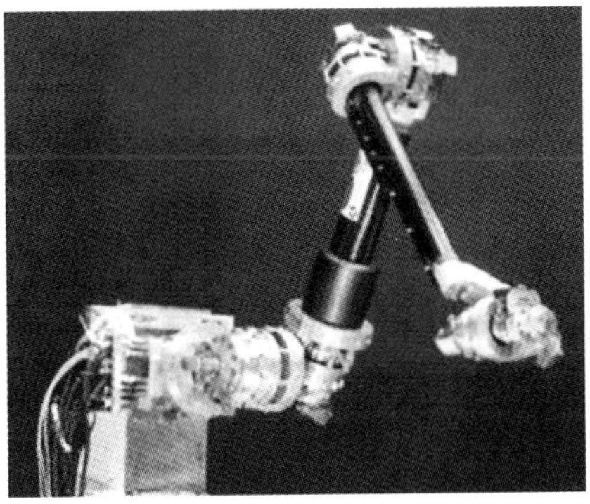

(b)机械臂

图 1-2　SUMO/FREND 的服务卫星和机械臂

1.2.2.3 凤凰计划

2011 年，DARPA 发布凤凰计划（Phoenix）[39]，原定于 2015—2016 年进行在轨演示验证，旨在开发联合回收技术，对地球同步轨道退役或失效的卫星上仍可发挥功能的大型天线等部件进行循环利用，显著降低新型空间设备的开发成本。DARPA 希望通过凤凰计划使其所有的太空废弃资源能够像凤凰涅槃一样浴火重生。

凤凰计划包括 3 种航天器：载荷运输器（PODs）、服务卫星（Tender）和细胞星部件（Satlets）。其中 Tender 配置空间机械臂和手眼视觉系统，具备在轨捕获和服务能力，主要任务包括捕获失效卫星、拆卸卫星天线、安装细胞星、在轨组装新卫星等。Tender 概念图如图 1－3 所示。

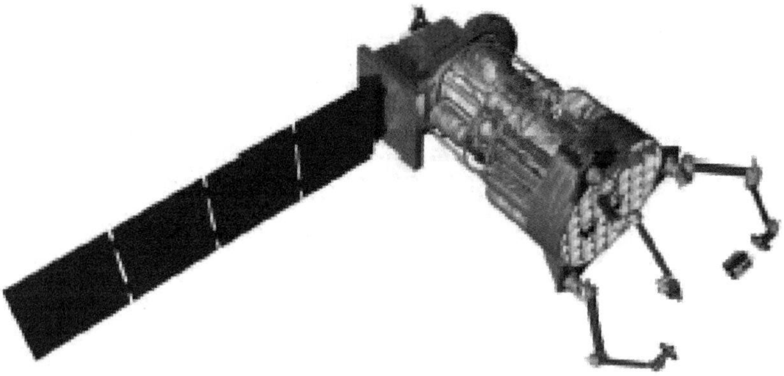

图 1－3　Tender 概念图

凤凰计划设想的在轨演示过程如图 1－4 所示[40,41]。首先向地球同步轨道发射 Tender，然后将 Satlets 及其他工具安装在 PODs 内，整体作为商业通信卫星的额外有效载荷，搭载发射至地球同步轨道。Tender 对弹射出的 PODs 绕飞并捕获。接下来 Tender 机动至废弃卫星附近，从废弃卫星上抓取仍能工作的部件（如天线）安装到 Satlets 上，在轨组建一颗新卫星。最后 Tender 将新卫星带至合适轨道并释放。

1.2.2.4 任务扩展飞行器

2011 年，美国 ViviSat 卫星公司提出任务扩展飞行器（Mission Extension Vehicle，MEV）计划[42]。2013—2015 年，轨道 ATK 公司从 ViviSat 卫星公司接手整个项目团队。2017 年，诺格公司收购轨道 ATK 公司，继续推进项目研究工作。MEV 在轨服务任务包括：为用户卫星提供长期位置保持和姿态控制；运输用户卫星进入坟墓轨道；辅助用户卫星再定位于不同轨位或不同轨道；辅助用户卫星消除倾角；营救处于异常轨道的卫星；对用户卫星开展交会、检查及表面特征成像等工作。MEV 概念图如图 1－5 所示。

2019 年 10 月 9 日，诺格公司的 MEV－1 搭载于俄罗斯质子－M 运载火箭成功发射，正式开启全球商业在轨服务元年。MEV－1 的首要目标是为国际通信卫星公司已失效的 Intelsat－901 卫星提供为期 5 年的在轨延寿服务。2020 年 2 月 25 日，MEV－1 与 Intelsat－901 在坟墓轨道完成对接[43]，如图 1－6 所示。4 月 17 日，诺格公司宣布 Intelsat－901 已

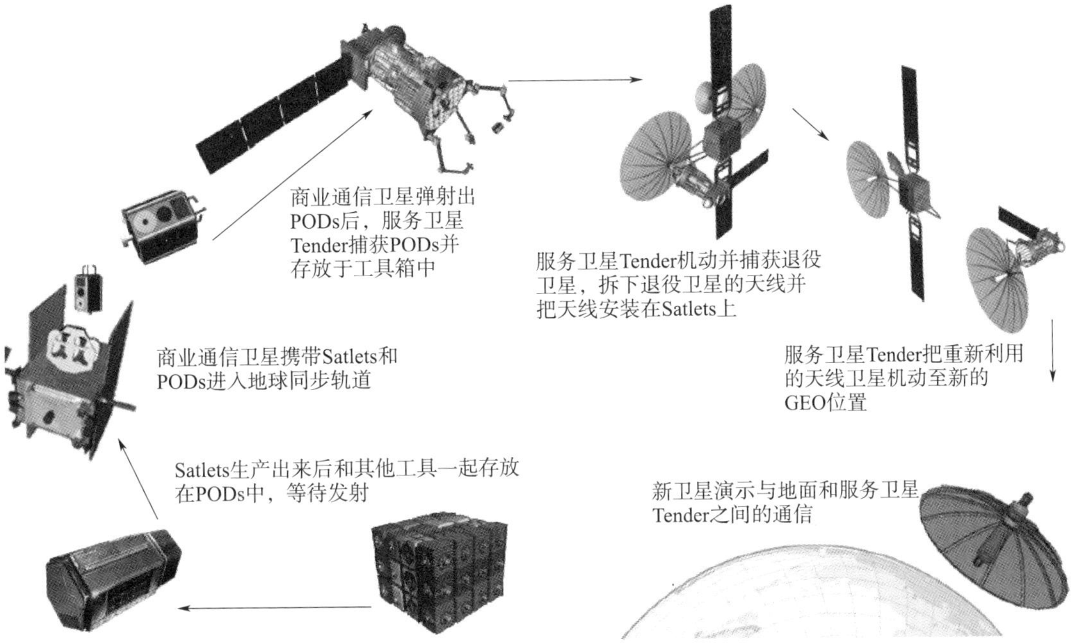
商业通信卫星弹射出
PODs后，服务卫星
Tender捕获PODs并
存放于工具箱中
服务卫星Tender机动并捕获退役
卫星，拆下退役卫星的天线并
把天线安装在Satlets上
商业通信卫星携带Satlets和
PODs进入地球同步轨道
服务卫星Tender把重新利用
的天线卫星机动至新的
GEO位置
Satlets生产出来后和其他工具一起存放
在PODs中，等待发射
新卫星演示与地面和服务卫星
Tender之间的通信

图 1-4 凤凰计划在轨演示过程

图 1-5 MEV 概念图

经返回同步轨道且重新定点，并于 4 月 2 日重新开始提供通信服务。在轨延寿服务到期后，MEV-1 首先进行 Intelsat-901 再次离轨处置，然后继续为下一用户卫星提供在轨延寿服务。

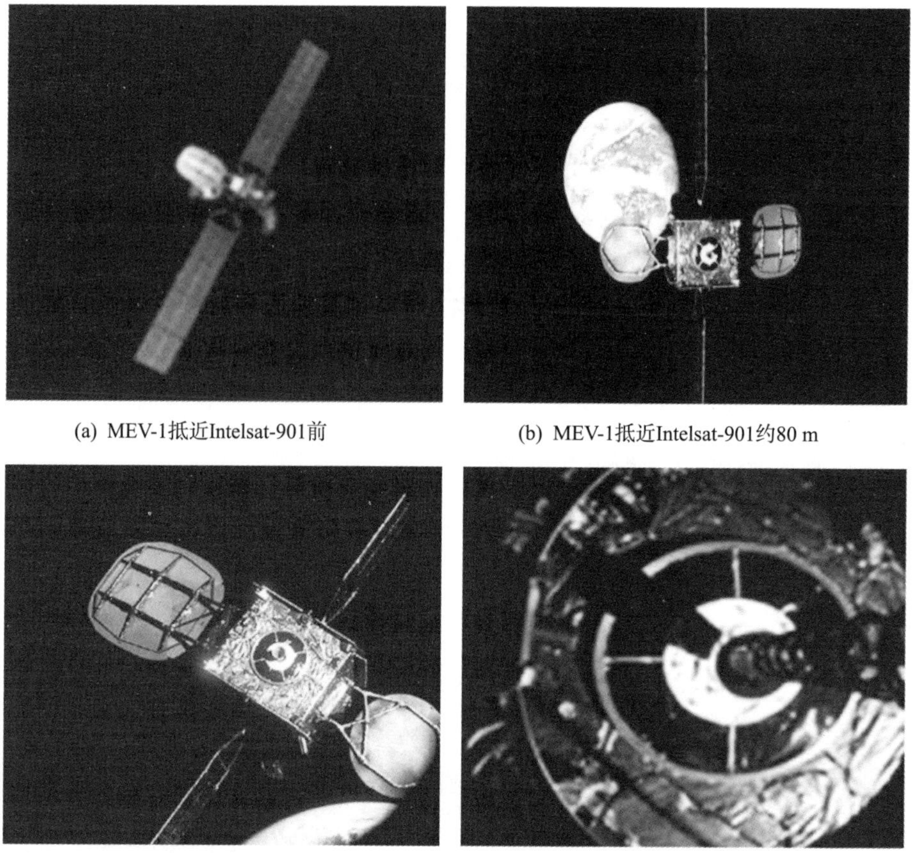

(a) MEV-1抵近Intelsat-901前　(b) MEV-1抵近Intelsat-901约80 m

(c) MEV-1抵近Intelsat-901约30 m　(d) 对接过程

图 1-6　MEV-1 与 Intelsat-901 交会对接

2020 年 8 月 16 日，诺格公司又成功发射了 MEV-2，服务对象为 Intelsat-10-02 卫星。2021 年 4 月 12 日，MEV-2 成功与 Intelsat-10-02 对接，开启为期 5 年的在轨延寿服务[44]。跟 MEV-1 与 Intelsat-901 对接过程不同，MEV-2 与 Intelsat-10-02 对接在地球同步轨道进行，对接后无须轨道机动即可转入延寿服务。

MEV 在整个延寿期间必须与用户卫星连接，故只能提供"一对一"服务。为提高服务效率，诺格公司于 2018 年对外公布了灵活性更高的任务机器人飞行器（Mission Robotic Vehicle，MRV）[45]。MRV 基于 MEV 原型进行改进，采取功能模块化升级设计，配置空间机械臂并搭载 10～12 个任务扩展箱（MEP）。每个 MEP 均可安装到用户卫星上并充当独立的推进系统，可延长用户卫星寿命多达 6 年。MRV 不需要一直驻留，它可以做到"一对多"服务，并且"装完即走"。目前诺格公司已与澳大利亚卫星运营商等 6 家客户达成服务意向，首个 MRV 预计于 2024 年发射入轨。MRV 概念图如图 1-7 所示。

1.2.2.5　地球同步轨道卫星自主服务（RSGS）

2016 年 5 月，DARPA 启动地球同步轨道卫星自主服务（RSGS）计划[46]，通过商业合作方式进行项目开发，旨在建立地球同步轨道上的灵巧自主操作能力。商业公司负责研

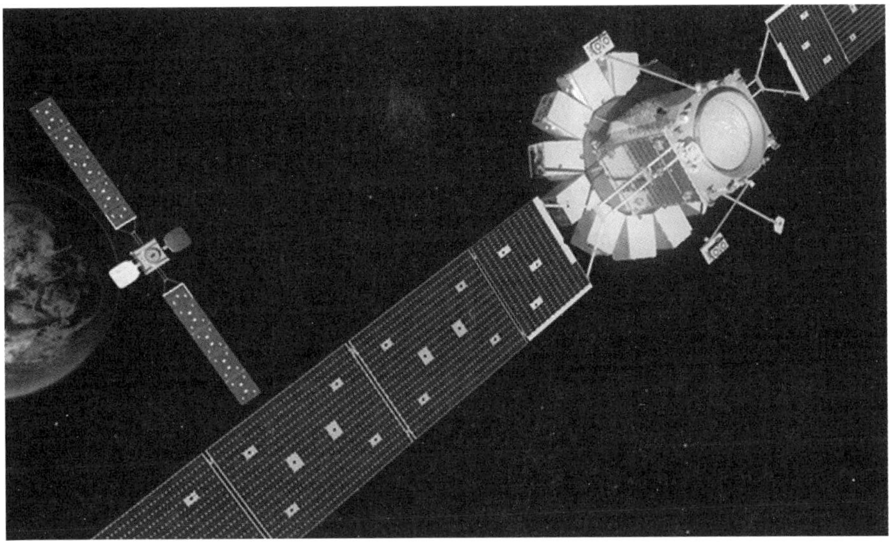

图 1-7　MRV 概念图

制自主服务航天器（RSV），DARPA 负责研制灵巧机械臂，海军实验室（NRL）则协助开展平台与机械臂集成并开发技术接口。RSGS 预期任务包括：1）检查，合作式诊断、检查功能异常的地球同步轨道卫星；2）维修，对太阳翼、天线展开故障等机械异常进行修正；3）转移，协助轨道机动，转移用户卫星至新的工作位置或任务后处理轨道，辅助轨道机动、延长航天器寿命等；4）升级，为运行的合作目标安装升级包，提供新功能。RSV 机械臂基于 FREND 项目技术，能够抓捕目标卫星的远地点发动机和星箭对接环等，布局包括双臂系统和单臂系统两种方式。RSV 入轨并完成政府演示项目后，会为商业卫星提供在轨服务，也会为政府卫星提供有偿服务。美国通过 RSGS 项目积极开拓长期地球同步轨道卫星在轨服务商业市场，不仅带来经济利益，也有利于在轨服务产业的长期转型。RSGS 概念图如图 1-8 所示。

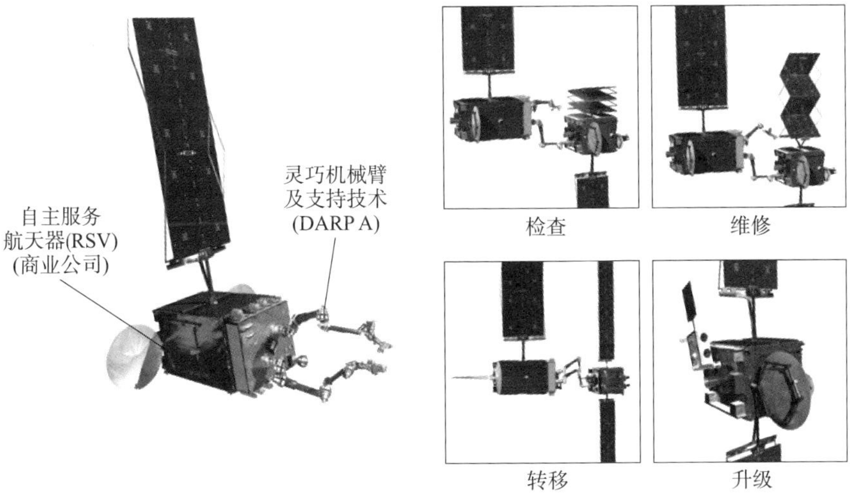

图 1-8　RSGS 概念图

1.2.2.6　在轨服务/组装与制造（OSAM）

2014年，NASA启动复原-L（Restore-L）[47]任务论证，计划对极地轨道卫星进行交会、抓捕、推进剂加注与重新定位等服务。2020年，NASA将复原-L扩展为在轨服务/组装与制造（On-Orbit Servicing，Assembly and Manufacturing，OSAM）[48]，由麦克萨公司（Maxar）承担研制任务。OSAM将开展多项飞行器研制技术和在轨运行技术的开发，为未来空间探索和科学研究做好准备，同时为加强国家安全和推动创新商业平台发展打下基础。OSAM-1初步计划为美国对地观测卫星Landsat-7提供商业在轨加注服务，延长其在轨工作寿命。OSAM-1配置三副机械臂，其中两副用于在轨推进剂加注任务，另一副机械臂是NASA开发的空间基础设施灵巧机器人（Space Infrastructure Dexterous Robot，SPIDER）技术验证项目的一部分，用于验证在轨组装大型分段反射器天线和在轨制造复合波束载荷等关键技术。复原-L/OSAM概念图如图1-9所示。

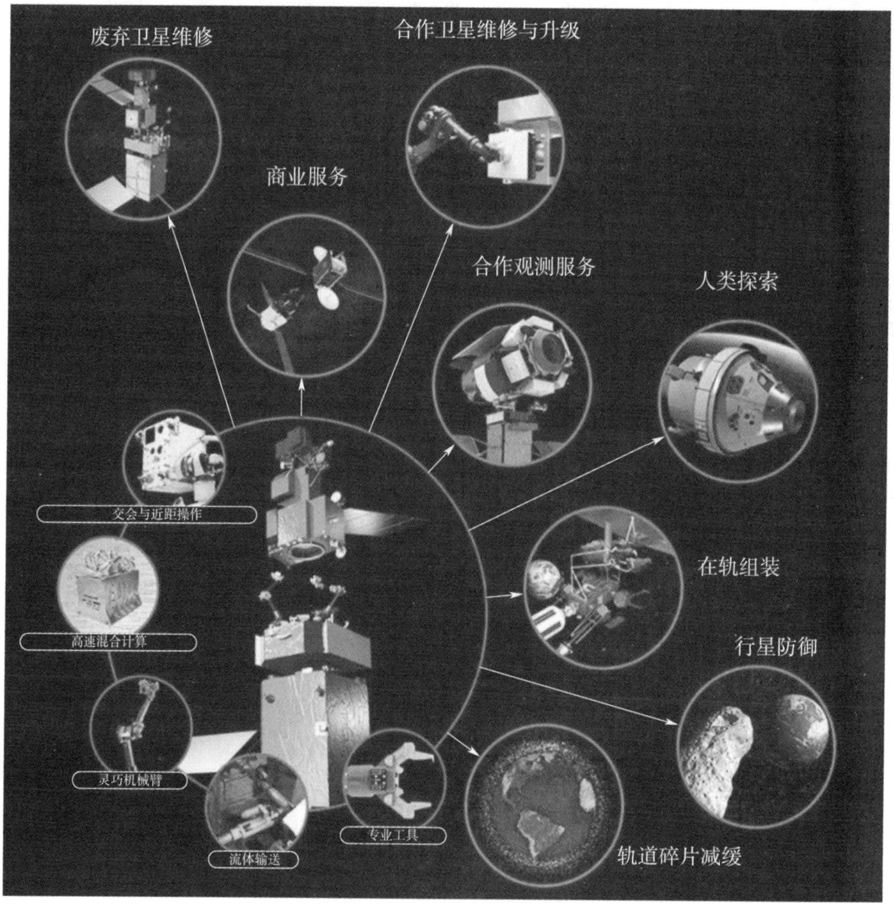

图1-9　复原-L/OSAM概念图

1.2.3 欧洲在轨服务计划发展概况

欧洲在轨服务计划主要包括赫尔墨斯计划（Hermes）、轨道延寿飞行器（OLEV）、德国轨道服务任务（DEOS）和移除碎片项目（RemoveDEBRIS）等。

1.2.3.1 赫尔墨斯计划

ESA、德国宇航中心（DLR）和宇宙（Kosmas）公司合作开展赫尔墨斯计划[49]，旨在收集已经损坏但有剩余推进剂的卫星、有多余推进剂的正常卫星和火箭上面级中的推进剂，并为地球同步轨道卫星提供在轨推进剂加注服务。赫尔墨斯在轨服务系统包括服务卫星（Utility Agent）、推进剂存储卫星（Utility Base）、监视小卫星（Escort Agent）、可更换推进模块（Kinitron）和轨道提升模块（Orbit Raising Module）。服务卫星配置机械臂和多个可更换推进模块 Kinitron，可以与目标卫星对接，从而提取或输送推进剂。推进剂存储卫星长期运行于地球同步轨道，作为推进剂存储和其他卫星的停泊点。监视小卫量初始安装在服务卫星上，接近目标后与服务卫星分离并进行监视，监视图像通过无线传输发送给服务卫星。轨道提升模块用于退役卫星辅助变轨。赫尔墨斯计划仅进行至概念论证阶段，其在轨加注概念图如图 1－10 所示。

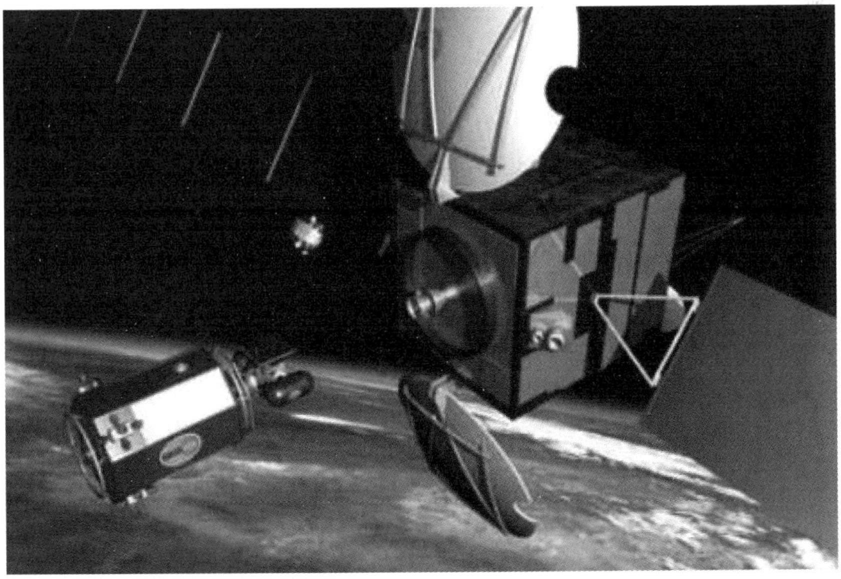

图 1－10 赫尔墨斯计划在轨加注概念图

1.2.3.2 轨道延寿飞行器

2003 年，德国宇航中心与美国轨道修复公司（ORC）联合提出轨道延寿飞行器（Orbital Life Extension Vehicle，OLEV）[50]计划，拟通过捕获对接和接管控制的方式，取代原卫星的姿态与轨道控制系统，从而实现延长卫星工作寿命的目的。OLEV 运行于地球同步轨道，与目标卫星对接后，利用霍尔电推进系统为目标卫星提供辅助变轨和位置保持服务。OLEV 与目标卫星之间没有电气连接，也不向目标卫星加注推进剂。OLEV 原定采用荷兰空间公司的 ConeXpress 平台研制，即 CX－OLEV。由于 ConeXpress 平台没有经过飞行验证，且仅适用于阿里安 5（Ariane－5）运载火箭，因此在新的方案中采用成熟灵巧的 SMART－1 平台研制，由新组建的在轨卫星服务有限公司（OSSL）负责，CX－OLEV 随之更名为 SMART－OLEV[51]。SMART－OLEV 重量更轻，并利用新型小型连接机构与目标卫星发动机喷管实现对接，为目标卫星提供在轨延寿服务。CX－OLEV 和 SMART－OLEV 概念图如图 1－11 所示。

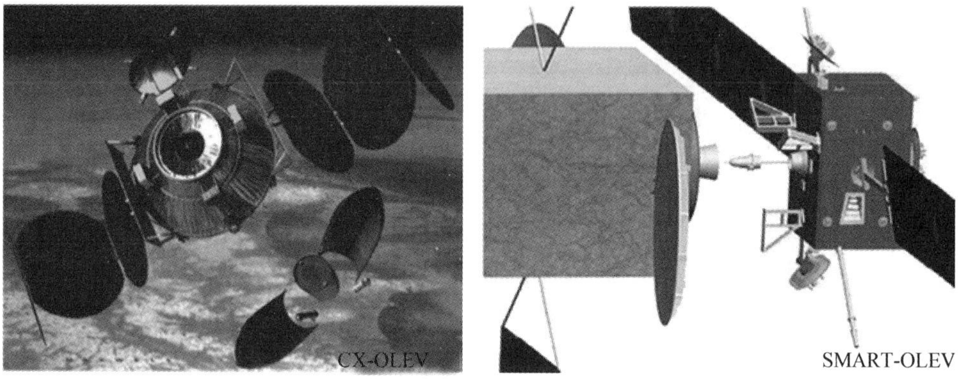

图 1－11　OLEV 概念图

1.2.3.3　德国轨道服务任务

德国轨道服务任务前身为空间系统演示和验证技术卫星（Technology Satellite for Demonstration and Verification of Space System，TECSAS)[52]，由 DLR、欧洲宇航防务集团（EADS）和 Babakin 空间中心合作，计划研制可接受在轨服务的目标航天器和装有机械臂捕获系统的服务航天器，任务包括目标绕飞检测、空间目标捕获、组合体稳定调姿与轨道机动等，以验证空间机器人软硬件方面的关键技术。TECSAS 项目于 2006 年终止，随后 DLR 提出了后续计划——德国轨道服务任务（Deutsche Orbital Servicing Mission，DEOS)[53]，任务目标为通过空间机械臂捕获非合作目标航天器并完成在轨服务，从而验证自主在轨服务关键技术，包括空间机器人技术、非合作目标跟踪与捕获技术、先进推进技术、空间加注技术等。DEOS 概念图如图 1－12 所示。

1.2.3.4　移除碎片项目

移除碎片项目[54]由英国萨里大学、英国萨里卫星技术公司、空客防务与空间公司和荷兰空间创新方案公司等联合研制，旨在进行多项新型主动碎片清除技术的在轨演示验证。移除碎片项目主体为 1 颗 100 kg 量级小卫星，包括主星（RemoveSAT）和 2 颗立方星（碎片星－1、碎片星－2）。RemoveSAT 基于 SSTL－50 平台研制，配置有飞网捕获系统、飞叉捕获系统和视觉导航系统等主动碎片清除技术试验载荷。碎片星－1 和碎片星－2 符合 2U 立方星标准，从主星释放。碎片星－1 是验证飞网/飞叉捕获技术的目标卫星，碎片星－2 是验证光学导航跟踪技术的目标卫星。2018 年 4 月，移除碎片项目由太空探索技

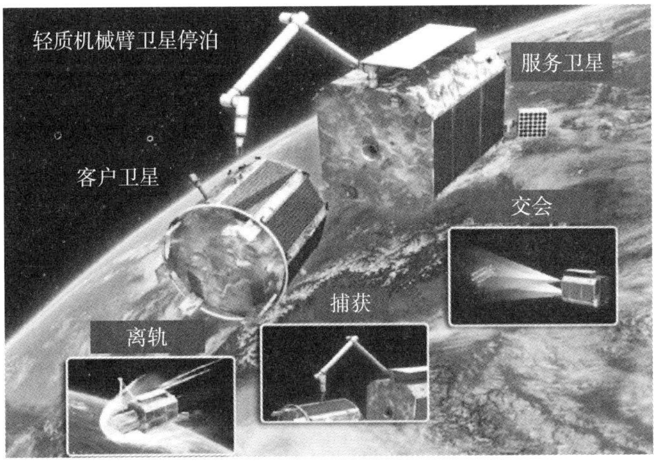

图 1-12 DEOS 概念图

术公司（SpaceX）发射并运送至国际空间站，而后通过日本实验舱释放进行主动碎片清除验证任务。2018 年 9 月，移除碎片项目完成飞网捕获技术验证；2018 年 10 月，完成光学导航跟踪技术验证；2019 年 2 月，完成飞叉捕获技术验证[55]。此外，移除碎片项目在其寿命末期还将进行可快速展开阻力帆离轨技术验证。移除碎片项目实物照片和示意图如图 1-13 所示。

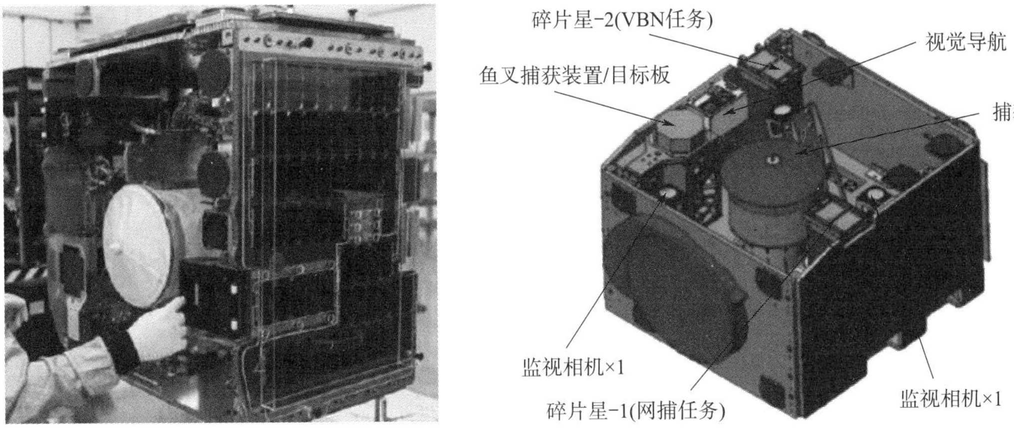

图 1-13 移除碎片项目实物照片和示意图

1.2.4 其他在轨服务计划发展概况

其他在轨服务计划主要包括加拿大地球静止轨道延寿系统和日本工程试验卫星七号（ETS-Ⅶ）等。

1.2.4.1 加拿大地球静止轨道延寿系统

加拿大 MD Robotics 公司曾为美国航天飞机研制了航天飞机遥控机械臂（Shuttle

Remote Manipulator System，SRMS）[56]，并为国际空间站研制了空间站遥控机械臂（Space Station Remote Manipulator System，SSRMS）[57]和专用灵巧机械臂（Special Purpose Dexterous Manipulator，SPDM）[58]。在国际通信卫星组织（INTELSA）的资助下，MD Robotics 公司提出了基于空间机械臂对地球静止轨道寿命末期卫星开展推进剂加注延寿的设想，利用空间机械臂系统首先完成对目标卫星远地点发动机喷管的抓捕，然后打开目标卫星的加排阀门，最后插入软管泵入适量推进剂。此外该系统还具备一些简单的维修功能，能够排除诸如太阳翼展开失败等故障。MD Robotics 公司的地球静止轨道延寿飞行器概念图如图 1－14 所示。

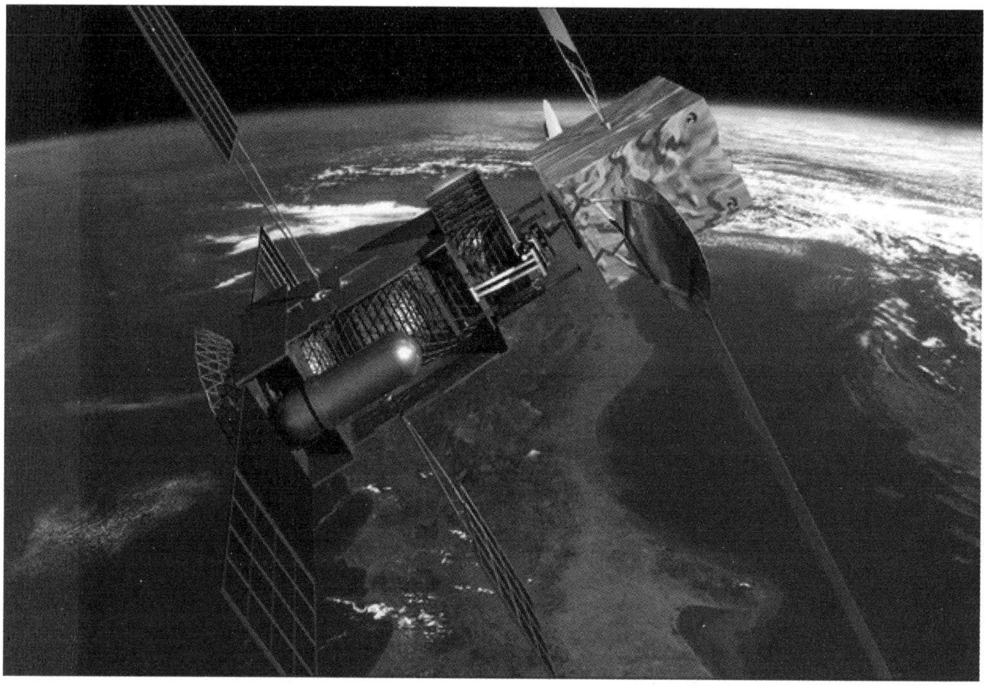

图 1－14　加拿大地球静止轨道延寿飞行器概念图

1.2.4.2　日本工程试验卫星七号

工程试验卫星七号（Engineering Test Satellite－Ⅶ，ETS－Ⅶ）[59]由日本宇宙开发事业团（NASDA）研制并于 1997 年发射完成在轨试验。ETS－Ⅶ的主要目的是试验自主交会对接技术和机械臂操作技术。ETS－Ⅶ包括两颗卫星：服务卫星（Hikoboshi）和目标卫星（Orihime）。Hikoboshi 是 ETS－Ⅶ的主要部分，配置有机械臂，机械臂总长 2 m，具有 6 个自由度，采用肩 2－肘 1－腕 3 构型。ETS－Ⅶ试验任务包括自主交会对接、推进剂加注、电池更换、视觉监视、销钉及电气插拔、螺钉松紧、失效卫星捕捉对接等，机械臂技术试验包括机械臂与卫星姿态协调控制、大延时机械臂遥操作等[60]。ETS－Ⅶ示意图如图 1－15 所示。

图 1-15　ETS-Ⅶ示意图

1.3　航天器在轨服务技术研究现状

1.3.1　航天器在轨服务任务规划

航天器在轨服务任务规划研究如何统筹安排服务资源，在最大化满足任务需求和资源充分利用的前提下，优化确定服务卫星的轨道机动、任务分配、服务序列等。单目标服务任务规划一般只涉及轨道设计问题，多目标服务任务规划通常还包括任务分配问题和服务序列规划问题。

1.3.1.1　航天器在轨服务任务分配

航天器在轨服务任务分配问题关键在于解决将不同类型、不同轨道的航天器资源，分配给不同轨道、不同优先级的目标，以达到最大效能或最小代价的目的，属于多项式复杂程度的非线性组合优化问题。针对航天器在轨服务任务分配问题，一些学者基于线性规划、遗传算法和粒子群等方法进行了研究。欧阳琦等[61]开展了面向高轨共面目标的在轨服务目标分配问题研究，建立了以推进剂消耗为优化目标的线性规划模型并得到了最优时间分配策略。朱啸宇等[62]将太空燃料站技术与多目标在轨加注问题相结合，构建了一种基于燃料站的可往返式在轨加注分配模型，并采用遗传算法进行求解。肖海等[63]考虑服务效率和推进剂消耗，建立多个在轨服务飞行器目标分配模型，提出了基于禁忌离散粒子群算法的模型求解方法。谭迎龙等[64]对“一对多”模式的航天器在轨加注服务目标分配问题进行了研究，以节省轨道转移推进剂消耗为优化目标，采用遗传算法进行求解。梁彦刚等[65]研究了在轨服务航天器指派问题，以任务执行时间、推进剂消耗和航天器服务优先级为优化目标，建立了基于 0-1 整数规划的任务模型，采用 NSGA-Ⅱ算法求解得到问题最优解集。刘冰雁等[66]针对在轨服务资源分配问题，设计了基于改进深度Q网络的非线性多目标优化方法，在满足预期成功率的前提下优先分配重要服务对象，兼顾了分配效益与总体能耗。张琪新等[67]综合考虑目标航天器的服务优先级、加注任务的推进剂消耗成本与时间成本，建立一种多约束的航天器在轨服务任务分配模型，并采用离散粒子群算法进行求解。

1.3.1.2 航天器在轨服务序列规划

航天器在轨服务序列规划按照服务卫星和目标卫星数量与功能不同，可分为“一对多”“多对多”和“P2P”三种模式。

“一对多”模式是指一颗服务卫星对多颗目标卫星进行服务。Zhou等[68]提出了基于推进剂补给站的“一对多”在轨加注任务规划方法，以速度增量和时间消耗为优化目标，将问题转化为多变量组合优化问题进行求解。Shen等[69]研究了共面圆轨道上“一对多”在轨服务任务规划问题，以推进剂消耗最少为优化目标，应用多圈Lambert算法处理交会路径问题，得到最优服务序列的规律。郑红星等[70]采用脉冲机动变轨与基于遗传算法的序列规划相结合的方法，利用霍曼转移、异面圆轨道转移和Lambert转移等算法建立数学模型，给出总脉冲速度增量最小的服务序列策略。刘庆国等[71]利用混合法研究了有限推力作用下单OSV服务多卫星的转移轨道优化问题，从OSV携带能量的角度出发，根据双脉冲交会假设进行全局优化搜索，确定了服务序列以及时间节点。

“多对多”模式是指多颗服务卫星对多颗目标卫星进行服务。欧阳琦等[72]将地球同步轨道“多对多”在轨加注任务规划视为旅行商问题，仅考虑异面变轨速度增量消耗，采用遗传算法求解得到最优结果。刘晓路等[73]将“多对多”任务规划问题分解为在轨服务资源分配和在轨服务路径规划两层，建立双层优化数学模型，并采用混沌遗传算法和NSGA-Ⅱ+GSDE算法设计了在轨服务任务规划方法。杨家男等[74]提出了基于启发强化学习的大规模主动碎片移除任务优化方法，采用改进蒙特卡罗树算法求解收益模型，获得了较优的规划结果。

“P2P”模式是指卫星既可以作为服务卫星提供服务，也可以作为目标卫星接受服务。Dutta等[75-77]系统地研究了共面圆轨道“P2P”在轨服务任务规划问题，考虑服务卫星和目标卫星同时机动至最优位置进行服务的情况，采用网络流方法进行建模和求解。都柄晓[78]针对异面圆轨道分布式加注任务规划问题，考虑同一轨道面内的卫星位置互换，将该问题表述为一个非完全的赋权三部图匹配问题，采用遗传算法对异面卫星间的变轨进行求解。

1.3.2 空间失稳目标逼近与消旋

空间失稳目标，特别是带有太阳翼或天线等大型可展开附件的地球同步轨道大型或超大型姿态失稳卫星，在空间中往往处于慢旋或翻滚的状态，并且旋转轴在空间中的指向具有任意性，给服务卫星向目标卫星的停靠与逼近带来难度。特别是由于目标卫星姿态翻滚，使得服务卫星在逼近过程中可能与目标卫星太阳翼或天线等大型附件发生碰撞，产生安全问题。

1.3.2.1 相对轨道姿态动力学建模

在相对轨道姿态动力学建模方面，最著名的是基于线性化模型的C－W方程[79]，它采用解析形式描述空间相对运动，广泛应用于航天器交会对接等领域。C－W方程的成立条件包括忽略摄动和高阶项影响、参考轨道为圆轨道且星间距离远小于地心距，这些条件限制了其工程实用性。后来学者们对C－W方程进行了多方面的推广。第一方面推广是增加非线性项，London[80]和Richardson等[81]分别在开普勒方程中保留二阶项和三阶项，得到的相对运动方程精度高于C－W方程。第二方面推广是考虑参考轨道偏心率非零的情况，Lawden[82]以真近点角为变量给出了椭圆参考轨道编队的相对运动方程。Carter[83]解决了Lawden方程的奇异性问题。第三方面推广是考虑摄动项的影响，Schweighart等[84]推导了包含J2摄动影响的线性微分方程，形式与C－W方程类似，但精度有较大提高。

相对轨道姿态动力学建模常用的姿态描述方法包括方向余弦矩阵、欧拉角、欧拉轴/角、四元数等[85]，其中四元数由于具有运算简单和避免奇异等优点而得到广泛应用。卢伟[86]研究了向空间失稳目标逼近过程中相对轨道姿态的耦合问题，并提出了控制输入耦合和控制指令耦合两种类型的相对轨道姿态耦合。

1.3.2.2 空间失稳目标逼近策略

为捕获和服务目标卫星，服务卫星需要具有相对导航和安全逼近的能力，能够在有限时间内快速逼近目标卫星，同时避免可能发生的碰撞等安全问题。姿态稳定目标的逼近技术较为成熟，且已经在国际空间站（ISS）和任务扩展飞行器（MEV－1）等交会对接任务中得到应用[87,88]。服务卫星通常采用直线逼近路径，从轨道切向（V－bar）或轨道径向（R－bar）逼近目标的对接端口或星箭对接环[89]。空间失稳目标的对接轴位置和指向存在不确定性，且往往跟随目标姿态翻滚运动，特别是太阳翼或天线等大型附件带来的安全问题使得空间失稳目标逼近问题极为困难。Boyarko等[90]采用高斯伪谱法对空间失稳目标逼近交会进行了轨迹规划，考虑了受控航天器与空间失稳目标之间的碰撞避免问题，得到了最少时间和最小能量的最优交会轨迹。Xin等[91]研究了航天器逼近空间失稳目标的最优控制问题，采用$\theta-D$非线性最优控制设计了闭环反馈控制器。Li等[92]针对控制输入饱和、碰撞避免、速度约束、对接允许条件等多种工程约束，基于运动预测控制策略实现服务卫星对空间失稳目标的逼近和对接。Corpino等[93]结合卡尔曼滤波和压缩采样实时估计目标旋转轴运动状态，并采用模型预测控制对逼近机动进行精确控制。Zhou等[94]根据空间失稳目标对接端口的运动轨迹规划了服务卫星的期望运动，考虑了逼近路径约束和视场约束，并采用非线性终端滑模控制使跟踪误差在有限时间内收敛到零。Abdollahzadeh等[95]设计了两种滑模变结构控制器来引导服务卫星沿对接端口方向逼近旋转目标，并实现对目标位置和姿态的同步跟踪。Vinod等[96]将航天器交会对接问题转化成一个双指标优化问题，给出了安全性和效率之间的优化权衡分析。Wei等[97]利用气浮台进行了航天器与自旋目标交会对接的地面试验，验证了自旋目标交会对接过程中的多阶段控制策略。

服务卫星在逼近空间失稳目标过程中，一旦发生意外情况，需立即中止逼近并启动紧急撤离程序，以保证服务卫星自身安全。目前针对安全逼近过程中的紧急撤离问题的研究相对较少。Yamanake 等[98]研究了航天器逼近受控目标时的被动安全速度，确保航天器故障后的自由飞行轨迹不会进入禁飞区，但未对航天器的主动安全速度进行分析。Fehse[99]对航天器交会对接后的一般撤离过程及其约束进行了简单描述，给出了－V－bar 撤离和＋R－bar 撤离的机动时刻和冲量大小，但并未研究交会对接过程中的紧急撤离问题。Bergez 等[100]介绍了欧洲自动转移飞行器（ATV）在国际空间站失控时的紧急撤离策略，规定了椭球形的禁飞区并定义了安全系数，但同样未涉及交会对接过程中的紧急撤离问题。Peters 等[101]研究了自主碎片移除卫星的交会轨迹和中止策略，但未考虑目标卫星大型附件对中止策略的影响。

1.3.2.3 空间失稳目标消旋控制

空间失稳目标消旋是指利用外部控制力/力矩衰减目标卫星的角速度，按消旋力/力矩是否与目标接触分为接触式和非接触式两种[102]。

接触式消旋利用机械臂、柔性刷等与目标表面产生的接触力消除空间失稳目标的旋转，消旋力/力矩较大，制动效率较高，适用于大质量目标的快速消旋；但由于与目标表面接触，碰撞风险较大，对服务卫星和机械臂的控制要求较高。Nishida 等[103]提出了一种接触式目标自旋衰减方法，以火箭壳体为研究对象，利用附着在机械臂末端的弹性减速刷与目标壳体之间的摩擦力衰减目标转速。Matunaga 等[104]将弹性小球作为机械臂末端执行器，利用机械臂末端与目标表面之间弹性碰撞所产生的推力与摩擦力衰减目标转动。Kawamoto 等[105]提出了利用多次接触脉冲作用力交替衰减目标章动角和自旋转速的方法，最终完全衰减了目标三轴转速，并给出了脉冲次数的优化过程。Huang 等[106-108]和 Zhang 等[109]提出了基于绳系空间机器人的翻滚目标姿态稳定控制方法，既可在线辨识目标质量和惯量参数，也可采用改进型动态逆自适应控制器，在快速稳定目标姿态的同时有效降低执行器的饱和程度。Hovell 等[110]提出了利用黏弹性绳系附着到旋转目标表面，通过绳系拉力及变形时的阻尼力控制目标转速，直至其姿态稳定。

非接触式消旋利用冷气射流、静电力、电磁力、激光等非接触力消除目标转动，服务卫星可在安全距离外实施消旋，碰撞风险较小；但其消旋力/力矩较小，制动效率较低，消旋过程所耗时间较长。Nakajima 等[111]提出了一种利用气体冲击喷射在目标表面特定区域产生作用力进行消旋的方法，所计算的消旋力矩与喷气推力大小、目标表面形状、相对距离、方位角等因素有关。Peters 等[112]提出了利用气体脉冲作用于翻滚目标太阳翼来提供消旋力矩的消旋方法。Bennett 等[113]提出了基于带电体之间的库仑力作用衰减目标转速的方法，通过服务卫星携带的电子发射装置，向目标连续发射电子，使其带上负电，通过自身与目标间的电压差及伴随产生的库仑静电力衰减目标运动。赵一鸣[114]研究了库仑力作用下的消旋过程稳定性并设计了一种消旋控制方法，利用同步轨道环境下德拜屏蔽效应对放电过程干扰较小的特点，保证在较大的安全距离下进行消旋。Sugai 等[115,116]提出了利用导电目标转动时与外部磁场源之间的相对运动产生的涡流力来衰减目标运动。Gomez 等[117,118]提出了利用超导线圈构造外部磁场衰减目标运动的方法。Youngquist 等[119]研究了利用导体与地磁场间的涡流效应对目标进行电磁消旋的可行性。

1.3.3　空间机械臂动力学建模

空间机械臂与地面固定基座机械臂最主要的区别在于空间机械臂的基座不固定，使机械臂与基座卫星的动力学存在耦合。在自由漂浮模式下，机械臂与基座卫星组成的空间机械臂系统不受外力和外力矩的作用，系统满足线动量和角动量守恒。Nakamura 等[120]证明了自由漂浮空间机械臂系统的角动量守恒方程不可积，从而使系统具有非完整约束的特性。

1.3.3.1　空间刚性机械臂动力学建模

空间刚性机械臂动力学建模的方法较为成熟，主要有虚拟机械臂方法、动力学等价机械臂方法、广义雅可比矩阵方法、PB 通用建模方法、拉格朗日方程等。Vafa 等[121]提出了虚拟机械臂的概念，分析了单臂和多臂、开链和闭链空间机械臂基于虚拟机械臂的建模方法，并将其用于工作空间分析和逆运动学求解等方面。虚拟机械臂是一个理想运动链，只能用于计算机仿真。梁斌等[122]提出了动力学等价机械臂的概念，将空间机械臂等价成一个固定基座机械臂，并阐述了其动力学等价性。动力学等价机械臂继承了虚拟机械臂的优良性质，但它是真正的机械臂，可以在实际中建造出来。Umetani 等[123]将动量守恒方程与系统特征方程结合，提出了广义雅可比矩阵的概念，并将其成功用于空间机械臂的分解运动速度控制等。广义雅可比矩阵需要实时辨识机械臂的几何参数及各部分质量、转动惯量等惯性参数。Saha[124]提出了更具一般性的通用建模方法，允许将系统动量矩表示为任意点速度的函数，结合动量定理和动能定理，提出基于总动量的统一表达式的运动学模型。Papadopoulos 等[125]提出了基于拉格朗日方程的空间机械臂动力学模型。结合动能定理和拉格朗日方程，得到了描述系统运动速度、加速度和力矩的动力学模型，反映了空间机械臂的动力学特性。

1.3.3.2　空间柔性机械臂动力学建模

空间柔性机械臂是典型的柔性多体系统，其柔性特征主要体现在关节柔性和臂杆柔性两方面。柔性关节的动力学模型主要有非线性扭簧-阻尼简化模型和针对关节内部齿轮结构建模的精细模型等。柔性臂杆的离散化方法主要有假设模态法、有限元法和集中质量法等。常用的多体动力学建模理论主要有牛顿-欧拉法、拉格朗日方程、哈密顿原理和凯恩方法等。刚柔耦合系统动力学建模方法主要有运动-弹性动力学法和混合坐标法等。

对于柔性关节的动力学建模，按建模精细程度不同可以分为简化模型和精细模型两种。简化动力学模型将关节简化成扭簧和阻尼器，仅考虑关节宏观动力学特性，忽略关节内部复杂的齿轮构型和受力关系，建立的关节动力学模型结构简单实用。Nguyen 等[126]、Hauschild[127]和 Marom[128]在这方面所做的工作比较具有代表性。精细动力学模型深入分析关节内部齿轮间的受力和运动关系，考虑齿轮之间的各种非线性因素，建立的关节动力学模型结构复杂精细。Adenilson 等[129]、Ferretti 等[130]和潘博[131]在这方面做了大量工作。

对于柔性臂杆的离散化方法，假设模态法以 Rayleigh - Ritz 法为基础，采用模态截断技术，利用系统中有限子结构的模态综合出系统整个模态。Sakawa 等[132]、Chen[133]、

Lee[134]和Abe[135]利用假设模态法对空间柔性机械臂建模做了大量研究工作。有限元法把无限个自由度的连续体理想化为有限个自由度的单元集合体，使问题简化为适合数值解法的结构型问题。Tokhi等[136]、Fattath等[137]、Mohamed等[138]和Bian等[139]利用有限元法做了大量研究工作。集中质量法是用若干离散结点上的集中质量代替原系统中的分布质量，整个系统动力学方程直接通过对质量的近似离散化处理得到。Megahed等[140]、Raboud等[141]在这方面进行了很多的研究工作。

在多体动力学建模理论方面，牛顿-欧拉法[142,143]根据受力分析建立方程，物理意义明确，系统受力关系表达完整。拉格朗日方程[144-146]以能量方式建模，用系统的动能对广义坐标和广义速度求偏导，可以避免方程中出现内力项，计算效率较高。哈密顿原理[147,148]特点与拉格朗日方程类似。凯恩方法[149,150]利用广义速率代替广义坐标作为独立变量来描述系统的运动，从而避免烦琐的微分运算。

在刚柔耦合系统动力学建模方面，运动-弹性动力学法[151,152]将机械臂看作运动的弹性系统，在描述机械臂大范围运动时将臂杆视为刚体，描述机械臂变形时将臂杆视为柔性体。该算法简化了动力学求解的难度，但是忽略了刚体运动与柔性变形的相互影响，精度较差。混合坐标法[153-155]将机械臂臂杆假设为弹性连续体，在臂杆上建立浮动坐标系，臂杆上任意点的坐标由浮动坐标系的刚体坐标和柔性体相对于浮动坐标系的模态坐标叠加得到，建立的动力学模型描述了机械臂大范围刚性运动与柔性振动的相互影响，更加接近实际情况，因而得到广泛运用。

1.3.4 空间机械臂运动轨迹规划

空间机械臂运动轨迹规划是在空间机械臂运动学和动力学的基础上，讨论在关节空间和笛卡儿空间内机械臂的运动规划和轨迹生成方法。关节空间运动轨迹是指机械臂关节在运动过程中的角度、角速度和角加速度等。笛卡儿空间运动轨迹是指机械臂末端在运动过程中的位置/姿态、速度/角速度和加速度/角加速度等。本书主要研究点到点与连续轨迹规划、机械臂捕获目标轨迹规划和柔性机械臂抑振轨迹规划。

1.3.4.1 点到点与连续轨迹规划

点到点轨迹规划是指已知起始时刻的机械臂关节角度或末端位置姿态，以及终止时刻的机械臂期望关节角度或末端位置姿态，基于一定算法和指标，求解机械臂运动轨迹的规划方法。Papadopoulos[156]基于路径相关工作空间和路径无关工作空间，提出一种笛卡儿点到点轨迹规划方法，同时可实现奇异回避；但其仅以两自由度平面机械臂为例，对于多自由度空间机械臂，工作空间的计算要复杂得多。Pandey等[157]和Lampariello等[158]使用正弦函数对关节变量进行参数化，通过牛顿迭代法求解待定参数，采用正运动学方法实现机械臂笛卡儿点到点轨迹规划。Lampariello等还提出了一种迭代法赋初值准则，用以解决非完整系统不同初值导致不同收敛结果的问题。徐文福[159]对Lampariello等的方法进行了改进，使用多项式函数对关节变量进行参数化，采用归一化处理，预先确定待定参数范围；但是仍然采用牛顿迭代法进行方程组求解，计算量较大。

连续轨迹规划是指已知起始时刻机械臂的末端位置姿态，以及直至终止时刻时间段内的机械臂期望末端位置姿态的连续运动轨迹，基于一定算法和指标，求解机械臂关节运动轨迹的规划方法。固定基座机械臂主要通过“驱动变换”[160]实现连续轨迹规划。Paul[161]用一系列直线段构成笛卡儿轨迹，将机械臂末端的速度和加速度转换到关节空间，并用二次插值进行平滑，从而控制机械臂的运动。Taylor[162]发展并改进了Paul的方法，采用四元数描述机械臂末端姿态，但由此得到的笛卡儿轨迹仍需逆运动学求解，计算量较大，对实时性要求较高。

1.3.4.2 机械臂捕获目标轨迹规划

机械臂捕获目标轨迹规划利用视觉伺服获取其末端与目标的相对位置姿态信息，以此为基础规划机械臂运动轨迹，完成目标捕获任务。Inaba等[163]和Yoshida等[164]在空间机械臂捕获合作和非合作目标轨迹规划方面做了一些工作。在以往研究中，相对速度与相对距离的增益矩阵通常为常值，虽算法简单，但是无法同时满足平滑启动、捕获时间和跟踪精度等多方面要求。为避免机械臂启动时相对位置姿态误差较大可能导致关节角速度过大的问题，徐拴锋等[165]和徐文福等[166]分别采用位置姿态误差反馈系数和三次多项式对速度增益矩阵进行调整，但都未考虑中间阶段的捕获时间限制，也未考虑临近捕获时的相对位置误差和相对速度误差同时收敛的问题。在目标捕获后组合体角动量转移规划方面，Dimitrov等[167]和刘厚德等[168]分别提出偏置动量方法和协调控制方法来对组合体进行角动量管理与分配，在实现角动量转移的同时保持服务卫星姿态稳定，但其方法均采用飞轮作为角动量吸收装置，容易饱和，且所能转移的角动量有限。

1.3.4.3 柔性机械臂抑振轨迹规划

柔性机械臂抑振轨迹规划是机械臂振动抑制问题新的研究方向，其实质是以机械臂柔性振动的能量或激振力为优化指标，采用参数化方法描述机械臂关节运动，通过搜索算法找到优化指标最小的运动轨迹，以避免激起机械臂的柔性振动，从而达到抑振目的。目前国内外对柔性机械臂抑振轨迹规划问题研究较少。Park等[169]最早提出利用轨迹规划抑制机械臂柔性振动的方法，以柔性机械臂残余能量为优化指标，采用爬山搜索算法，设计了一条傅里叶级数和多项式混合描述的最优抑振轨迹。Sarkar等[170]比较了傅里叶级数和多项式混合、样条曲线两种不同基函数轨迹的抑振效果，指出基于样条曲线的抑振轨迹有更好的抑振效果。Akira等[171]采用B样条曲线插值，研究了固定时间历程下沿给定轨迹运行的柔性臂最小残存能量的轨迹规划方法。Kojima等[172]采用四次多项式描述机械臂关节速度，以末端残余振幅构造优化指标，通过遗传算法搜索最优抑振轨迹。国内方面，吴立成等[173]根据空间机械臂的动力学特性，提出可直接以由机械臂运动轨迹简单计算得到的激振力为优化指标，采用四阶B样条曲线和粒子群算法规划机械臂的抑振轨迹。徐文福等[174]提出用正弦梯形曲线基函数叠加方法描述机械臂关节运动，同样采用粒子群算法对机械臂的最优抑振轨迹进行规划。娄军强等[175]以机械臂运动过程中的振动能量和运动结束后的残余能量构造混合优化指标，通过遗传算法进行柔性机械臂抑振轨迹规划。

1.3.5 空间机械臂控制系统设计

空间机械臂是一个典型的非线性、变结构、强耦合的多输入多输出系统，系统的非完整约束特性使得机械臂与服务卫星本体之间存在强烈的动力学耦合作用。机械臂本身还存在构件质量、质心位置、惯性矩、未知载荷等参数不确定因素和建模误差、测量噪声、外部干扰等非参数不确定因素。上述各种特点使得空间机械臂的控制问题异常复杂，很多地面固定基座机械臂的控制方法在空间中不再适用。

1.3.5.1 空间机械臂轨迹跟踪控制

空间机械臂轨迹跟踪控制的主要任务是在满足基座姿态约束条件下，对机械臂末端进行控制，使之到达指定位置或跟踪期望轨迹。按控制方法分类，主要包括 PID 控制、分解运动速度控制、分解运动加速度控制、计算力矩控制等经典控制算法，自适应控制、鲁棒控制、变结构控制等现代控制算法和模糊控制、神经网络等智能控制算法。

PID 控制[176]是目前工业应用最广泛的控制方法，具有结构简单、调整方便等优点，但对强非线性和参数不确定的系统不具备学习能力，控制效果较差。Umetani 等[123]提出了基于广义雅可比矩阵的分解运动速度控制，将期望的末端运动速度分解成各关节的期望角速度，然后对各关节进行角速度伺服控制。分解运动加速度控制[177]和计算力矩控制[178]的原理基本相同，都是将期望的末端运动加速度分解成各关节的期望角加速度，并计算控制力矩进行控制，分解运动加速度控制在机械臂末端任务空间以形成闭环控制，计算力矩控制在机械臂关节空间形成闭环控制。分解运动速度控制、分解运动加速度控制和计算力矩控制等均依赖于系统动力学模型，对参数不确定的系统适应性较差。

为了解决系统参数不确定和非参数不确定情况下的空间机械臂轨迹跟踪控制问题，许多现代控制算法被应用于空间机械臂的控制系统设计。自适应控制能够自动调节控制系统参数以适应参数不确定性对系统的影响，保证控制系统的稳定性；但难以保证存在外界扰动等非参数不确定性情况下的系统稳定。Taira 等[179]、Parlaktuna 等[180]、Shibli 等[181]和 Abiko 等[182]在空间机械臂自适应控制方面进行了深入研究。鲁棒控制可以将参数或非参数不确定因素抑制在一定变化范围内，以保证控制系统的稳定性；但其设计是以先验知识的不确定上限为基础，是一种比较保守的控制策略。Spong[183]、Tomei[184]、Feng 等[185]和王景等[186]在空间机械臂鲁棒控制方面进行了大量研究。滑模变结构控制不需要精确的系统模型，其控制器设计本身就是解耦过程，且系统在滑模面上对参数变化和非参数变化不灵敏，鲁棒性强，系统响应快速，计算量小，实时性强，因此对系统的参数不确定和非参数不确定具有很强的稳定性；但其缺点在于在滑模面的两侧容易产生抖颤现象。David 等[187]、Herman[188]、Huang 等[189]和 Jiang 等[190]在空间机械臂滑模变结构控制方面进行了深入研究。

现代控制算法本质上还是基于系统数学模型的控制算法，而在工程实际中往往难以获得有效的空间机械臂数学模型，此时可以考虑采用模糊和神经网络等智能控制算法。模糊控制以专家知识为基础，建立模糊规则，通过模糊推理得出控制律，无须建立系统的数学模型，且具有较强的鲁棒性；但其缺点在于控制参数依赖经验和试验确定，缺乏系统化的稳定性分析方法。Hwang 等[191]、Stanley 等[192]、李永明等[193]和张文辉等[194]在空间机械臂模糊控制方面进行了深入研究。神经网络具有很强的并行处理能力、学习适应能力和系统容错能力，可以有效地对任意复杂的非线性系统进行逼近和控制；但一般需要预先进行训练，计算量大，学习时间长，实时性较差。Kiguchi 等[195]、Ak 等[196]、Chatlatanagulchai 等[197]和谢箭等[198]学者在空间机械臂神经网络控制方面做了大量研究工作。

1.3.5.2 空间机械臂振动抑制控制

对于空间柔性机械臂，需要在实现高精度轨迹跟踪的同时尽可能地抑制其柔性振动，使两方面的控制精度都满足既定要求，即实现轨迹跟踪与振动抑制的复合控制。控制算法主要有输入整型、分力合成和奇异摄动等。

输入整型本质上是一种开环前馈控制方法，它将期望输入与一系列脉冲序列卷积形成整型命令作为控制输入，尽量滤掉输入中容易激起系统振动的频率成分，避免激活被控对象的振动模态。Singer[199]、Pain[200]和 Yan 等[201]在将输入整型技术应用于柔性臂振动抑制方面做了很多工作。

分力合成也是近年来发展起来的一种能够有效抑制系统柔性振动的前馈控制方法。陕晋军等[202]、张建英等[203]和 Hu 等[204]在将分力合成方法应用于柔性臂振动抑制方面做了很多工作。

奇异摄动是将空间柔性机械臂动力学模型分解为相对独立的两部分，一部分是与机械臂刚性运动对应的慢变子系统，另一部分是与机械臂柔性振动对应的快变子系统，再利用复合控制原理，分别对两个子系统设计控制器，加和后作为整个系统的控制输入，从而在两个不同的时间尺度内，实现精确轨迹跟踪的同时有效抑制柔性振动。Karimi 等[205]、张奇志等[206]、张友安等[207]和洪昭斌等[208]在将奇异摄动法应用于空间柔性机械臂控制系统设计方面进行了深入的研究。

1.4 本书内容与系统设定

1.4.1 本书主要内容

针对航天器在轨服务体系建设与技术发展需求，本书系统总结了以地球同步轨道卫星为代表的高轨高价值航天器在轨服务任务规划与控制技术的相关研究成果，介绍了航天器轨道姿态和空间机械臂动力学基础与建模，并以此为基础重点阐述了航天器在轨服务任务建模与序列规划、空间失稳目标安全逼近任务规划与控制、空间失稳目标脉冲接触消旋建模与控制、空间失稳目标在轨捕获任务规划与控制、目标捕获后组合体角动量转移与抑振控制等关键技术的理论方法和算例验证，最后介绍了航天器在轨服务任务规划与控制仿真软件在轨服务机械臂工程设计与验证。

本书内容分为10章，各章安排与组织结构如图1-16所示。

第1章绪论。本章概述航天器在轨服务的工程背景、任务分析和研究意义；调研国际

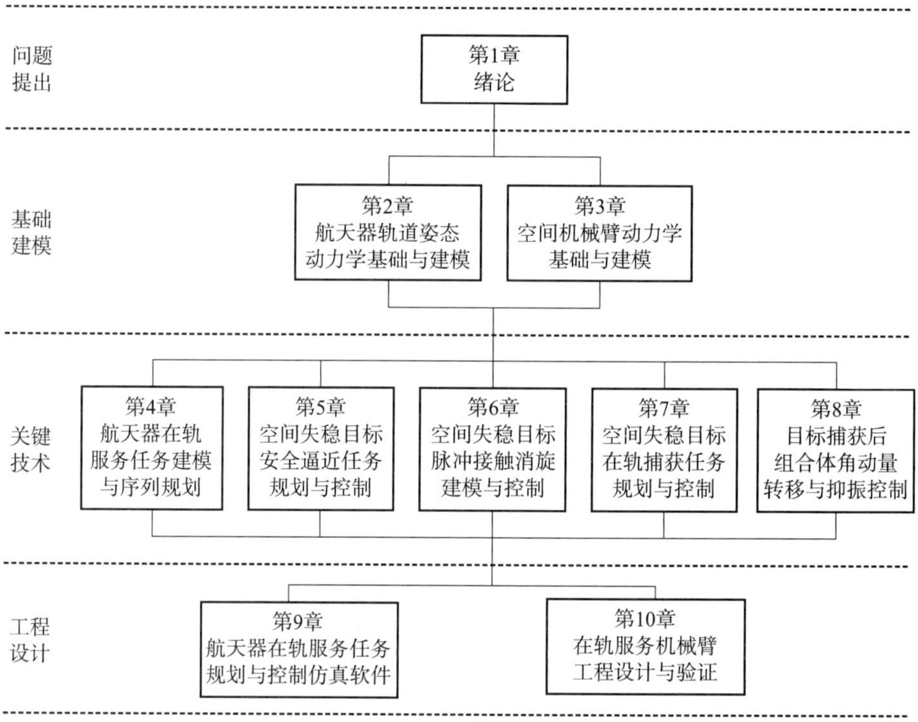

图 1-16　本书章节安排与组织结构

在轨服务市场现状和在轨服务计划发展概况；综述航天器在轨服务任务规划、空间失稳目标逼近与消旋、空间机械臂动力学建模、空间机械臂运动轨迹规划、空间机械臂控制系统设计等在轨服务关键技术研究现状；介绍本书主要内容和系统基本设定，给出基本符号和坐标系定义。

第 2 章航天器轨道姿态动力学基础与建模。本章介绍了矢量与矩阵运算、坐标转换矩阵、张量矩阵坐标转换、坐标系旋转效应等数学基础；阐述航天器轨道动力学基础，推导航天器二体问题动力学方程，给出轨道根数描述方式和轨道计算常用公式；阐述航天器姿态动力学基础，介绍航天器姿态描述方式，推导航天器姿态运动学与动力学方程；进行航天器相对轨道姿态动力学建模，基于 C-W 方程建立相对轨道模型，基于四元数建立相对姿态模型，并针对空间近距离运动中的轨道姿态耦合问题，建立相对轨道姿态耦合模型。

第 3 章空间机械臂动力学基础与建模。本章建立了空间机械臂与服务卫星平台刚体动力学模型，针对系统初始动量不为零的一般情况，推导包含系统初始运动在内的刚体系统动力学方程；建立空间机械臂连接的柔性组合体动力学模型，将卫星太阳翼的柔性振动影响也考虑在内，推导包含系统初始运动，综合考虑机械臂关节柔性、臂杆柔性和卫星太阳翼柔性等因素的柔性组合体系统动力学方程。

第 4 章航天器在轨服务任务建模与序列规划。本章统计分析了地球同步轨道目标的分布、运动、几何、光学等特性；根据地球同步轨道在轨服务任务场景推导霍曼-兰伯特四脉冲交会模型；建立在轨加注/维修、辅助位置保持、倾角漂移调整、废弃卫星离轨、失效卫星救援等几种典型的地球同步轨道在轨服务任务模型；基于强化学习设计目标卫星最优服务序列规划方法，全面反映服务卫星在目标交会和任务执行过程中的轨道参数改变以及速度增量和时间消耗。

第 5 章空间失稳目标安全逼近任务规划与控制。本章分析了设定目标卫星在轨姿态运动；提出直线型动态安全走廊逼近策略，以转移时间和推进剂消耗为优化目标，考虑逼近窗口、有限推力、安全速度等约束，采用粒子群算法规划服务卫星最优安全逼近轨迹；设计逼近过程中的紧急撤离策略，计算分析安全逼近速度，保证服务卫星在突发意外情况时能够快速撤离动态安全走廊；设计服务卫星相对轨道姿态耦合控制方法，精确完成空间失稳目标安全逼近任务。

第 6 章空间失稳目标脉冲接触消旋建模与控制。本章设计了消旋杆方案和接触消旋策略流程；推导目标卫星动力学模型、消旋杆接触检测方法和接触力模型；提出空间失稳目标脉冲接触消旋最优控制方法，在减小目标卫星三轴角速度的同时抑制目标卫星章动，分析控制系统稳定性和章动收敛条件；设计空间机械臂与服务卫星平台协同控制方法，实现空间机械臂点到点规划与控制以及服务卫星平台前馈补偿协同控制，协同配合完成空间失稳目标脉冲接触消旋。

第 7 章空间失稳目标在轨捕获任务规划与控制。本章介绍了空间机械臂视觉伺服系统和卡尔曼滤波运动预测；提出空间机械臂自主捕获失稳目标轨迹规划方法，通过线性规划对速度增益矩阵进行动态调整，减少捕获时间的同时保证机械臂的平滑启动和柔顺捕获；设计空间机械臂全局终端滑模轨迹跟踪控制方法，分析控制系统稳定性和跟踪误差收敛时间；分析视觉测量误差对目标捕获控制精度的影响，给出指定控制精度所允许的最大测量误差范围。

第 8 章目标捕获后组合体角动量转移与抑振控制。本章提出了柔性组合体角动量转移与抑振规划方法，基于角动量守恒优化机械臂最终构型，通过粒子群算法规划机械臂最优抑振轨迹；基于奇异摄动理论将柔性组合体动力学模型分解成慢快变两个子系统，分别对应系统刚性运动和柔性振动；设计柔性组合体轨迹跟踪与振动抑制复合控制方法，对慢快变两个子系统分别独立设计控制器，从而保证组合体进行精确轨迹跟踪控制的同时有效抑制其柔性振动。

第 9 章航天器在轨服务任务规划与控制仿真软件。本章给出了航天器在轨服务任务规划与控制仿真软件开发案例，搭建仿真软件框架结构，整合仿真软件功能模块；利用航天器在轨服务任务规划与控制仿真软件进行空间失稳目标逼近/消旋/捕获/稳定全过程仿真，为航天器在轨服务工程实施应用提供设计方案、仿真工具和技术支持。

第 10 章在轨服务机械臂工程设计与验证。阐述在轨服务机械臂工程设计方法，提出系统设计方案，介绍执行子系统、控制子系统、感知子系统的详细设计方案，并给出在轨服务机械臂设计实例。阐述了在轨服务机械臂工程验证方案，列出了验证项目矩阵，介绍了地面验证和在轨验证的初步方案，包括功能性能测试、参数标定试验、任务验证试验等。

1.4.2 系统基本设定

为了更加直观方便地阐述本书后续章节涉及的理论基础、模型方法、规划控制和仿真验证等内容，首先结合工程背景对本书研究对象进行设定，包括目标卫星、服务卫星和空间机械臂。

1.4.2.1 目标卫星

目标卫星设定为一类处于姿态失稳状态、带有太阳翼和天线等大型附件的地球同步轨道大型或超大型卫星。目标卫星设定采用六面体构型，卫星本体尺寸为 2.36 m×2.1 m×3.6 m，南、北板各装有 1 副三块基板的太阳翼，东、西板各装有 1 副可展开天线。目标卫星展开状态构型如图 1-17 所示。

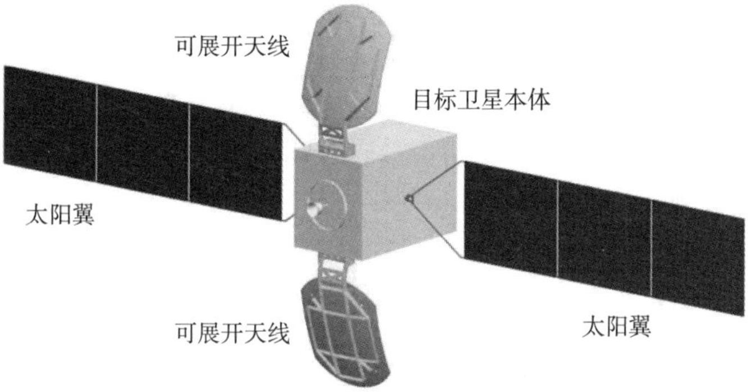

图 1-17 目标卫星展开状态构型

1.4.2.2 服务卫星

服务卫星设定为具备在轨服务和操作能力、带有太阳翼和天线等大型附件的地球同步轨道中型或大型卫星，配备空间机械臂、合作对接机构、导航测量设备等任务载荷。服务卫星设定采用六面体构型，卫星本体尺寸为 2.36 m×2.1 m×3.1 m，南、北板各装有 1 副两块基板的太阳翼，东板装有 1 副可展开天线，西板装有空间机械臂，对地板装有主动对接机构。服务卫星展开状态构型如图 1-18 所示。

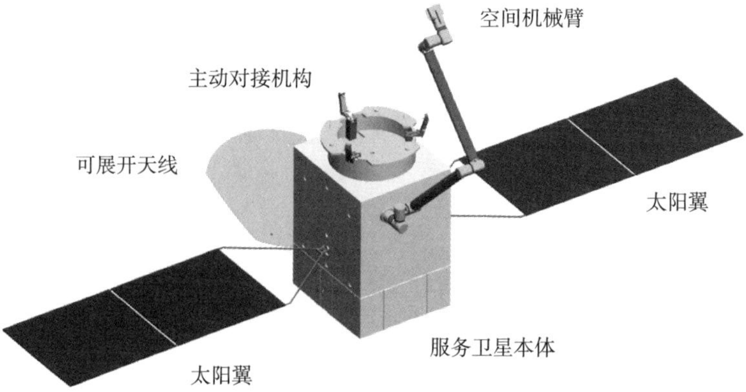

图 1-18 服务卫星展开状态构型

为了能够与目标卫星建立刚性连接进行在轨服务，服务卫星配备主动对接机构，装于卫星对地板。主动对接机构纵轴与星体纵轴重合，中心内凹以容纳远地点发动机，主要由捕获手指、对接框、驱动机构等组成，如图 1－19 所示。

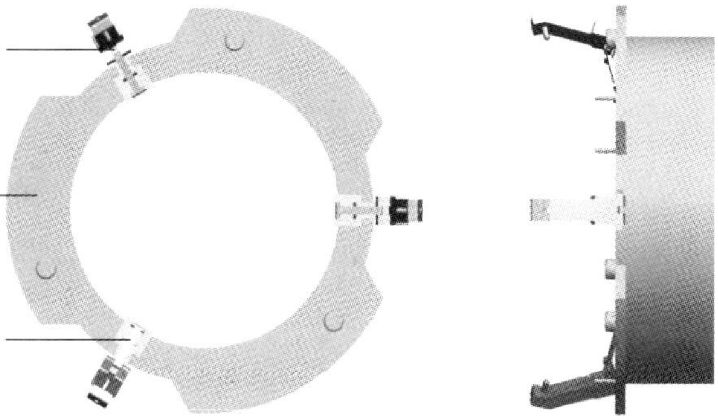

图 1－19　服务卫星主动对接机构

1.4.2.3　空间机械臂

空间机械臂设定为用于航天器在轨服务与维护、具备在轨捕获地球同步轨道大型或超大型卫星能力的机械臂，主要结构部件包括臂杆、关节和末端执行器等。空间机械臂采用肩 3－肘 1－腕 3 构型，具有 7 个自由度，肩部根端固定于服务卫星西板，腕部末端装有末端执行器，用以执行捕获操作。空间机械臂展开状态构型如图 1－20 所示。

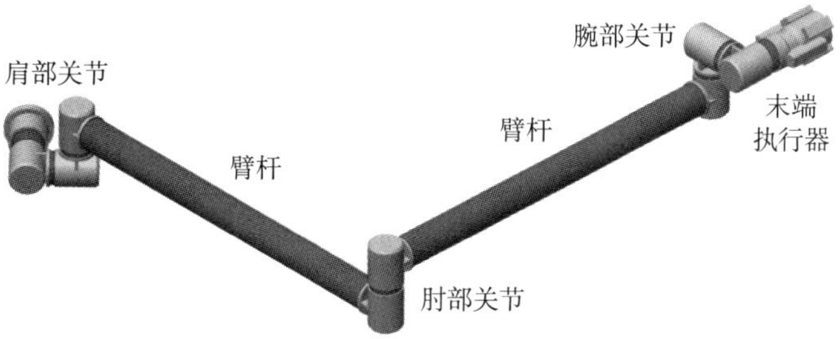

图 1－20　空间机械臂展开状态构型

1.4.3　符号与坐标系定义

本书涉及大量的标量、矢量和坐标系运算，因此本节对基本符号和基本坐标系的定义规则进行规定，后续章节均按此规则执行。

1.4.3.1　基本符号定义

u：标量，以白斜体字母表示。

$\vec{\boldsymbol{u}}$：矢量，以黑斜体字母和右箭头→表示。

$\{\boldsymbol{a}\}$：坐标系，以黑斜体字母和大括号｛｝表示。

${}^{a}\boldsymbol{u}$：矢量 $\vec{u}$ 在坐标系 {$\boldsymbol{a}$} 中的分量列阵，当坐标系 {$\boldsymbol{a}$} 为惯性坐标系时，可省略左上标 a 。

${}^{a}\boldsymbol{u}^{\times}$：${}^{a}\boldsymbol{u}$ 的叉乘矩阵。

${}^{b}\boldsymbol{A}_{a}$：从坐标系 {$\boldsymbol{a}$} 到坐标系 {$\boldsymbol{b}$} 的坐标转换矩阵，或称坐标系 {$\boldsymbol{b}$} 相对于坐标系 {$\boldsymbol{a}$} 的坐标转换矩阵，当坐标系 {$\boldsymbol{a}$} 或坐标系 {$\boldsymbol{b}$} 为惯性坐标系时，可省略相应的右下标 a 或左上标 b 。

$\boldsymbol{Q}_{b}^{a}$：从坐标系 {$\boldsymbol{a}$} 到坐标系 {$\boldsymbol{b}$} 的姿态四元数，或称坐标系 {$\boldsymbol{b}$} 相对于坐标系 {$\boldsymbol{a}$} 的姿态四元数，当坐标系 {$\boldsymbol{a}$} 或坐标系 {$\boldsymbol{b}$} 为惯性坐标系时，可省略相应的右上标 a 或右下标 b 。

${}^{c}\boldsymbol{v}_{b}^{a}$：坐标系 {$\boldsymbol{b}$} 相对于坐标系 {$\boldsymbol{a}$} 的速度矢量在坐标系 {$\boldsymbol{c}$} 中的分量列阵，当坐标系 {$\boldsymbol{a}$} 或坐标系 {$\boldsymbol{c}$} 为惯性坐标系时，可省略相应的右上标 a 或左上标 c 。

${}^{c}\boldsymbol{\omega}_{b}^{a}$：坐标系 {$\boldsymbol{b}$} 相对于坐标系 {$\boldsymbol{a}$} 的角速度矢量在坐标系 {$\boldsymbol{c}$} 中的分量列阵，当坐标系 {$\boldsymbol{a}$} 或坐标系 {$\boldsymbol{c}$} 为惯性坐标系时，可省略相应的右上标 a 或左上标 c 。

1.4.3.2 基本坐标系定义

地心赤道惯性坐标系 {$\boldsymbol{I}$}：相对惯性空间静止或匀速运动的坐标系，简称惯性坐标系。原点 O_I 位于地心，x_I 轴位于地球赤道平面内指向春分点，z_I 轴与地球自旋轴方向一致指向北天极，y_I 轴与 x_I 、z_I 轴构成右手坐标系。当矢量 $\vec{u}$ 用其在惯性坐标系 {$\boldsymbol{I}$} 中的分量 ${}^{I}\boldsymbol{u}$ 表示时，可省略左上标 I ，本书后续章节均使用此省略写法。

目标卫星平动坐标系 {$\boldsymbol{i}$}：固连于目标卫星质心的平动坐标系。原点 O_t 位于目标卫星质心，x_i 、y_i、 z_i 三轴分别与惯性坐标系 {$\boldsymbol{I}$} 的 x_I、 y_I、 z_I 三轴方向一致。

目标卫星轨道坐标系 {$\boldsymbol{o}$}：固连于目标卫星质心，描述目标卫星轨道运动的坐标系。原点 O_t 位于目标卫星质心，z_o 轴位于目标卫星轨道平面内沿径向指向地心，y_o 轴与目标卫星轨道平面负法线方向一致，x_o 与 y_o、 z_o 轴构成右手坐标系。

目标卫星视线坐标系 {$\boldsymbol{v}$}：固连于目标卫星质心，描述服务卫星与目标卫星相对运动的坐标系。原点 O_t 位于目标卫星质心，z_v 轴沿目标卫星到服务卫星的视线方向指向服务卫星质心，x_v 轴与目标卫星自旋轴方向一致，y_v 与 x_v 、z_v 轴构成右手坐标系。

目标卫星本体坐标系 {$\boldsymbol{t}$}：固连于目标卫星本体，描述目标卫星姿态运动的坐标系。原点 O_t 位于目标卫星质心，z_t 轴沿卫星纵轴方向指向对地板，x_t 轴垂直于纵轴与卫星东板外法线方向一致，y_t 轴与 x_t、 z_t 轴构成右手坐标系。目标卫星构型对称时，其本体坐标系可视为惯量主轴坐标系。

目标卫星附件坐标系 {$\boldsymbol{ti}$}：固连于目标卫星附件 i（太阳翼或天线）的坐标系。原点 O_{ti} 位于附件 i 与目标卫星本体的铰接点，z_{ti} 轴与附件 i 转轴方向一致，x_{ti}、 y_{ti} 轴垂直于附件 i 转轴且与 z_{ti} 轴构成右手坐标系。

目标卫星捕获锚点坐标系 {$\boldsymbol{ci}$}：固连于目标卫星本体的坐标系。原点 O_{ci} 位于锚定的捕获部位（捕获锚点）中心，z_{ci} 轴垂直于捕获锚点所在卫星表面指向目标卫星内部，x_{ci}、 y_{ci} 轴平行于捕获锚点所在卫星表面，且与 z_{ci} 轴构成右手坐标系。

服务卫星本体坐标系{$\boldsymbol{s}$}：固连于服务卫星本体，描述服务卫星姿态运动的坐标系。原点O_s位于服务卫星质心，z_s轴沿卫星纵轴方向指向对地板，x_s轴垂直于纵轴，与卫星东板外法线方向一致，y_s轴与x_s、z_s轴构成右手坐标系。服务卫星构型对称时，其本体坐标系可视为惯量主轴坐标系。

服务卫星附件坐标系{$\boldsymbol{si}$}：固连于服务卫星附件i（太阳翼或天线）的坐标系。原点O_{si}位于附件i与服务卫星本体的铰接点，z_{si}轴与附件i转轴方向一致，x_{si}、y_{si}轴垂直于附件i转轴且与z_{si}轴构成右手坐标系。

空间机械臂D－H坐标系{$\boldsymbol{hi}$}：固连于空间机械臂并描述其构型的坐标系。z_{hi}轴与关节$i+1$轴方向一致，原点O_{hi}位于z_{hi-1}轴和z_{hi}轴的公垂线与z_{hi}轴的交点，x_{hi}轴与z_{hi-1}轴和z_{hi}轴的公垂线方向一致，由关节i指向关节$i+1$，y_{hi}轴与x_{hi}、z_{hi}轴构成右手坐标系。

空间机械臂臂杆坐标系{$\boldsymbol{mi}$}：固连于空间机械臂臂杆i的坐标系。当$i=0$时，原点O_{m0}位于服务卫星平台质心，x_{m0}、y_{m0}、z_{m0}三轴分别与服务卫星本体坐标系{$\boldsymbol{s}$}的x_s、y_s、z_s三轴方向一致。当$i>0$时，原点O_{mi}位于臂杆$i-1$与臂杆i的铰接点，z_{mi}轴与铰接点轴线方向一致，x_{mi}轴与臂杆i纵轴方向一致，y_{mi}轴与x_{mi}、z_{mi}轴构成右手坐标系。

空间机械臂末端坐标系{$\boldsymbol{me}$}：固连于空间机械臂末端的坐标系。原点O_{me}位于空间机械臂末端端点，z_{me}轴与末端执行器纵轴方向一致，向外指向为正，x_{me}、y_{me}轴垂直于末端执行器纵轴且与z_{me}轴构成右手坐标系。

第 2 章　航天器轨道姿态动力学基础与建模

航天器轨道姿态动力学是研究航天器在轨服务任务规划与控制问题的基础。航天器相对惯性空间的运动可分为质心平动和绕质心转动两类，前者称为轨道运动，后者称为姿态运动。研究航天器轨道和姿态在力和力矩作用下相对惯性空间的运动规律和动态特性的学科分别称为轨道动力学和姿态动力学。航天器轨道姿态动力学涉及大量的标量、矢量和坐标系运算，本章首先介绍矢量与坐标转换的相关基础知识[79]，作为航天器轨道姿态动力学的数学基础。

2.1　矢量与坐标转换

在航天器轨道姿态动力学研究中，涉及大量的标量、矢量和坐标系运算，因此坐标系之间的关系就显得十分重要。本节介绍如何准确地表示各坐标系的角度关系，及矢量在不同坐标系中的分量列阵之间的关系，作为研究航天器轨道姿态动力学的数学基础。

2.1.1　矢量与矩阵运算

2.1.1.1　矢量与分量列阵

矢量也称向量，定义为有大小和方向的物理量，如位置、速度、力等，矢量本身与坐标系无关。设定一个坐标系 $\{\boldsymbol{a}\}$，其单位矢量分别为 $\vec{\boldsymbol{i}}_a$、$\vec{\boldsymbol{j}}_a$、$\vec{\boldsymbol{k}}_a$，矢量 $\vec{\boldsymbol{u}}$ 在坐标系 $\{\boldsymbol{a}\}$ 中的坐标分别为 u_{xa}、u_{ya}、u_{za}，则矢量 $\vec{\boldsymbol{u}}$ 可以表示为

$$\vec{\boldsymbol{u}} = u_{xa}\vec{\boldsymbol{i}}_a + u_{ya}\vec{\boldsymbol{j}}_a + u_{za}\vec{\boldsymbol{k}}_a \tag{2-1}$$

定义坐标系 $\{\boldsymbol{a}\}$ 的矢阵 $\boldsymbol{f}_a$ 为

$$\boldsymbol{f}_a = [\vec{\boldsymbol{i}}_a \quad \vec{\boldsymbol{j}}_a \quad \vec{\boldsymbol{k}}_a]^{\mathrm{T}} \tag{2-2}$$

式中，$\boldsymbol{f}_a$ 是一个列阵，其元素是坐标系 $\{\boldsymbol{a}\}$ 的单位矢量，因而矢阵同时具有矢量和矩阵的性质。

定义矢量 $\vec{\boldsymbol{u}}$ 在坐标系 $\{\boldsymbol{a}\}$ 中的分量列阵 ${}^{a}\boldsymbol{u}$ 为

$${}^{a}\boldsymbol{u} = [u_{xa} \quad u_{ya} \quad u_{za}]^{\mathrm{T}} \tag{2-3}$$

式中，${}^{a}\boldsymbol{u}$ 也称为矢量 $\vec{\boldsymbol{u}}$ 在坐标系 $\{\boldsymbol{a}\}$ 中的映像或表现，左上标 a 表示坐标系 $\{\boldsymbol{a}\}$。

利用矢阵和分量列阵，矢量 $\vec{\boldsymbol{u}}$ 可以简单表示为

$$\vec{\boldsymbol{u}} = \boldsymbol{f}_a^{\mathrm{T}\,a}\boldsymbol{u} = {}^{a}\boldsymbol{u}^{\mathrm{T}}\boldsymbol{f}_a \tag{2-4}$$

对于两个不同的坐标系 $\{\boldsymbol{a}\}$、$\{\boldsymbol{b}\}$ 以及同一个矢量 $\vec{\boldsymbol{u}}$，有

$$\vec{\boldsymbol{u}} = \boldsymbol{f}_a^{\mathrm{T}\,a}\boldsymbol{u} = \boldsymbol{f}_b^{\mathrm{T}\,b}\boldsymbol{u} \tag{2-5}$$

式（2－5）表明，分量列阵与坐标系有关，而矢量与坐标系无关。

2.1.1.2　矢量运算的矩阵表示

矢量 $\vec{u}$ 和 $\vec{v}$ 的标量积（点积）为

$$\vec{u}\cdot\vec{v}=u_{xa}v_{xa}+u_{ya}v_{ya}+u_{za}v_{za} \tag{2-6}$$

写成矩阵形式就是

$$\vec{u}\cdot\vec{v}={}^{a}\boldsymbol{u}^{\mathrm{T}\,a}\boldsymbol{v}={}^{a}\boldsymbol{v}^{\mathrm{T}\,a}\boldsymbol{u} \tag{2-7}$$

假设矢量 $\vec{w}$ 是矢量 $\vec{u}$ 和 $\vec{v}$ 的矢量积（叉积），即

$$\vec{w}=\vec{u}\times\vec{v} \tag{2-8}$$

选取某个坐标系 $\{\boldsymbol{a}\}$ 为基底，按矢量叉乘法则，写出

$$\vec{u}\times\vec{v}=(u_{ya}v_{za}-u_{za}v_{ya})\vec{i}_{a}+(u_{za}v_{xa}-u_{xa}v_{za})\vec{j}_{a}+(u_{xa}v_{ya}-u_{ya}v_{xa})\vec{k}_{a} \tag{2-9}$$

因此有

$${}^{a}\boldsymbol{w}={}^{a}(\vec{u}\times\vec{v})={}^{a}\boldsymbol{u}^{\times\,a}\boldsymbol{v} \tag{2-10}$$

式中，${}^{a}\boldsymbol{u}^{\times}$ 称为矢量 $\vec{u}$ 在坐标系 $\{\boldsymbol{a}\}$ 中的叉乘矩阵，形式为 3×3 的反对称矩阵

$${}^{a}\boldsymbol{u}^{\times}=\begin{bmatrix}0 & -u_{za} & u_{ya}\\ u_{za} & 0 & -u_{xa}\\ -u_{ya} & u_{xa} & 0\end{bmatrix} \tag{2-11}$$

叉乘矩阵具有如下性质

$$({}^{a}\boldsymbol{u}^{\times})^{\mathrm{T}}=-{}^{a}\boldsymbol{u}^{\times} \tag{2-12}$$

2.1.2　坐标转换矩阵

2.1.2.1　坐标转换矩阵定义

对于两个不同的坐标系 $\{\boldsymbol{a}\}$ 和 $\{\boldsymbol{b}\}$ 以及同一个矢量 $\vec{u}$ 可以写出式（2－5），并与 $\boldsymbol{f}_{b}$ 作点乘，即

$$\boldsymbol{f}_{b}\cdot\boldsymbol{f}_{b}^{\mathrm{T}b}\boldsymbol{u}=\boldsymbol{f}_{b}\cdot\boldsymbol{f}_{a}^{\mathrm{T}a}\boldsymbol{u} \tag{2-13}$$

由于 $\boldsymbol{f}_{b}\cdot\boldsymbol{f}_{b}^{\mathrm{T}}$ 为单位矩阵，因而有

$${}^{b}\boldsymbol{u}=\boldsymbol{f}_{b}\cdot\boldsymbol{f}_{a}^{\mathrm{T}a}\boldsymbol{u} \tag{2-14}$$

定义

$${}^{b}\boldsymbol{A}_{a}=\boldsymbol{f}_{b}\cdot\boldsymbol{f}_{a}^{\mathrm{T}} \tag{2-15}$$

式中，${}^{b}\boldsymbol{A}_{a}$ 称为从坐标系 $\{\boldsymbol{a}\}$ 到坐标系 $\{\boldsymbol{b}\}$ 的坐标转换矩阵，或称为坐标系 $\{\boldsymbol{b}\}$ 相对于坐标系 $\{\boldsymbol{a}\}$ 的坐标转换矩阵，因而有

$${}^{b}\boldsymbol{u}={}^{b}\boldsymbol{A}_{a}{}^{a}\boldsymbol{u} \tag{2-16}$$

坐标转换矩阵 ${}^{b}\boldsymbol{A}_{a}$ 为范化正交矩阵，具有如下性质

$${}^{a}\boldsymbol{A}_{b}={}^{b}\boldsymbol{A}_{a}^{-1}={}^{b}\boldsymbol{A}_{a}^{\mathrm{T}} \tag{2-17}$$

因而坐标转换公式（2－16）还可以写成：

$${}^{b}\boldsymbol{u}^{\mathrm{T}}={}^{a}\boldsymbol{u}^{\mathrm{T}\,a}\boldsymbol{A}_{b} \tag{2-18}$$

式（2－15）的展开形式为

$$^{b}\boldsymbol{A}_{a}=\boldsymbol{f}_{b}\cdot\boldsymbol{f}_{a}^{\mathrm{T}}=\begin{bmatrix}\vec{i}_{b}\cdot\vec{i}_{a} & \vec{i}_{b}\cdot\vec{j}_{a} & \vec{i}_{b}\cdot\vec{k}_{a}\\ \vec{j}_{b}\cdot\vec{i}_{a} & \vec{j}_{b}\cdot\vec{j}_{a} & \vec{j}_{b}\cdot\vec{k}_{a}\\ \vec{k}_{b}\cdot\vec{i}_{a} & \vec{k}_{b}\cdot\vec{j}_{a} & \vec{k}_{b}\cdot\vec{k}_{a}\end{bmatrix}\tag{2-19}$$

因而坐标转换矩阵 $^{b}\boldsymbol{A}_{a}$ 可以表示成

$$^{b}\boldsymbol{A}_{a}=[{}^{b}\boldsymbol{i}_{a}\quad {}^{b}\boldsymbol{j}_{a}\quad {}^{b}\boldsymbol{k}_{a}]\tag{2-20}$$

或

$$^{b}\boldsymbol{A}_{a}=\begin{bmatrix}{}^{a}\boldsymbol{i}_{b}^{\mathrm{T}}\\ {}^{a}\boldsymbol{j}_{b}^{\mathrm{T}}\\ {}^{a}\boldsymbol{k}_{b}^{\mathrm{T}}\end{bmatrix}\tag{2-21}$$

即由一个坐标系的单位矢量在另一个坐标系上的分量列阵 $^{b}\boldsymbol{i}_{a}$、$^{b}\boldsymbol{j}_{a}$、$^{b}\boldsymbol{k}_{a}$ 或分量行阵 $^{a}\boldsymbol{i}_{b}^{\mathrm{T}}$、$^{a}\boldsymbol{j}_{b}^{\mathrm{T}}$、$^{a}\boldsymbol{k}_{b}^{\mathrm{T}}$ 可以直接构成这两个坐标系之间的转换矩阵。

2.1.2.2 坐标转换矩阵传递性质

假设有三个坐标系 $\{\boldsymbol{a}\}$、$\{\boldsymbol{b}\}$、$\{\boldsymbol{c}\}$，矢量 $\vec{u}$ 在这三个坐标系中的分量列阵以相应的转换矩阵联系起来

$$\begin{cases}{}^{c}\boldsymbol{u}={}^{c}\boldsymbol{A}_{b}{}^{b}\boldsymbol{u}\\ {}^{b}\boldsymbol{u}={}^{b}\boldsymbol{A}_{a}{}^{a}\boldsymbol{u}\\ {}^{c}\boldsymbol{u}={}^{c}\boldsymbol{A}_{a}{}^{a}\boldsymbol{u}\end{cases}\tag{2-22}$$

由此可以推导出

$$\begin{cases}{}^{c}\boldsymbol{A}_{a}={}^{c}\boldsymbol{A}_{b}{}^{b}\boldsymbol{A}_{a}\\ {}^{a}\boldsymbol{A}_{c}={}^{a}\boldsymbol{A}_{b}{}^{b}\boldsymbol{A}_{c}\end{cases}\tag{2-23}$$

上式表明坐标转换矩阵具有传递性质。

2.1.2.3 坐标转换矩阵求解

已知两个非平行矢量 $\vec{u}$、$\vec{v}$ 在两个坐标系 $\{\boldsymbol{a}\}$、$\{\boldsymbol{b}\}$ 中的分量列阵，可以求解其坐标转换矩阵 $^{b}\boldsymbol{A}_{a}$。定义第三个坐标系 $\{\boldsymbol{c}\}$，其 x_c 轴沿矢量 $\vec{u}$ 方向，z_c 轴沿矢量 $\vec{w}=\vec{u}\times\vec{v}$ 方向。计算单位矢量 $\vec{i}_{c}$、$\vec{j}_{c}$、$\vec{k}_{c}$ 在坐标系 $\{\boldsymbol{a}\}$ 中的分量列阵

$$\begin{cases}{}^{a}\boldsymbol{i}_{c}=\dfrac{{}^{a}\boldsymbol{u}}{\|{}^{a}\boldsymbol{u}\|}\\ {}^{a}\boldsymbol{k}_{c}=\dfrac{{}^{a}\boldsymbol{w}}{\|{}^{a}\boldsymbol{w}\|}=\dfrac{{}^{a}\boldsymbol{u}^{\times a}\boldsymbol{v}}{\|{}^{a}\boldsymbol{u}^{\times a}\boldsymbol{v}\|}\\ {}^{a}\boldsymbol{j}_{c}={}^{a}\boldsymbol{k}_{c}^{\times a}\boldsymbol{i}_{c}\end{cases}\tag{2-24}$$

由此可以形成坐标转换矩阵 $^{c}\boldsymbol{A}_{a}$

$$^{c}\boldsymbol{A}_{a}=\begin{bmatrix}{}^{a}\boldsymbol{i}_{c}^{\mathrm{T}}\\ {}^{a}\boldsymbol{j}_{c}^{\mathrm{T}}\\ {}^{a}\boldsymbol{k}_{c}^{\mathrm{T}}\end{bmatrix}\tag{2-25}$$

类似地计算 $\vec{i}_c$ 、$\vec{j}_c$ 、$\vec{k}_c$ 在坐标系 $\{\boldsymbol{b}\}$ 中的分量列阵

$$\begin{cases} {}^b\boldsymbol{i}_c = \dfrac{{}^b\boldsymbol{u}}{\| {}^b\boldsymbol{u} \|} \\ {}^b\boldsymbol{k}_c = \dfrac{{}^b\boldsymbol{w}}{\| {}^b\boldsymbol{w} \|} = \dfrac{{}^b\boldsymbol{u} \times {}^b\boldsymbol{v}}{\| {}^b\boldsymbol{u} \times {}^b\boldsymbol{v} \|} \\ {}^b\boldsymbol{j}_c = {}^b\boldsymbol{k}_c^{\times}\,{}^b\boldsymbol{i}_c \end{cases} \tag{2-26}$$

并由此形成坐标转换矩阵 ${}^c\boldsymbol{A}_b$

$${}^c\boldsymbol{A}_b = \begin{bmatrix} {}^b\boldsymbol{i}_c^{\mathrm{T}} \\ {}^b\boldsymbol{j}_c^{\mathrm{T}} \\ {}^b\boldsymbol{k}_c^{\mathrm{T}} \end{bmatrix} \tag{2-27}$$

最后求解得到坐标转换矩阵 ${}^b\boldsymbol{A}_a$

$${}^b\boldsymbol{A}_a = {}^c\boldsymbol{A}_b^{\mathrm{T}}\,{}^c\boldsymbol{A}_a \tag{2-28}$$

2.1.3　张量矩阵坐标转换

2.1.3.1　张量与张量分量矩阵

张量又称并矢，是一种特殊的量，典型张量有刚体的转动惯量等。张量是物理对象的固有属性，与坐标系无关。张量 $\vec{\boldsymbol{I}}$ 与矢量 $\vec{\boldsymbol{u}}$ 、$\vec{\boldsymbol{v}}$ 的关系可写为

$$\vec{\boldsymbol{u}} = \vec{\boldsymbol{I}} \cdot \vec{\boldsymbol{v}} \tag{2-29}$$

即张量与矢量的点积为仍为矢量。

对于具有单位矢量 $\vec{i}_a$ 、$\vec{j}_a$ 、$\vec{k}_a$ 的坐标系 $\{\boldsymbol{a}\}$，张量 $\vec{\boldsymbol{I}}$ 可表示成

$$\vec{\boldsymbol{I}} = [\vec{i}_a \quad \vec{j}_a \quad \vec{k}_a] \begin{bmatrix} I_{xx} & I_{xy} & I_{zx} \\ I_{xy} & I_{yy} & I_{yz} \\ I_{zx} & I_{yz} & I_{zz} \end{bmatrix} \begin{bmatrix} \vec{i}_a \\ \vec{j}_a \\ \vec{k}_a \end{bmatrix} \tag{2-30}$$

或者利用矢阵 $\boldsymbol{f}_a$ 表示成

$$\vec{\boldsymbol{I}} = \boldsymbol{f}_a^{\mathrm{T}}\,{}^a\boldsymbol{I}\boldsymbol{f}_a \tag{2-31}$$

其中

$${}^a\boldsymbol{I} = \begin{bmatrix} I_{xx} & I_{xy} & I_{zx} \\ I_{xy} & I_{yy} & I_{yz} \\ I_{zx} & I_{yz} & I_{zz} \end{bmatrix} \tag{2-32}$$

称为张量 $\vec{\boldsymbol{I}}$ 在坐标系 $\{\boldsymbol{a}\}$ 中的分量列阵，张量分量列阵与坐标系有关。

对于同一个坐标系 $\{\boldsymbol{a}\}$，矢量 $\vec{\boldsymbol{u}}$ 、$\vec{\boldsymbol{v}}$ 可表示成

$$\begin{cases} \vec{\boldsymbol{u}} = \boldsymbol{f}_a^{\mathrm{T}}\,{}^a\boldsymbol{u} \\ \vec{\boldsymbol{v}} = \boldsymbol{f}_a^{\mathrm{T}}\,{}^a\boldsymbol{v} \end{cases} \tag{2-33}$$

利用式（2-31）和式（2-33），式（2-29）可写成

$$\boldsymbol{f}_a^{\mathrm{T}}\,{}^a\boldsymbol{u} = \boldsymbol{f}_a^{\mathrm{T}}\,{}^a\boldsymbol{I}\,\boldsymbol{f}_a \cdot \boldsymbol{f}_a^{\mathrm{T}}\,{}^a\boldsymbol{v} \tag{2-34}$$

由于 $\boldsymbol{f}_a \cdot \boldsymbol{f}_a^{\mathrm{T}}$ 为单位矩阵，因而有

$$ {}^a\boldsymbol{u} = {}^a\boldsymbol{I}\,{}^a\boldsymbol{v} \tag{2-35}$$

式（2-35）可视为矢量方程式（2-29）在坐标系 $\{\boldsymbol{a}\}$ 中的矩阵形式。

2.1.3.2 张量分量矩阵坐标转换

将式（2-35）在两个不同的坐标系 $\{\boldsymbol{a}\}$、$\{\boldsymbol{b}\}$ 中写出，其式为

$$ {}^a\boldsymbol{u} = {}^a\boldsymbol{I}\,{}^a\boldsymbol{v} \tag{2-36}$$

$$ {}^b\boldsymbol{u} = {}^b\boldsymbol{I}\,{}^b\boldsymbol{v} \tag{2-37}$$

将式（2-36）改写成

$$ {}^a\boldsymbol{A}_b\,{}^b\boldsymbol{u} = {}^a\boldsymbol{I}\,{}^a\boldsymbol{A}_b\,{}^b\boldsymbol{v} \tag{2-38}$$

因而有

$$ {}^b\boldsymbol{u} = {}^b\boldsymbol{A}_a\,{}^a\boldsymbol{I}\,{}^a\boldsymbol{A}_b\,{}^b\boldsymbol{v} \tag{2-39}$$

比较式（2-37）与式（2-39），得到张量分量矩阵从坐标系 $\{\boldsymbol{a}\}$ 到坐标系 $\{\boldsymbol{b}\}$ 的转换公式

$$ {}^b\boldsymbol{I} = {}^b\boldsymbol{A}_a\,{}^a\boldsymbol{I}\,{}^a\boldsymbol{A}_b \tag{2-40}$$

2.1.3.3 叉乘矩阵坐标转换

对于矢量叉乘运算 $\vec{\boldsymbol{w}} = \vec{\boldsymbol{u}} \times \vec{\boldsymbol{v}}$，在坐标系 $\{\boldsymbol{a}\}$、$\{\boldsymbol{b}\}$ 中的矩阵形式分别为

$$ {}^a\boldsymbol{w} = {}^a\boldsymbol{u}^{\times}\,{}^a\boldsymbol{v} \tag{2-41}$$

$$ {}^b\boldsymbol{w} = {}^b\boldsymbol{u}^{\times}\,{}^b\boldsymbol{v} \tag{2-42}$$

将式（2-41）改写成

$$ {}^a\boldsymbol{A}_b\,{}^b\boldsymbol{w} = {}^a\boldsymbol{u}^{\times}\,{}^a\boldsymbol{A}_b\,{}^b\boldsymbol{v} \tag{2-43}$$

因而有

$$ {}^b\boldsymbol{w} = {}^b\boldsymbol{A}_a\,{}^a\boldsymbol{u}^{\times}\,{}^a\boldsymbol{A}_b\,{}^b\boldsymbol{v} \tag{2-44}$$

比较式（2-42）与式（2-44），得到叉乘矩阵从坐标系 $\{\boldsymbol{a}\}$ 到坐标系 $\{\boldsymbol{b}\}$ 的转换公式

$$ {}^b\boldsymbol{u}^{\times} = {}^b\boldsymbol{A}_a\,{}^a\boldsymbol{u}^{\times}\,{}^a\boldsymbol{A}_b \tag{2-45}$$

2.1.4 坐标系旋转效应

2.1.4.1 矢量在旋转坐标系中的导数

假设坐标系 $\{\boldsymbol{a}\}$ 以角速度 $\vec{\boldsymbol{\omega}}_a$ 旋转，将角速度 $\vec{\boldsymbol{\omega}}_a$ 和矢量 $\vec{\boldsymbol{u}}$ 写成坐标系 $\{\boldsymbol{a}\}$ 单位矢量 $\vec{\boldsymbol{i}}_a$、$\vec{\boldsymbol{j}}_a$、$\vec{\boldsymbol{k}}_a$ 分解的形式，有

$$\vec{\boldsymbol{\omega}}_a = \omega_{ax}\vec{\boldsymbol{i}}_a + \omega_{ay}\vec{\boldsymbol{j}}_a + \omega_{az}\vec{\boldsymbol{k}}_a \tag{2-46}$$

$$\vec{\boldsymbol{u}} = u_x\vec{\boldsymbol{i}}_a + u_y\vec{\boldsymbol{j}}_a + u_z\vec{\boldsymbol{k}}_a \tag{2-47}$$

矢量 $\vec{\boldsymbol{u}}$ 对时间 t 的导数为

$$\frac{\mathrm{d}\vec{\boldsymbol{u}}}{\mathrm{d}t} = \frac{\mathrm{d}u_x}{\mathrm{d}t}\vec{\boldsymbol{i}}_a + \frac{\mathrm{d}u_y}{\mathrm{d}t}\vec{\boldsymbol{j}}_a + \frac{\mathrm{d}u_z}{\mathrm{d}t}\vec{\boldsymbol{k}}_a + u_x\frac{\mathrm{d}\vec{\boldsymbol{i}}_a}{\mathrm{d}t} + u_y\frac{\mathrm{d}\vec{\boldsymbol{j}}_a}{\mathrm{d}t} + u_z\frac{\mathrm{d}\vec{\boldsymbol{k}}_a}{\mathrm{d}t} \tag{2-48}$$

由刚体运动学可知

$$\begin{cases}\dfrac{\mathrm{d}\vec{\boldsymbol{i}}_a}{\mathrm{d}t}=\vec{\boldsymbol{\omega}}_a\times\vec{\boldsymbol{i}}_a\\[2ex]\dfrac{\mathrm{d}\vec{\boldsymbol{j}}_a}{\mathrm{d}t}=\vec{\boldsymbol{\omega}}_a\times\vec{\boldsymbol{j}}_a\\[2ex]\dfrac{\mathrm{d}\vec{\boldsymbol{k}}_a}{\mathrm{d}t}=\vec{\boldsymbol{\omega}}_a\times\vec{\boldsymbol{k}}_a\end{cases}\tag{2-49}$$

因而有

$$\frac{\mathrm{d}\vec{\boldsymbol{u}}}{\mathrm{d}t}=\left(\frac{\mathrm{d}u_x}{\mathrm{d}t}\vec{\boldsymbol{i}}_a+\frac{\mathrm{d}u_y}{\mathrm{d}t}\vec{\boldsymbol{j}}_a+\frac{\mathrm{d}u_z}{\mathrm{d}t}\vec{\boldsymbol{k}}_a\right)+\vec{\boldsymbol{\omega}}_a\times(u_x\vec{\boldsymbol{i}}_a+u_y\vec{\boldsymbol{j}}_a+u_z\vec{\boldsymbol{k}}_a)\tag{2-50}$$

或简单地写为

$$\frac{\mathrm{d}\vec{\boldsymbol{u}}}{\mathrm{d}t}=\frac{\mathrm{d}_a\vec{\boldsymbol{u}}}{\mathrm{d}t}+\vec{\boldsymbol{\omega}}_a\times\vec{\boldsymbol{u}}\tag{2-51}$$

其中

$$\frac{\mathrm{d}_a\vec{\boldsymbol{u}}}{\mathrm{d}t}=\frac{\mathrm{d}u_x}{\mathrm{d}t}\vec{\boldsymbol{i}}_a+\frac{\mathrm{d}u_y}{\mathrm{d}t}\vec{\boldsymbol{j}}_a+\frac{\mathrm{d}u_z}{\mathrm{d}t}\vec{\boldsymbol{k}}_a\tag{2-52}$$

称为矢量 $\vec{\boldsymbol{u}}$ 相对于坐标系 $\{\boldsymbol{a}\}$ 对时间 t 的导数，或称相对导数。

在坐标系 $\{\boldsymbol{a}\}$ 中，式（2-51）的矩阵形式为

$$^a\left(\frac{\mathrm{d}\boldsymbol{u}}{\mathrm{d}t}\right)=\frac{\mathrm{d}^a\boldsymbol{u}}{\mathrm{d}t}+{}^a\boldsymbol{\omega}_a^{\times}{}^a\boldsymbol{u}\tag{2-53}$$

注意，$^a(\mathrm{d}\boldsymbol{u}/\mathrm{d}t)$ 是矢量导数 $\mathrm{d}\vec{\boldsymbol{u}}/\mathrm{d}t$ 的分量列阵，而 $\mathrm{d}^a\boldsymbol{u}/\mathrm{d}t$ 是矢量分量列阵 $^a\boldsymbol{u}$ 的导数。

2.1.4.2　坐标转换矩阵变化率

当两个坐标系的相对姿态变化时，其坐标转换矩阵也随之变化。首先研究特殊情况：坐标系 $\{\boldsymbol{b}\}$ 相对于惯性坐标系 $\{\boldsymbol{I}\}$ 有角速度 $\vec{\boldsymbol{\omega}}_b$，$\vec{\boldsymbol{u}}$ 是固定在坐标系 $\{\boldsymbol{b}\}$ 中的一个矢量。根据刚体运动学，有

$$^I\left(\frac{\mathrm{d}\boldsymbol{u}}{\mathrm{d}t}\right)={}^I\dot{\boldsymbol{u}}={}^I\boldsymbol{\omega}_b^{\times}{}^I\boldsymbol{u}\tag{2-54}$$

式中，$\boldsymbol{u}$ 上方圆点“·”表示对时间的导数。

另一方面，将关系式

$$^b\boldsymbol{A}_I{}^I\boldsymbol{u}={}^b\boldsymbol{u}\tag{2-55}$$

对时间求导，得到

$$^b\dot{\boldsymbol{A}}_I{}^I\boldsymbol{u}+{}^b\boldsymbol{A}_I{}^I\dot{\boldsymbol{u}}={}^b\dot{\boldsymbol{u}}=\boldsymbol{0}\tag{2-56}$$

比较式（2-54）和式（2-56），得到

$$^b\dot{\boldsymbol{A}}_I{}^I\boldsymbol{u}+{}^b\boldsymbol{A}_I{}^I\boldsymbol{\omega}_b^{\times}{}^I\boldsymbol{u}=\boldsymbol{0}\tag{2-57}$$

由此得到

$$^b\dot{\boldsymbol{A}}_I=-{}^b\boldsymbol{A}_I{}^I\boldsymbol{\omega}_b^{\times}\tag{2-58}$$

根据叉乘矩阵坐标转换公式，有

$$ {}^{I}\boldsymbol{\omega}_{b}^{\times} = {}^{I}\boldsymbol{A}_{b}{}^{b}\boldsymbol{\omega}_{b}^{\times}{}^{b}\boldsymbol{A}_{I} \tag{2-59} $$

于是得到

$$ {}^{b}\dot{\boldsymbol{A}}_{I} = -{}^{b}\boldsymbol{\omega}_{b}^{\times}{}^{b}\boldsymbol{A}_{I} \tag{2-60} $$

然后研究一般情况：坐标系 $\{\boldsymbol{b}\}$ 相对于坐标系 $\{\boldsymbol{a}\}$ 具有相对角速度 $\vec{\boldsymbol{\omega}}_{b}^{a}$ ，即

$$ {}^{I}\boldsymbol{\omega}_{b} = {}^{I}\boldsymbol{\omega}_{a} + {}^{I}\boldsymbol{\omega}_{b}^{a} \tag{2-61} $$

将关系式

$$ {}^{b}\boldsymbol{A}_{a} = {}^{b}\boldsymbol{A}_{I}{}^{I}\boldsymbol{A}_{a} \tag{2-62} $$

对时间求导，得到

$$ {}^{b}\dot{\boldsymbol{A}}_{a} = {}^{b}\dot{\boldsymbol{A}}_{I}{}^{I}\boldsymbol{A}_{a} + {}^{b}\boldsymbol{A}_{I}{}^{I}\dot{\boldsymbol{A}}_{a} \tag{2-63} $$

根据式（2-58），有

$$ {}^{I}\dot{\boldsymbol{A}}_{a} = {}^{a}\dot{\boldsymbol{A}}_{I}^{\mathrm{T}} = (-{}^{a}\boldsymbol{A}_{I}{}^{I}\boldsymbol{\omega}_{a}^{\times})^{\mathrm{T}} = {}^{I}\boldsymbol{\omega}_{a}^{\times}{}^{I}\boldsymbol{A}_{a} \tag{2-64} $$

将式（2-58）、式（2-64）代入式（2-63），有

$$ {}^{b}\dot{\boldsymbol{A}}_{a} = -{}^{b}\boldsymbol{A}_{I}({}^{I}\boldsymbol{\omega}_{b} - {}^{I}\boldsymbol{\omega}_{a})^{\times}{}^{I}\boldsymbol{A}_{a} \tag{2-65} $$

再将式（2-61）代入，推导得到坐标转换矩阵 ${}^{b}\boldsymbol{A}_{a}$ 变化率的公式

$$ {}^{b}\dot{\boldsymbol{A}}_{a} = -{}^{b}\boldsymbol{A}_{I}{}^{I}\boldsymbol{\omega}_{b}^{a\times}{}^{I}\boldsymbol{A}_{a} \tag{2-66} $$

进一步根据叉乘矩阵坐标转换公式，将式（2-66）改写为

$$ {}^{b}\dot{\boldsymbol{A}}_{a} = -{}^{b}\boldsymbol{A}_{I}{}^{I}\boldsymbol{A}_{b}{}^{b}\boldsymbol{\omega}_{b}^{a\times}{}^{b}\boldsymbol{A}_{I}{}^{I}\boldsymbol{A}_{a} \tag{2-67} $$

从而得到坐标转换矩阵 ${}^{b}\boldsymbol{A}_{a}$ 变化率公式的另一种形式

$$ {}^{b}\dot{\boldsymbol{A}}_{a} = -{}^{b}\boldsymbol{\omega}_{b}^{a\times}{}^{b}\boldsymbol{A}_{a} \tag{2-68} $$

式（2-60）、式（2-68）不仅是坐标转换矩阵变化率的公式，还是航天器姿态运动学方程的一种形式。

2.2 航天器轨道动力学基础

航天器轨道动力学是研究航天器质心平动运动规律和动态特性的科学，是研究航天器轨道设计、跟踪测轨、轨道控制和空间交会的理论基础。轨道是航天器质心在惯性空间中的运动轨迹，体现的物理特性主要有质心的位置、速度、加速度和时间等。影响航天器轨道特性的主要因素包括航天器的初始运动特性、所处的空间力学环境、所受的主动控制力以及运动过程中的几何特性等。本节简要阐述航天器轨道动力学的相关理论基础[3]，包括二体问题、轨道根数、常用公式和轨道摄动等。

2.2.1 航天器二体问题

在航天器轨道动力学问题中，通常假设航天器在地球中心引力场中运动，忽略其他各种摄动影响，此类轨道问题称为二体问题。二体问题是航天器轨道动力学的基本问题，反映了航天器轨道运动的最主要特性。研究航天器二体问题的基本原理是万有引力定律。假

设某个在地球中心引力场中运动的航天器质量为 m ，质心在惯性坐标系 $\{\boldsymbol{I}\}$ 中的位置矢量为 $\vec{\boldsymbol{r}}$ ，航天器与地球之间的运动关系符合二体问题设定。根据万有引力定律，航天器受到的地球中心引力 $\vec{\boldsymbol{F}}$ 可表示为

$$\vec{\boldsymbol{F}} = -\frac{\mu m}{r^2} \cdot \frac{\vec{\boldsymbol{r}}}{r} \tag{2-69}$$

式中，$\mu = 3.986\ 005 \times 10^{14}\ \mathrm{m}^3 \cdot \mathrm{s}^{-2}$，为地球引力常数，$r = \|\vec{\boldsymbol{r}}\|$ ，为航天器的地心距。

将位置矢量 $\vec{\boldsymbol{r}}$ 对时间 t 求二阶导数，根据牛顿第二定律，航天器在地球中心引力场中的轨道动力学方程为

$$m\frac{\mathrm{d}^2\vec{\boldsymbol{r}}}{\mathrm{d}t^2} = -\frac{\mu m}{r^2} \cdot \frac{\vec{\boldsymbol{r}}}{r} \tag{2-70}$$

将式（2－70）写成惯性坐标系 $\{\boldsymbol{I}\}$ 中的矩阵形式，化简得到矩阵形式的航天器二体问题轨道动力学方程

$$\ddot{\boldsymbol{r}} = -\frac{\mu}{r^3}\boldsymbol{r} \tag{2-71}$$

式中，$\boldsymbol{r}$ 为位置矢量 $\vec{\boldsymbol{r}}$ 在惯性坐标系 $\{\boldsymbol{I}\}$ 中的分量。

航天器轨道动力学方程表明，作用在航天器上的地球中心引力大小与航天器质量成正比，与航天器地心距的平方成反比；地球中心引力产生的加速度大小与航天器质量无关，加速度方向与航天器位置矢量方向相反。

2.2.2　航天器轨道根数

航天器在地球中心引力场中的运动轨迹限制在一个平面内，该平面称为航天器轨道面。航天器轨道面与地球赤道面的交线称为节线，其中航天器从南向北穿越地球赤道面的点称为升交点，从北向南穿越地球赤道面的点称为降交点。对于绕地球运动的人造卫星等航天器，其轨道形状为椭圆，地球位于椭圆的一个焦点上，椭圆长轴的两个端点分别称为近地点和远地点。

求解航天器二体轨道动力学方程可以得到 6 个独立的积分常数，称为航天器轨道要素，也称航天器轨道根数，其名称和物理含义分别为：

1）轨道倾角 i ：航天器轨道面与地球赤道面的夹角，$0° \leqslant i < 180°$。

2）升交点赤经 Ω ：在地球赤道面内，以地心为顶点，从春分点方向逆时针度量到升交点方向的夹角，$0° \leqslant \Omega < 360°$。

3）半长轴 a ：航天器轨道椭圆的半长轴。

4）偏心率 e ：航天器轨道椭圆的偏心率，$0 \leqslant e < 1$。

5）近地点幅角 ω ：在航天器轨道面内，以地心为顶点，从升交点方向沿航天器运动方向度量到近地点方向的夹角，$0° \leqslant \omega < 360°$。

6）真近点角 f ：在航天器轨道面内，以地心为顶点，从近地点方向沿航天器运动方向度量到航天器位置方向的夹角，$0° \leqslant f < 360°$。

在航天器轨道动力学计算中，通常还定义其他若干参数，以便更好地描述航天器轨道

运动特性。主要参数的名称和物理含义如下：

1）纬度幅角 u ：在航天器轨道面内，以地心为顶点，从升交点方向沿航天器运动方向度量到航天器位置方向的夹角，$u=\omega+f$ ，$0°\leqslant u<360°$。

2）平近点角 M ：航天器在其轨道面内从近地点方向以平均角速度运动转过的角度，$0°\leqslant M<360°$。

3）偏近点角 E ：在航天器轨道面内，以轨道外接辅助圆的圆心为顶点，从近地点方向沿航天器运动方向度量到过航天器位置点且垂直于轨道椭圆长轴方向的直线与轨道外接辅助圆的交点方向的夹角，$0°\leqslant E<360°$。

4）半通径 p ：在航天器轨道面内，从地心度量到过地心且垂直于轨道椭圆长轴方向的直线与轨道椭圆的交点的距离。

5）轨道周期 T ：航天器沿轨道绕地球运行一圈所用的时间间隔。

航天器轨道在惯性空间和轨道面内的描述参数分别如图 2－1 和图 2－2 所示。

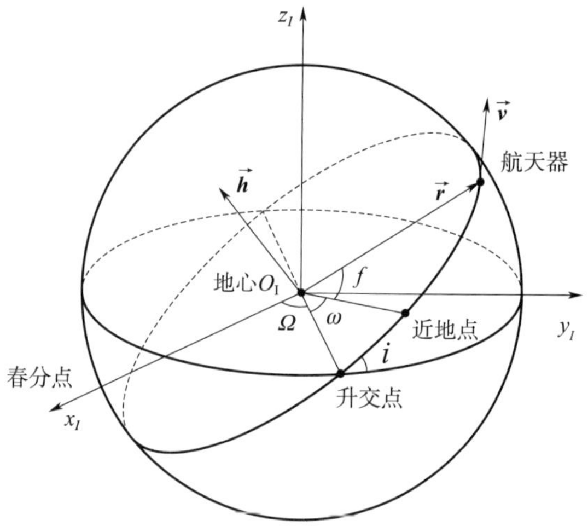

图 2－1　航天器轨道空间描述参数

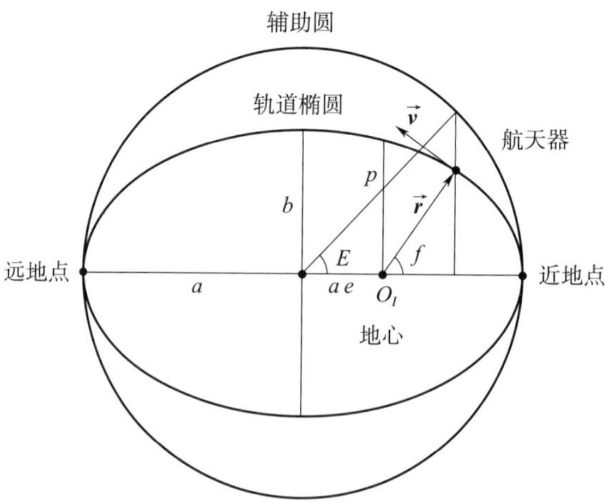

图 2－2　航天器轨道平面描述参数

定义 $\boldsymbol{r}=[r_x \quad r_y \quad r_z]^{\mathrm{T}}$、$\boldsymbol{v}=[v_x \quad v_y \quad v_z]^{\mathrm{T}}$ 分别为航天器在惯性坐标系 $\{\boldsymbol{I}\}$ 中的位置矢量 $\vec{r}$ 、速度矢量 $\vec{v}$ 在惯性坐标系 $\{\boldsymbol{I}\}$ 中的分量，$r=\|\boldsymbol{r}\|$ 、$v=\|\boldsymbol{v}\|$ 分别为 $\boldsymbol{r}$ 、$\boldsymbol{v}$ 的模。航天器位置 $\boldsymbol{r}$ 、速度 $\boldsymbol{v}$ 与轨道根数 i 、Ω 、a 、e 、ω 、f 可以相互转换。

(1) 轨道根数转换为位置、速度

已知航天器在某历元时刻 t 的轨道根数 i 、Ω 、a 、e 、ω 、f ，求航天器在该历元时刻的位置 $\boldsymbol{r}$ 、速度 $\boldsymbol{v}$ 。

航天器地心距 r 为

$$r=\frac{a(1-e^2)}{1+e\cos f} \tag{2-72}$$

定义 $\boldsymbol{P}$ 为从地心指向近地点方向的单位矢量在惯性坐标系 $\{\boldsymbol{I}\}$ 中的分量

$$\boldsymbol{P}=\begin{bmatrix}\cos\omega\cos\Omega-\sin\omega\sin\Omega\cos i\\ \cos\omega\sin\Omega+\sin\omega\cos\Omega\cos i\\ \sin\omega\sin i\end{bmatrix} \tag{2-73}$$

定义 $\boldsymbol{Q}$ 为从地心沿半通径方向的单位矢量在惯性坐标系 $\{\boldsymbol{I}\}$ 中的分量

$$\boldsymbol{Q}=\begin{bmatrix}-\sin\omega\cos\Omega-\cos\omega\sin\Omega\cos i\\ -\sin\omega\sin\Omega+\cos\omega\cos\Omega\cos i\\ \cos\omega\sin i\end{bmatrix} \tag{2-74}$$

航天器位置 $\boldsymbol{r}$ 为

$$\boldsymbol{r}=r\cos f\cdot\boldsymbol{P}+r\sin f\cdot\boldsymbol{Q} \tag{2-75}$$

航天器速度 $\boldsymbol{v}$ 为

$$\boldsymbol{v}=\sqrt{\frac{\mu}{a(1-e^2)}}\,[-\sin f\cdot\boldsymbol{P}+(e+\cos f)\cdot\boldsymbol{Q}] \tag{2-76}$$

(2) 位置速度转换为轨道根数

已知航天器在某历元时刻 t 的位置 $\boldsymbol{r}$ 、速度 $\boldsymbol{v}$ ，求航天器在该历元时刻的轨道根数 i 、Ω 、a 、e 、ω 、f 。

定义 $\boldsymbol{h}=\boldsymbol{r}^{\times}\boldsymbol{v}=[h_x \quad h_y \quad h_z]^{\mathrm{T}}$ 为航天器轨道运动的角动量矢量 $\vec{h}$ 在惯性坐标系 $\{\boldsymbol{I}\}$ 中的分量，$h=\|\boldsymbol{h}\|$ 为 $\boldsymbol{h}$ 的模。

航天器地心距 r 、速度大小 v 、角动量大小 h 分别为

$$\begin{cases}r=\|\boldsymbol{r}\|=\sqrt{r_x^2+r_y^2+r_z^2}\\ v=\|\boldsymbol{v}\|=\sqrt{v_x^2+v_y^2+v_z^2}\\ h=\|\boldsymbol{h}\|=\sqrt{h_x^2+h_y^2+h_z^2}\end{cases} \tag{2-77}$$

半长轴 a 为

$$a=\frac{\mu r}{2\mu-rv^2} \tag{2-78}$$

偏心率 e 为

$$e=\sqrt{1-\frac{h^2}{\mu a}} \tag{2-79}$$

轨道倾角 i 为

$$\sin i=\frac{\sqrt{h_x^2+h_y^2}}{h},\cos i=\frac{h_z}{h} \tag{2-80}$$

升交点赤经 Ω 为

$$\sin\Omega=\frac{h_x}{\sqrt{h_x^2+h_y^2}},\cos\Omega=\frac{-h_y}{\sqrt{h_x^2+h_y^2}} \tag{2-81}$$

定义 $\boldsymbol{N}$ 为从地心指向升交点方向的单位矢量在惯性坐标系 $\{\boldsymbol{I}\}$ 中的分量

$$\boldsymbol{N}=[\cos\Omega \quad \sin\Omega \quad 0]^{\mathrm{T}} \tag{2-82}$$

近地点幅角 ω 为

$$\sin\omega=\boldsymbol{h}^{\mathrm{T}}\boldsymbol{N}^{\times}\boldsymbol{P},\cos\omega=\boldsymbol{N}^{\mathrm{T}}\boldsymbol{P} \tag{2-83}$$

真近点角 f 为

$$\sin f=\frac{\boldsymbol{h}^{\mathrm{T}}\boldsymbol{P}^{\times}\boldsymbol{r}}{r},\cos f=\frac{\boldsymbol{P}^{\mathrm{T}}\boldsymbol{r}}{r} \tag{2-84}$$

2.2.3 航天器轨道常用公式

本节给出航天器轨道动力学计算中的一些常用公式。

地心距 r

$$r=\frac{p}{1+e\cos f}=a(1-e\cos E) \tag{2-85}$$

地心距变化率 $\dot{r}$

$$\dot{r}=e\sin f\sqrt{\frac{\mu}{a(1-e^2)}} \tag{2-86}$$

速度 v（活力公式）

$$v=\sqrt{\mu\left(\frac{2}{r}-\frac{1}{a}\right)} \tag{2-87}$$

飞行角 γ（速度方向与当地水平面的夹角）

$$\sin\gamma=\frac{e\sin f}{\sqrt{1+e^2+2e\cos f}},\cos\gamma=\frac{1+e\cos f}{\sqrt{1+e^2+2e\cos f}} \tag{2-88}$$

近地点地心距 r_p

$$r_p=a(1-e) \tag{2-89}$$

近地点速度 v_p

$$v_p=(1+e)\sqrt{\frac{\mu}{a(1-e^2)}} \tag{2-90}$$

远地点地心距 r_a

$$r_a=a(1+e) \tag{2-91}$$

远地点速度 v_a

$$v_a=(1-e)\sqrt{\frac{\mu}{a(1-e^2)}} \tag{2-92}$$

平近点角 M

$$M = E - e\sin E \tag{2-93}$$

偏近点角 E

$$\sin E = \frac{\sqrt{1-e^2}\sin f}{1+e\cos f},\quad \cos E = \frac{e+\cos f}{1+e\cos f} \tag{2-94}$$

$$\begin{cases} E_0 = M \\ E_{i+1} = M + e\sin E_i \text{ 或 } E_i - \dfrac{E_i - e\sin E_i - M}{1 - e\cos E_i} \end{cases} \tag{2-95}$$

真近点角 f

$$\sin f = \frac{\sqrt{1-e^2}\sin E}{1-e\cos E}, \cos f = \frac{\cos E - e}{1-e\cos E} \tag{2-96}$$

$$\tan\frac{f}{2} = \sqrt{\frac{1+e}{1-e}}\tan\frac{E}{2} \tag{2-97}$$

半通径 p

$$p = a(1-e^2) \tag{2-98}$$

轨道周期 T

$$T = 2\pi\sqrt{\frac{a^3}{\mu}} \tag{2-99}$$

角动量 h

$$h = \sqrt{\mu a(1-e^2)} \tag{2-100}$$

2.2.4 航天器轨道摄动

二体问题是航天器绕地球运动的一种近似。实际上，航天器在轨道上运行时，除了受地球中心引力作用外，还受地球非球形引力、日月引力、太阳辐射压力、大气阻力等轨道摄动影响。综合考虑各种轨道摄动因素，航天器轨道动力学方程式（2－71）可写为

$$\ddot{\boldsymbol{r}} = -\frac{\mu}{r^3}\boldsymbol{r} + \boldsymbol{a}_G + \boldsymbol{a}_N + \boldsymbol{a}_L + \boldsymbol{a}_A \tag{2-101}$$

式中，$\boldsymbol{a}_G$、$\boldsymbol{a}_N$、$\boldsymbol{a}_L$、$\boldsymbol{a}_A$ 分别为地球非球形引力摄动、日月引力摄动、太阳辐射压力摄动、大气阻力摄动引起的加速度矢量在惯性坐标系 $\{\boldsymbol{I}\}$ 中的分量。

2.2.4.1 地球非球形引力摄动

地球形状不是标准球形，密度分布也不均匀，由此对航天器轨道产生摄动影响。地球非球形引力摄动加速度 $\boldsymbol{a}_G$ 可表示为

$$\boldsymbol{a}_G = \mathrm{grad}(\Delta V) \tag{2-102}$$

式中，ΔV 为地球非球形引力摄动势函数，其表达式为

$$\Delta V = \frac{\mu}{r}\sum_{n=2}^{\infty} J_n\left(\frac{R_e}{r}\right)^n P_n\sin\varphi + \frac{\mu}{r}\sum_{n=2}^{\infty}\sum_{m=1}^{n} J_{nm}\left(\frac{R_e}{r}\right)^n P_{nm}\sin\varphi\cos m(\lambda - \lambda_{nm}) \tag{2-103}$$

式中，R_e 为地球赤道半径；J_n、J_{nm} 为地球引力势谐波系数；P_n 为勒让德多项式；P_{nm} 为缔合勒让德多项式；φ 为航天器星下点地理纬度；λ 为航天器星下点地理经度；λ_{nm} 为平衡点经度。

地球非球形引力摄动势函数 ΔV 的表达式由两项组成。第一项为带谐项，仅与纬度有关，可理解为地球沿纬度圈切成众多带状区域。第二项中当 $n=m$ 时为扇谐项，当 $n\neq m$ 时为田谐项。扇谐项仅与经度有关，可理解为将地球沿经度圈切成众多"橘瓣"样的区域。田谐项与经纬度均有关系，可理解为将地球切成众多棋盘状田字格。带谐项、扇谐项和田谐项相对标准球体的凸起与下凹描述了地球形状与密度分布的不均匀特点，这些不均匀性偏差引起了航天器轨道的摄动运动。其中，$J_2=1.082\,6\times10^{-3}$ 为最大的带谐项系数，表现为地球赤道隆起两级略扁，主要引起升交点赤经和近地点幅角的长期变化。$J_{22}=1.814\,9\times10^{-6}$ 为最大的田谐项系数，表现为地球赤道截面呈非圆形而是椭圆，对于地球同步轨道主要引起定点位置东西漂移。

2.2.4.2 日月引力摄动

对于航天器与地球二体运动而言，日月引力是典型的第三体摄动力。航天器在近地空间轨道运行时，其与太阳、月球之间的距离远大于其与地心之间的距离，因此日月引力可以只考虑中心质点引力。日月引力摄动加速度 $\boldsymbol{a}_N$ 可表示为

$$\boldsymbol{a}_N=\mu_S\left(\frac{\boldsymbol{r}_S-\boldsymbol{r}}{\|\boldsymbol{r}_S-\boldsymbol{r}\|^3}-\frac{\boldsymbol{r}_S}{\|\boldsymbol{r}_S\|^3}\right)+\mu_M\left(\frac{\boldsymbol{r}_M-\boldsymbol{r}}{\|\boldsymbol{r}_M-\boldsymbol{r}\|^3}-\frac{\boldsymbol{r}_M}{\|\boldsymbol{r}_M\|^3}\right) \tag{2-104}$$

式中，$\mu_S=1.327\,15\times10^{20}\ \mathrm{m^3\cdot s^{-2}}$、$\mu_M=4.902\,87\times10^{12}\ \mathrm{m^3\cdot s^{-2}}$ 分别为太阳、月球的引力常数，$\boldsymbol{r}_S$、$\boldsymbol{r}_M$ 分别为太阳、月球质心相对于地心的位置矢量在惯性坐标系 $\{\boldsymbol{I}\}$ 中的分量。

日月引力主要引起轨道角动量矢量的进动，使得倾角和升交点赤经产生摄动，对于地球同步轨道主要表现为定点位置南北漂移。

2.2.4.3 太阳辐射压力摄动

太阳辐射压力是太阳光辐射作用于航天器表面产生的摄动力，太阳辐射压力摄动加速度 $\boldsymbol{a}_L$ 可表示为

$$\boldsymbol{a}_L=-\frac{k_L p_0 s_L}{m}\boldsymbol{r}_L \tag{2-105}$$

式中，k_L 为航天器表面材料系数，取值范围为 0～2，完全透光材料为 0，完全吸收材料为 1，完全反射材料为 2；p_0 为太阳辐射压强，在地球附近近似为常数 $4.56\times10^{-6}\ \mathrm{N\cdot m^2}$；$s_L$ 为航天器的有效辐射面积；$\boldsymbol{r}_L$ 为从航天器指向太阳方向的单位矢量在惯性坐标系 $\{\boldsymbol{I}\}$ 中的分量。

太阳辐射压力主要引起偏心率的长期变化。对于地球同步轨道，太阳辐射压力在一侧对航天器加速，抬高远地点；在相位相差 180°的另一侧对航天器减速，降低近地点，从而使轨道从圆逐渐变为椭圆；6 个月后，太阳辐射压力方向反向，在近地点减速降低远地点，在远地点加速抬高近地点，从而使轨道又从椭圆逐渐变为圆。

2.2.4.4 大气阻力摄动

航天器在 500 km 以下的低地球轨道运行时，还需要考虑大气阻力的摄动影响。大气阻力摄动加速度 $\boldsymbol{a}_A$ 可表示为

$$\boldsymbol{a}_A=-\frac{k_A s_A \rho_0 v_A}{2m}\boldsymbol{v}_A \tag{2-106}$$

式中，k_A 为大气阻力系数；s_A 为航天器有效迎风面积；ρ_0 为大气密度；$\boldsymbol{v}_A$ 为航天器相对于大气的速度，$v_A=\|\boldsymbol{v}_A\|$。大气密度是高度和温度的函数，且受太阳活动的影响，目前已有多种大气密度模型可供使用，如 USSA76、CIRA 模型等。

大气阻力主要引起半长轴的衰减。对于地球同步轨道，大气阻力摄动相对于其他摄动影响很小，基本可以忽略。

2.3 航天器姿态动力学基础

航天器姿态动力学是研究航天器绕其质心转动运动规律和动态特性的科学。姿态运动学仅研究旋转运动变量的自身规律，通常刻画为姿态角、姿态角速度以及姿态角加速度等变量之间的关系，而不涉及产生运动的原因。姿态动力学主要研究航天器在内外力矩作用下绕其质心转动的运动规律，也包含航天器内部各部件之间在其内力矩作用下的相对运动规律。本节简要阐述航天器姿态动力学的相关理论基础[209]，包括姿态描述方式、姿态运动学方程、姿态动力学方程、空间环境干扰力矩等。

2.3.1 航天器姿态描述

在航天器姿态动力学问题中，最简单常见的情况为刚体运动学与动力学，即将航天器整体视为刚体，不考虑航天器内部各部件之间的相对运动和柔性振动。航天器姿态通常以其固连的本体坐标系相对于某参考坐标系的方位或指向来描述。航天器姿态描述方式包括方向余弦矩阵、欧拉角、欧拉轴/角、四元数等，工程中需要结合实际应用与姿态运动特性合理选用。进行航天器姿态描述时，航天器本体坐标系用 $\{\boldsymbol{b}\}$ 表示，具体定义同 1.4.3.2 节服务卫星本体坐标系 $\{\boldsymbol{s}\}$ 和目标卫星本体坐标系 $\{\boldsymbol{t}\}$；参考坐标系用 $\{\boldsymbol{r}\}$ 表示，且一般情况下可将参考坐标系 $\{\boldsymbol{r}\}$ 视为惯性坐标系 $\{\boldsymbol{I}\}$。

2.3.1.1 方向余弦矩阵

方向余弦矩阵即坐标转换矩阵，是表征两个坐标系之间关系的最直接描述方式。定义 ${}^r\boldsymbol{u}$ 为矢量 $\vec{u}$ 在参考坐标系 $\{\boldsymbol{r}\}$ 中的分量，${}^b\boldsymbol{u}$ 为矢量 $\vec{u}$ 在航天器本体坐标系 $\{\boldsymbol{b}\}$ 中的分量，${}^b\boldsymbol{A}_r$ 为从参考坐标系 $\{\boldsymbol{r}\}$ 到航天器本体坐标系 $\{\boldsymbol{b}\}$ 的方向余弦矩阵。根据方向余弦矩阵（坐标转换矩阵）定义，有

$${}^b\boldsymbol{u}={}^b\boldsymbol{A}_r{}^r\boldsymbol{u} \tag{2-107}$$

写成坐标展开形式，有

$$\begin{bmatrix} u_{xb} \\ u_{yb} \\ u_{zb} \end{bmatrix} = \begin{bmatrix} A_{xx} & A_{xy} & A_{zx} \\ A_{xy} & A_{yy} & A_{yz} \\ A_{zx} & A_{yz} & A_{zz} \end{bmatrix} \begin{bmatrix} u_{xr} \\ u_{yr} \\ u_{zr} \end{bmatrix} \tag{2-108}$$

虽然根据方向余弦矩阵关系存在 9 个方程，但由于组成方向余弦矩阵的矢量为相互正交的单位矢量，因此只有 3 个独立的姿态变量。

2.3.1.2　欧拉角

任意两个坐标系可以通过绕其中一个坐标系不同坐标轴的连续 3 次旋转而重合，每次的旋转角度称为欧拉角。采用欧拉角描述姿态比较直观方便，常用的姿态角是指航天器本体坐标系 $\{\boldsymbol{b}\}$ 相对于参考坐标系 $\{\boldsymbol{r}\}$ 的 3 个有序欧拉转角。如图 2－3 所示，定义绕 x_r 轴的转角为 φ ，绕 y_r 轴的转角为 θ ，绕 z_r 轴的转角为 ψ ，由此得到基元旋转矩阵为

$$\boldsymbol{A}_1(\varphi) = \begin{bmatrix} 1 & 0 & 0 \\ 0 & \cos\varphi & \sin\varphi \\ 0 & -\sin\varphi & \cos\varphi \end{bmatrix} \tag{2-109}$$

$$\boldsymbol{A}_2(\theta) = \begin{bmatrix} \cos\theta & 0 & -\sin\theta \\ 0 & 1 & 0 \\ \sin\theta & 0 & \cos\theta \end{bmatrix} \tag{2-110}$$

$$\boldsymbol{A}_3(\psi) = \begin{bmatrix} \cos\psi & \sin\psi & 0 \\ -\sin\psi & \cos\psi & 0 \\ 0 & 0 & 1 \end{bmatrix} \tag{2-111}$$

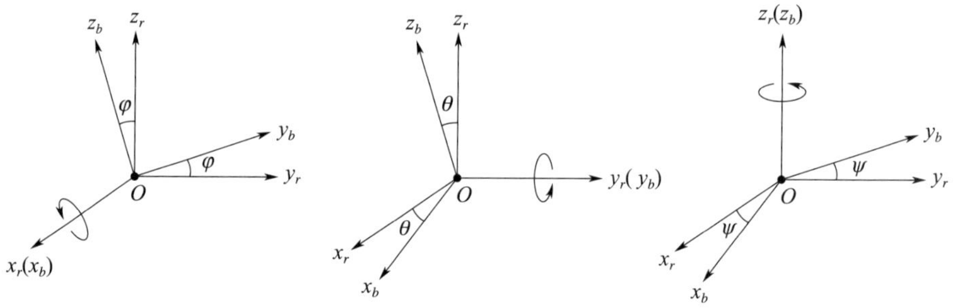

图 2－3　基元旋转矩阵

采用欧拉角描述姿态时，对应方向余弦矩阵与欧拉角的转动顺序有关。以常用的 3—1—3 顺序为例，对应的方向余弦矩阵为

$$^{b}\boldsymbol{A}_r = \boldsymbol{A}_3(\varphi)\boldsymbol{A}_1(\theta)\boldsymbol{A}_3(\psi) = \begin{bmatrix} c_\varphi c_\psi - c_\theta s_\varphi s_\psi & c_\varphi s_\psi + c_\theta s_\varphi c_\psi & s_\theta s_\varphi \\ -s_\varphi c_\psi - c_\theta c_\varphi s_\psi & -s_\varphi s_\psi + c_\theta c_\varphi c_\psi & s_\theta c_\varphi \\ s_\theta s_\psi & -s_\theta c_\psi & c_\theta \end{bmatrix} \tag{2-112}$$

式中，$s_\varphi = \sin\varphi$ ，$c_\varphi = \cos\varphi$ ，$s_\theta = \sin\theta$ ，$c_\theta = \cos\theta$ ，$s_\psi = \sin\psi$ ，$c_\psi = \cos\psi$ 。

2.3.1.3　欧拉轴/角

根据欧拉定理，刚体绕固定点的任一位移可由绕通过此点的某一轴转过一定角度而得

到。定义此转轴的单位矢量为 $\vec{e}$ ，绕此转轴的转角为 Φ 。欧拉轴/角采用 $\vec{e}$ 、Φ 作为描述航天器本体坐标系 {$\boldsymbol{b}$} 相对于参考坐标系 {$\boldsymbol{r}$} 的姿态变量，其中 $\vec{e}$ 称为欧拉轴，Φ 称为欧拉角，且有 $\vec{e}$ 在航天器本体坐标系 {$\boldsymbol{b}$} 和参考坐标系 {$\boldsymbol{r}$} 中的分量相同。

定义 $\boldsymbol{e}=[e_x \quad e_y \quad e_z]^{\mathrm{T}}$ 为矢量 $\vec{e}$ 在航天器本体坐标系 {$\boldsymbol{b}$} /参考坐标系 {$\boldsymbol{r}$} 中的分量，欧拉轴/角描述姿态所对应的方向余弦矩阵 ${}^b\boldsymbol{A}_r$ 为

$$ {}^b\boldsymbol{A}_r=\cos\Phi\cdot\boldsymbol{E}_{3\times3}+(1-\cos\Phi)\boldsymbol{e}\boldsymbol{e}^{\mathrm{T}}-\sin\Phi\cdot\boldsymbol{e}^{\times} \tag{2-113} $$

式中，$\boldsymbol{E}_{3\times3}$ 为 3×3 的单位矩阵。将上式写成坐标展开形式，有

$$ {}^b\boldsymbol{A}_r=\begin{bmatrix} c_\Phi+e_x^2(1-c_\Phi) & e_xe_y(1-c_\Phi)+e_zs_\Phi & e_xe_z(1-c_\Phi)-e_ys_\Phi \\ e_xe_y(1-c_\Phi)-e_zs_\Phi & c_\Phi+e_y^2(1-c_\Phi) & e_ye_z(1-c_\Phi)+e_xs_\Phi \\ e_xe_z(1-c_\Phi)+e_ys_\Phi & e_ye_z(1-c_\Phi)-e_xs_\Phi & c_\Phi+e_z^2(1-c_\Phi) \end{bmatrix} \tag{2-114} $$

式中，$s_\Phi=\sin\Phi$ ，$c_\Phi=\cos\Phi$ 。由于存在约束 $e_x^2+e_y^2+e_z^2=1$，因此欧拉轴/角也只有 3 个独立的姿态变量。

已知方向余弦矩阵 ${}^b\boldsymbol{A}_r$，对应的欧拉轴/角为

$$ \cos\Phi=\frac{1}{2}(\mathrm{tr}\,{}^b\boldsymbol{A}_r-1) \tag{2-115} $$

$$ \boldsymbol{e}=\frac{1}{2\sin\Phi}\begin{bmatrix} A_{yz}-A_{zy} \\ A_{zx}-A_{xz} \\ A_{xy}-A_{yx} \end{bmatrix} \tag{2-116} $$

式中，A_{yz}、A_{zy}、A_{zx}、A_{xz}、A_{xy}、A_{yx} 为 ${}^b\boldsymbol{A}_r$ 的元素；$\mathrm{tr}\,{}^b\boldsymbol{A}_r$ 为 ${}^b\boldsymbol{A}_r$ 的迹。

2.3.1.4　四元数

根据欧拉轴/角姿态描述，定义航天器本体坐标系 {$\boldsymbol{b}$} 相对于参考坐标系 {$\boldsymbol{r}$} 的姿态四元数 $\boldsymbol{Q}_b$ 为

$$ \boldsymbol{Q}_b=\begin{bmatrix} q_{b0} \\ \boldsymbol{q}_{bv} \end{bmatrix}=\begin{bmatrix} \cos\frac{\Phi}{2} & e_x\sin\frac{\Phi}{2} & e_y\sin\frac{\Phi}{2} & e_z\sin\frac{\Phi}{2} \end{bmatrix}^{\mathrm{T}} \tag{2-117} $$

式中，q_{b0} 为 $\boldsymbol{Q}_b$ 的标量部分，$\boldsymbol{q}_{bv}=[q_{b1} \quad q_{b2} \quad q_{b3}]^{\mathrm{T}}$ 为 $\boldsymbol{Q}_b$ 的矢量部分，且满足约束 $q_{b0}^2+q_{b1}^2+q_{b2}^2+q_{b3}^2=1$。

与欧拉轴/角类似，已知姿态四元数 $\boldsymbol{Q}_b$，对应的方向余弦矩阵 ${}^b\boldsymbol{A}_r$ 为

$$ {}^b\boldsymbol{A}_r=(q_{b0}^2-\boldsymbol{q}_{bv}^{\mathrm{T}}\boldsymbol{q}_{bv})\boldsymbol{E}_{3\times3}+2\boldsymbol{q}_{bv}\boldsymbol{q}_{bv}^{\mathrm{T}}-2q_{b0}\boldsymbol{q}_{bv}^{\times} \tag{2-118} $$

将上式写成坐标展开形式，有

$$ {}^b\boldsymbol{A}_r=\begin{bmatrix} q_{b0}^2+q_{b1}^2-q_{b2}^2-q_{b3}^2 & 2(q_{b1}q_{b2}+q_{b3}q_{b4}) & 2(q_{b1}q_{b3}-q_{b2}q_{b4}) \\ 2(q_{b1}q_{b2}-q_{b3}q_{b4}) & q_{b0}^2-q_{b1}^2+q_{b2}^2-q_{b3}^2 & 2(q_{b2}q_{b3}+q_{b1}q_{b4}) \\ 2(q_{b1}q_{b3}+q_{b2}q_{b4}) & 2(q_{b2}q_{b3}-q_{b1}q_{b4}) & q_{b0}^2-q_{b1}^2-q_{b2}^2+q_{b3}^2 \end{bmatrix} \tag{2-119} $$

已知方向余弦矩阵 ${}^b\boldsymbol{A}_r$，对应的姿态四元数 $\boldsymbol{Q}_b$ 为

$$q_{b0}=\pm\frac{1}{2}\sqrt{\mathrm{tr}^{b}\boldsymbol{A}_{r}+1} \tag{2-120}$$

$$\boldsymbol{q}_{bv}=\frac{1}{4q_{b0}}\begin{bmatrix}A_{yz}-A_{zy}\\A_{zx}-A_{xz}\\A_{xy}-A_{yx}\end{bmatrix} \tag{2-121}$$

2.3.2 航天器姿态运动学方程

定义 ${}^{b}\boldsymbol{\omega}_{b}=[\omega_{bx}\quad\omega_{by}\quad\omega_{bz}]^{\mathrm{T}}$ 为航天器本体坐标系 $\{\boldsymbol{b}\}$ 相对于参考坐标系 $\{\boldsymbol{r}\}$ 的角速度矢量在航天器本体坐标系 $\{\boldsymbol{b}\}$ 中的分量。对于方向余弦矩阵姿态描述方式，根据 2.2.4.2 节推导得到的坐标转换矩阵变化率公式，方向余弦矩阵形式的航天器姿态运动学方程为

$${}^{b}\dot{\boldsymbol{A}}_{r}=-{}^{b}\boldsymbol{\omega}_{b}^{\times}{}^{b}\boldsymbol{A}_{r} \tag{2-122}$$

对于欧拉角姿态描述方式，从欧拉角的转动顺序可得其微分方程，以常用的 3—1—3 顺序为例，航天器姿态角速度 ${}^{b}\boldsymbol{\omega}_{b}$ 可表示为

$${}^{b}\boldsymbol{\omega}_{b}=\boldsymbol{A}_{3}(\varphi)\left(\begin{bmatrix}0\\0\\\dot{\varphi}\end{bmatrix}+\boldsymbol{A}_{1}(\theta)\left(\begin{bmatrix}\dot{\theta}\\0\\0\end{bmatrix}+\boldsymbol{A}_{3}(\psi)\begin{bmatrix}0\\0\\\dot{\psi}\end{bmatrix}\right)\right) \tag{2-123}$$

整理得到欧拉角形式的航天器姿态运动学方程为

$$\begin{bmatrix}\dot{\psi}\\\dot{\theta}\\\dot{\varphi}\end{bmatrix}=\frac{1}{\sin\theta}\begin{bmatrix}\omega_{bx}\sin\varphi+\omega_{by}\cos\varphi\\\omega_{bx}\cos\varphi\sin\theta-\omega_{by}\sin\varphi\sin\theta\\-\omega_{bx}\sin\varphi\cos\theta-\omega_{by}\cos\varphi\cos\theta+\omega_{bz}\sin\theta\end{bmatrix} \tag{2-124}$$

对于四元数姿态描述方式，基于四元数 $\boldsymbol{Q}_{b}$ 与方向余弦矩阵 ${}^{b}\boldsymbol{A}_{r}$ 的转换关系，推导得到四元数 $\boldsymbol{Q}_{b}$ 的微分方程。以 q_{b0} 为例，将式（2－120）对时间 t 求导可得

$$\dot{q}_{b0}=\frac{1}{8q_{b0}}(\dot{A}_{xx}+\dot{A}_{yy}+\dot{A}_{zz}) \tag{2-125}$$

根据式（2－122），方向余弦矩阵 ${}^{b}\boldsymbol{A}_{r}$ 对角线元素 A_{xx}、A_{yy}、A_{zz} 的时间导数为

$$\begin{cases}\dot{A}_{xx}=\omega_{bz}A_{yx}-\omega_{by}A_{zx}\\\dot{A}_{yy}=-\omega_{bz}A_{xy}-\omega_{bx}A_{zy}\\\dot{A}_{zz}=\omega_{by}A_{xz}-\omega_{bx}A_{yz}\end{cases} \tag{2-126}$$

代入式（2－125），并利用式（2－121），整理得到

$$\dot{q}_{b0}=-\frac{1}{2}(q_{b1}\omega_{bx}+q_{b2}\omega_{by}+q_{b3}\omega_{bz}) \tag{2-127}$$

同理可得四元数 $\boldsymbol{Q}_{b}$ 其他元素 q_{b1}、q_{b2}、q_{b3} 的微分方程，从而得到四元数形式的航天器姿态运动学方程为

$$\dot{\boldsymbol{Q}}_b=\begin{bmatrix}\dot{q}_{b0}\\ \dot{\boldsymbol{q}}_{bv}\end{bmatrix}=\frac{1}{2}\begin{bmatrix}\boldsymbol{0} & -{}^b\boldsymbol{\omega}_b^{\mathrm{T}}\\ {}^b\boldsymbol{\omega}_b & -{}^b\boldsymbol{\omega}_b^{\times}\end{bmatrix}\begin{bmatrix}q_{b0}\\ \boldsymbol{q}_{bv}\end{bmatrix}\tag{2-128}$$

写成坐标展开形式，有

$$\begin{bmatrix}\dot{q}_{b0}\\ \dot{q}_{b1}\\ \dot{q}_{b2}\\ \dot{q}_{b3}\end{bmatrix}=\frac{1}{2}\begin{bmatrix}0 & -\omega_{bx} & -\omega_{by} & -\omega_{bz}\\ \omega_{bx} & 0 & \omega_{bz} & -\omega_{by}\\ \omega_{by} & -\omega_{bz} & 0 & \omega_{bx}\\ \omega_{bz} & \omega_{by} & -\omega_{bx} & 0\end{bmatrix}\begin{bmatrix}q_{b0}\\ q_{b1}\\ q_{b2}\\ q_{b3}\end{bmatrix}\tag{2-129}$$

2.3.3 航天器姿态动力学方程

航天器刚体姿态运动示意如图 2-4 所示。定义 $\vec{\boldsymbol{r}}_b$ 为航天器质心 O_b 相对于参考坐标系 $\{\boldsymbol{r}\}$ 原点 O_r 的位置矢量，$\vec{\boldsymbol{a}}_p$ 为航天器任意微元质量点 P 相对于航天器质心 O_b 的位置矢量，$\vec{\boldsymbol{r}}_p$ 为航天器微元质量点 P 相对于参考坐标系 $\{\boldsymbol{r}\}$ 原点 O_r 的位置矢量。$\vec{\boldsymbol{\omega}}_b$ 为航天器本体坐标系 $\{\boldsymbol{b}\}$ 相对于参考坐标系 $\{\boldsymbol{r}\}$ 的角速度矢量。不失一般性，可将参考坐标系 $\{\boldsymbol{r}\}$ 视为惯性坐标系 $\{\boldsymbol{I}\}$ 。

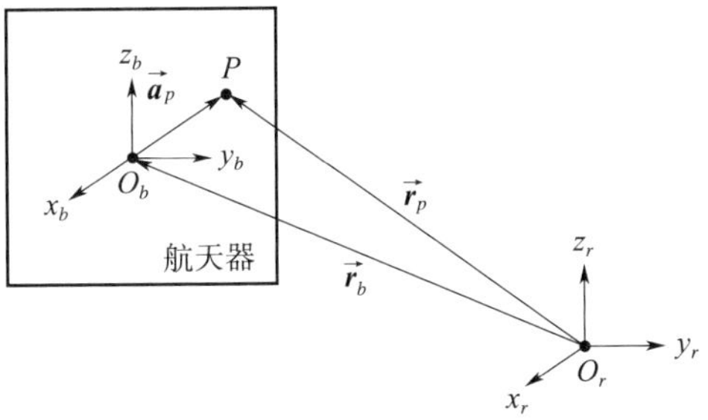

图 2-4　航天器刚体姿态运动

根据空间几何关系，有

$$\vec{\boldsymbol{r}}_p=\vec{\boldsymbol{r}}_b+\vec{\boldsymbol{a}}_p\tag{2-130}$$

航天器整体视为刚体，其微元质量点 P 与质心 O_b 之间无相对运动。将 $\vec{\boldsymbol{r}}_p$ 对时间 t 求导，并利用式（2-51)，整理得到

$$\frac{\mathrm{d}\vec{\boldsymbol{r}}_p}{\mathrm{d}t}=\frac{\mathrm{d}\vec{\boldsymbol{r}}_b}{\mathrm{d}t}+\vec{\boldsymbol{\omega}}_b\times\vec{\boldsymbol{a}}_p\tag{2-131}$$

将式（2-131）写成航天器本体坐标系 $\{\boldsymbol{b}\}$ 中的矩阵形式，有

$${}^b\dot{\boldsymbol{r}}_p={}^b\dot{\boldsymbol{r}}_b+{}^b\boldsymbol{\omega}_b^{\times}{}^b\boldsymbol{a}_p\tag{2-132}$$

假设航天器在 P 点的微元质量为 $\mathrm{d}m$ ，则整个航天器绕质心 O_b 转动的角动量矢量在其本体坐标系 $\{\boldsymbol{b}\}$ 中的分量 ${}^b\boldsymbol{H}_b$ 可表示为

$${}^b\boldsymbol{H}_b=\int{}^b\boldsymbol{a}_p^{\times}{}^b\dot{\boldsymbol{r}}_p\,\mathrm{d}m\tag{2-133}$$

将式（2-132）代入，整理得

$$^{b}\boldsymbol{H}_{b}=\left(\int {}^{b}\boldsymbol{a}_{p}^{\times}\mathrm{d}m\right){}^{b}\dot{\boldsymbol{r}}_{b}+\int {}^{b}\boldsymbol{a}_{p}^{\times b}\boldsymbol{\omega}_{b}^{\times b}\boldsymbol{a}_{p}\mathrm{d}m \tag{2-134}$$

由于 O_b 为航天器质心，因而有

$$\int {}^{b}\boldsymbol{a}_{p}^{\times}\mathrm{d}m=\boldsymbol{0} \tag{2-135}$$

对于矢量叉乘矩阵，存在以下性质

$$^{b}\boldsymbol{\omega}_{b}^{\times b}\boldsymbol{a}_{p}=-{}^{b}\boldsymbol{a}_{p}^{\times b}\boldsymbol{\omega}_{b}=({}^{b}\boldsymbol{a}_{p}^{\times})^{\mathrm{T}b}\boldsymbol{\omega}_{b} \tag{2-136}$$

将式（2－135）～式（2－136）代入式（2－134），整理得到

$$^{b}\boldsymbol{H}_{b}={}^{b}\boldsymbol{I}_{b}{}^{b}\boldsymbol{\omega}_{b} \tag{2-137}$$

式中，$^{b}\boldsymbol{I}_{b}$ 为航天器的转动惯量在其本体坐标系 $\{\boldsymbol{b}\}$ 中的表示

$$^{b}\boldsymbol{I}_{b}=\int {}^{b}\boldsymbol{a}_{p}^{\times}({}^{b}\boldsymbol{a}_{p}^{\times})^{\mathrm{T}}\mathrm{d}m \tag{2-138}$$

定义 $^{b}\boldsymbol{T}_{b}$ 为航天器的控制力矩矢量在其本体坐标系 $\{\boldsymbol{b}\}$ 中的分量，根据角动量定理，将式（2－137）在航天器本体坐标系 $\{\boldsymbol{b}\}$ 中对时间 t 求导，整理得到航天器刚体姿态动力学方程为

$$^{b}\boldsymbol{I}_{b}{}^{b}\dot{\boldsymbol{\omega}}_{b}+{}^{b}\boldsymbol{\omega}_{b}^{\times b}\boldsymbol{I}_{b}{}^{b}\boldsymbol{\omega}_{b}={}^{b}\boldsymbol{T}_{b} \tag{2-139}$$

2.3.4 空间环境干扰力矩

航天器姿态运动受到的空间环境干扰力矩主要包括重力梯度力矩、太阳辐射压力矩、大气阻力矩、地磁力矩等。空间环境干扰力矩主要取决于航天器运行的轨道高度、质量分布、几何形状、表面特性、太阳活动情况、大气密度、星上磁体以及姿态运动等。

2.3.4.1 重力梯度力矩

重力梯度力矩假设地球为质量分布均匀的中心引力体，选择地心赤道惯性坐标系 $\{\boldsymbol{I}\}$ 作为参考坐标系 $\{\boldsymbol{r}\}$，航天器受到的地球引力合力矩在航天器本体坐标系 $\{\boldsymbol{b}\}$ 中的分量 $^{b}\boldsymbol{T}_{G}$ 可表示为

$$^{b}\boldsymbol{T}_{G}=-\mu\int\frac{{}^{b}\boldsymbol{a}_{p}^{\times b}\boldsymbol{r}_{p}}{r_{p}^{3}}\mathrm{d}m \tag{2-140}$$

式中，$r_p=\|{}^{b}\boldsymbol{r}_{p}\|$ 为地心 O_I 到航天器微元质量点 P 的距离。航天器尺寸相比地心到航天器质心的距离为小量，因而有

$$r_{p}^{-3}=r_{b}^{-3}\left(1-\frac{3{}^{b}\boldsymbol{a}_{p}^{\times b}\boldsymbol{r}_{b}}{r_{b}^{2}}\right) \tag{2-141}$$

式中，$r_b=\|{}^{b}\boldsymbol{r}_{b}\|$ 为地心 O_I 到航天器质心 O_b 的距离。由共面三矢量混合积为零可知 $^{b}\boldsymbol{T}_{G}{}^{b}\boldsymbol{r}_{b}=\boldsymbol{0}$，即重力梯度力矩在 $^{b}\boldsymbol{r}_{b}$ 方向投影为零。将式（2－141）代入式（2－140），整理得到重力梯度力矩 $^{b}\boldsymbol{T}_{G}$ 表达式为

$$^{b}\boldsymbol{T}_{G}=-\frac{3\mu}{r_{b}^{5}}{}^{b}\boldsymbol{r}_{b}^{\times b}\boldsymbol{I}_{b}{}^{b}\boldsymbol{r}_{b} \tag{2-142}$$

2.3.4.2 太阳辐射压力矩

航天器在轨运行时，各种辐射源的照射光子流对其表面碰撞产生辐射压力。当辐射压

力的合力方向不穿过航天器质心时，则产生辐射压力矩。航天器所受辐射压力矩主要由太阳光压所致。对于地球轨道航天器而言，随着轨道高度升高，辐射压力矩成为主要环境干扰力矩。

辐射压力矩产生的物理机理为辐射粒子与航天器表面的动量交换。航天器表面材料特性比较复杂，照射到其表面的辐射其中一部分被吸收，另一部分被反射出去。在反射部分中一部分属于漫反射，另一部分为镜面反射。假设太阳光照在面积为 dA 的航天器表面微元上，此时微元 dA 上所受的辐射力在航天器本体坐标系 $\{\boldsymbol{b}\}$ 中的分量 ${}^{b}\mathrm{d}\boldsymbol{f}_L$ 可表示为

$$ {}^{b}\mathrm{d}\boldsymbol{f}_L = p_0 H(\cos\theta)\cos\theta\left(\left((1+k_{rs})\cos\theta+\frac{2}{3}k_{rd}\right){}^{b}\boldsymbol{n}_L+((1-k_{rs})\sin\theta)\,{}^{b}\boldsymbol{\tau}_L\right)\mathrm{d}A \tag{2-143} $$

式中，p_0 为太阳辐射压强；k_{rs} 为镜面反射系数；k_{rd} 为漫反射系数；${}^{b}\boldsymbol{n}_L$、${}^{b}\boldsymbol{\tau}_L$ 分别为航天器表面法向和切向单位矢量在航天器本体坐标系 $\{\boldsymbol{b}\}$ 中的分量；θ 为太阳光与航天器表面法向的夹角；$H(\cos\theta)$ 为 Heaviside 函数

$$ H(\cos\theta)=\begin{cases}1, & \cos\theta \geqslant 0\\ 0, & \cos\theta < 0\end{cases} \tag{2-144} $$

航天器受到的太阳辐射压力矩 ${}^{b}\boldsymbol{T}_L$ 表达式为

$$ {}^{b}\boldsymbol{T}_L=\int {}^{b}\boldsymbol{r}_A^{\times}\,{}^{b}\mathrm{d}\boldsymbol{f}_L \tag{2-145} $$

式中，${}^{b}\boldsymbol{r}_A$ 为航天器表面微元 dA 相对于航天器质心 O_b 的位置矢量在航天器本体坐标系 $\{\boldsymbol{b}\}$ 中的分量。

影响航天器表面微元辐射压力的因素包括航天器几何形状、表面光学特性、表面局部阴影、质心位置等，难以精确计算航天器受到的太阳辐射压力矩，但可根据航天器受太阳垂直照射表面积对太阳光压进行估计，并结合光压压心与航天器质心计算相应的辐射压力矩。

2.3.4.3　大气阻力矩

对于在轨道高度 500 km 以下运行的航天器，大气阻力矩为主要空间环境力矩。在此轨道高度的大气运动可以看成自由分子流，航天器受到的大气阻力矩取决于大气密度、大气来流速度、航天器几何形状、表面材料特性、质心位置等。大气阻力矩在航天器本体坐标系 $\{\boldsymbol{b}\}$ 中的分量 ${}^{b}\boldsymbol{T}_A$ 可表示为

$$ {}^{b}\boldsymbol{T}_A=\frac{k_A s_A \rho_0 v_A}{2}\,{}^{b}\boldsymbol{r}_A^{\times}\,{}^{b}\boldsymbol{v}_A \tag{2-146} $$

式中，k_A 为大气阻力系数；s_A 为航天器有效迎风面积；ρ_0 为大气密度；${}^{b}\boldsymbol{r}_A$ 为大气阻力压心相对于航天器质心 O_b 的位置矢量在航天器本体坐标系 $\{\boldsymbol{b}\}$ 中的分量；${}^{b}\boldsymbol{v}_A$ 为航天器相对于大气的速度矢量在航天器本体坐标系 $\{\boldsymbol{b}\}$ 中的分量，$v_A=\|\boldsymbol{v}_A\|$。大气密度是高度和温度的函数，对于地球同步轨道，大气密度近似为零，因此大气阻力矩可以忽略不计。

2.3.4.4　地磁力矩

地磁力矩由航天器磁矩与当地地磁场相互作用产生。航天器所在位置的地磁场与其轨

道高度、经纬度、太阳活动情况等因素有关。地磁场在地球以外的空间是位势场，可在球坐标系中用球谐函数表示为

$$V=R_e\sum_{n=1}^{\infty}\sum_{m=0}^{\infty}\left(\frac{R_e}{r}\right)^{n+1}P_{nm}\cos\psi(g_{nm}\cos m\lambda+h_{nm}\sin m\lambda) \tag{2-147}$$

式中，R_e 为地球赤道半径；r 为航天器地心距；P_{nm} 为缔合勒让德多项式；g_{nm} 、h_{nm} 为地磁场高斯系数；ψ 为航天器星下点地心余纬；λ 为航天器星下点地理经度。

地磁场强度矢量在航天器本体坐标系 $\{\boldsymbol{b}\}$ 中的分量 ${}^b\boldsymbol{B}$ 可通过对磁位势进行梯度运算得到

$${}^b\boldsymbol{B}=-{}^b(\nabla V) \tag{2-148}$$

航天器受到的地磁力矩 ${}^b\boldsymbol{T}_B$ 表达式为

$${}^b\boldsymbol{T}_B={}^b\boldsymbol{M}_B^{\times}\,{}^b\boldsymbol{B} \tag{2-149}$$

式中，${}^b\boldsymbol{M}_B$ 为航天器磁矩在航天器本体坐标系 $\{\boldsymbol{b}\}$ 中的分量。

2.4　航天器相对轨道姿态动力学建模

航天器在轨服务还涉及航天器相对轨道姿态动力学问题。在空间失稳目标安全逼近任务中，服务卫星与目标卫星的轨道姿态运动属于空间近距离相对运动问题。本节进行航天器相对轨道姿态动力学建模[210,211]，基于 C－W 方程建立相对轨道动力学模型，基于相对四元数建立相对姿态动力学模型，并针对空间近距离运动中的轨道姿态耦合问题，建立相对轨道姿态耦合动力学模型。

2.4.1　相对轨道动力学方程

研究服务卫星与目标卫星的相对轨道运动。假设服务卫星与目标卫星都运行在地球同步轨道，偏心率可视为零；两星之间的相对距离远小于其地心距；不考虑轨道摄动影响。基于上述假设，服务卫星与目标卫星的相对轨道运动可采用线性 C－W 方程描述，两星的相对轨道运动如图 2－5 所示。

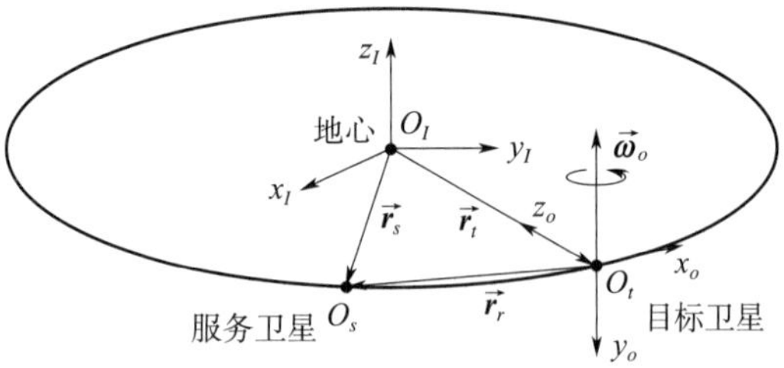

图 2－5　服务卫星与目标卫星的相对轨道运动

目标卫星矢量形式的轨道动力学方程为

$$\frac{\mathrm{d}^2\vec{\boldsymbol{r}}_t}{\mathrm{d}t^2}+\mu\frac{\vec{\boldsymbol{r}}_t}{r_t^3}=\boldsymbol{0} \tag{2-150}$$

式中，$\vec{\boldsymbol{r}}_t$ 为目标卫星质心 O_t 相对于惯性坐标系 {$\boldsymbol{I}$} 原点 O_I 的位置矢量，$r_t = \|\vec{\boldsymbol{r}}_t\|$ 为目标卫星的地心距。

服务卫星矢量形式的轨道动力学方程为

$$\frac{\mathrm{d}^2\vec{\boldsymbol{r}}_s}{\mathrm{d}t^2}+\mu\frac{\vec{\boldsymbol{r}}_s}{r_s^3}=\frac{\vec{\boldsymbol{F}}_s}{m_s} \tag{2-151}$$

式中，$\vec{\boldsymbol{r}}_s$ 为服务卫星质心 O_s 相对于惯性坐标系 {$\boldsymbol{I}$} 原点 O_I 的位置矢量，$r_s = \|\vec{\boldsymbol{r}}_s\|$ 为服务卫星的地心距；$\vec{\boldsymbol{F}}_s$ 为服务卫星的控制力矢量；m_s 为服务卫星质量。

上述两式相减得

$$\frac{\mathrm{d}^2(\vec{\boldsymbol{r}}_s-\vec{\boldsymbol{r}}_t)}{\mathrm{d}t^2}+\mu\left(\frac{\vec{\boldsymbol{r}}_s}{r_s^3}-\frac{\vec{\boldsymbol{r}}_t}{r_t^3}\right)=\frac{\vec{\boldsymbol{F}}_s}{m_s} \tag{2-152}$$

定义 $\vec{\boldsymbol{r}}_r$ 为服务卫星质心 O_s 相对于目标卫星质心 O_t 的位置矢量

$$\vec{\boldsymbol{r}}_r=\vec{\boldsymbol{r}}_s-\vec{\boldsymbol{r}}_t \tag{2-153}$$

式(2-152) 可改写成

$$\frac{\mathrm{d}^2\vec{\boldsymbol{r}}_r}{\mathrm{d}t^2}+\frac{\mu}{r_t^3}\left[(\vec{\boldsymbol{r}}_t+\vec{\boldsymbol{r}}_r)\frac{r_t^3}{r_s^3}-\vec{\boldsymbol{r}}_t\right]=\frac{\vec{\boldsymbol{F}}_s}{m_s} \tag{2-154}$$

定义 $r_r = \|\vec{\boldsymbol{r}}_r\|$ 为服务卫星质心 O_s 与目标卫星质心 O_t 的相对距离，由三角形关系可得

$$r_s^2=r_t^2+r_r^2+2\vec{\boldsymbol{r}}_t\cdot\vec{\boldsymbol{r}}_r \tag{2-155}$$

服务卫星与目标卫星的相对距离远小于两星的地心距，$r_r/r_t \ll 1$，因而有

$$\frac{r_s^2}{r_t^2}=1+\frac{r_r^2}{r_t^2}+2\frac{\vec{\boldsymbol{r}}_t\cdot\vec{\boldsymbol{r}}_r}{r_t^2}\approx 1+2\frac{\vec{\boldsymbol{r}}_t\cdot\vec{\boldsymbol{r}}_r}{r_t^2} \tag{2-156}$$

$$\frac{r_t^3}{r_s^3}\approx\left(1+2\frac{\vec{\boldsymbol{r}}_t\cdot\vec{\boldsymbol{r}}_r}{r_t^2}\right)^{-\frac{3}{2}}\approx 1-3\frac{\vec{\boldsymbol{r}}_t\cdot\vec{\boldsymbol{r}}_r}{r_t^2} \tag{2-157}$$

将式 (2-156) ～式 (2-157) 代入式 (2-154)，略去高阶小量，整理得到矢量形式的相对轨道动力学方程为

$$\frac{\mathrm{d}^2\vec{\boldsymbol{r}}_r}{\mathrm{d}t^2}+\frac{\mu}{r_t^3}\left(\vec{\boldsymbol{r}}_r-3\frac{\vec{\boldsymbol{r}}_t\cdot\vec{\boldsymbol{r}}_r}{r_t^2}\vec{\boldsymbol{r}}_t\right)=\frac{\vec{\boldsymbol{F}}_s}{m_s} \tag{2-158}$$

将相对轨道动力学方程写成目标卫星轨道坐标系 {$\boldsymbol{o}$} 中的矩阵形式。根据目标卫星轨道坐标系 {$\boldsymbol{o}$} 定义，目标卫星轨道角速度矢量在其轨道坐标系 {$\boldsymbol{o}$} 中的分量 ${}^o\boldsymbol{\omega}_o$ 可表示为

$${}^o\boldsymbol{\omega}_o=[0\quad -\omega_o\quad 0]^{\mathrm{T}} \tag{2-159}$$

式中，$\omega_o=\sqrt{\mu/r_t^3}$ 为目标卫星轨道角速度大小绝对值。由于目标卫星轨道偏心率可视为零，因此 ω_o 可视为常值。将相对位置矢量 $\vec{\boldsymbol{r}}_r$ 在目标卫星轨道坐标系 {$\boldsymbol{o}$} 中求导，根据旋转坐标系中的矢量求导规则，有

$${}^o\left(\frac{\mathrm{d}\vec{\boldsymbol{r}}_r}{\mathrm{d}t}\right)={}^o\dot{\boldsymbol{r}}_r+{}^o\boldsymbol{\omega}_o^{\times}{}^o\boldsymbol{r}_r \tag{2-160}$$

$${}^o\left(\frac{\mathrm{d}^2\vec{\boldsymbol{r}}_r}{\mathrm{d}t^2}\right)={}^o\ddot{\boldsymbol{r}}_r+2{}^o\boldsymbol{\omega}_o^{\times}{}^o\dot{\boldsymbol{r}}_r+{}^o\boldsymbol{\omega}_o^{\times}{}^o\boldsymbol{\omega}_o^{\times}{}^o\boldsymbol{r}_r \tag{2-161}$$

式中，${}^{o}\boldsymbol{r}_{r}$ 为相对位置矢量 $\vec{\boldsymbol{r}}_{r}$ 在目标卫星轨道坐标系 $\{\boldsymbol{o}\}$ 中的分量。将式（2-159）～式(2-161)代入式（2-158），整理得到目标卫星轨道坐标系 $\{\boldsymbol{o}\}$ 矩阵形式的相对轨道动力学方程为

$$
{}^{o}\ddot{\boldsymbol{r}}_{r}=\boldsymbol{C}_{11}{}^{o}\dot{\boldsymbol{r}}_{r}+\boldsymbol{C}_{12}{}^{o}\boldsymbol{r}_{r}+\boldsymbol{G}_{1}{}^{o}\boldsymbol{F}_{s} \tag{2-162}
$$

式中，${}^{o}\boldsymbol{F}_{s}$ 为服务卫星控制力矢量在目标卫星轨道坐标系 $\{\boldsymbol{o}\}$ 中的分量，$\boldsymbol{C}_{11}$、$\boldsymbol{C}_{12}$、$\boldsymbol{G}_{1}$ 的表达式分别为

$$
\boldsymbol{C}_{11}=\omega_{o}\begin{bmatrix}0 & 0 & 2\\ 0 & 0 & 0\\ -2 & 0 & 0\end{bmatrix} \tag{2-163}
$$

$$
\boldsymbol{C}_{12}=\omega_{o}^{2}\begin{bmatrix}0 & 0 & 0\\ 0 & -1 & 0\\ 0 & 0 & 3\end{bmatrix} \tag{2-164}
$$

$$
\boldsymbol{G}_{1}=m_{s}^{-1}\boldsymbol{E}_{3\times 3} \tag{2-165}
$$

式中，$\boldsymbol{E}_{3\times 3}$ 为 3×3 单位矩阵。

2.4.2 相对姿态动力学方程

研究服务卫星与目标卫星的相对姿态运动。假设服务卫星与目标卫星均视为刚体，不考虑太阳翼等附件的柔性振动，受到的空间环境干扰力矩均可忽略。服务卫星与目标卫星的姿态均在其本体坐标系中描述。

目标卫星的姿态运动学与动力学方程分别为

$$
\dot{\boldsymbol{Q}}_{t}=\begin{bmatrix}\dot{q}_{t0}\\ \dot{\boldsymbol{q}}_{tv}\end{bmatrix}=\frac{1}{2}\begin{bmatrix}\boldsymbol{0} & -{}^{t}\boldsymbol{\omega}_{t}^{\mathrm{T}}\\ {}^{t}\boldsymbol{\omega}_{t} & -{}^{t}\boldsymbol{\omega}_{t}^{\times}\end{bmatrix}\begin{bmatrix}q_{t0}\\ \boldsymbol{q}_{tv}\end{bmatrix} \tag{2-166}
$$

$$
{}^{t}\boldsymbol{I}_{t}{}^{t}\dot{\boldsymbol{\omega}}_{t}+{}^{t}\boldsymbol{\omega}_{t}^{\times}{}^{t}\boldsymbol{I}_{t}{}^{t}\boldsymbol{\omega}_{t}=\boldsymbol{0} \tag{2-167}
$$

式中，$\boldsymbol{Q}_{t}$ 为目标卫星本体坐标系 $\{\boldsymbol{t}\}$ 相对于惯性坐标系 $\{\boldsymbol{I}\}$ 的姿态四元数；q_{t0}、$\boldsymbol{q}_{tv}$ 分别为其标量部分和矢量部分；${}^{t}\boldsymbol{\omega}_{t}$ 为目标卫星本体坐标系 $\{\boldsymbol{t}\}$ 相对于惯性坐标系 $\{\boldsymbol{I}\}$ 的角速度矢量在目标卫星本体坐标系 $\{\boldsymbol{t}\}$ 中的分量；${}^{t}\boldsymbol{I}_{t}$ 为目标卫星的转动惯量在目标卫星本体坐标系 $\{\boldsymbol{t}\}$ 中的表示。

服务卫星的姿态运动学与动力学方程分别为

$$
\dot{\boldsymbol{Q}}_{s}=\begin{bmatrix}\dot{q}_{s0}\\ \dot{\boldsymbol{q}}_{sv}\end{bmatrix}=\frac{1}{2}\begin{bmatrix}\boldsymbol{0} & -{}^{s}\boldsymbol{\omega}_{s}^{\mathrm{T}}\\ {}^{s}\boldsymbol{\omega}_{s} & -{}^{s}\boldsymbol{\omega}_{s}^{\times}\end{bmatrix}\begin{bmatrix}q_{s0}\\ \boldsymbol{q}_{sv}\end{bmatrix} \tag{2-168}
$$

$$
{}^{s}\boldsymbol{I}_{s}{}^{s}\dot{\boldsymbol{\omega}}_{s}+{}^{s}\boldsymbol{\omega}_{s}^{\times}{}^{s}\boldsymbol{I}_{s}{}^{s}\boldsymbol{\omega}_{s}={}^{s}\boldsymbol{T}_{s} \tag{2-169}
$$

式中，$\boldsymbol{Q}_{s}$ 为服务卫星本体坐标系 $\{\boldsymbol{s}\}$ 相对于惯性坐标系 $\{\boldsymbol{I}\}$ 的姿态四元数；q_{s0}、$\boldsymbol{q}_{sv}$ 分别为其标量部分和矢量部分；${}^{s}\boldsymbol{\omega}_{s}$ 为服务卫星本体坐标系 $\{\boldsymbol{s}\}$ 相对于惯性坐标系 $\{\boldsymbol{I}\}$ 的角速度矢量在服务卫星本体坐标系 $\{\boldsymbol{s}\}$ 中的分量；${}^{s}\boldsymbol{I}_{s}$ 为服务卫星的转动惯量在服务卫星本体坐标系 $\{\boldsymbol{s}\}$ 中的表示；${}^{s}\boldsymbol{T}_{s}$ 为服务卫星的控制力矩矢量在服务卫星本体坐标系 $\{\boldsymbol{s}\}$ 中的分量。

定义 $\boldsymbol{Q}_{r}$ 为服务卫星本体坐标系 $\{\boldsymbol{s}\}$ 相对于目标卫星本体坐标系 $\{\boldsymbol{t}\}$ 的姿态四元数，

${}^{s}\boldsymbol{\omega}_{r}$ 为服务卫星本体坐标系 {$\boldsymbol{s}$} 相对于目标卫星本体坐标系 {$\boldsymbol{t}$} 的角速度矢量在服务卫星本体坐标系 {$\boldsymbol{s}$} 中的分量

$$\boldsymbol{Q}_{r}=\begin{bmatrix} q_{r0} \\ \boldsymbol{q}_{rv} \end{bmatrix}=\boldsymbol{Q}_{t}^{*}\circ\boldsymbol{Q}_{s} \tag{2-170}$$

$${}^{s}\boldsymbol{\omega}_{r}={}^{s}\boldsymbol{\omega}_{s}-{}^{s}\boldsymbol{A}_{t}{}^{t}\boldsymbol{\omega}_{t} \tag{2-171}$$

式中，q_{r0}、$\boldsymbol{q}_{rv}$ 分别为$\boldsymbol{Q}_{r}$ 的标量部分和矢量部分；$\boldsymbol{Q}_{t}^{*}$ 为$\boldsymbol{Q}_{t}$ 的共轭四元数；∘为四元数乘法；${}^{s}\boldsymbol{A}_{t}$ 为从目标卫星本体坐标系 {$\boldsymbol{t}$} 到服务卫星本体坐标系 {$\boldsymbol{s}$} 的坐标转换矩阵。

将式（2-166）、式（2-168）代入式（2-170），整理得到服务卫星与目标卫星的相对姿态运动方程为

$$\dot{\boldsymbol{Q}}_{r}=\begin{bmatrix} \dot{q}_{r0} \\ \dot{\boldsymbol{q}}_{rv} \end{bmatrix}=\frac{1}{2}\begin{bmatrix} \boldsymbol{0} & -{}^{s}\boldsymbol{\omega}_{r}^{\mathrm{T}} \\ {}^{s}\boldsymbol{\omega}_{r} & -{}^{s}\boldsymbol{\omega}_{r}^{\times} \end{bmatrix}\begin{bmatrix} q_{r0} \\ \boldsymbol{q}_{rv} \end{bmatrix} \tag{2-172}$$

将式（2-172）展开得到

$$\dot{q}_{r0}=-\frac{1}{2}\boldsymbol{q}_{rv}^{\mathrm{T}}{}^{s}\boldsymbol{\omega}_{r} \tag{2-173}$$

$$\dot{\boldsymbol{q}}_{rv}=\frac{1}{2}(q_{r0}\boldsymbol{E}_{3\times3}+\boldsymbol{q}_{rv}^{\times}){}^{s}\boldsymbol{\omega}_{r} \tag{2-174}$$

坐标转换矩阵 ${}^{s}\boldsymbol{A}_{t}$ 的变化率为

$${}^{s}\dot{\boldsymbol{A}}_{t}=-{}^{s}\boldsymbol{\omega}_{r}^{\times}{}^{s}\boldsymbol{A}_{t} \tag{2-175}$$

对式（2-171）求导，并将式（2-175）代入得

$${}^{s}\dot{\boldsymbol{\omega}}_{r}={}^{s}\dot{\boldsymbol{\omega}}_{s}-{}^{s}\boldsymbol{A}_{t}{}^{t}\dot{\boldsymbol{\omega}}_{t}+{}^{s}\boldsymbol{\omega}_{r}^{\times}{}^{s}\boldsymbol{A}_{t}{}^{t}\boldsymbol{\omega}_{t} \tag{2-176}$$

由于姿态四元数存在归一化约束，进行姿态控制时，只需对四元数的矢量部分进行控制。将式（2-167）、式（2-169）代入式（2-176），整理得到服务卫星与目标卫星的相对姿态动力学方程为

$$\ddot{\boldsymbol{q}}_{rv}=\boldsymbol{C}_{2}(\boldsymbol{Q}_{r},\dot{\boldsymbol{Q}}_{r})+\boldsymbol{G}_{2}(\boldsymbol{Q}_{r}){}^{s}\boldsymbol{T}_{s} \tag{2-177}$$

其中

$$\boldsymbol{C}_{2}(\boldsymbol{Q}_{r},\dot{\boldsymbol{Q}}_{r})=-\frac{1}{4}({}^{s}\boldsymbol{\omega}_{r}^{\mathrm{T}}{}^{s}\boldsymbol{\omega}_{r})\boldsymbol{q}_{rv}+\frac{1}{2}(q_{r0}\boldsymbol{E}_{3\times3}+\boldsymbol{q}_{rv}^{\times})\boldsymbol{M}_{2} \tag{2-178}$$

$$\boldsymbol{M}_{2}={}^{s}\boldsymbol{\omega}_{r}^{\times}{}^{s}\boldsymbol{A}_{t}{}^{t}\boldsymbol{\omega}_{t}-{}^{s}\boldsymbol{A}_{t}{}^{t}\dot{\boldsymbol{\omega}}_{t}-{}^{s}\boldsymbol{I}_{s}^{-1}({}^{s}\boldsymbol{\omega}_{r}+{}^{s}\boldsymbol{A}_{t}{}^{t}\boldsymbol{\omega}_{t})^{\times}{}^{s}\boldsymbol{I}_{s}({}^{s}\boldsymbol{\omega}_{r}+{}^{s}\boldsymbol{A}_{t}{}^{t}\boldsymbol{\omega}_{t}) \tag{2-179}$$

$${}^{s}\boldsymbol{\omega}_{r}=2(q_{r0}\dot{\boldsymbol{q}}_{rv}-\dot{q}_{r0}\boldsymbol{q}_{rv}-\dot{\boldsymbol{q}}_{rv}^{\times}\boldsymbol{q}_{rv}) \tag{2-180}$$

$$\boldsymbol{G}_{2}(\boldsymbol{Q}_{r})=\frac{1}{2}(q_{r0}\boldsymbol{E}_{3\times3}+\boldsymbol{q}_{rv}^{\times}){}^{s}\boldsymbol{I}_{s}^{-1} \tag{2-181}$$

2.4.3　相对轨道姿态耦合动力学方程

考虑服务卫星与目标卫星的相对轨道姿态耦合问题。服务卫星用于轨道控制的推力器固连于其本体坐标系 {$\boldsymbol{s}$} 中，服务卫星的姿态变化将影响其轨道控制，即 ${}^{o}\boldsymbol{F}_{s}={}^{o}\boldsymbol{A}_{s}{}^{s}\boldsymbol{F}_{s}$，${}^{o}\boldsymbol{A}_{s}$ 为从服务卫星本体坐标系 {$\boldsymbol{s}$} 到目标卫星轨道坐标系 {$\boldsymbol{o}$} 的坐标转换矩阵。服

务卫星在逼近过程中要求相对测量设备始终指向目标卫星方向，服务卫星的姿态 $\boldsymbol{Q}_s$ 取决于服务卫星与目标卫星的相对位置 ${}^o\boldsymbol{r}_r$。因此，相对轨道与相对姿态动力学方程是相互耦合的。

建立相对轨道姿态耦合动力学方程，定义状态变量

$$\boldsymbol{x} = [{}^o\boldsymbol{r}_r^{\mathrm{T}} \quad \boldsymbol{q}_{rv}^{\mathrm{T}}]^{\mathrm{T}} \tag{2-182}$$

联立式（2－162）、式（2－177），并将式（2－182）代入，整理得到服务卫星与目标卫星的相对轨道姿态耦合动力学方程为

$$\ddot{\boldsymbol{x}} = \boldsymbol{C}({}^o\boldsymbol{r}_r, {}^o\dot{\boldsymbol{r}}_r, \boldsymbol{Q}_r, \dot{\boldsymbol{Q}}_r) + \boldsymbol{G}(\boldsymbol{Q}_r)\boldsymbol{u}_s \tag{2-183}$$

其中

$$\boldsymbol{C}({}^o\boldsymbol{r}_r, {}^o\dot{\boldsymbol{r}}_r, \boldsymbol{Q}_r, \dot{\boldsymbol{Q}}_r) = \begin{bmatrix} \boldsymbol{C}_{11}{}^o\dot{\boldsymbol{r}}_r + \boldsymbol{C}_{12}{}^o\boldsymbol{r}_r \\ \boldsymbol{C}_2(\boldsymbol{Q}_r, \dot{\boldsymbol{Q}}_r) \end{bmatrix} \tag{2-184}$$

$$\boldsymbol{G}(\boldsymbol{Q}_r) = \begin{bmatrix} \boldsymbol{G}_1{}^o\boldsymbol{A}_s & \boldsymbol{0} \\ \boldsymbol{0} & \boldsymbol{G}_2(\boldsymbol{Q}_r) \end{bmatrix} \tag{2-185}$$

$$\boldsymbol{u}_s = \begin{bmatrix} {}^s\boldsymbol{F}_s \\ {}^s\boldsymbol{T}_s \end{bmatrix} \tag{2-186}$$

由式（2－183）可以看出，求解服务卫星控制力 ${}^s\boldsymbol{F}_s$ 需要坐标转换矩阵 ${}^o\boldsymbol{A}_s$，而 ${}^o\boldsymbol{A}_s$ 又是两星相对位置 ${}^o\boldsymbol{r}_r$ 的函数，因此式（2－183）反映了服务卫星与目标卫星的相对轨道姿态耦合特性。

2.5 本章小结

本章主要研究了航天器轨道姿态动力学基础与建模问题；概述了矢量与坐标转换的数学基础，介绍了矢量与矩阵运算表示方法、坐标转换矩阵定义与传递性质、张量与张量分量矩阵的坐标转换、旋转坐标系求导与坐标转换矩阵变化率等相关基础知识；阐述了航天器轨道动力学理论基础，推导了航天器二体问题轨道动力学方程，给出了航天器轨道根数描述方式和轨道计算常用公式，并简要分析了航天器轨道摄动及影响；阐述了航天器姿态动力学理论基础，介绍了方向余弦矩阵、欧拉角、欧拉轴/角、四元数等姿态描述方式，并基于上述描述方式分别推导了航天器姿态运动学与动力学方程，简要分析了空间环境干扰力矩及影响；最后进行了航天器相对轨道姿态动力学建模，基于 C－W 方程建立了相对轨道动力学模型，基于相对四元数建立了相对姿态动力学模型，并针对空间近距离运动中的轨道姿态耦合问题，建立了相对轨道姿态耦合动力学模型。

第3章　空间机械臂动力学基础与建模

空间机械臂技术是航天器在轨服务体系的核心关键技术。服务卫星通过机械臂完成对空间失稳目标的捕获连接，在此基础上进一步完成故障修复等在轨服务任务。空间机械臂动力学建模是进行空间失稳目标捕获等在轨服务任务规划与控制的理论基础。根据空间失稳目标捕获不同阶段的任务需求，需分别建立空间机械臂与服务卫星平台刚体系统、空间机械臂连接的柔性组合体系统的动力学模型。

严格意义上讲，空间机械臂是服务卫星的有效载荷之一。为便于描述，本书将服务卫星除空间机械臂以外的部分统称为服务卫星平台。

3.1　空间机械臂与服务卫星平台刚体动力学建模

空间失稳目标捕获前，机械臂末端空载，空间机械臂的柔性振动并不显著。此外，服务卫星平台控制系统在此阶段正常工作，太阳翼等附件的柔性振动可假设能够被服务卫星平台控制系统正常控制。因此可将空间机械臂与服务卫星平台组成的系统视为刚体系统。广义雅可比矩阵方法通过动量守恒方程建立自由漂浮空间机械臂任务空间与关节空间的速度级运动学关系，简单直观，便于控制。以往研究中，一般假设系统初始线动量和角动量为零。但考虑工程实际情况，由于空间机械臂在轨操作任务的多样性，系统往往存在初始动量且不为零。因此在建模过程中需考虑系统的初始运动状态，建立包含系统初始运动在内的空间机械臂与服务卫星平台刚体动力学模型[212,213]。

3.1.1　模型假设与符号

假设 3－1：将空间机械臂的臂杆视为刚性臂杆，不考虑臂杆的柔性变形和振动。

假设 3－2：将空间机械臂的关节视为黑箱模型，只计算关节输出的关节角度和控制力矩，不研究关节内部结构。关节质量作为臂杆质量的一部分进行计算。

假设 3－3：作为基座的服务卫星平台包括卫星本体和太阳翼等附件，统一视为刚体，不考虑太阳翼等附件的柔性振动。

假设 3－4：整个空间机械臂与服务卫星平台组成的刚体系统处于失重环境中，不考虑重力梯度力矩和其他环境干扰力矩的影响。

空间机械臂与服务卫星平台刚体系统简化模型如图 3－1 所示，其中服务卫星平台可视为空间机械臂臂杆 0。

空间机械臂与服务卫星平台刚体动力学建模涉及的符号定义如下：

n ：空间机械臂的自由度。

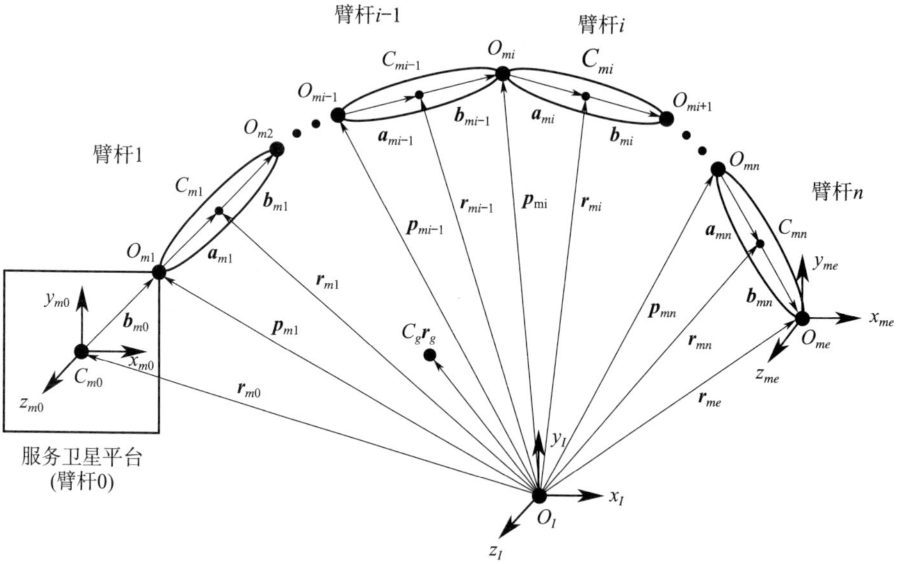

图 3-1 空间机械臂与服务卫星平台刚体系统简化模型

O_I：惯性坐标系 {$\boldsymbol{I}$} 原点。

O_{mi}：机械臂臂杆 $i-1$ 与臂杆 i 的铰接点，机械臂臂杆 i 坐标系 {$\boldsymbol{mi}$} 原点，$i=1$，2，…，n。

O_{me}：机械臂末端端点，机械臂末端坐标系 {$\boldsymbol{me}$} 原点。

C_{m0}：服务卫星平台（臂杆 0）质心，机械臂臂杆 0 坐标系 {$\boldsymbol{m0}$} 原点。

C_{mi}：机械臂臂杆 i 质心，$i=1$，2，…，n。

C_g：整个刚体系统质心。

$\boldsymbol{r}_g$：从 O_I 指向 C_g 的位置矢量在惯性坐标系 {$\boldsymbol{I}$} 中的分量。

$\boldsymbol{r}_{mi}$：从 O_I 指向 C_{mi} 的位置矢量在惯性坐标系 {$\boldsymbol{I}$} 中的分量，$i=0$，1，…，n。

$\boldsymbol{r}_{me}$：从 O_I 指向 O_{me} 的位置矢量在惯性坐标系 {$\boldsymbol{I}$} 中的分量。

$\boldsymbol{p}_{mi}$：从 O_I 指向 O_{mi} 的位置矢量在惯性坐标系 {$\boldsymbol{I}$} 中的分量，$i=1$，2，…，n。

${}^{mi}\boldsymbol{a}_{mi}$：从 O_{mi} 指向 C_{mi} 的位置矢量在臂杆 i 坐标系 {$\boldsymbol{mi}$} 中的分量，$i=1$，2，…，n。

${}^{mi}\boldsymbol{b}_{mi}$：从 C_{mi} 指向 O_{mi+1} 的位置矢量在臂杆 i 坐标系 {$\boldsymbol{mi}$} 中的分量，$i=0$，1，…，n。

${}^{mi}\boldsymbol{l}_{mi}$：从 O_{mi} 指向 O_{mi+1} 的位置矢量在臂杆 i 坐标系 {$\boldsymbol{mi}$} 中的分量，$i=1$，2，…，n。

$\boldsymbol{v}_{mi}$：机械臂臂杆 i 的线速度矢量在惯性坐标系 {$\boldsymbol{I}$} 中的分量，$i=0$，1，…，n。

$\boldsymbol{v}_{me}$：机械臂末端的线速度矢量在惯性坐标系 {$\boldsymbol{I}$} 中的分量。

$\boldsymbol{\omega}_{mi}$：机械臂臂杆 i 的角速度矢量在惯性坐标系 {$\boldsymbol{I}$} 中的分量，$i=0$，1，…，n。

$\boldsymbol{\omega}_{me}$：机械臂末端的角速度矢量在惯性坐标系 {$\boldsymbol{I}$} 中的分量。

θ_{mi}：机械臂关节 i 角度，$i=1$，2，…，n。

$\boldsymbol{\Theta}_m$：机械臂关节角度 θ_{mi} 构成的关节角度空间，$\boldsymbol{\Theta}_m=[\theta_{m1}\quad\theta_{m2}\quad\cdots\quad\theta_{mn}]^{\mathrm{T}}$。

${}^{mi}\boldsymbol{z}_{mi}$：机械臂关节 i 转轴单位矢量在臂杆 i 坐标系 $\{\boldsymbol{mi}\}$ 中的分量，$i=1,2,\cdots,n$ 。

m_i：机械臂臂杆 i 的质量，$i=0,1,\cdots,n$ 。

${}^{mi}\boldsymbol{I}_{mi}$：机械臂臂杆 i 绕其质心的转动惯量在臂杆 i 坐标系 $\{\boldsymbol{mi}\}$ 中的表示，$i=0,1,\cdots,n$ 。

T_{mi}：机械臂关节 i 控制力矩，$i=1,2,\cdots,n$ 。

$\boldsymbol{T}_m$：机械臂关节控制力矩 T_{mi} 构成的关节控制力矩矢量，$\boldsymbol{T}_m=[T_{m1}\quad T_{m2}\quad\cdots\quad T_{mn}]^{\mathrm{T}}$。

$\boldsymbol{F}_s$：服务卫星平台的控制力矢量在惯性坐标系 $\{\boldsymbol{I}\}$ 中的分量。

$\boldsymbol{T}_s$：服务卫星平台的控制力矩矢量在惯性坐标系 $\{\boldsymbol{I}\}$ 中的分量。

3.1.2　平台受控刚体运动学方程

研究服务卫星平台受控时的刚体系统运动学。由图 3－1 几何关系可知，机械臂末端位置 $\boldsymbol{r}_{me}$ 和臂杆质心位置 $\boldsymbol{r}_{mi}$ 在惯性坐标系 $\{\boldsymbol{I}\}$ 中的矩阵表达式为

$$\boldsymbol{r}_{me}=\boldsymbol{r}_{m0}+\boldsymbol{A}_{m0}{}^{m0}\boldsymbol{b}_{m0}+\sum_{i=1}^{n}\boldsymbol{A}_{mi}{}^{mi}\boldsymbol{l}_{mi} \tag{3-1}$$

$$\boldsymbol{r}_{mi}=\boldsymbol{r}_{m0}+\boldsymbol{A}_{m0}{}^{m0}\boldsymbol{b}_{m0}+\sum_{j=1}^{i-1}\boldsymbol{A}_{mj}{}^{mj}\boldsymbol{l}_{mj}+\boldsymbol{A}_{mi}{}^{mi}\boldsymbol{a}_{mi} \tag{3-2}$$

式中，$\boldsymbol{A}_{mi}$ 为从臂杆 i 坐标系 $\{\boldsymbol{mi}\}$ 到惯性坐标系 $\{\boldsymbol{I}\}$ 的转换矩阵。对式（3－1）～式（3－2）在惯性坐标系 $\{\boldsymbol{I}\}$ 中求导，得到

$$\boldsymbol{v}_{me}=\boldsymbol{v}_{m0}+\dot{\boldsymbol{A}}_{m0}{}^{m0}\boldsymbol{b}_{m0}+\sum_{i=1}^{n}\dot{\boldsymbol{A}}_{mi}{}^{mi}\boldsymbol{l}_{mi} \tag{3-3}$$

$$\boldsymbol{v}_{mi}=\boldsymbol{v}_{m0}+\dot{\boldsymbol{A}}_{m0}{}^{m0}\boldsymbol{b}_{m0}+\sum_{j=1}^{i-1}\dot{\boldsymbol{A}}_{mj}{}^{mj}\boldsymbol{l}_{mj}+\dot{\boldsymbol{A}}_{mi}{}^{mi}\boldsymbol{a}_{mi} \tag{3-4}$$

根据坐标转换矩阵变化率公式

$$\dot{\boldsymbol{A}}_{mi}={}^{I}\dot{\boldsymbol{A}}_{mi}=-({}^{I}\boldsymbol{\omega}_{I}^{mi})^{\times}{}^{I}\boldsymbol{A}_{mi}=({}^{I}\boldsymbol{\omega}_{mi}^{I})^{\times}{}^{I}\boldsymbol{A}_{mi}=\boldsymbol{\omega}_{mi}^{\times}\boldsymbol{A}_{mi} \tag{3-5}$$

对式（3－3）～式（3－4）进一步整理得到

$$\boldsymbol{v}_{me}=\boldsymbol{v}_{m0}+\boldsymbol{B}_{me}\boldsymbol{\omega}_{m0}+\sum_{k=1}^{n}\boldsymbol{C}_{mek}\dot{\theta}_{mk} \tag{3-6}$$

$$\boldsymbol{v}_{mi}=\boldsymbol{v}_{m0}+\boldsymbol{B}_{mi}\boldsymbol{\omega}_{m0}+\sum_{k=1}^{i}\boldsymbol{C}_{mik}\dot{\theta}_{mk} \tag{3-7}$$

式中，$\boldsymbol{B}_{me}$、$\boldsymbol{C}_{mek}$、$\boldsymbol{B}_{mi}$、$\boldsymbol{C}_{mik}$ 的表达式分别为

$$\boldsymbol{B}_{me}=-\left(\boldsymbol{A}_{m0}{}^{m0}\boldsymbol{b}_{m0}+\sum_{i=1}^{n}\boldsymbol{A}_{mi}{}^{mi}\boldsymbol{l}_{mi}\right)^{\times} \tag{3-8}$$

$$\boldsymbol{C}_{mek}=-\left(\sum_{i=k}^{n}\boldsymbol{A}_{mi}{}^{mi}\boldsymbol{l}_{mi}\right)^{\times}(\boldsymbol{A}_{mk}{}^{mk}\boldsymbol{z}_{mk}) \tag{3-9}$$

$$\boldsymbol{B}_{mi}=-\left(\boldsymbol{A}_{m0}{}^{m0}\boldsymbol{b}_{m0}+\sum_{j=1}^{i-1}\boldsymbol{A}_{mj}{}^{mj}\boldsymbol{l}_{mj}+\boldsymbol{A}_{mi}{}^{mi}\boldsymbol{a}_{mi}\right)^{\times} \tag{3-10}$$

$$\boldsymbol{C}_{mik}=-\left(\sum_{j=k}^{i-1}\boldsymbol{A}_{mj}{}^{mj}\boldsymbol{l}_{mj}+\boldsymbol{A}_{mi}{}^{mi}\boldsymbol{a}_{mi}\right)^{\times}(\boldsymbol{A}_{mk}{}^{mk}\boldsymbol{z}_{mk}) \tag{3-11}$$

机械臂末端角速度 $\boldsymbol{\omega}_{me}$ 和臂杆角速度 $\boldsymbol{\omega}_{mi}$ 在惯性坐标系 {$\boldsymbol{I}$} 中的矩阵表达式为

$$\boldsymbol{\omega}_{me} = \boldsymbol{\omega}_{m0} + \sum_{k=1}^{n} \boldsymbol{C}_{\omega k} \dot{\theta}_{mk} \tag{3-12}$$

$$\boldsymbol{\omega}_{mi} = \boldsymbol{\omega}_{m0} + \sum_{k=1}^{i} \boldsymbol{C}_{\omega k} \dot{\theta}_{mk} \tag{3-13}$$

式中，$\boldsymbol{C}_{\omega k}$ 的表达式为

$$\boldsymbol{C}_{\omega k} = \boldsymbol{A}_{mk}{}^{mk}\boldsymbol{z}_{mk} \tag{3-14}$$

联立式（3-6）、式（3-12），整理得到服务卫星平台受控的刚体系统运动学方程为

$$\begin{bmatrix} \boldsymbol{v}_{me} \\ \boldsymbol{\omega}_{me} \end{bmatrix} = \boldsymbol{J}_s \begin{bmatrix} \boldsymbol{v}_{m0} \\ \boldsymbol{\omega}_{m0} \end{bmatrix} + \boldsymbol{J}_m \dot{\boldsymbol{\Theta}}_m \tag{3-15}$$

式中，$\boldsymbol{J}_s$、$\boldsymbol{J}_m$ 分别为服务卫星平台和空间机械臂运动相关的雅可比矩阵

$$\boldsymbol{J}_s = \begin{bmatrix} \boldsymbol{E}_{3\times3} & \boldsymbol{B}_{me} \\ \boldsymbol{0} & \boldsymbol{E}_{3\times3} \end{bmatrix} \tag{3-16}$$

$$\boldsymbol{J}_m = \begin{bmatrix} \boldsymbol{C}_{me1} & \cdots & \boldsymbol{C}_{men} \\ \boldsymbol{C}_{\omega 1} & \cdots & \boldsymbol{C}_{\omega n} \end{bmatrix} \tag{3-17}$$

式中，$\boldsymbol{E}_{3\times3}$ 为 3×3 单位矩阵。

3.1.3 自由漂浮刚体运动学方程

在自由漂浮状态下，刚体系统满足线动量和角动量守恒。设 $\boldsymbol{P}_0$、$\boldsymbol{L}_0$ 分别为初始线动量和初始角动量在惯性坐标系 {$\boldsymbol{I}$} 中的分量，刚体系统满足以下非完整约束

$$\boldsymbol{P}_0 = \sum_{i=0}^{n} m_i \boldsymbol{v}_{mi} \tag{3-18}$$

$$\boldsymbol{L}_0 = \sum_{i=0}^{n} (\boldsymbol{A}_{mi}{}^{mi}\boldsymbol{I}_{mi}{}^{mi}\boldsymbol{A}\boldsymbol{\omega}_{mi} + \boldsymbol{r}_{mi}^{\times} m_i \boldsymbol{v}_{mi}) \tag{3-19}$$

对于线动量守恒式（3-18），将式（3-7）代入并整理得

$$\boldsymbol{P}_0 = [\boldsymbol{H}_{pv} \quad \boldsymbol{H}_{p\omega}] \begin{bmatrix} \boldsymbol{v}_{m0} \\ \boldsymbol{\omega}_{m0} \end{bmatrix} + \boldsymbol{H}_{p\theta} \dot{\boldsymbol{\Theta}}_m \tag{3-20}$$

式中，$\boldsymbol{H}_{pv}$、$\boldsymbol{H}_{p\omega}$、$\boldsymbol{H}_{p\theta}$ 的表达式分别为

$$\boldsymbol{H}_{pv} = \sum_{i=0}^{n} m_i \boldsymbol{E}_{3\times3} \tag{3-21}$$

$$\boldsymbol{H}_{p\omega} = \sum_{i=1}^{n} m_i \boldsymbol{B}_{mi} \tag{3-22}$$

$$\boldsymbol{H}_{p\theta} = \left[\sum_{i=1}^{n} m_i \boldsymbol{C}_{mi1} \quad \sum_{i=2}^{n} m_i \boldsymbol{C}_{mi2} \quad \cdots \quad \sum_{i=n}^{n} m_i \boldsymbol{C}_{min} \right] \tag{3-23}$$

对于角动量守恒式（3-19），将式（3-7）、式（3-13）代入并整理得

$$\boldsymbol{L}_0 = [\boldsymbol{H}_{lv} \quad \boldsymbol{H}_{l\omega}] \begin{bmatrix} \boldsymbol{v}_{m0} \\ \boldsymbol{\omega}_{m0} \end{bmatrix} + \boldsymbol{H}_{l\theta} \dot{\boldsymbol{\Theta}}_m \tag{3-24}$$

式中，$\boldsymbol{H}_{lv}$、$\boldsymbol{H}_{l\omega}$、$\boldsymbol{H}_{l\theta}$ 的表达式分别为

$$\boldsymbol{H}_{lv}=\sum_{i=0}^{n} m_i \boldsymbol{r}_{mi}^{\times} \tag{3-25}$$

$$\boldsymbol{H}_{l\omega}=\sum_{i=0}^{n} \boldsymbol{A}_{mi}{}^{mi}\boldsymbol{I}_{mi}{}^{mi}\boldsymbol{A}+\sum_{i=1}^{n} m_i \boldsymbol{r}_{mi}^{\times}\boldsymbol{B}_{mi} \tag{3-26}$$

$$\boldsymbol{H}_{l\theta}=\left[\sum_{i=1}^{n}(\boldsymbol{A}_{mi}{}^{mi}\boldsymbol{I}_{mi}{}^{mi}\boldsymbol{A}\boldsymbol{C}_{\omega 1}+m_i\boldsymbol{r}_{mi}^{\times}\boldsymbol{C}_{mi1}) \quad \cdots \quad \sum_{i=n}^{n}(\boldsymbol{A}_{mi}{}^{mi}\boldsymbol{I}_{mi}{}^{mi}\boldsymbol{A}\boldsymbol{C}_{\omega n}+m_i\boldsymbol{r}_{mi}^{\times}\boldsymbol{C}_{min})\right] \tag{3-27}$$

联立式（3-20）、式（3-24），得到自由漂浮状态的刚体系统动量守恒方程为

$$\boldsymbol{S}_0=\boldsymbol{H}_s\begin{bmatrix}\boldsymbol{v}_{m0}\\ \boldsymbol{\omega}_{m0}\end{bmatrix}+\boldsymbol{H}_m\dot{\boldsymbol{\Theta}}_m \tag{3-28}$$

式中，$\boldsymbol{S}_0$、$\boldsymbol{H}_s$、$\boldsymbol{H}_m$ 的表达式为

$$\boldsymbol{S}_0=\begin{bmatrix}\boldsymbol{P}_0\\ \boldsymbol{L}_0\end{bmatrix} \tag{3-29}$$

$$\boldsymbol{H}_s=\begin{bmatrix}\boldsymbol{H}_{pv} & \boldsymbol{H}_{p\omega}\\ \boldsymbol{H}_{lv} & \boldsymbol{H}_{l\omega}\end{bmatrix} \tag{3-30}$$

$$\boldsymbol{H}_m=\begin{bmatrix}\boldsymbol{H}_{p\theta}\\ \boldsymbol{H}_{l\theta}\end{bmatrix} \tag{3-31}$$

可以证明 $\boldsymbol{H}_s$ 非奇异，将动量守恒方程式（3-28）代入服务卫星平台受控的刚体系统运动学方程式（3-15），整理得到自由漂浮状态的刚体系统运动学方程为

$$\begin{bmatrix}\boldsymbol{v}_{me}\\ \boldsymbol{\omega}_{me}\end{bmatrix}=\boldsymbol{J}_G\dot{\boldsymbol{\Theta}}_m+\boldsymbol{J}_0\boldsymbol{S}_0 \tag{3-32}$$

式中，$\boldsymbol{J}_G$ 为刚体系统的广义雅可比矩阵

$$\boldsymbol{J}_G=\boldsymbol{J}_m-\boldsymbol{J}_s\boldsymbol{H}_s^{-1}\boldsymbol{H}_m \tag{3-33}$$

$\boldsymbol{J}_0$ 为刚体系统的初始运动矩阵

$$\boldsymbol{J}_0=\boldsymbol{J}_s\boldsymbol{H}_s^{-1} \tag{3-34}$$

3.1.4　平台受控刚体动力学方程

采用拉格朗日方法推导服务卫星平台受控的刚体系统动力学方程。刚体系统动能 T 定义为服务卫星平台和机械臂各臂杆的动能之和

$$T=\frac{1}{2}\sum_{i=0}^{n}(\boldsymbol{\omega}_{mi}^{\mathrm{T}}\boldsymbol{A}_{mi}{}^{mi}\boldsymbol{I}_{mi}{}^{mi}\boldsymbol{A}\boldsymbol{\omega}_{mi}+m_i\boldsymbol{v}_{mi}^{\mathrm{T}}\boldsymbol{v}_{mi}) \tag{3-35}$$

将式（3-7）、式（3-13）代入并整理得

$$T=\frac{1}{2}\dot{\boldsymbol{q}}^{\mathrm{T}}\boldsymbol{M}(\boldsymbol{q})\dot{\boldsymbol{q}} \tag{3-36}$$

式中，$\boldsymbol{q}$ 为服务卫星平台受控的刚体系统广义坐标

$$\dot{\boldsymbol{q}}=\begin{bmatrix}\boldsymbol{v}_{m0}^{\mathrm{T}} & \boldsymbol{\omega}_{m0}^{\mathrm{T}} & \dot{\boldsymbol{\Theta}}_{m}^{\mathrm{T}}\end{bmatrix}^{\mathrm{T}} \tag{3-37}$$

$\boldsymbol{M}(\boldsymbol{q})$ 为服务卫星平台受控的刚体系统惯量矩阵

$$\boldsymbol{M}(\boldsymbol{q})=\begin{bmatrix}\boldsymbol{M}_{vv} & \boldsymbol{R}_{v\omega} & \boldsymbol{R}_{v\theta}\\ \boldsymbol{R}_{v\omega}^{\mathrm{T}} & \boldsymbol{I}_{\omega\omega} & \boldsymbol{R}_{\omega\theta}\\ \boldsymbol{R}_{v\theta}^{\mathrm{T}} & \boldsymbol{R}_{\omega\theta}^{\mathrm{T}} & \boldsymbol{R}_{\theta\theta}\end{bmatrix} \tag{3-38}$$

惯量矩阵 $\boldsymbol{M}(\boldsymbol{q})$ 中各项耦合系数的物理意义和具体表达式如下：

1) $\boldsymbol{M}_{vv}$ 为刚体系统的总质量

$$\boldsymbol{M}_{vv}=\sum_{i=0}^{n} m_i \boldsymbol{E}_{3\times 3} \tag{3-39}$$

2) $\boldsymbol{I}_{\omega\omega}$ 为刚体系统相对其系统质心的转动惯量

$$\boldsymbol{I}_{\omega\omega}=\sum_{i=0}^{n}\boldsymbol{A}_{mi}{}^{mi}\boldsymbol{I}_{mi}{}^{mi}\boldsymbol{A}+\sum_{i=1}^{n} m_i \boldsymbol{B}_{mi}^{\mathrm{T}}\boldsymbol{B}_{mi} \tag{3-40}$$

3) $\boldsymbol{R}_{v\omega}$ 为服务卫星本体转动对自身平动的刚性耦合系数

$$\boldsymbol{R}_{v\omega}=\sum_{i=1}^{n} m_i \boldsymbol{B}_{mi} \tag{3-41}$$

4) $\boldsymbol{R}_{v\theta}$ 为机械臂关节转动对服务卫星本体平动的刚性耦合系数

$$\boldsymbol{R}_{v\theta}=\begin{bmatrix}\sum_{i=1}^{n} m_i \boldsymbol{C}_{mi1} & \sum_{i=2}^{n} m_i \boldsymbol{C}_{mi2} & \cdots & \sum_{i=n}^{n} m_i \boldsymbol{C}_{min}\end{bmatrix} \tag{3-42}$$

5) $\boldsymbol{R}_{\omega\theta}$ 为机械臂关节转动对服务卫星本体转动的刚性耦合系数

$$\boldsymbol{R}_{\omega\theta}=\begin{bmatrix}\sum_{i=1}^{n}(\boldsymbol{A}_{mi}{}^{mi}\boldsymbol{I}_{mi}{}^{mi}\boldsymbol{A}\boldsymbol{C}_{\omega 1}+m_i\boldsymbol{B}_{ri}^{\mathrm{T}}\boldsymbol{C}_{mi1}) & \cdots & \sum_{i=n}^{n}(\boldsymbol{A}_{mi}{}^{mi}\boldsymbol{I}_{mi}{}^{mi}\boldsymbol{A}\boldsymbol{C}_{\omega n}+m_i\boldsymbol{B}_{ri}^{\mathrm{T}}\boldsymbol{C}_{min})\end{bmatrix} \tag{3-43}$$

6) $\boldsymbol{R}_{\theta\theta}$ 为机械臂自身关节转动的刚性耦合系数

$$\boldsymbol{R}_{\theta\theta}=\begin{bmatrix}\sum_{i=1}^{n}(\boldsymbol{C}_{\omega 1}^{\mathrm{T}}\boldsymbol{A}_{mi}{}^{mi}\boldsymbol{I}_{mi}{}^{mi}\boldsymbol{A}\boldsymbol{C}_{\omega 1}+m_i\boldsymbol{C}_{mi1}^{\mathrm{T}}\boldsymbol{C}_{mi1}) & \cdots & \sum_{i=n}^{n}(\boldsymbol{C}_{\omega 1}^{\mathrm{T}}\boldsymbol{A}_{mi}{}^{mi}\boldsymbol{I}_{mi}{}^{mi}\boldsymbol{A}\boldsymbol{C}_{\omega n}+m_i\boldsymbol{C}_{mi1}^{\mathrm{T}}\boldsymbol{C}_{min})\\ \vdots & \ddots & \vdots\\ \sum_{i=n}^{n}(\boldsymbol{C}_{\omega n}^{\mathrm{T}}\boldsymbol{A}_{mi}{}^{mi}\boldsymbol{I}_{mi}{}^{mi}\boldsymbol{A}\boldsymbol{C}_{\omega 1}+m_i\boldsymbol{C}_{min}^{\mathrm{T}}\boldsymbol{C}_{mi1}) & \cdots & \sum_{i=n}^{n}(\boldsymbol{C}_{\omega n}^{\mathrm{T}}\boldsymbol{A}_{mi}{}^{mi}\boldsymbol{I}_{mi}{}^{mi}\boldsymbol{A}\boldsymbol{C}_{\omega n}+m_i\boldsymbol{C}_{min}^{\mathrm{T}}\boldsymbol{C}_{min})\end{bmatrix} \tag{3-44}$$

选取服务卫星平台受控的刚体系统广义力 $\boldsymbol{\tau}$ 为

$$\boldsymbol{\tau}=[\boldsymbol{F}_{s}^{\mathrm{T}}\quad \boldsymbol{T}_{s}^{\mathrm{T}}\quad \boldsymbol{T}_{m}^{\mathrm{T}}]^{\mathrm{T}} \tag{3-45}$$

根据假设 3-4，不考虑刚体系统势能，刚体系统的总能量即为动能 T，将式（3-36）代入拉格朗日方程，整理得到服务卫星平台受控的刚体系统动力学方程为

$$\boldsymbol{M}(\boldsymbol{q})\ddot{\boldsymbol{q}}+\boldsymbol{C}(\boldsymbol{q},\dot{\boldsymbol{q}})\dot{\boldsymbol{q}}=\boldsymbol{\tau} \tag{3-46}$$

式中，$\boldsymbol{C}(\boldsymbol{q},\ \dot{\boldsymbol{q}})\dot{\boldsymbol{q}}$ 为包括离心力和哥氏力在内的刚体系统非线性力项

$$\boldsymbol{C}(\boldsymbol{q},\dot{\boldsymbol{q}})\dot{\boldsymbol{q}}=\dot{\boldsymbol{M}}(\boldsymbol{q})\dot{\boldsymbol{q}}-\frac{\partial}{\partial \boldsymbol{q}}\left[\frac{1}{2}\dot{\boldsymbol{q}}^{\mathrm{T}}\boldsymbol{M}(\boldsymbol{q})\dot{\boldsymbol{q}}\right] \tag{3-47}$$

3.1.5　自由漂浮刚体动力学方程

自由漂浮状态下，刚体系统满足动量守恒方程式（3－28）。在以往研究中，一般忽略系统初始线动量和初始角动量，或者假设两者都为零，即 $\boldsymbol{S}_0=\boldsymbol{0}$。但考虑工程实际情况，系统往往存在初始动量且不为零，因此建模过程中需推导包含系统初始运动在内的自由漂浮状态的刚体系统动力学方程。

将动量守恒方程式（3－28）代入刚体系统广义坐标 $\boldsymbol{q}$ 表达式（3－37），整理得

$$\dot{\boldsymbol{q}}=\boldsymbol{A}(\boldsymbol{\Theta}_m)\dot{\boldsymbol{\Theta}}_m+\boldsymbol{B}(\boldsymbol{\Theta}_m) \tag{3-48}$$

式中，$\boldsymbol{A}(\boldsymbol{\Theta}_m)$、$\boldsymbol{B}(\boldsymbol{\Theta}_m)$ 的表达式分别为

$$\boldsymbol{A}(\boldsymbol{\Theta}_m)=\begin{bmatrix}-\boldsymbol{H}_s^{-1}\boldsymbol{H}_m\\ \boldsymbol{E}_{n\times n}\end{bmatrix} \tag{3-49}$$

$$\boldsymbol{B}(\boldsymbol{\Theta}_m)=\begin{bmatrix}\boldsymbol{H}_s^{-1}\boldsymbol{S}_0\\ \boldsymbol{0}\end{bmatrix} \tag{3-50}$$

对式（3－48）进一步求导可得

$$\ddot{\boldsymbol{q}}=\boldsymbol{A}(\boldsymbol{\Theta}_m)\ddot{\boldsymbol{\Theta}}_m+\dot{\boldsymbol{A}}(\boldsymbol{\Theta}_m)\dot{\boldsymbol{\Theta}}_m+\dot{\boldsymbol{B}}(\boldsymbol{\Theta}_m) \tag{3-51}$$

在自由漂浮状态下，选取 $\boldsymbol{\Theta}_m$ 为刚体系统广义坐标。将式（3－48）和式（3－51）代入式（3－46），并左乘 $\boldsymbol{A}(\boldsymbol{\Theta}_m)^{\mathrm{T}}$，整理得到自由漂浮状态的刚体系统动力学方程为

$$\boldsymbol{M}(\boldsymbol{\Theta}_m)\ddot{\boldsymbol{\Theta}}_m+\boldsymbol{C}(\boldsymbol{\Theta}_m,\dot{\boldsymbol{\Theta}}_m)\dot{\boldsymbol{\Theta}}_m+\boldsymbol{D}(\boldsymbol{\Theta}_m)=\boldsymbol{T}_m \tag{3-52}$$

式中，$\boldsymbol{C}(\boldsymbol{\Theta}_m,\dot{\boldsymbol{\Theta}}_m)\dot{\boldsymbol{\Theta}}_m$ 为刚体系统的非线性力项；$\boldsymbol{D}(\boldsymbol{\Theta}_m)$ 为刚体系统初始运动对应的力项；$\boldsymbol{M}(\boldsymbol{\Theta}_m)$ 为自由漂浮状态的刚体系统惯量矩阵

$$\boldsymbol{M}(\boldsymbol{\Theta}_m)=\boldsymbol{A}(\boldsymbol{\Theta}_m)^{\mathrm{T}}\boldsymbol{M}(\boldsymbol{q})\boldsymbol{A}(\boldsymbol{\Theta}_m) \tag{3-53}$$

3.1.6　模型仿真验证

3.1.6.1　仿真参数设定

通过工程算例进行仿真，可以验证空间机械臂与服务卫星平台刚体动力学建模的准确性和实用性。服务卫星和空间机械臂采用 1.4.2.2 节和 1.4.2.3 节的设定。空间机械臂构型采用 D－H 建模方法描述，D－H 坐标系如图 3－2 所示，D－H 参数见表 3－1，其中 θ_{mi} 为 x_{hi-1} 轴与 x_{hi} 轴的夹角，以绕 z_{hi-1} 轴逆时针转动为正；α_{hi} 为 z_{hi-1} 轴与 z_{hi} 轴的夹角，以绕 x_{hi} 轴逆时针转动为正；a_{hi} 为 z_{hi-1} 轴与 z_{hi} 轴的距离；d_{hi} 为 x_{hi-1} 轴与 x_{hi} 轴的距离。空间机械臂与服务卫星平台质量特性参数见表 3－2。空间机械臂与服务卫星平台刚体系统处于自由漂浮状态，考虑系统初始动量不为零的一般情况，假设其初始线动量 $\boldsymbol{P}_0$ 和初始角动量 $\boldsymbol{L}_0$ 分别为

$$\begin{cases}\boldsymbol{P}_0=[-1.574\quad -1.476\quad 7.511]^{\mathrm{T}}\ \mathrm{kg\cdot m\cdot s^{-1}}\\ \boldsymbol{L}_0=[-0.670\quad 606.484\quad -3.013]^{\mathrm{T}}\ \mathrm{kg\cdot m^2\cdot s^{-1}}\end{cases} \tag{3-54}$$

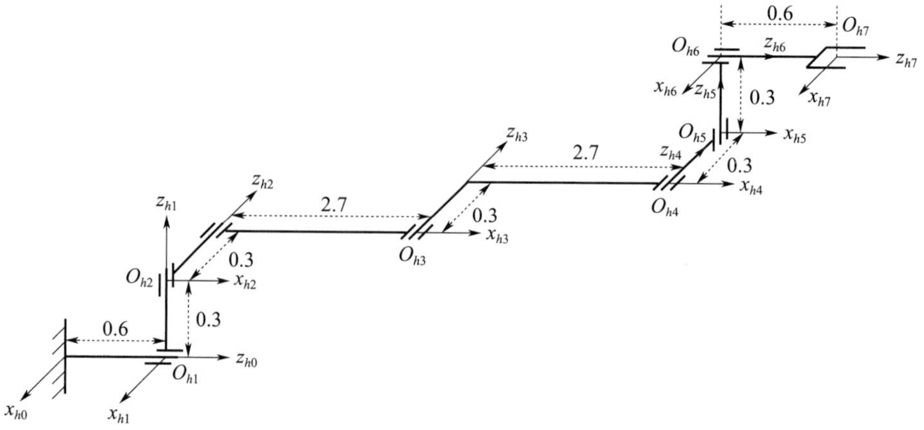

图 3-2 空间机械臂 D-H 坐标系

表 3-1 空间机械臂 D-H 参数

臂杆	θ_{mi}/(°)	α_{hi}/(°)	a_{hi}/m	d_{hi}/m
臂杆 1	θ_{m1}	90	0	0.6
臂杆 2	θ_{m2}	−90	0	0.3
臂杆 3	θ_{m3}	0	2.7	0.3
臂杆 4	θ_{m4}	0	2.7	0.3
臂杆 5	θ_{m5}	90	0	0.3
臂杆 6	θ_{m6}	−90	0	0.3
臂杆 7	θ_{m7}	0	0	0.6

表 3-2 空间机械臂与服务卫星平台质量特性参数

部件	质量 m_i/kg	转动惯量 ${}^{mi}\boldsymbol{I}_{mi}$/(kg·m²)					
		I_{xx}	I_{yy}	I_{zz}	I_{xy}	I_{yz}	I_{xz}
服务卫星平台(臂杆 0)	2400	5898	3492	5411	2.115	0.875	1.264
臂杆 1	12	0.123	0.067	0.123	0	0	0
臂杆 2	12	0.123	0.067	0.123	0	0	0
臂杆 3	76.65	0.546	50.46	50.46	0	0	0
臂杆 4	88.65	0.910	70.12	69.82	0	0	1.903
臂杆 5	12	0.123	0.123	0.067	0	0	0
臂杆 6	12	0.123	0.123	0.067	0	0	0
臂杆 7	24	0.787	0.787	0.134	0	0	0

3.1.6.2 刚体系统模型验证

对空间机械臂与服务卫星平台刚体系统进行模型验证，给定空间机械臂关节角度 $\boldsymbol{\Theta}_m$ 的运动轨迹，计算关节控制力矩 $\boldsymbol{T}_m$。关节角度 $\boldsymbol{\Theta}_m$ 的运动轨迹设定采用五次多项式进行参数化

$$\theta_{mi}=a_{i5}t^5+a_{i4}t^4+a_{i3}t^3+a_{i2}t^2+a_{i1}t+a_{i0} \tag{3-55}$$

多项式系数 $a_{i5}\sim a_{i0}$ 取值通过计算满足系统初始和终止条件要求，见表 3－3。

表 3－3　五次多项式参数取值

关节	a_{i5}	a_{i4}	a_{i3}	a_{i2}	a_{i1}	a_{i0}
1	-1.632×10^{-10}	3.326×10^{-8}	-1.885×10^{-6}	1.067×10^{-5}	-2.155×10^{-4}	-6.651×10^{-2}
2	4.921×10^{-9}	-1.168×10^{-6}	9.184×10^{-5}	-2.366×10^{-3}	5.088×10^{-4}	-1.109×10^{-1}
3	5.588×10^{-9}	-1.260×10^{-6}	8.954×10^{-5}	-1.707×10^{-3}	-9.483×10^{-3}	5.716×10^{-1}
4	-9.226×10^{-9}	2.022×10^{-6}	-1.339×10^{-4}	1.715×10^{-3}	4.426×10^{-2}	4.548×10^{-1}
5	6.189×10^{-9}	-1.306×10^{-6}	7.692×10^{-5}	0.000×10^{0}	-6.981×10^{-2}	-1.026×10^{0}
6	-4.722×10^{-9}	1.126×10^{-6}	-8.916×10^{-5}	2.355×10^{-3}	-2.929×10^{-3}	1.114×10^{-1}
7	6.786×10^{-12}	3.995×10^{-11}	-4.388×10^{-7}	6.903×10^{-5}	-4.092×10^{-3}	-6.652×10^{-2}

基于本节动力学建模方法在 ADAMS 和 MATLAB 中分别搭建空间机械臂与服务卫星平台刚体系统的动力学模型。在 MATLAB 中根据式（3－52）计算空间机械臂关节控制力矩 $\boldsymbol{T}_m$，将计算结果与 ADAMS 中的建模仿真结果进行比较，两种软件仿真得到的关节控制力矩 $\boldsymbol{T}_m$ 如图 3－3 所示。从图中可以看出，ADAMS 和 MATLAB 中的空间机械臂关节控制力矩 $\boldsymbol{T}_m$ 仿真结果基本一致，相对误差小于 5%，表明本节建立的空间机械臂与服务卫星平台刚体动力学模型准确有效，能够正确反映刚体系统的运动学和动力学特性，建模精度满足设计要求。

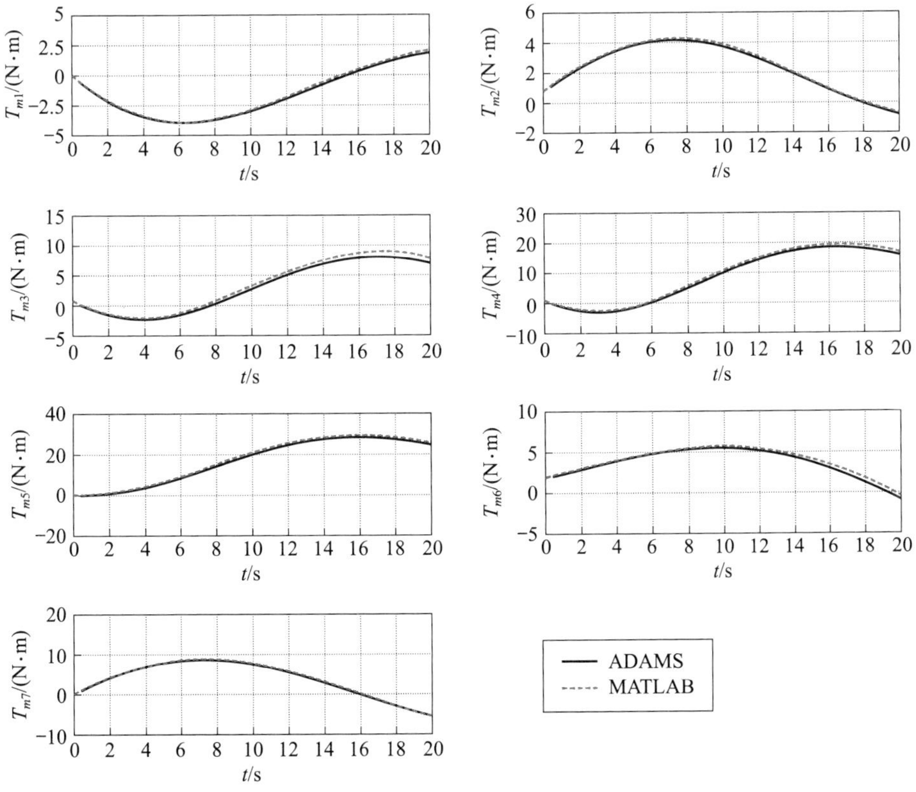

图 3－3　空间机械臂关节控制力矩

3.2 空间机械臂连接的柔性组合体动力学建模

空间失稳目标捕获后，服务卫星和目标卫星在空间机械臂的连接下成为一个组合体。当服务卫星和目标卫星均为大型或超大型卫星时，整个组合体呈两头重中间轻的“哑铃”状构型，该种构型使得处于连接位置的空间机械臂的柔性显著增加。同时，随着机械臂运动，组合体的构型不断变化，整个系统构成一个多柔体、变结构、低基频的大型空间柔性组合体，其动力学建模问题难度较大。在以往研究中，大多只考虑机械臂的关节柔性或臂杆柔性，建立空间柔性机械臂的动力学模型。但考虑工程实际情况，服务卫星和目标卫星的太阳翼等附件的柔性振动影响不可忽略。并且服务卫星平台控制系统在此阶段暂时关闭，整个组合体处于自由漂浮状态，机械臂运动容易激起太阳翼等附件的低频振动。因此在建模过程中需综合考虑机械臂关节柔性、臂杆柔性和太阳翼柔性等因素，建立空间机械臂连接的柔性组合体动力学模型[214,215]。

3.2.1 模型假设与符号

假设 3-5：空间机械臂的关节视为柔性关节（非线性扭簧），以谐波齿轮传动关节为例，考虑扭转刚度、间隙、摩擦等非线性因素。

假设 3-6：空间机械臂的臂杆视为柔性臂杆（Euler-Bernouli 梁），忽略剪切变形和转动惯量的影响，臂杆的柔性变形视为小变形。

假设 3-7：服务卫星和目标卫星包括卫星本体和太阳翼等附件。卫星本体视为刚体，不考虑内部液体晃动等影响。太阳翼等附件视为柔性体，其柔性变形视为小变形。附件根部与卫星本体固连，不存在相对转动。

假设 3-8：整个空间机械臂连接的柔性组合体系统处于失重环境，不考虑重力梯度力矩和其他环境干扰力矩的影响。

假设 3-9：服务卫星控制系统关闭，整个柔性组合体系统处于自由漂浮状态，满足线动量和角动量守恒。

空间机械臂连接的柔性组合体系统简化模型如图 3-4 所示。

为便于对太阳翼等柔性附件进行建模，本节将服务卫星和目标卫星各自分成卫星本体和附件两部分考虑。服务卫星本体视为臂杆 0，C_{m0} 重新定义为服务卫星本体质心，m_0 重新定义为服务卫星本体质量。空间机械臂捕获目标卫星后，原臂杆 n 与目标卫星本体固连，两者统一视为新臂杆 n，C_{mn} 重新定义为新臂杆 n 质心，m_n 重新定义为新臂杆 n 质量，O_{me} 重新定义为目标卫星上的点。位置矢量 $\boldsymbol{r}_{m0}$、$\boldsymbol{b}_{m0}$、$\boldsymbol{r}_{mn}$、$\boldsymbol{r}_{me}$、$\boldsymbol{a}_{mn}$、$\boldsymbol{b}_{mn}$、$\boldsymbol{l}_{mn}$ 随 C_{m0}、C_{mn}、O_{me} 的重新定义进行适应性调整。3.1.1 节定义的其他符号不变。

空间机械臂连接的柔性组合体动力学建模涉及的符号定义如下：

n_s：服务卫星附件数量。

n_t：目标卫星附件数量。

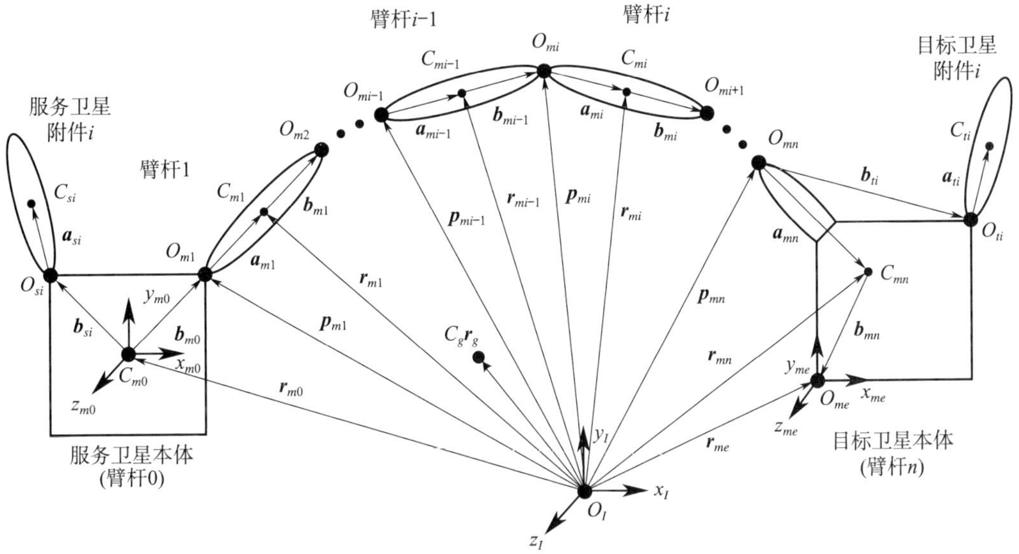

图 3-4　空间机械臂连接的柔性组合体系统简化模型

C_{si}：服务卫星附件 i 质心。

C_{ti}：目标卫星附件 i 质心。

O_{si}：服务卫星附件 i 与服务卫星本体的铰接点。

O_{ti}：目标卫星附件 i 与目标卫星本体的铰接点。

$\boldsymbol{r}_{si}$：从 O_I 指向 C_{si} 的位置矢量在惯性坐标系 $\{\boldsymbol{I}\}$ 中的分量。

$\boldsymbol{r}_{ti}$：从 O_I 指向 C_{ti} 的位置矢量在惯性坐标系 $\{\boldsymbol{I}\}$ 中的分量。

${}^{m0}\boldsymbol{b}_{si}$：从 O_{m0} 指向 O_{si} 的位置矢量在臂杆 0 坐标系 $\{\boldsymbol{m0}\}$ 中的分量。

${}^{m0}\boldsymbol{a}_{si}$：从 O_{si} 指向 C_{si} 的位置矢量在臂杆 0 坐标系 $\{\boldsymbol{m0}\}$ 中的分量。

${}^{mn}\boldsymbol{b}_{ti}$：从 O_{mn} 指向 O_{ti} 的位置矢量在臂杆 n 坐标系 $\{\boldsymbol{mn}\}$ 中的分量。

${}^{mn}\boldsymbol{a}_{ti}$：从 O_{ti} 指向 C_{ti} 的位置矢量在臂杆 n 坐标系 $\{\boldsymbol{mn}\}$ 中的分量。

m_{si}：服务卫星附件 i 的质量。

m_{ti}：目标卫星附件 i 的质量。

${}^{m0}\boldsymbol{I}_{si}$：服务卫星附件 i 绕其质心的转动惯量在臂杆 0 坐标系 $\{\boldsymbol{m0}\}$ 中的表示。

${}^{mn}\boldsymbol{I}_{ti}$：目标卫星附件 i 绕其质心的转动惯量在臂杆 n 坐标系 $\{\boldsymbol{mn}\}$ 中的表示。

$\boldsymbol{r}_{mi,h}$：从 O_I 指向机械臂臂杆 i 任意点 h 的位置矢量在惯性坐标系 $\{\boldsymbol{I}\}$ 中的分量。

$\boldsymbol{r}_{si,h}$：从 O_I 指向服务卫星附件 i 任意点 h 的位置矢量在惯性坐标系 $\{\boldsymbol{I}\}$ 中的分量。

$\boldsymbol{r}_{ti,h}$：从 O_I 指向目标卫星附件 i 任意点 h 的位置矢量在惯性坐标系 $\{\boldsymbol{I}\}$ 中的分量。

${}^{mi}\boldsymbol{a}_{mi,h}$：从 O_{mi} 指向机械臂臂杆 i 任意点 h 的位置矢量在臂杆 i 坐标系 $\{\boldsymbol{mi}\}$ 中的分量。

${}^{m0}\boldsymbol{a}_{si,h}$：从 O_{si} 指向服务卫星附件 i 任意点 h 的位置矢量在臂杆 0 坐标系 $\{\boldsymbol{m0}\}$ 中的分量。

${}^{mn}\boldsymbol{a}_{ti,h}$：从 O_{ti} 指向目标卫星附件 i 任意点 h 的位置矢量在臂杆 n 坐标系 $\{\boldsymbol{mn}\}$ 中的

分量。

${}^{mi}\boldsymbol{\delta}_{mi,l}$：机械臂臂杆 i 末端端点的柔性变形位移矢量在臂杆 i 坐标系 $\{\boldsymbol{mi}\}$ 中的分量。

${}^{mi}\boldsymbol{\delta}_{mi,h}$：机械臂臂杆 i 任意点 h 的柔性变形位移矢量在臂杆 i 坐标系 $\{\boldsymbol{mi}\}$ 中的分量。

${}^{m0}\boldsymbol{\delta}_{si,h}$：服务卫星附件 i 任意点 h 的柔性变形位移矢量在臂杆 0 坐标系 $\{\boldsymbol{m0}\}$ 中的分量。

${}^{mn}\boldsymbol{\delta}_{ti,h}$：目标卫星附件 i 任意点 h 的柔性变形位移矢量在臂杆 n 坐标系 $\{\boldsymbol{mn}\}$ 中的分量。

$m_{i,h}$：机械臂臂杆 i 任意点 h 的微元质量。

$m_{si,h}$：服务卫星附件 i 任意点 h 的微元质量。

$m_{ti,h}$：目标卫星附件 i 任意点 h 的微元质量。

n_f：柔性体保留的模态阶数。

$\boldsymbol{\eta}_{mi}$：机械臂臂杆 i 的模态坐标。

$\boldsymbol{\eta}_{si}$：服务卫星附件 i 的模态坐标。

$\boldsymbol{\eta}_{ti}$：目标卫星附件 i 的模态坐标。

${}^{mi}\boldsymbol{\Phi}_{mi}$：机械臂臂杆 i 的正则模态矩阵在臂杆 i 坐标系 $\{\boldsymbol{mi}\}$ 中的表示。

${}^{m0}\boldsymbol{\Phi}_{si}$：服务卫星附件 i 的正则模态矩阵在臂杆 0 坐标系 $\{\boldsymbol{m0}\}$ 中的表示。

${}^{mn}\boldsymbol{\Phi}_{ti}$：目标卫星附件 i 的正则模态矩阵在臂杆 n 坐标系 $\{\boldsymbol{mn}\}$ 的表示。

θ_{ei}：机械臂关节 i 的电机角度，$i=1, 2, \cdots, n$。

$\boldsymbol{\Theta}_e$：机械臂关节电机角度 θ_{ei} 构成的关节电机角度空间，$\boldsymbol{\Theta}_e=[\theta_{e1} \quad \theta_{e2} \quad \cdots \quad \theta_{en}]^{\mathrm{T}}$。

T_{ei}：机械臂关节 i 的电机驱动力矩，$i=1, 2, \cdots, n$。

$\boldsymbol{T}_e$：机械臂关节电机驱动力矩 T_{ei} 构成的关节电机驱动力矩矢量，$\boldsymbol{T}_e=[T_{e1} \; T_{e2} \cdots T_{en}]^{\mathrm{T}}$。

I_{ei}：机械臂关节 i 的转子绕其转轴的转动惯量，$i=1, 2, \cdots, n$。

$\boldsymbol{I}_e$：机械臂关节转子的转动惯量矩阵，$\boldsymbol{I}_e=\mathrm{diag}(I_{e1}, \; I_{e2}, \; \cdots, \; I_{en})$。

K_{ei}：机械臂关节 i 的扭转刚度，$i=1, 2, \cdots, n$。

$\boldsymbol{K}_e$：机械臂关节扭转刚度矩阵，$\boldsymbol{K}_e=\mathrm{diag}(K_{e1}, \; K_{e2}, \; \cdots, \; K_{en})$。

C_{ei}：机械臂关节 i 的摩擦力矩，$i=1, 2, \cdots, n$。

$\boldsymbol{C}_e$：机械臂关节摩擦力矩矢量，$\boldsymbol{C}_e=[C_{e1} \quad C_{e2} \quad \cdots \quad C_{en}]^{\mathrm{T}}$。

N：机械臂关节谐波齿轮传动比。

3.2.2 柔性关节动力学方程

空间机械臂关节采用谐波齿轮传动关节。根据假设 3-5，空间机械臂关节视为柔性关节（非线性扭簧），关节的非线性因素主要包括非线性刚度、关节间隙和摩擦等。本书主要研究空间机械臂整体的动力学建模，不对关节内部复杂的齿轮结构做过多研究，因此采用非线性扭簧简化模型对柔性关节进行建模，模型示意如图 3-5 所示。

基于非线性扭簧简化模型，推导得到柔性关节的动力学方程为

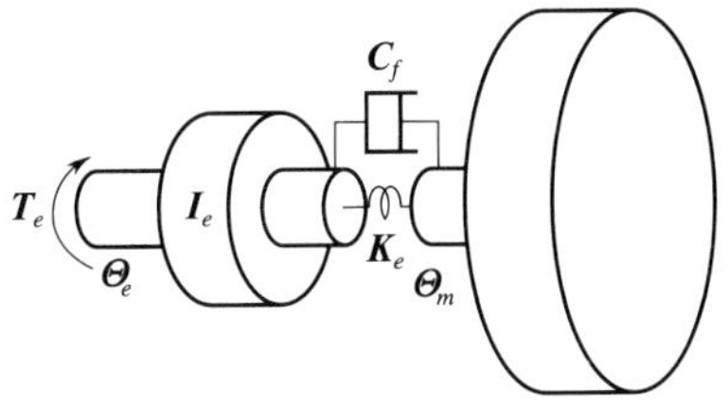

图 3-5　柔性关节非线性扭簧简化模型

$$\boldsymbol{I}_e\ddot{\boldsymbol{\Theta}}_e+\boldsymbol{C}_e+\frac{1}{N}\boldsymbol{K}_e\left(\frac{\boldsymbol{\Theta}_e}{N}-\boldsymbol{\Theta}_m\right)=\boldsymbol{T}_e \tag{3-56}$$

柔性关节 i 的非线性扭转刚度 K_{ei} 采用分段线性化方法进行描述，扭转刚度曲线如图 3-6 所示，由一段直线和一段抛物线组成，横坐标 δ_{ei} 为关节 i 的扭转变形角，纵坐标 T_{mi} 为关节 i 的控制力矩，直线段斜率为关节 i 输出稳定时的扭转刚度 K_{ei}，直线段延长线与横轴的交点为关节 i 间隙角 ε_{ei} 的一半，抛物线与直线交点（δ_{ei0}，T_{mi0}）通过实验数据拟合获得。

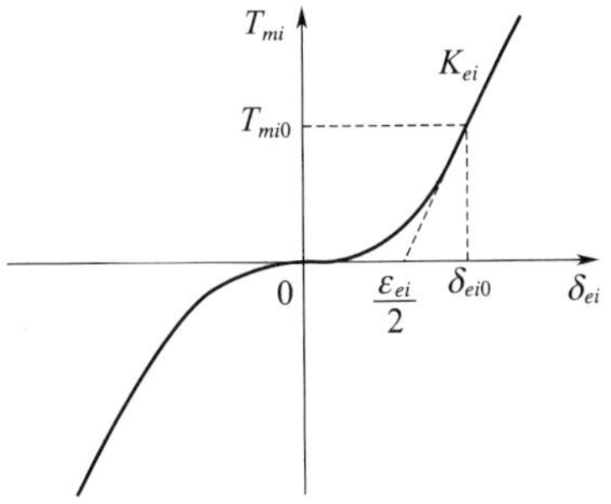

图 3-6　柔性关节非线性扭转刚度

柔性关节 i 的摩擦力矩 C_{ei} 的表达式为

$$C_{ei}=[\alpha_0+\alpha_1\mathrm{e}^{-(\dot{\theta}_{ei}/v_s)^2}]\,\mathrm{sgn}(\dot{\theta}_{ei})+\alpha_2\dot{\theta}_{ei} \tag{3-57}$$

式中，α_0、α_1、α_2 分别为 Coulomb 摩擦、Stribeck 摩擦和黏滞摩擦系数，忽略关节电机正反转对摩擦系数的影响；v_s 为 Stribeck 速度。

3.2.3　柔性体上任意点速度

根据假设 3-6 和假设 3-7，机械臂臂杆和卫星太阳翼等附件均视为柔性体。采用混合坐标法，由图 3-6 几何关系可知，机械臂臂杆 i 、服务卫星附件 i 和目标卫星附件 i 上任意点 h 的位置矢量在惯性坐标系 $\{\boldsymbol{I}\}$ 中的矩阵表达式分别为

$$\boldsymbol{r}_{mi,h}=\boldsymbol{r}_{m0}+\boldsymbol{A}_{m0}{}^{m0}\boldsymbol{b}_{m0}+\sum_{j=1}^{i-1}\boldsymbol{A}_{mj}({}^{mj}\boldsymbol{l}_{mj}+{}^{mj}\boldsymbol{\delta}_{mj,l})+\boldsymbol{A}_{mi}({}^{mi}\boldsymbol{a}_{mi,h}+{}^{mi}\boldsymbol{\delta}_{mi,h}) \tag{3-58}$$

$$\boldsymbol{r}_{si,h}=\boldsymbol{r}_{m0}+\boldsymbol{A}_{m0}{}^{m0}\boldsymbol{b}_{si}+\boldsymbol{A}_{m0}({}^{m0}\boldsymbol{a}_{si,h}+{}^{m0}\boldsymbol{\delta}_{si,h}) \tag{3-59}$$

$$\boldsymbol{r}_{ti,h}=\boldsymbol{r}_{m0}+\boldsymbol{A}_{m0}{}^{m0}\boldsymbol{b}_{m0}+\sum_{j=1}^{n-1}\boldsymbol{A}_{mj}({}^{mj}\boldsymbol{l}_{mj}+{}^{mj}\boldsymbol{\delta}_{mj,l})+\boldsymbol{A}_{mn}{}^{mn}\boldsymbol{b}_{ti}+\boldsymbol{A}_{mn}({}^{mn}\boldsymbol{a}_{ti,h}+{}^{mn}\boldsymbol{\delta}_{ti,h}) \tag{3-60}$$

采用假设模态法对柔性体进行离散化描述。柔性变形位移 ${}^{mi}\boldsymbol{\delta}_{mi,l}$、${}^{mi}\boldsymbol{\delta}_{mi,h}$、${}^{m0}\boldsymbol{\delta}_{si,h}$、${}^{mn}\boldsymbol{\delta}_{ti,h}$ 分别按正则模态展开，有

$$\begin{cases}{}^{mi}\boldsymbol{\delta}_{mi,l}={}^{mi}\boldsymbol{\Phi}_{mi,l}\boldsymbol{\eta}_{mi}\\{}^{mi}\boldsymbol{\delta}_{mi,h}={}^{mi}\boldsymbol{\Phi}_{mi,h}\boldsymbol{\eta}_{mi}\\{}^{m0}\boldsymbol{\delta}_{si,h}={}^{m0}\boldsymbol{\Phi}_{si,h}\boldsymbol{\eta}_{si}\\{}^{mn}\boldsymbol{\delta}_{ti,h}={}^{mn}\boldsymbol{\Phi}_{ti,h}\boldsymbol{\eta}_{ti}\end{cases} \tag{3-61}$$

对式（3-58）～式（3-60）在惯性坐标系 $\{\boldsymbol{I}\}$ 中求导，并将式（3-13）、式（3-61）代入。根据假设 3-6 和假设 3-7，机械臂臂杆和卫星附件的柔性变形均视为小变形，臂杆角速度 $\boldsymbol{\omega}_{mi}$ 和柔性变形位移 ${}^{mi}\boldsymbol{\delta}_{mi,l}$、${}^{mi}\boldsymbol{\delta}_{mi,h}$、${}^{m0}\boldsymbol{\delta}_{si,h}$、${}^{mn}\boldsymbol{\delta}_{ti,h}$ 均可视为小量，两者相乘为高阶小量，可忽略不计。整理得到柔性体上任意点速度的表达式为

$$\dot{\boldsymbol{r}}_{mi,h}=\boldsymbol{v}_{m0}+\boldsymbol{B}_{mi,h}\boldsymbol{\omega}_{m0}+\sum_{k=1}^{i}\boldsymbol{C}_{mik,h}\dot{\theta}_{mk}+\sum_{k=1}^{i-1}\boldsymbol{A}_{mk}{}^{mk}\boldsymbol{\Phi}_{mk,l}\dot{\boldsymbol{\eta}}_{mk}+\boldsymbol{A}_{mi}{}^{mi}\boldsymbol{\Phi}_{mi,h}\dot{\boldsymbol{\eta}}_{mi} \tag{3-62}$$

$$\dot{\boldsymbol{r}}_{si,h}=\boldsymbol{v}_{m0}+\boldsymbol{B}_{si,h}\boldsymbol{\omega}_{m0}+\boldsymbol{A}_{m0}{}^{m0}\boldsymbol{\Phi}_{si,h}\dot{\boldsymbol{\eta}}_{si} \tag{3-63}$$

$$\dot{\boldsymbol{r}}_{ti,h}=\boldsymbol{v}_{m0}+\boldsymbol{B}_{ti,h}\boldsymbol{\omega}_{m0}+\sum_{k=1}^{n}\boldsymbol{C}_{tik,h}\dot{\theta}_{mk}+\sum_{k=1}^{n-1}\boldsymbol{A}_{mk}{}^{mk}\boldsymbol{\Phi}_{mk,l}\dot{\boldsymbol{\eta}}_{mk}+\boldsymbol{A}_{mn}{}^{mn}\boldsymbol{\Phi}_{ti,h}\dot{\boldsymbol{\eta}}_{ti} \tag{3-64}$$

式中，$\boldsymbol{B}_{mi,h}$、$\boldsymbol{C}_{mik,h}$、$\boldsymbol{B}_{si,h}$、$\boldsymbol{B}_{ti,h}$、$\boldsymbol{C}_{tik,h}$ 的表达式分别为

$$\boldsymbol{B}_{mi,h}=-\left(\boldsymbol{A}_{m0}{}^{m0}\boldsymbol{b}_{m0}+\sum_{j=1}^{i-1}\boldsymbol{A}_{mj}{}^{mj}\boldsymbol{l}_{mj}+\boldsymbol{A}_{mi}{}^{mi}\boldsymbol{a}_{mi,h}\right)^{\times} \tag{3-65}$$

$$\boldsymbol{C}_{mik,h}=-\left(\sum_{j=k}^{i-1}\boldsymbol{A}_{mj}{}^{mj}\boldsymbol{l}_{mj}+\boldsymbol{A}_{mi}{}^{mi}\boldsymbol{a}_{mi,h}\right)^{\times}(\boldsymbol{A}_{mk}{}^{mk}\boldsymbol{z}_{mk}) \tag{3-66}$$

$$\boldsymbol{B}_{si,h}=-(\boldsymbol{A}_{m0}{}^{m0}\boldsymbol{b}_{si}+\boldsymbol{A}_{m0}{}^{m0}\boldsymbol{a}_{si,h})^{\times} \tag{3-67}$$

$$\boldsymbol{B}_{ti,h}=-\left(\boldsymbol{A}_{m0}{}^{m0}\boldsymbol{b}_{m0}+\sum_{j=1}^{n-1}\boldsymbol{A}_{mj}{}^{mj}\boldsymbol{l}_{mj}+\boldsymbol{A}_{mn}{}^{mn}\boldsymbol{b}_{ti}+\boldsymbol{A}_{mn}{}^{mn}\boldsymbol{a}_{ti,h}\right)^{\times} \tag{3-68}$$

$$\boldsymbol{C}_{tik,h}=-\left(\sum_{j=k}^{n-1}\boldsymbol{A}_{mj}{}^{mj}\boldsymbol{l}_{mj}+\boldsymbol{A}_{mn}{}^{mn}\boldsymbol{b}_{ti}+\boldsymbol{A}_{mn}{}^{mn}\boldsymbol{a}_{ti,h}\right)^{\times}(\boldsymbol{A}_{mk}{}^{mk}\boldsymbol{z}_{mk}) \tag{3-69}$$

3.2.4 柔性组合体动能

柔性组合体系统的动能 T 包括机械臂臂杆（含服务卫星和目标卫星本体）动能、服务卫星附件动能和目标卫星附件动能，采用有限元方法对柔性体进行离散化，则柔性组合体系统动能 T 的表达式为

$$T=\frac{1}{2}\sum_{i=0}^{n}\left(\sum_{h}m_{i,h}\dot{\boldsymbol{r}}_{mi,h}^{\mathrm{T}}\dot{\boldsymbol{r}}_{mi,h}\right)+\frac{1}{2}\sum_{i=1}^{n_s}\left(\sum_{h}m_{si,h}\dot{\boldsymbol{r}}_{si,h}^{\mathrm{T}}\dot{\boldsymbol{r}}_{si,h}\right)+\frac{1}{2}\sum_{i=1}^{n_t}\left(\sum_{h}m_{i,h}\dot{\boldsymbol{r}}_{ti,h}^{\mathrm{T}}\dot{\boldsymbol{r}}_{ti,h}\right) \tag{3-70}$$

将式（3-62）～式（3-64）代入并整理得

$$T=\frac{1}{2}\dot{\boldsymbol{q}}^{\mathrm{T}}\boldsymbol{M}(\boldsymbol{q})\dot{\boldsymbol{q}} \tag{3-71}$$

式中，$\boldsymbol{q}$ 为服务卫星平台受控的柔性组合体系统广义坐标

$$\dot{\boldsymbol{q}}=\begin{bmatrix}\boldsymbol{v}_{m0}^{\mathrm{T}} & \boldsymbol{\omega}_{m0}^{\mathrm{T}} & \dot{\boldsymbol{\Theta}}_{m}^{\mathrm{T}} & \dot{\boldsymbol{\eta}}_{m}^{\mathrm{T}} & \dot{\boldsymbol{\eta}}_{s}^{\mathrm{T}} & \dot{\boldsymbol{\eta}}_{t}^{\mathrm{T}}\end{bmatrix}^{\mathrm{T}} \tag{3-72}$$

$\boldsymbol{\eta}_m$、$\boldsymbol{\eta}_s$、$\boldsymbol{\eta}_t$ 分别为机械臂臂杆、服务卫星附件和目标卫星附件总的模态坐标

$$\begin{cases}\boldsymbol{\eta}_m=[\boldsymbol{\eta}_{m1}^{\mathrm{T}} & \boldsymbol{\eta}_{m2}^{\mathrm{T}} & \cdots & \boldsymbol{\eta}_{mn}^{\mathrm{T}}]^{\mathrm{T}}\\ \boldsymbol{\eta}_s=[\boldsymbol{\eta}_{s1}^{\mathrm{T}} & \boldsymbol{\eta}_{s2}^{\mathrm{T}} & \cdots & \boldsymbol{\eta}_{sn_s}^{\mathrm{T}}]^{\mathrm{T}}\\ \boldsymbol{\eta}_t=[\boldsymbol{\eta}_{t1}^{\mathrm{T}} & \boldsymbol{\eta}_{t2}^{\mathrm{T}} & \cdots & \boldsymbol{\eta}_{tn_t}^{\mathrm{T}}]^{\mathrm{T}}\end{cases} \tag{3-73}$$

$\boldsymbol{M}(\boldsymbol{q})$ 为服务卫星受控的柔性组合体系统惯量矩阵

$$\boldsymbol{M}(\boldsymbol{q})=\begin{bmatrix}\boldsymbol{M}_{vv} & \boldsymbol{R}_{v\omega} & \boldsymbol{R}_{v\theta} & \boldsymbol{F}_{v\eta m} & \boldsymbol{F}_{v\eta s} & \boldsymbol{F}_{v\eta t}\\ \boldsymbol{R}_{v\omega}^{\mathrm{T}} & \boldsymbol{I}_{\omega\omega} & \boldsymbol{R}_{\omega\theta} & \boldsymbol{F}_{\omega\eta m} & \boldsymbol{F}_{\omega\eta s} & \boldsymbol{F}_{\omega\eta t}\\ \boldsymbol{R}_{v\theta}^{\mathrm{T}} & \boldsymbol{R}_{\omega\theta}^{\mathrm{T}} & \boldsymbol{R}_{\theta\theta} & \boldsymbol{F}_{\theta\eta m} & \boldsymbol{0} & \boldsymbol{F}_{\theta\eta t}\\ \boldsymbol{F}_{v\eta m}^{\mathrm{T}} & \boldsymbol{F}_{\omega\eta m}^{\mathrm{T}} & \boldsymbol{F}_{\theta\eta m}^{\mathrm{T}} & \boldsymbol{E} & \boldsymbol{0} & \boldsymbol{0}\\ \boldsymbol{F}_{v\eta s}^{\mathrm{T}} & \boldsymbol{F}_{\omega\eta s}^{\mathrm{T}} & \boldsymbol{0} & \boldsymbol{0} & \boldsymbol{E} & \boldsymbol{0}\\ \boldsymbol{F}_{v\eta t}^{\mathrm{T}} & \boldsymbol{F}_{\omega\eta t}^{\mathrm{T}} & \boldsymbol{F}_{\theta\eta t}^{\mathrm{T}} & \boldsymbol{0} & \boldsymbol{0} & \boldsymbol{E}\end{bmatrix} \tag{3-74}$$

在惯量矩阵 $\boldsymbol{M}(\boldsymbol{q})$ 中，刚性耦合系数 $\boldsymbol{M}_{vv}$、$\boldsymbol{I}_{\omega\omega}$、$\boldsymbol{R}_{v\omega}$、$\boldsymbol{R}_{v\theta}$、$\boldsymbol{R}_{\omega\theta}$、$\boldsymbol{R}_{\theta\theta}$ 的物理意义和表达式同式（3-39）～式（3-44）。对于柔性耦合系数，采用结构动力学和有限元方法，整理得到其物理意义和具体表达式如下：

1）$\boldsymbol{F}_{v\eta m}$ 为机械臂臂杆振动对服务卫星本体平动的柔性耦合系数

$$\boldsymbol{F}_{v\eta m}=[\boldsymbol{F}_{v\eta m1} \quad \boldsymbol{F}_{v\eta m2} \quad \cdots \quad \boldsymbol{F}_{v\eta mn}] \tag{3-75}$$

式中，子矩阵 $\boldsymbol{F}_{v\eta mk}$（$k=1,\ 2,\ \cdots,\ n$）的表达式为

$$\boldsymbol{F}_{v\eta mk}=\left(\sum_{i=k+1}^{n}m_i+\sum_{i=1}^{n_t}m_{ti}\right)\boldsymbol{A}_{mk}{}^{mk}\boldsymbol{\Phi}_{mk,l}+\boldsymbol{T}_{v\eta mk}\boldsymbol{D}_{mk}\boldsymbol{M}_k\boldsymbol{\Phi}_{mk} \tag{3-76}$$

2）$\boldsymbol{F}_{\omega\eta m}$ 为机械臂臂杆振动对服务卫星本体转动的柔性耦合系数

$$\boldsymbol{F}_{\omega\eta m}=[\boldsymbol{F}_{\omega\eta m1} \quad \boldsymbol{F}_{\omega\eta m2} \quad \cdots \quad \boldsymbol{F}_{\omega\eta mn}] \tag{3-77}$$

式中，子矩阵 $\boldsymbol{F}_{\omega\eta mk}$（$k=1,\ 2,\ \cdots,\ n$）的表达式为

$$\boldsymbol{F}_{\omega\eta mk}=\left(\sum_{i=k+1}^{n}m_i\boldsymbol{B}_{mi}^{\mathrm{T}}+\sum_{i=1}^{n_t}m_{ti}\boldsymbol{B}_{ti}^{\mathrm{T}}\right)\boldsymbol{A}_{mk}{}^{mk}\boldsymbol{\Phi}_{mk,l}+\boldsymbol{T}_{\omega\eta mk}\boldsymbol{D}_{mk}\boldsymbol{M}_k\boldsymbol{\Phi}_{mk} \tag{3-78}$$

3）$\boldsymbol{F}_{\theta\eta m}$ 为机械臂臂杆振动对机械臂关节转动的柔性耦合系数

$$\boldsymbol{F}_{\theta\eta m}=\begin{bmatrix}\boldsymbol{F}_{\theta 1\eta m1} & \boldsymbol{F}_{\theta 1\eta m2} & \cdots & \boldsymbol{F}_{\theta 1\eta mn}\\ \boldsymbol{F}_{\theta 2\eta m1} & \boldsymbol{F}_{\theta 2\eta m2} & \cdots & \boldsymbol{F}_{\theta 2\eta mn}\\ \vdots & \vdots & \ddots & \vdots\\ \boldsymbol{F}_{\theta n\eta m1} & \boldsymbol{F}_{\theta n\eta m2} & \cdots & \boldsymbol{F}_{\theta n\eta mn}\end{bmatrix} \tag{3-79}$$

式中，子矩阵 $\boldsymbol{F}_{\theta j\eta mk}$（$j,\ k=1,\ 2,\ \cdots,\ n$）的表达式为

$$
\boldsymbol{F}_{\theta j\eta mk}=\begin{cases}\Big(\sum_{i=k+1}^{n}m_{i}\boldsymbol{C}_{mij}^{\mathrm{T}}+\sum_{i=1}^{n_t}m_{ti}\boldsymbol{C}_{tij}^{\mathrm{T}}\Big)\boldsymbol{A}_{mk}{}^{mk}\boldsymbol{\Phi}_{mk,l}+\boldsymbol{T}_{\theta j\eta mk}\boldsymbol{D}_{mk}\boldsymbol{M}_{k}\boldsymbol{\Phi}_{mk},j\leqslant k\\ \Big(\sum_{i=j}^{n}m_{i}\boldsymbol{C}_{mij}^{\mathrm{T}}+\sum_{i=1}^{n_t}m_{ti}\boldsymbol{C}_{tij}^{\mathrm{T}}\Big)\boldsymbol{A}_{mk}{}^{mk}\boldsymbol{\Phi}_{mk,l},j\geqslant k+1\end{cases}\tag{3-80}
$$

式（3-75）～式（3-80）中，$\boldsymbol{D}_{mk}$、$\boldsymbol{M}_{k}$、$\boldsymbol{\Phi}_{mk}$ 分别为机械臂臂杆的刚体模态阵、质量阵和正则模态阵，$\boldsymbol{T}_{v\eta mk}$、$\boldsymbol{T}_{\omega\eta mk}$、$\boldsymbol{T}_{\theta j\eta mk}$ 分别为相应的坐标转换矩阵，上述矩阵的表达式分别为

$$
\boldsymbol{D}_{mk}=\left[\begin{array}{cc:cc:c:cc}\boldsymbol{E}_{3\times3} & \boldsymbol{0} & \boldsymbol{E}_{3\times3} & \boldsymbol{0} & & \boldsymbol{E}_{3\times3} & \boldsymbol{0}\\ {}^{mk}\boldsymbol{a}_{mk,1}^{\times} & \boldsymbol{E}_{3\times3} & {}^{mk}\boldsymbol{a}_{mk,2}^{\times} & \boldsymbol{E}_{3\times3} & \cdots & {}^{mk}\boldsymbol{a}_{mk,n_e}^{\times} & \boldsymbol{E}_{3\times3}\end{array}\right]\tag{3-81}
$$

$$
\boldsymbol{M}_{k}=\begin{bmatrix}m_{k,1}\boldsymbol{E}_{6\times6} & \boldsymbol{0} & \cdots & \boldsymbol{0}\\ \boldsymbol{0} & m_{k,2}\boldsymbol{E}_{6\times6} & \cdots & \boldsymbol{0}\\ \vdots & \vdots & \ddots & \vdots\\ \boldsymbol{0} & \boldsymbol{0} & \cdots & m_{k,n_e}\boldsymbol{E}_{6\times6}\end{bmatrix}\tag{3-82}
$$

$$
\boldsymbol{\Phi}_{mk}=\left[{}^{mk}\boldsymbol{\Phi}_{mk,1}^{\mathrm{T}}\ \ \boldsymbol{0}\ \vdots\ {}^{mk}\boldsymbol{\Phi}_{mk,2}^{\mathrm{T}}\ \ \boldsymbol{0}\ \vdots\ \cdots\ \vdots\ {}^{mk}\boldsymbol{\Phi}_{mk,n_e}^{\mathrm{T}}\ \ \boldsymbol{0}\right]^{\mathrm{T}}\tag{3-83}
$$

$$
\boldsymbol{T}_{v\eta mk}=\left[\boldsymbol{A}_{mk}\ \vdots\ \boldsymbol{0}\right]\tag{3-84}
$$

$$
\boldsymbol{T}_{\omega\eta mk}=\left[\Big(\boldsymbol{A}_{m0}{}^{m0}\boldsymbol{b}_{m0}+\sum_{i=1}^{k-1}\boldsymbol{A}_{mi}{}^{mi}\boldsymbol{l}_{mi}\Big)^{\times}\boldsymbol{A}_{mk}\ \vdots\ \boldsymbol{A}_{mk}\right]\tag{3-85}
$$

$$
\boldsymbol{T}_{\theta j\eta mk}=\boldsymbol{C}_{\omega j}^{\mathrm{T}}\left[\Big(\sum_{i=j}^{k-1}\boldsymbol{A}_{mi}{}^{mi}\boldsymbol{l}_{mi}\Big)^{\times}\boldsymbol{A}_{mk}\ \vdots\ \boldsymbol{A}_{mk}\right]\tag{3-86}
$$

式中，n_e 为有限元节点数；$\boldsymbol{E}_{3\times3}$、$\boldsymbol{E}_{6\times6}$ 分别为 3×3、6×6 的单位矩阵。

4）$\boldsymbol{F}_{v\eta s}$ 为服务卫星附件振动对服务卫星本体平动的柔性耦合系数

$$
\boldsymbol{F}_{v\eta s}=\left[\boldsymbol{F}_{v\eta s1}\quad \boldsymbol{F}_{v\eta s2}\quad \cdots\quad \boldsymbol{F}_{v\eta sn_s}\right]\tag{3-87}
$$

式中，子矩阵 $\boldsymbol{F}_{v\eta si}(i=1,\ 2,\ \cdots,\ n_s)$ 的表达式为

$$
\boldsymbol{F}_{v\eta si}=\boldsymbol{T}_{v\eta si}\boldsymbol{D}_{si}\boldsymbol{M}_{si}\boldsymbol{\Phi}_{si}\tag{3-88}
$$

5）$\boldsymbol{F}_{\omega\eta s}$ 为服务卫星附件振动对服务卫星本体转动的柔性耦合系数

$$
\boldsymbol{F}_{\omega\eta s}=\left[\boldsymbol{F}_{\omega\eta s1}\quad \boldsymbol{F}_{\omega\eta s2}\quad \cdots\quad \boldsymbol{F}_{\omega\eta sn_s}\right]\tag{3-89}
$$

式中，子矩阵 $\boldsymbol{F}_{\omega\eta si}(i=1,\ 2,\ \cdots,\ n_s)$ 的表达式为

$$
\boldsymbol{F}_{\omega\eta si}=\boldsymbol{T}_{\omega\eta si}\boldsymbol{D}_{si}\boldsymbol{M}_{si}\boldsymbol{\Phi}_{si}\tag{3-90}
$$

式（3-87）～式（3-90）中，$\boldsymbol{D}_{si}$、$\boldsymbol{M}_{si}$、$\boldsymbol{\Phi}_{si}$ 分别为服务卫星附件的刚体模态阵、质量阵和正则模态阵，$\boldsymbol{T}_{v\eta si}$、$\boldsymbol{T}_{\omega\eta si}$ 分别为相应的坐标转换矩阵，上述矩阵的表达式分别为

$$
\boldsymbol{D}_{si}=\left[\begin{array}{cc:cc:c:cc}\boldsymbol{E}_{3\times3} & \boldsymbol{0} & \boldsymbol{E}_{3\times3} & \boldsymbol{0} & & \boldsymbol{E}_{3\times3} & \boldsymbol{0}\\ {}^{m0}\boldsymbol{a}_{si,1}^{\times} & \boldsymbol{E}_{3\times3} & {}^{m0}\boldsymbol{a}_{si,2}^{\times} & \boldsymbol{E}_{3\times3} & \cdots & {}^{m0}\boldsymbol{a}_{si,n_e}^{\times} & \boldsymbol{E}_{3\times3}\end{array}\right]\tag{3-91}
$$

$$
\boldsymbol{M}_{si}=\begin{bmatrix}m_{si,1}\boldsymbol{E}_{6\times6} & \boldsymbol{0} & \cdots & \boldsymbol{0}\\ \boldsymbol{0} & m_{si,2}\boldsymbol{E}_{6\times6} & \cdots & \boldsymbol{0}\\ \vdots & \vdots & \ddots & \vdots\\ \boldsymbol{0} & \boldsymbol{0} & \cdots & m_{si,n_e}\boldsymbol{E}_{6\times6}\end{bmatrix}\tag{3-92}
$$

$$\boldsymbol{\Phi}_{si} = \left[{}^{m0}\boldsymbol{\Phi}_{si,1}^{\mathrm{T}} \quad \boldsymbol{0} \;\vdots\; {}^{m0}\boldsymbol{\Phi}_{si,2}^{\mathrm{T}} \quad \boldsymbol{0} \;\vdots\; \cdots \;\vdots\; {}^{m0}\boldsymbol{\Phi}_{si,n_e}^{\mathrm{T}} \quad \boldsymbol{0} \right]^{\mathrm{T}} \tag{3-93}$$

$$\boldsymbol{T}_{v\eta si} = [\boldsymbol{A}_{m0} \;\vdots\; \boldsymbol{0}] \tag{3-94}$$

$$\boldsymbol{T}_{\omega\eta si} = [(\boldsymbol{A}_{m0}{}^{m0}\boldsymbol{b}_{si})^{\times}\boldsymbol{A}_{m0} \;\vdots\; \boldsymbol{A}_{m0}] \tag{3-95}$$

6) $\boldsymbol{F}_{v\eta t}$ 为目标卫星附件振动对服务卫星本体平动的柔性耦合系数

$$\boldsymbol{F}_{v\eta t} = [\boldsymbol{F}_{v\eta t1} \quad \boldsymbol{F}_{v\eta t2} \quad \cdots \quad \boldsymbol{F}_{v\eta tn_t}] \tag{3-96}$$

式中，子矩阵 $\boldsymbol{F}_{v\eta ti}(i=1,\ 2,\ \cdots,\ n_t)$ 的表达式为

$$\boldsymbol{F}_{v\eta ti} = \boldsymbol{T}_{v\eta ti}\boldsymbol{D}_{ti}\boldsymbol{M}_{ti}\boldsymbol{\Phi}_{ti} \tag{3-97}$$

7) $\boldsymbol{F}_{\omega\eta t}$ 为目标卫星附件振动对服务卫星本体转动的柔性耦合系数

$$\boldsymbol{F}_{\omega\eta t} = [\boldsymbol{F}_{\omega\eta t1} \quad \boldsymbol{F}_{\omega\eta t2} \quad \cdots \quad \boldsymbol{F}_{\omega\eta tn_t}] \tag{3-98}$$

式中，子矩阵 $\boldsymbol{F}_{\omega\eta ti}(i=1,\ 2,\ \cdots,\ n_t)$ 的表达式为

$$\boldsymbol{F}_{\omega\eta ti} = \boldsymbol{T}_{\omega\eta ti}\boldsymbol{D}_{ti}\boldsymbol{M}_{ti}\boldsymbol{\Phi}_{ti} \tag{3-99}$$

8) $\boldsymbol{F}_{\theta\eta t}$ 为目标卫星附件振动对机械臂关节转动的柔性耦合系数

$$\boldsymbol{F}_{\theta\eta t} = \begin{bmatrix} \boldsymbol{F}_{\theta 1\eta t1} & \boldsymbol{F}_{\theta 1\eta t2} & \cdots & \boldsymbol{F}_{\theta 1\eta tn_t} \\ \boldsymbol{F}_{\theta 2\eta t1} & \boldsymbol{F}_{\theta 2\eta t2} & \cdots & \boldsymbol{F}_{\theta 2\eta tn_t} \\ \vdots & \vdots & \ddots & \vdots \\ \boldsymbol{F}_{\theta n\eta t1} & \boldsymbol{F}_{\theta n\eta t2} & \cdots & \boldsymbol{F}_{\theta n\eta tn_t} \end{bmatrix} \tag{3-100}$$

式中，子矩阵 $\boldsymbol{F}_{\theta k\eta ti}(k=1,\ 2,\ \cdots,\ n,\ i=1,\ 2,\ \cdots,\ n_t)$ 的表达式为

$$\boldsymbol{F}_{\theta k\eta ti} = \boldsymbol{T}_{\theta k\eta ti}\boldsymbol{D}_{ti}\boldsymbol{M}_{ti}\boldsymbol{\Phi}_{ti} \tag{3-101}$$

式（3－96）～式（3－101）中，$\boldsymbol{D}_{ti}$、$\boldsymbol{M}_{ti}$、$\boldsymbol{\Phi}_{ti}$ 分别为目标卫星附件的刚体模态阵、质量阵和正则模态阵，$\boldsymbol{T}_{v\eta ti}$、$\boldsymbol{T}_{\omega\eta ti}$、$\boldsymbol{T}_{\theta k\eta ti}$ 分别为相应的坐标转换矩阵，上述矩阵的表达式分别为

$$\boldsymbol{D}_{ti} = \begin{bmatrix} \boldsymbol{E}_{3\times3} & \boldsymbol{0} & \vdots & \boldsymbol{E}_{3\times3} & \boldsymbol{0} & \vdots & \cdots & \vdots & \boldsymbol{E}_{3\times3} & \boldsymbol{0} \\ {}^{mn}\boldsymbol{a}_{ti,1}^{\times} & \boldsymbol{E}_{3\times3} & \vdots & {}^{mn}\boldsymbol{a}_{ti,2}^{\times} & \boldsymbol{E}_{3\times3} & \vdots & & \vdots & {}^{mn}\boldsymbol{a}_{ti,n_e}^{\times} & \boldsymbol{E}_{3\times3} \end{bmatrix} \tag{3-102}$$

$$\boldsymbol{M}_{ti} = \begin{bmatrix} m_{ti,1}\boldsymbol{E}_{6\times6} & \boldsymbol{0} & \cdots & \boldsymbol{0} \\ \boldsymbol{0} & m_{ti,2}\boldsymbol{E}_{6\times6} & \cdots & \boldsymbol{0} \\ \vdots & \vdots & \ddots & \vdots \\ \boldsymbol{0} & \boldsymbol{0} & \cdots & m_{ti,n_e}\boldsymbol{E}_{6\times6} \end{bmatrix} \tag{3-103}$$

$$\boldsymbol{\Phi}_{ti} = \left[{}^{mn}\boldsymbol{\Phi}_{ti,1}^{\mathrm{T}} \quad \boldsymbol{0} \;\vdots\; {}^{mn}\boldsymbol{\Phi}_{ti,2}^{\mathrm{T}} \quad \boldsymbol{0} \;\vdots\; \cdots \;\vdots\; {}^{mn}\boldsymbol{\Phi}_{ti,n_e}^{\mathrm{T}} \quad \boldsymbol{0} \right]^{\mathrm{T}} \tag{3-104}$$

$$\boldsymbol{T}_{v\eta ti} = [\boldsymbol{A}_{mn} \;\vdots\; \boldsymbol{0}] \tag{3-105}$$

$$\boldsymbol{T}_{\omega\eta ti} = \left[\left(\boldsymbol{A}_{m0}{}^{m0}\boldsymbol{b}_{m0} + \sum_{j=1}^{n-1}\boldsymbol{A}_{mj}{}^{mj}\boldsymbol{l}_{mj} + \boldsymbol{A}_{mn}{}^{mn}\boldsymbol{b}_{ti} \right)^{\times} \boldsymbol{A}_{mn} \;\vdots\; \boldsymbol{A}_{mn} \right] \tag{3-106}$$

$$\boldsymbol{T}_{\theta k\eta ti} = \boldsymbol{C}_{\omega k}^{\mathrm{T}} \left[\left(\sum_{j=k}^{n-1}\boldsymbol{A}_{mj}{}^{mj}\boldsymbol{l}_{mj} + \boldsymbol{A}_{mn}{}^{mn}\boldsymbol{b}_{ti} \right)^{\times} \boldsymbol{A}_{mn} \;\vdots\; \boldsymbol{A}_{mn} \right] \tag{3-107}$$

3.2.5　动量守恒方程

根据假设 3－9，空间机械臂捕获目标卫星后，服务卫星控制系统关闭，柔性组合体系

统处于自由漂浮状态，满足线动量和角动量守恒。设 $\boldsymbol{P}_0$、$\boldsymbol{L}_0$ 分别为初始线动量和初始角动量在惯性坐标系 $\{\boldsymbol{I}\}$ 中的分量，柔性组合体系统满足以下非完整约束

$$\boldsymbol{P}_0=\sum_{i=0}^{n}\Big(\sum_{h}m_{i,h}\dot{\boldsymbol{r}}_{mi,h}\Big)+\sum_{i=1}^{n_s}\Big(\sum_{h}m_{si,h}\dot{\boldsymbol{r}}_{si,h}\Big)+\sum_{i=1}^{n_t}\Big(\sum_{h}m_{ti,h}\dot{\boldsymbol{r}}_{ti,h}\Big) \tag{3-108}$$

$$\boldsymbol{L}_0=\sum_{i=0}^{n}\Big(\sum_{h}\boldsymbol{r}_{mi,h}^{\times}m_{i,h}\dot{\boldsymbol{r}}_{mi,h}\Big)+\sum_{i=1}^{n_s}\Big(\sum_{h}\boldsymbol{r}_{si,h}^{\times}m_{si,h}\dot{\boldsymbol{r}}_{si,h}\Big)+\sum_{i=1}^{n_t}\Big(\sum_{h}\boldsymbol{r}_{ti,h}^{\times}m_{ti,h}\dot{\boldsymbol{r}}_{ti,h}\Big) \tag{3-109}$$

将式（3－62）～式（3－64）代入，整理得到自由漂浮柔性组合体系统的动量守恒方程为

$$\boldsymbol{S}_0=\boldsymbol{H}_s\begin{bmatrix}\boldsymbol{v}_{m0}\\ \boldsymbol{\omega}_{m0}\end{bmatrix}+\boldsymbol{H}_m\dot{\boldsymbol{\Theta}}_m+\boldsymbol{H}_f\dot{\boldsymbol{\eta}} \tag{3-110}$$

式中，$\boldsymbol{\eta}$ 为柔性组合体系统总的模态坐标

$$\boldsymbol{\eta}=[\boldsymbol{\eta}_m^{\mathrm{T}}\quad \boldsymbol{\eta}_s^{\mathrm{T}}\quad \boldsymbol{\eta}_t^{\mathrm{T}}]^{\mathrm{T}} \tag{3-111}$$

$\boldsymbol{S}_0$、$\boldsymbol{H}_s$、$\boldsymbol{H}_m$ 的表达式同式（3－29）～式（3－31），$\boldsymbol{H}_f$ 的表达式为

$$\boldsymbol{H}_f=\begin{bmatrix}\boldsymbol{H}_{pm} & \boldsymbol{H}_{ps} & \boldsymbol{H}_{pt}\\ \boldsymbol{H}_{lm} & \boldsymbol{H}_{ls} & \boldsymbol{H}_{lt}\end{bmatrix} \tag{3-112}$$

同样采用结构动力学和有限元方法，$\boldsymbol{H}_f$ 中各子矩阵的表达式可写为

$$\boldsymbol{H}_{pm}=\boldsymbol{F}_{v\eta m} \tag{3-113}$$

$$\boldsymbol{H}_{ps}=\boldsymbol{F}_{v\eta s} \tag{3-114}$$

$$\boldsymbol{H}_{pt}=\boldsymbol{F}_{v\eta t} \tag{3-115}$$

$$\boldsymbol{H}_{lm}=[\boldsymbol{H}_{lm1}\quad \cdots \quad \boldsymbol{H}_{lmn}] \tag{3-116}$$

$$\boldsymbol{H}_{lmk}=\Big(\sum_{i=k+1}^{n}m_i\boldsymbol{r}_{mi}^{\times}+\sum_{i=1}^{n_t}m_{ti}\boldsymbol{r}_{ti}^{\times}\Big)\boldsymbol{A}_{mk}{}^{mk}\boldsymbol{\Phi}_{mk,l}+\boldsymbol{T}_{lmk}\boldsymbol{D}_{mk}\boldsymbol{M}_k\boldsymbol{\Phi}_{mk} \tag{3-117}$$

$$\boldsymbol{T}_{lmk}=\left[\Big(\boldsymbol{r}_{m0}+\boldsymbol{A}_{m0}{}^{m0}\boldsymbol{b}_{m0}+\sum_{i=1}^{k-1}\boldsymbol{A}_{mi}{}^{mi}\boldsymbol{l}_{mi}\Big)^{\times}\boldsymbol{A}_{mk}\ \vdots\ \boldsymbol{A}_{mk}\right] \tag{3-118}$$

$$\boldsymbol{H}_{ls}=[\boldsymbol{H}_{ls1}\quad \cdots \quad \boldsymbol{H}_{lsn_s}] \tag{3-119}$$

$$\boldsymbol{H}_{lsi}=\boldsymbol{T}_{lsi}\boldsymbol{D}_{si}\boldsymbol{M}_{si}\boldsymbol{\Phi}_{si} \tag{3-120}$$

$$\boldsymbol{T}_{lsi}=[(\boldsymbol{r}_{m0}+\boldsymbol{A}_{m0}{}^{m0}\boldsymbol{b}_{si})^{\times}\boldsymbol{A}_{m0}\ \vdots\ \boldsymbol{A}_{m0}] \tag{3-121}$$

$$\boldsymbol{H}_{lt}=[\boldsymbol{H}_{lt1}\quad \cdots \quad \boldsymbol{H}_{ltn_t}] \tag{3-122}$$

$$\boldsymbol{H}_{lti}=\boldsymbol{T}_{lti}\boldsymbol{D}_{ti}\boldsymbol{M}_{ti}\boldsymbol{\Phi}_{ti} \tag{3-123}$$

$$\boldsymbol{T}_{lti}=\left[\Big(\boldsymbol{r}_{m0}+\boldsymbol{A}_{m0}{}^{m0}\boldsymbol{b}_{m0}+\sum_{j=1}^{n-1}\boldsymbol{A}_{mj}{}^{mj}\boldsymbol{l}_{mj}+\boldsymbol{A}_{mn}{}^{mn}\boldsymbol{b}_{ti}\Big)^{\times}\boldsymbol{A}_{mn}\ \vdots\ \boldsymbol{A}_{mn}\right] \tag{3-124}$$

3.2.6 柔性组合体动力学方程

根据假设3－8，不考虑重力势能，柔性组合体系统的势能 V 包括机械臂关节的弹性势能、机械臂臂杆和卫星附件的弹性势能，其表达式为

$$V=\frac{1}{2}\left(\frac{\boldsymbol{\Theta}_e}{N}-\boldsymbol{\Theta}_m\right)^{\mathrm{T}}\boldsymbol{K}_e\left(\frac{\boldsymbol{\Theta}_e}{N}-\boldsymbol{\Theta}_m\right)+\frac{1}{2}\boldsymbol{\eta}^{\mathrm{T}}\boldsymbol{\Lambda}_f\boldsymbol{\eta} \tag{3-125}$$

式中，$\boldsymbol{\Lambda}_f$ 为柔性组合体系统的广义刚度矩阵。

将动量守恒方程式(3－110)代入广义坐标 $\boldsymbol{q}$ 的表达式(3－72)，整理得

$$\dot{\boldsymbol{q}}=\boldsymbol{A}(\boldsymbol{\Theta}_m,\boldsymbol{\eta})\begin{bmatrix}\dot{\boldsymbol{\Theta}}_m\\ \dot{\boldsymbol{\eta}}\end{bmatrix}+\boldsymbol{B}(\boldsymbol{\Theta}_m,\boldsymbol{\eta}) \tag{3-126}$$

式中，$\boldsymbol{A}(\boldsymbol{\Theta}_m,\boldsymbol{\eta})$、$\boldsymbol{B}(\boldsymbol{\Theta}_m,\boldsymbol{\eta})$ 的表达式分别为

$$\boldsymbol{A}(\boldsymbol{\Theta}_m,\boldsymbol{\eta})=\begin{bmatrix}-\boldsymbol{H}_s^{-1}\boldsymbol{H}_m & -\boldsymbol{H}_s^{-1}\boldsymbol{H}_f\\ \boldsymbol{E} & \boldsymbol{0}\\ \boldsymbol{0} & \boldsymbol{E}\end{bmatrix} \tag{3-127}$$

$$\boldsymbol{B}(\boldsymbol{\Theta}_m,\boldsymbol{\eta})=\begin{bmatrix}\boldsymbol{H}_s^{-1}\boldsymbol{S}_0\\ \boldsymbol{0}\\ \boldsymbol{0}\end{bmatrix} \tag{3-128}$$

对式(3－126)进一步求导可得

$$\ddot{\boldsymbol{q}}=\boldsymbol{A}(\boldsymbol{\Theta}_m,\boldsymbol{\eta})\begin{bmatrix}\ddot{\boldsymbol{\Theta}}_m\\ \ddot{\boldsymbol{\eta}}\end{bmatrix}+\dot{\boldsymbol{A}}(\boldsymbol{\Theta}_m,\boldsymbol{\eta})\begin{bmatrix}\dot{\boldsymbol{\Theta}}_m\\ \dot{\boldsymbol{\eta}}\end{bmatrix}+\dot{\boldsymbol{B}}(\boldsymbol{\Theta}_m,\boldsymbol{\eta}) \tag{3-129}$$

自由漂浮状态下，选取 $[\boldsymbol{\Theta}_m^{\mathrm{T}}\quad \boldsymbol{\eta}^{\mathrm{T}}]^{\mathrm{T}}$ 为柔性组合体系统广义坐标，将式（3－74）、式（3－125）代入拉格朗日方程，求导后再将式（3－126）、式（3－129）代入做变量替换，并左乘 $\boldsymbol{A}(\boldsymbol{\Theta}_m,\ \boldsymbol{\eta})^{\mathrm{T}}$，整理得到自由漂浮状态的柔性组合体系统动力学方程为

$$\boldsymbol{M}(\boldsymbol{\Theta}_m,\boldsymbol{\eta})\begin{bmatrix}\ddot{\boldsymbol{\Theta}}_m\\ \ddot{\boldsymbol{\eta}}\end{bmatrix}+\boldsymbol{C}(\boldsymbol{\Theta}_m,\dot{\boldsymbol{\Theta}}_m,\boldsymbol{\eta},\dot{\boldsymbol{\eta}})\begin{bmatrix}\dot{\boldsymbol{\Theta}}_m\\ \dot{\boldsymbol{\eta}}\end{bmatrix}+\boldsymbol{D}(\boldsymbol{\Theta}_m,\boldsymbol{\eta})+\begin{bmatrix}-\boldsymbol{K}_e\left(\dfrac{\boldsymbol{\Theta}_e}{N}-\boldsymbol{\Theta}_m\right)\\ \boldsymbol{\Lambda}_f\boldsymbol{\eta}+2\boldsymbol{\xi}_f\boldsymbol{\Omega}_f\dot{\boldsymbol{\eta}}\end{bmatrix}=\begin{bmatrix}\boldsymbol{0}\\ \boldsymbol{0}\end{bmatrix} \tag{3-130}$$

式中，$\boldsymbol{M}(\boldsymbol{\Theta}_m,\ \boldsymbol{\eta})$ 为自由漂浮状态的柔性组合体系统惯量矩阵

$$\boldsymbol{M}(\boldsymbol{\Theta}_m,\boldsymbol{\eta})=\boldsymbol{A}(\boldsymbol{\Theta}_m,\boldsymbol{\eta})^{\mathrm{T}}\boldsymbol{M}(q)\boldsymbol{A}(\boldsymbol{\Theta}_m,\boldsymbol{\eta}) \tag{3-131}$$

式中，$\boldsymbol{C}(\boldsymbol{\Theta}_m,\ \dot{\boldsymbol{\Theta}}_m,\ \boldsymbol{\eta},\ \dot{\boldsymbol{\eta}})$ 为柔性组合体系统的非线性力项；$\boldsymbol{D}(\boldsymbol{\Theta}_m,\ \boldsymbol{\eta})$ 为柔性组合体系统初始运动对应的力项；$2\boldsymbol{\xi}_f\boldsymbol{\Omega}_f\dot{\boldsymbol{\eta}}$ 为模态阻尼项；$\boldsymbol{\xi}_f$ 为模态阻尼比对角阵；$\boldsymbol{\Omega}_f$ 为模态频率对角阵，且有 $\boldsymbol{\Omega}_f^2=\boldsymbol{\Lambda}_f$。

联立式（3－56）和式（3－130），即为综合考虑机械臂关节柔性、臂杆柔性和卫星附件柔性在内的柔性组合体系统动力学方程。

3.2.7　模型仿真验证

3.2.7.1　仿真参数设定

通过工程算例进行仿真，验证空间机械臂连接的柔性组合体动力学建模的准确性和实用性。目标卫星、服务卫星和空间机械臂采用 1.4.2 节的设定。空间机械臂构型和 D－H

坐标系如图 3－2 所示，D－H 参数见表 3－1。空间机械臂连接的柔性组合体质量特性参数见表 3－4。根据空间机械臂构型特点，只考虑臂杆 3 和臂杆 4 的柔性，臂杆 1、2、5、6 视为刚体。服务卫星本体（臂杆 0）和目标卫星本体（臂杆 7）视为刚体。服务卫星和目标卫星附件各考虑两个太阳翼的柔性（$n_s=2$、$n_t=2$）。空间机械臂关节动力学参数见表 3－5，空间机械臂臂杆和卫星太阳翼材料参数见表 3－6。空间机械臂连接的柔性组合体系统处于自由漂浮状态，考虑系统初始动量不为零的一般情况，假设其初始线动量 $\boldsymbol{P}_0$ 和初始角动量 $\boldsymbol{L}_0$ 分别为

$$\begin{cases}\boldsymbol{P}_0=[-1.574 \quad -1.476 \quad 7.511]^{\mathrm{T}}\ \mathrm{kg\cdot m\cdot s^{-1}} \\ \boldsymbol{L}_0=[-0.670 \quad 606.484 \quad -3.013]^{\mathrm{T}}\ \mathrm{kg\cdot m^2\cdot s^{-1}}\end{cases} \tag{3-132}$$

表 3－4 空间机械臂连接的柔性组合体质量特性参数

部件	质量 m_i/kg	转动惯量 ${}^{mi}\boldsymbol{I}_{mi}$/(kg · m²)					
		I_{xx}	I_{yy}	I_{zz}	I_{xy}	I_{yz}	I_{xz}
服务卫星平台(臂杆 0)	2 400	5 898	3 492	5 411	2.115	0.875	1.264
臂杆 1	12	0.123	0.067	0.123	0	0	0
臂杆 2	12	0.123	0.067	0.123	0	0	0
臂杆 3	76.65	0.546	50.46	50.46	0	0	0
臂杆 4	88.65	0.910	70.12	69.82	0	0	1.903
臂杆 5	12	0.123	0.123	0.067	0	0	0
臂杆 6	12	0.123	0.123	0.067	0	0	0
目标卫星(臂杆 7)	3 124	13 750	5 500	12 760	6.793	1.266	1.565

表 3－5 空间机械臂关节动力学参数

参数	数值	参数	数值
I_{ei}	1.760×10^{-5} kg · m²	α_0	0.002 N · m
K_{ei}	7.521×10^{3} N · m · rad⁻¹	α_1	0.002 N · m
N	100 ∶ 1	α_2	0.001 N · m · s · rad⁻¹
v_s	0.01 rad · s⁻¹		

表 3－6 空间机械臂臂杆和卫星太阳翼材料参数

柔性部件	密度 ρ_i/(kg · m⁻³)	弹性模量 E_i/(N · m⁻²)	泊松比 μ_i
空间机械臂臂杆	1.141×10^{3}	7.602×10^{10}	0.3
服务卫星太阳翼	1.512×10^{2}	7.832×10^{10}	0.3
目标卫星太阳翼	1.512×10^{2}	7.832×10^{10}	0.3

3.2.7.2 柔性组合体系统模态分析

对空间机械臂连接的柔性组合体系统进行模态分析。空间机械臂臂杆和卫星太阳翼各取前两阶弯曲模态和一阶扭转模态计算（$n_f=3$）。在 PATRAN 中建立柔性部件的有限元

模型，以目标捕获后柔性组合体系统的初始构型为例，利用 NASTRAN 计算其部件（约束）模态，计算得到的空间机械臂臂杆和卫星太阳翼的前 3 阶部件模态频率和柔性耦合系数分别见表 3－7 和表 3－8。从表中可以看出，空间机械臂臂杆和卫星太阳翼部件模态的基频均小于 1 Hz，在机械臂运动过程中容易激起柔性振动，并且卫星太阳翼的基频低于机械臂臂杆的基频，而柔性耦合系数大于机械臂臂杆的柔性耦合系数。

表 3－7　空间机械臂臂杆部件模态

柔性部件	模态阶数	频率/Hz	平动柔性耦合系数/($kg^{1/2}$)			转动柔性耦合系数/($kg^{1/2}\cdot m$)		
			$F_v(X)$	$F_v(Y)$	$F_v(Z)$	$F_\omega(X)$	$F_\omega(Y)$	$F_\omega(Z)$
臂杆3	1 阶	0.492	-5.93×10^{-7}	-3.80×10^{-3}	2.68×10^{-2}	-4.03×10^{-4}	-5.20×10^{-2}	-7.40×10^{-3}
	2 阶	0.541	3.01×10^{-5}	5.48×10^{-2}	5.52×10^{-3}	-1.35×10^{-5}	-1.07×10^{-2}	1.07×10^{-1}
	3 阶	2.189	1.78×10^{-5}	-1.38×10^{-2}	1.89×10^{-1}	9.85×10^{-4}	-3.71×10^{-1}	-2.73×10^{-2}
臂杆4	1 阶	0.760	-8.81×10^{-6}	-7.99×10^{-2}	8.60×10^{-3}	2.38×10^{-2}	-1.67×10^{-2}	-1.55×10^{-1}
	2 阶	0.790	1.60×10^{-5}	1.12×10^{-2}	8.49×10^{-2}	-3.48×10^{-3}	-1.65×10^{-1}	2.20×10^{-2}
	3 阶	1.717	-2.14×10^{-6}	-3.59×10^{-2}	2.45×10^{-2}	1.23×10^{-2}	-4.85×10^{-2}	-7.06×10^{-2}
臂杆3+4	1 阶	0.421	1.29×10^{-2}	2.24×10^{-1}	3.64×10^{-2}	-1.28×10^{-1}	9.31×10^{-2}	-5.06×10^{-1}
	2 阶	0.445	2.55×10^{-1}	1.08×10^{-2}	1.47×10^{-2}	6.93×10^{-4}	1.56×10^{-1}	4.55×10^{-2}
	3 阶	1.321	-1.15×10^{-1}	3.91×10^{-1}	5.90×10^{-2}	-4.89×10^{-2}	7.19×10^{-2}	-9.94×10^{-1}

表 3－8　卫星太阳翼部件模态

柔性部件	模态阶数	频率/Hz	平动柔性耦合系数/($kg^{1/2}$)			转动柔性耦合系数/($kg^{1/2}\cdot m$)		
			$F_v(X)$	$F_v(Y)$	$F_v(Z)$	$F_\omega(X)$	$F_\omega(Y)$	$F_\omega(Z)$
服务卫星太阳翼	1 阶	0.295	2.43×10^{-3}	-1.03×10^{-4}	6.33×10^{0}	$-3.11\times10^{+1}$	-2.04×10^{-2}	1.19×10^{-2}
	2 阶	0.670	6.47×10^{0}	8.27×10^{-3}	-2.08×10^{-3}	1.14×10^{-2}	1.21×10^{-3}	$3.16\times10^{+1}$
	3 阶	2.374	2.27×10^{-3}	-1.81×10^{-5}	4.98×10^{-2}	-1.38×10^{-1}	-4.97×10^{0}	1.04×10^{-2}
目标卫星太阳翼	1 阶	0.147	8.17×10^{0}	1.39×10^{-3}	1.18×10^{-5}	9.92×10^{-3}	$-5.93\times10^{+1}$	-1.73×10^{-2}
	2 阶	0.362	-1.79×10^{-3}	8.37×10^{0}	1.58×10^{-3}	$5.98\times10^{+1}$	1.02×10^{-2}	4.19×10^{-5}
	3 阶	1.823	2.30×10^{-2}	-2.26×10^{-4}	2.86×10^{-4}	-1.15×10^{-3}	-1.91×10^{-1}	-6.42×10^{0}

柔性组合体系统在自由漂浮状态下的振动模态为其系统模态。以目标捕获后柔性组合体系统的初始构型为例，利用 PATRAN 和 NASTRAN 计算其系统模态，计算得到的前 18 阶系统模态频率和振型描述见表 3－9。柔性组合体的前 6 阶系统模态为刚体模态，第 7～18 阶系统模态振型如图 3－7 所示。从表中和图中可以看出，柔性组合体的第 7～14 阶系统模态均为卫星太阳翼的振动模态，从第 15 阶开始才出现机械臂臂杆模态。因此在动力学建模过程中，卫星太阳翼等柔性附件的影响不可忽略。

表 3-9　柔性组合体系统模态

模态阶数	频率/Hz	振型描述
1～6	0.000	刚体模态
7	0.149	目标卫星太阳翼一阶对称外弯
8	0.152	目标卫星太阳翼一阶反对称外弯
9	0.296	服务卫星太阳翼一阶对称外弯
10	0.297	服务卫星太阳翼一阶反对称外弯
11	0.367	目标卫星太阳翼一阶对称内弯
12	0.453	目标卫星太阳翼一阶反对称内弯
13	0.678	服务卫星太阳翼一阶对称内弯
14	0.792	服务卫星太阳翼一阶反对称内弯
15	1.255	机械臂臂杆一阶外弯，并伴随服务卫星和目标卫星太阳翼振动
16	1.816	目标卫星太阳翼一阶对称扭转
17	1.823	目标卫星太阳翼一阶反对称扭转
18	2.252	目标卫星左太阳翼二阶外弯

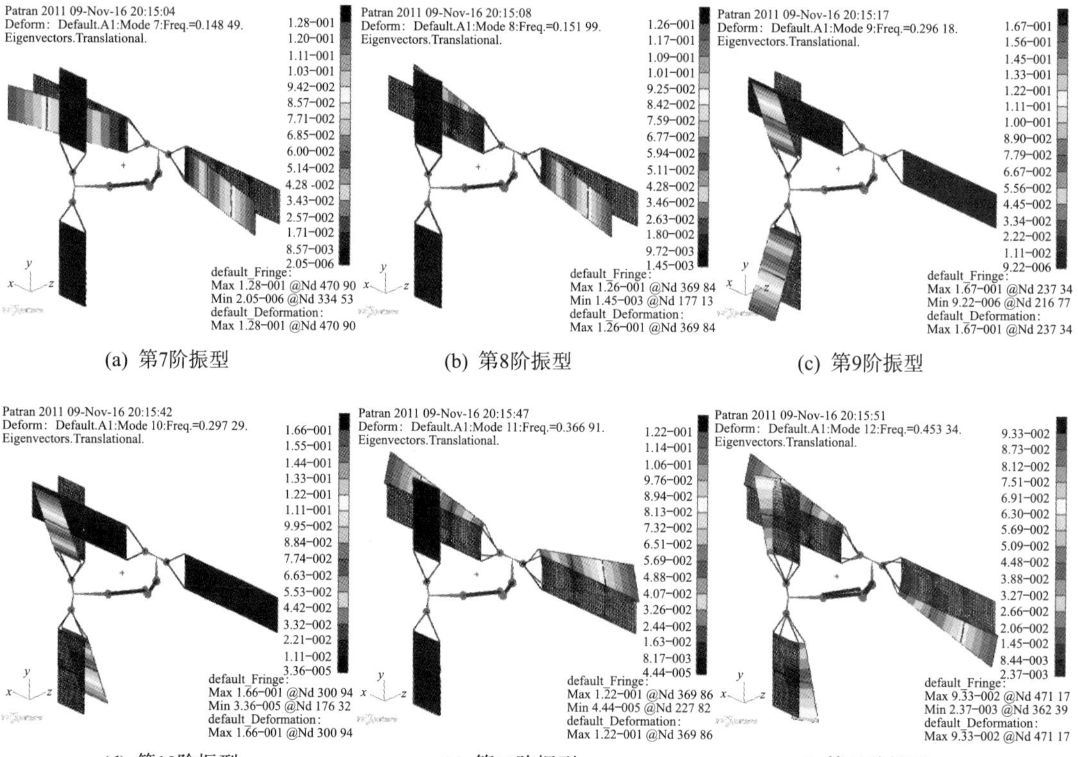

(a) 第7阶振型　(b) 第8阶振型　(c) 第9阶振型

(d) 第10阶振型　(e) 第11阶振型　(f) 第12阶振型

图 3-7　柔性组合体系统模态振型（见彩插）

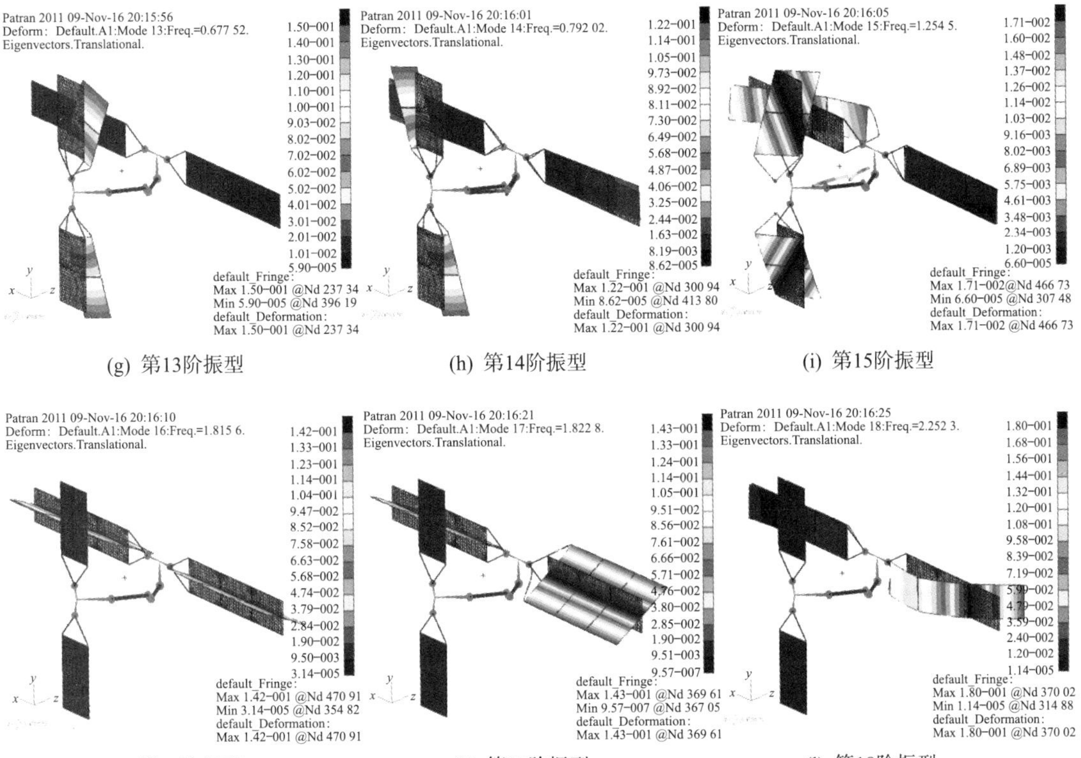

(g) 第13阶振型　(h) 第14阶振型　(i) 第15阶振型

(j) 第16阶振型　(k) 第17阶振型　(l) 第18阶振型

图 3-7　柔性组合体系统模态振型（续，见彩插）

3.2.7.3　柔性组合体系统模型验证

对空间机械臂连接的柔性组合体系统进行模型验证，给定空间机械臂关节角度 $\boldsymbol{\Theta}_m$ 的运动轨迹，计算关节电机驱动力矩 $\boldsymbol{T}_e$。关节角度 $\boldsymbol{\Theta}_m$ 的运动轨迹设定采用五次多项式进行参数化

$$\theta_{mi}=a_{i5}t^5+a_{i4}t^4+a_{i3}t^3+a_{i2}t^2+a_{i1}t+a_{i0} \tag{3-133}$$

多项式系数 $a_{i5}\sim a_{i0}$ 取值通过计算满足系统初始和终止条件要求，见表 3-3。

基于本节动力学建模方法在 ADAMS 和 MATLAB 中分别搭建空间机械臂连接的柔性组合体系统的动力学模型。在 MATLAB 中根据式（3-130）计算空间机械臂关节电机驱动力矩 $\boldsymbol{T}_e$，将计算结果与 ADAMS 中的建模仿真结果进行比较，两种软件仿真得到的关节电机驱动力矩 $\boldsymbol{T}_e$ 如图 3-8 所示。从图中可以看出，ADAMS 和 MATLAB 中的空间机械臂关节电机驱动力矩 $\boldsymbol{T}_e$ 仿真结果基本一致，相对误差小于 10%，表明本节建立的空间机械臂连接的柔性组合体动力学模型准确有效，能够正确反映柔性组合体系统的运动学和动力学特性，建模精度满足设计要求。

MATLAB 仿真得到的空间机械臂臂杆和卫星太阳翼的前两阶模态坐标如图 3-9 所示，与 ADAMS 仿真结果基本一致。从图中可以看出，服务卫星和目标卫星太阳翼的模态坐标均大于空间机械臂臂杆的模态坐标，表明服务卫星和目标卫星太阳翼在柔性组合体运

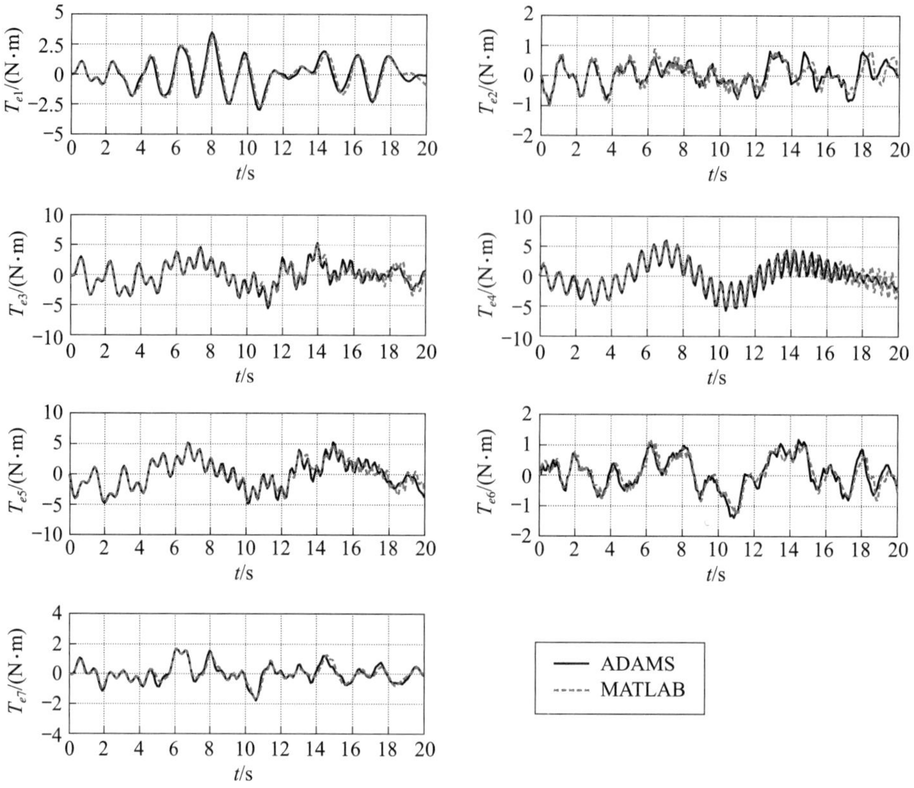

图 3-8　空间机械臂关节电机驱动力矩（见彩插）

动过程中激起的振动更大。因此，在柔性组合体动力学建模过程中，服务卫星和目标卫星太阳翼等柔性附件的振动影响不可忽略。

3.3　本章小结

本章主要研究了空间机械臂动力学基础与建模问题。基于多体动力学建模理论，分别推导了空间机械臂与服务卫星平台刚体系统、空间机械臂连接的柔性组合体系统的运动学和动力学方程。在空间机械臂与服务卫星平台刚体动力学建模过程中，针对系统初始动量不为零的一般情况，推导了包含系统初始运动在内的刚体系统动力学方程。在空间机械臂连接的柔性组合体动力学建模过程中，将卫星太阳翼等附件的柔性振动影响也考虑在内，推导了包含系统初始运动、综合考虑机械臂关节柔性、臂杆柔性和卫星附件柔性等因素的柔性组合体系统动力学方程。通过工程算例仿真，验证了动力学模型的准确性和实用性，为后续章节空间机械臂运动轨迹规划与控制系统设计提供了工程实用的动力学模型。

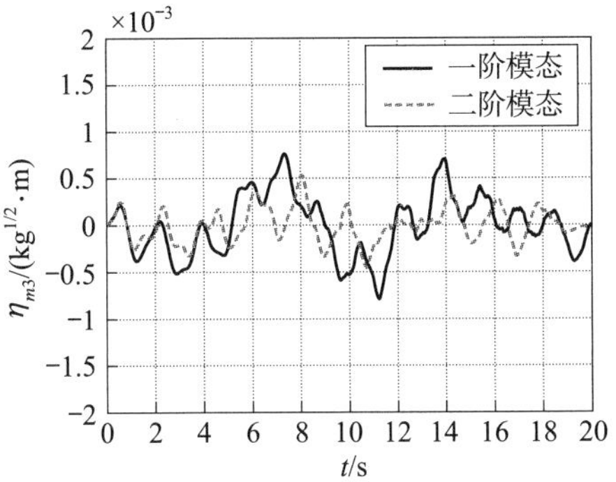

(a) 空间机械臂臂杆3

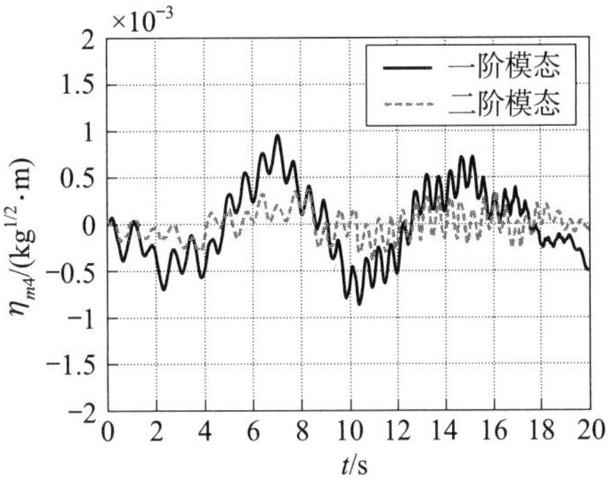

(b) 空间机械臂臂杆4

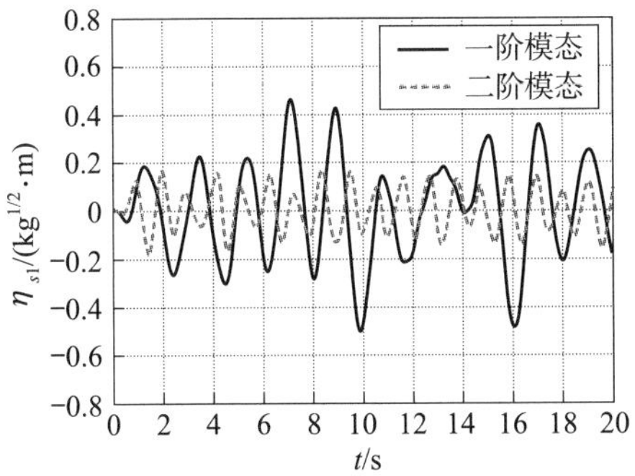

(c) 服务卫星太阳翼1

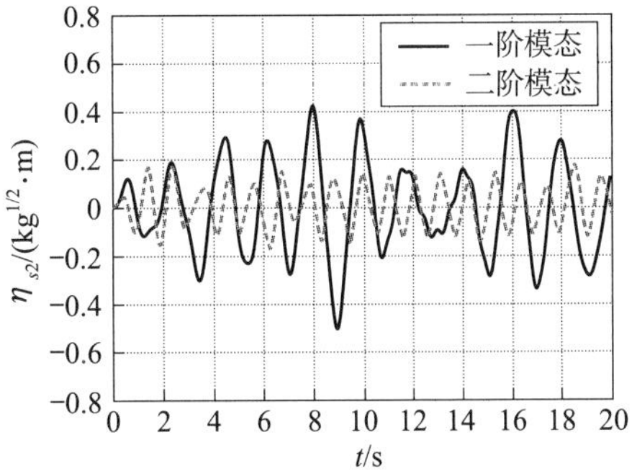

(d) 服务卫星太阳翼2

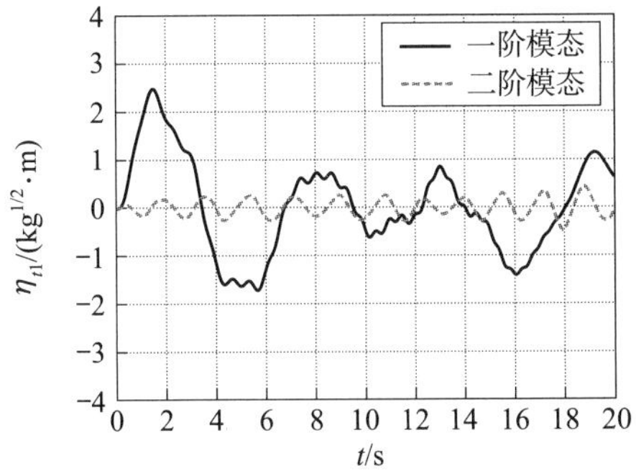

(e) 目标卫星太阳翼1

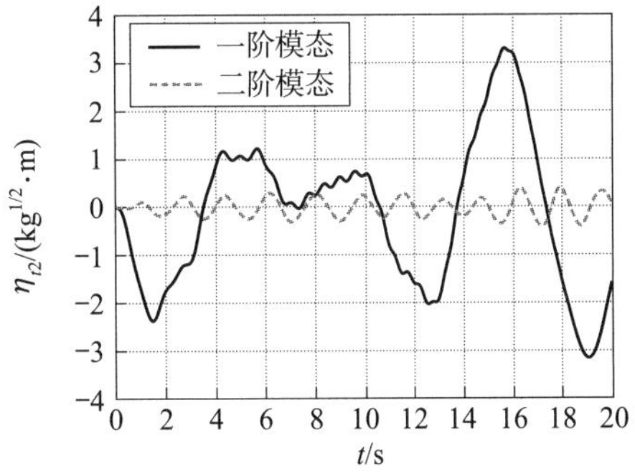

(f) 目标卫星太阳翼2

图 3-9　空间机械臂臂杆和卫星太阳翼模态坐标

第 4 章　航天器在轨服务任务建模与序列规划

航天器在轨服务任务规划是航天器在轨服务与维护的顶层问题，研究如何统筹安排服务资源，在最大化满足任务需求和资源充分利用的前提下，优化确定服务卫星的轨道机动、任务分配和服务序列等。单目标服务任务规划一般只涉及服务卫星轨道设计与机动，多目标服务任务规划通常还包括服务卫星任务分配和目标卫星服务序列规划。服务卫星需要合理规划目标间的转移轨道以及各目标的服务序列，获得速度增量和时间消耗最优的任务方案。

针对多目标服务序列规划问题，现有研究大多仅针对服务卫星与目标卫星的交会过程计算速度增量和时间消耗，并未考虑交会对接后服务卫星执行服务任务过程中的速度增量和时间消耗。实际上，以地球同步轨道卫星为代表的高价值航天器存在在轨加注/维修、辅助位置保持、失效救援/离轨等多种服务任务需求，不同服务任务所消耗的速度增量和时间相差较大。同时，服务卫星在执行任务过程中，其轨道参数可能发生较大改变，直接影响与下一目标的交会轨迹规划。在轨服务任务建模复杂，目标服务序列规划约束多且求解困难。

强化学习应用于航天器在轨服务任务建模与序列规划方面具有明显的优势：一方面，强化学习对状态和策略具有强大的表征能力，能够用于模拟地球同步轨道在轨服务复杂多样的任务场景和服务卫星深层次的决策过程；另一方面，强化学习赋予智能体自监督学习能力，使其能够充分地与环境交互试错，实际应用时可先期在地面进行强化学习离线训练，将训练得到的状态动作值函数表上注服务卫星作为初始策略，再通过在轨适应性调整获得较好的泛化适应能力，从而有效解决任务规划求解复杂与服务卫星算力有限之间的矛盾。

针对上述问题，本章重点研究地球同步轨道在轨服务任务建模与序列规划方法[216]。在统计分析地球同步轨道目标特性的基础上，推导霍曼-兰伯特四脉冲交会模型，针对不同服务需求建立在轨服务任务模型，全面考虑目标交会和任务执行过程中的轨道参数改变以及速度增量和时间消耗，基于强化学习规划得到目标卫星最优服务序列。

4.1　地球同步轨道目标特性分析

4.1.1　目标分布特性

地球同步轨道目标主要包括航天器、空间碎片、火箭箭体等，轨道高度主要分布在 GEO±300 km 范围内，倾角主要分布在 0°～59°范围内。地球同步轨道目标高度分布分别见表 4-1 和图 4-1 所示，其中航天器在 GEO±200 km 高度内占比 78.6%，空间碎片在

GEO±200 km 高度内占比 2.5%。

表 4-1　地球同步轨道目标高度分布

空间目标	相对地球同步轨道高度差							
	5 km		5～100 km		100～200 km		200～300 km	
航天器	560	55.6%	154	15.3%	78	7.7%	78	7.7%
空间碎片	2	0.2%	18	1.8%	5	0.5%	8	0.8%
火箭箭体	4	0.4%	55	5.5%	19	1.9%	25	2.5%
未知	1	0.1%	0	0.0%	0	0.0%	0	0.0%

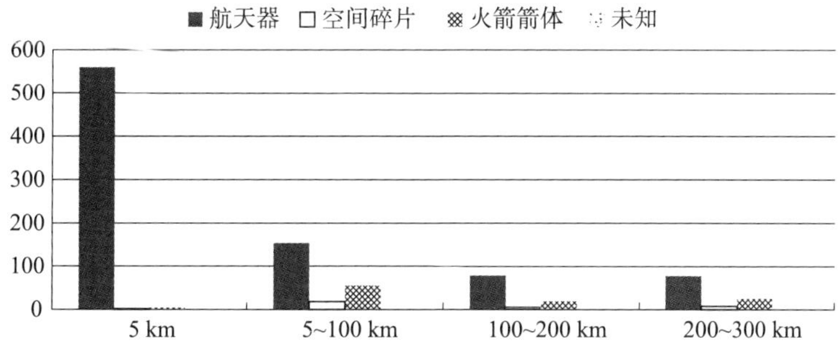

图 4-1　地球同步轨道目标高度分布

地球同步轨道目标倾角分布分别如表 4-2 和图 4-2 所示，其中航天器在 0°～15°倾角内占比 84.8%，空间碎片在 0°～15°倾角内占比 1.1%。

表 4-2　地球同步轨道目标倾角分布

空间目标	倾角									
	0°～1°		1°～5°		5°～10°		10°～15°		15°～60°	
航天器	387	35.4%	111	10.1%	138	12.6%	291	26.6%	48	4.4%
空间碎片	0	0.0%	1	0.1%	5	0.5%	6	0.5%	0	0.0%
火箭箭体	1	0.1%	5	0.5%	12	1.1%	82	7.5%	5	0.5%
未知	1	0.1%	0	0.0%	0	0.0%	0	0.0%	0	0.0%

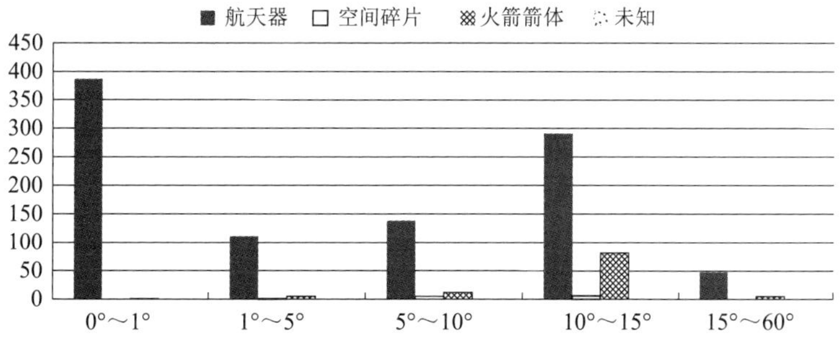

图 4-2　地球同步轨道目标倾角分布

地球同步轨道目标经度分布如图 4－3 所示。从图中可以看出，地球同步轨道目标主要分布在两大区域内，一是 0°E～160°E 的亚欧大陆和西太平洋上空，二是 120°W～10°W 的美洲、太平洋东岸和大西洋沿岸上空。

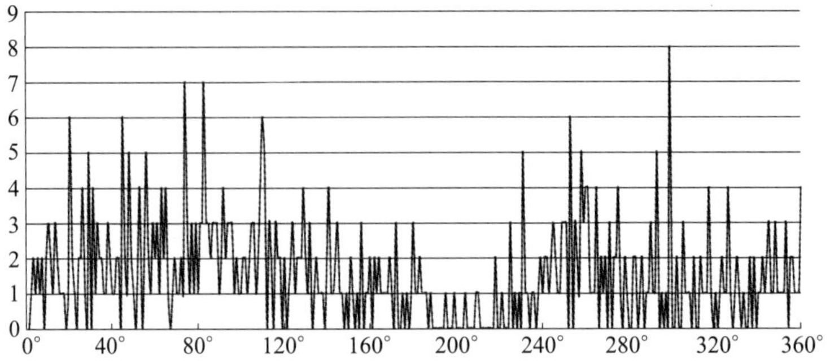

图 4－3　地球同步轨道目标经度分布

4.1.2　目标运动特性

相对于地球同步轨道，随着目标运行轨道高度的不同，其运行速度与地球同步轨道的速度也发生变化。表 4－3 给出服务卫星在不同高度轨道与地球同步轨道的相对速度差值。

表 4－3　不同高度轨道与地球同步轨道的相对速度

轨道高度差/km	相对速度差/(m·s^{-1})	轨道高度差/km	相对速度差/(m·s^{-1})
－500	18.39	500	－18.07
－300	11.00	300	－10.88
－200	7.32	200	－7.27
－100	3.65	100	－3.64
－50	1.82	50	－1.82

理想地球静止轨道目标在地心赤道惯性坐标系中的运动速度为 3 074.7 m/s，在赤道平面内运行，速度方向沿地球静止轨道切线方向，速度在垂直于地球静止轨道面方向与指向地心方向没有分量。

在地球同步轨道带内运行的空间目标不可能在理想地球静止轨道上运行，与 3 074.7 m/s 的标准速度有相应差别。地球同步轨道目标在赤道面附近数百千米处运行的速度大小和方向与目标经过赤道面时刻的运行速度大小和方向相差极小，因此，根据地球同步轨道目标经过赤道面时刻的运行速度对其运动特征进行分析，随着目标倾角和偏心率不同，其经过赤道面时在东西、南北、高度方向的速度分量各不相同，具体见表 4－4 和表 4－5。

表 4-4　地球同步轨道目标速度与倾角关系

服务卫星轨道高度	目标轨道倾角/(°)	相对速度/(m·s^{-1})	相对角速度/[(°)·s^{-1}]
GEO−50 km	0	1.82	0.002
	1	53.71	0.06
GEO−100 km	0	3.65	0.002
	1	53.82	0.03

表 4-5　地球同步轨道目标速度与偏心率关系

目标轨道偏心率	东西方向速度分量/(m·s^{-1})	高度方向速度分量/(m·s^{-1})
0	0	0
1×10^{-4}	0.000 077	0.31
5×10^{-4}	0.001 9	1.54
1×10^{-3}	0.007 7	3.08
5×10^{-3}	0.19	15.37
1×10^{-2}	0.77	30.74
0.011 8	1.07	36.27

引起地球同步轨道目标运动速度与理想地球静止轨道目标运动速度不一致的主要原因是轨道倾角。相比于倾角引起的速度变化，偏心率引起的速度变化是小量，主要考虑其轨道倾角影响。

4.1.3　目标几何特性

地球同步轨道卫星主要包括通信广播卫星、数据中继卫星、导弹预警卫星、电子侦察卫星等应用卫星。地球同步轨道卫星尺寸分布如图 4-4 所示。

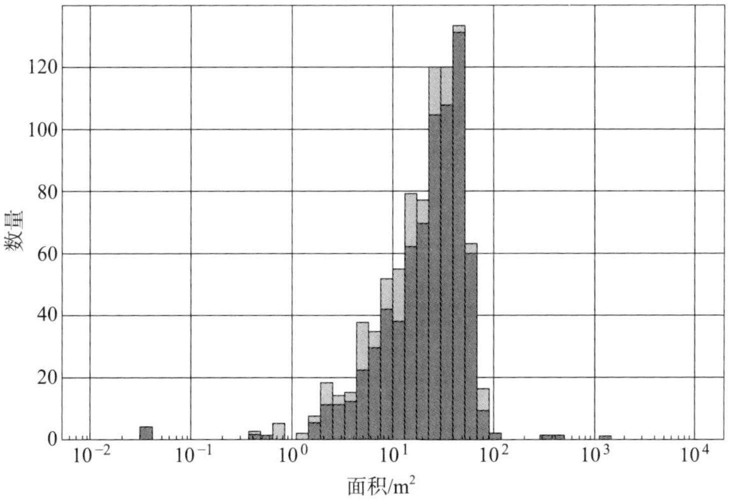

图 4-4　地球同步轨道卫星尺寸分布

通信广播卫星和数据中继卫星本体长宽在 1.5～3 m，高度在 2～8.5 m；卫星功率需求相应较大，主要采用展开式太阳翼，展开长度为 4～50 m，大部分长度大于 10 m，展开宽度为 2～20 m；卫星一般载有 1～5 个大型天线，每个天线直径在 2～20 m。

导弹预警卫星本体长宽在 1.5～3 m，高度在 2～8.5 m；主要采用展开式太阳翼，展开面积为 70～80 m^2；卫星一般载有大型红外探测器，探测器口径为 1～2 m。

电子侦察卫星本体长宽在 1.5～3 m，高度在 2～8.5 m；主要采用展开式太阳翼，展开面积为 70～80 m^2；卫星一般载有 1～5 个大型天线，每个天线直径为 2～20 m，据文献报道，有些天线展开直径达 100 m。

4.1.4 目标光学特性

对地球同步轨道目标探测及成像，主要依靠其反射的太阳光。大气层外太阳是等效温度为 5 900 K 的黑体，其光谱曲线峰值在 0.47 μm，其中波长在 0.43～0.76 μm 的可见光部分占总能量的 45%左右。因此，目标具有明显的可见光特性，在此谱段范围内，目标表面结构材料（金属板、太阳翼、天线网面、馈源、热控材料和涂层）的光谱反射特性有明显差异，较适合进行成像探测。根据地球同步轨道目标特点，表 4-6 列出了常用表面材料反射特性。

表 4-6　地球同步轨道目标表面材料反射特性

材料类型	热控涂层	阳光吸收比	发射率	反射率
金属型	抛光金属表面	0.09～0.51	0.02～0.09	0.49～0.91
电镀型	铝合金光亮镀金	0.23～0.40	0.03～0.04	0.60～0.77
阳极氧化型	铝光亮阳极氧化	0.12～0.16	0.10～0.68	0.84～0.88
	铝合金黑色阳极氧化	0.95	0.90	0.05
涂料型	有机白漆	0.15～0.30	0.65～0.95	0.70～0.85
	有机黑漆	0.89～0.95	0.88～0.96	0.05～0.11
	有机灰漆	0.20～0.90	0.80～0.90	0.10～0.80
	有机金属漆	0.25～0.26	0.24～0.28	0.74～0.75
	无机白漆	0.15～0.24	0.87～0.88	0.76～0.85
	无机黄漆	0.38	0.90	0.62
	无机灰漆	0.52	0.87	0.48
二次表面镜型	F46 薄膜镀铝二次表面镜	0.10～0.14	0.40～0.87	0.86～0.90
	聚酰亚胺薄膜镀铝二次表面镜	0.23～0.46	0.24～0.86	0.54～0.77
热控带型	镀金聚酯薄膜	0.21	0.03～0.05	0.79
	镀金聚酰亚胺薄膜	0.21	0.03～0.05	0.79
	F650 白漆聚酯薄膜	—	0.84～0.87	0.84～0.87

在 0.4～0.9 μm 范围内，目标主体表面材料的反射率从 8%快速上升到 50%，而太阳翼的反射率在 4%～8%之间呈缓慢上升趋势；太阳翼在 0.38 μm 中心波长附近有一个反

射率极大值，反射率约为 16%，如图 4-5 所示。由此可见，卫星主体的平均反射率大于 0.4，太阳翼的平均反射率约为 0.05。

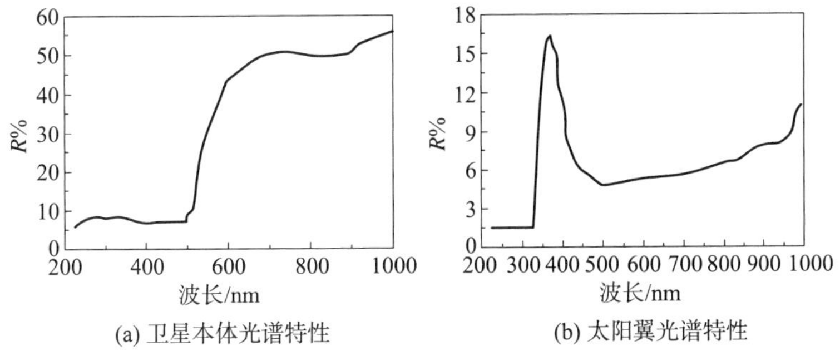

图 4-5　地球同步轨道目标反射率变化曲线

4.2　地球同步轨道动力学建模

4.2.1　地球同步轨道服务场景

地球同步轨道多目标服务任务规划场景包含一颗服务卫星和多颗目标卫星，如图 4-6 所示。服务卫星和目标卫星均位于地球同步轨道带，不同目标卫星的服务需求不同，服务卫星需合理规划服务序列，依次完成对所有目标卫星的服务任务。为简化问题，服务卫星和目标卫星的轨道动力学模型均采用二体模型，不考虑轨道摄动影响。本章涉及的卫星位置、速度和加速度矢量均用其在惯性坐标系 $\{\boldsymbol{I}\}$ 中的坐标分量表示。

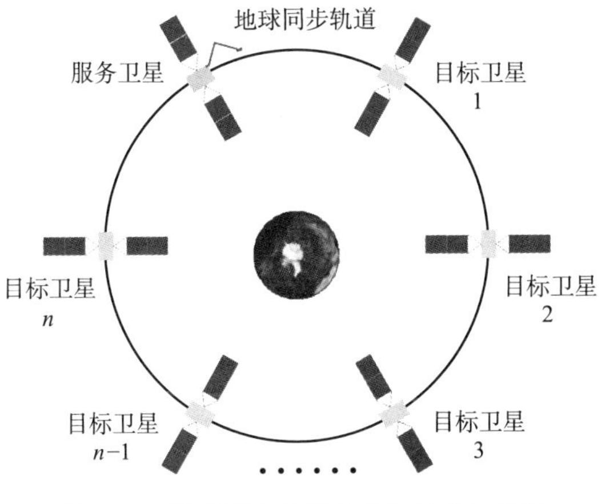

图 4-6　地球同步轨道在轨服务任务场景

服务卫星和目标卫星的轨道动力学方程为

$$\begin{cases}\ddot{\boldsymbol{r}}_{c/u} = -\dfrac{\mu}{r_{c/u}^3}\boldsymbol{r}_{c/u} + \boldsymbol{a}_{c/u} \\ \ddot{\boldsymbol{r}}_i = -\dfrac{\mu}{r_i^3}\boldsymbol{r}_i\end{cases} \tag{4-1}$$

式中，$\boldsymbol{r}_{c/u}$ 为服务卫星的轨道位置矢量；$r_{c/u} = \|\boldsymbol{r}_{c/u}\|$ 为服务卫星的地心距；$\boldsymbol{a}_{c/u}$ 为服务卫星的控制加速度矢量；下标 c/u 分别表示目标交会过程/任务执行过程；$\boldsymbol{r}_i$、r_i 分别为编号为 i 的目标卫星的轨道位置矢量和地心距；μ 为地球引力常数。

4.2.2 霍曼-兰伯特交会模型

航天器轨道交会问题是在轨服务任务规划的基本问题。霍曼（Hohmann）交会是共面圆轨道间的最优轨道转移策略，所消耗的速度增量最小，但仅适用于初始轨道和目标轨道为共面圆轨道的情形。兰伯特（Lambert）交会既适用于共面圆轨道，也适用于异面椭圆轨道，因而广泛应用于非线性最优交会研究，但对于地球同步轨道远距离交会问题，单圈兰伯特方法得到的速度增量过大，多圈兰伯特方法计算量大，求解复杂，若嵌套在服务序列规划之中，在优化交会序列的同时还会优化相邻两目标之间的交会轨迹，计算时间消耗将难以接受。

针对上述问题，本书采用霍曼-兰伯特四脉冲交会方法。如图 4-7 所示，服务卫星首先通过双脉冲霍曼转移，变轨至与初始轨道共面的某一中间轨道；然后利用地球同步轨道动力学特性，在中间轨道进行漂星；待漂至目标卫星附近时，再通过单圈双脉冲兰伯特方法完成与目标卫星的交会。

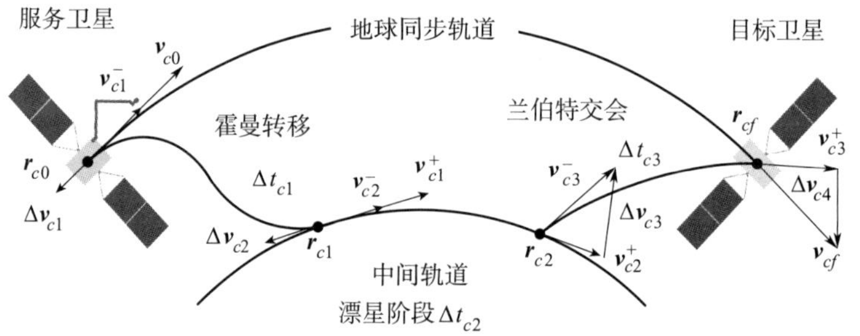

图 4-7 霍曼-兰伯特四脉冲交会

服务卫星在初始时刻的位置和速度矢量分别为 $\boldsymbol{r}_{c0}$、$\boldsymbol{v}_{c0}$，施加第一次速度脉冲 $\Delta\boldsymbol{v}_{c1}$ 后，速度矢量变为 $\boldsymbol{v}_{c1}^-$；经过时间 Δt_{c1} 后，到达中间轨道，位置和速度矢量分别为 $\boldsymbol{r}_{c1}$、$\boldsymbol{v}_{c1}^+$；在此处施加第二次速度脉冲 $\Delta\boldsymbol{v}_{c2}$，速度矢量变为 $\boldsymbol{v}_{c2}^-$。根据霍曼转移方法，两次速度脉冲大小 $\Delta\boldsymbol{v}_{c1}$、$\Delta\boldsymbol{v}_{c2}$ 分别为

$$\begin{cases}\Delta\boldsymbol{v}_{c1} = \|\boldsymbol{v}_{c1}^- - \boldsymbol{v}_{c0}\| = \left|\sqrt{\dfrac{2\mu}{r_{c0}} - \dfrac{2\mu}{r_{c0}+r_{c1}}} - \sqrt{\dfrac{\mu}{r_{c0}}}\right| \\ \Delta\boldsymbol{v}_{c2} = \|\boldsymbol{v}_{c2}^- - \boldsymbol{v}_{c1}^+\| = \left|\sqrt{\dfrac{\mu}{r_{c1}}} - \sqrt{\dfrac{2\mu}{r_{c1}} - \dfrac{2\mu}{r_{c0}+r_{c1}}}\right|\end{cases} \tag{4-2}$$

式中，$r_{c0}=\|\boldsymbol{r}_{c0}\|$、$r_{c1}=\|\boldsymbol{r}_{c1}\|$ 分别为服务卫星施加第一、二次速度脉冲时的地心距。地心距 r_{c1} 大小和两次速度脉冲 $\Delta\boldsymbol{v}_{c1}$、$\Delta\boldsymbol{v}_{c2}$ 方向取决于目标卫星和服务卫星的相对位置。若目标卫星位于服务卫星东侧，则 $r_{c1}<r_{c0}$，$\Delta\boldsymbol{v}_{c1}$、$\Delta\boldsymbol{v}_{c2}$ 分别与 $\boldsymbol{v}_{c0}$、$\boldsymbol{v}_{c1}^{+}$ 平行且反向；若目标卫星位于服务卫星西侧，则 $r_{c1}>r_{c0}$，$\Delta\boldsymbol{v}_{c1}$、$\Delta\boldsymbol{v}_{c2}$ 分别与 $\boldsymbol{v}_{c0}$、$\boldsymbol{v}_{c1}^{+}$ 平行且同向。霍曼转移时间 Δt_{c1} 为

$$\Delta t_{c1}=\frac{\pi}{\sqrt{\mu}}\left(\frac{r_{c0}+r_{c1}}{2}\right)^{\frac{3}{2}} \tag{4-3}$$

在中间轨道漂星阶段，服务卫星不进行主动变轨，利用地球同步轨道动力学特性逐渐接近目标卫星，经过时间 Δt_{c2} 后，到达目标卫星附近，位置和速度矢量分别为 $\boldsymbol{r}_{c2}$、$\boldsymbol{v}_{c2}^{+}$。假设两星在漂星开始时的经度差为 $\Delta\lambda_{c}$，则漂星时间 Δt_{c2} 为

$$\Delta t_{c2}=\frac{\Delta\lambda_{c}}{\sqrt{\frac{\mu}{r_{c1}^{3}}}-\sqrt{\frac{\mu}{r_{i}^{3}}}} \tag{4-4}$$

服务卫星在位置 $\boldsymbol{r}_{c2}$ 处施加第三次速度脉冲 $\Delta\boldsymbol{v}_{c3}$，速度矢量变为 $\boldsymbol{v}_{c3}^{-}$；经过时间 Δt_{c3} 后，与目标卫星交会，交会点的位置和速度矢量分别为 $\boldsymbol{r}_{cf}$、$\boldsymbol{v}_{c3}^{+}$；在此处施加第四次速度脉冲 $\Delta\boldsymbol{v}_{c4}$，速度矢量变为 $\boldsymbol{v}_{cf}$，与目标卫星速度一致，完成目标交会过程。根据单圈双脉冲兰伯特方法，定义 $\Delta\theta_{c}$ 为位置矢量 $\boldsymbol{r}_{c2}$、$\boldsymbol{r}_{cf}$ 之间的夹角

$$\Delta\theta_{c}=\arccos\frac{\boldsymbol{r}_{c2}\cdot\boldsymbol{r}_{cf}}{r_{c2}r_{cf}} \tag{4-5}$$

式中，$r_{c2}=r_{c1}=\|\boldsymbol{r}_{c2}\|$、$r_{cf}=\|\boldsymbol{r}_{cf}\|$ 分别为服务卫星施加第三、四次速度脉冲时的地心距。定义常数 A 为

$$A=\frac{\sqrt{r_{c2}r_{cf}}\sin\Delta\theta_{c}}{\sqrt{1-\cos\Delta\theta_{c}}} \tag{4-6}$$

引入新的变量 z，定义 C_{z}、S_{z}、Y_{z}、X_{z} 分别为

$$C_{z}=\frac{1-\cos\sqrt{z}}{z}=\sum_{k=0}^{\infty}\frac{(-z)^{k}}{2k+2} \tag{4-7}$$

$$S_{z}=\frac{\sqrt{z}-\sin\sqrt{z}}{\sqrt{z^{3}}}=\sum_{k=0}^{\infty}\frac{(-z)^{k}}{2k+3} \tag{4-8}$$

$$Y_{z}=r_{c2}+r_{cf}+A\frac{zS_{z}-1}{\sqrt{C_{z}}} \tag{4-9}$$

$$X_{z}=\sqrt{\frac{Y_{z}}{C_{z}}} \tag{4-10}$$

则兰伯特交会时间 Δt_{c3} 为

$$\Delta t_{c3}=\frac{X_{z}^{3}S_{z}+A\sqrt{Y_{z}}}{\sqrt{\mu}} \tag{4-11}$$

给定 Δt_{c3}，将式（4-5）～式（4-10）代入式（4-11），采用牛顿迭代法求得 z，

进而求得 C_z、S_z、Y_z、X_z。定义函数 f、g、$\dot{g}$ 分别为

$$\begin{cases} f = 1 - \dfrac{X_z^2}{r_{c2}} C_z \\ g = \Delta t_{c3} - \dfrac{X_z^3}{\sqrt{\mu}} S_z \\ \dot{g} = 1 - \dfrac{X_z^2}{r_{cf}} C_z \end{cases} \tag{4-12}$$

则两次速度脉冲大小 Δv_{c3}、Δv_{c4} 分别为

$$\begin{cases} \Delta v_{c3} = \| \boldsymbol{v}_{c3}^{-} - \boldsymbol{v}_{c2}^{+} \| = \left\| \dfrac{\boldsymbol{r}_{cf} - f \boldsymbol{r}_{c2}}{g} - \boldsymbol{v}_{c2}^{+} \right\| \\ \Delta v_{c4} = \| \boldsymbol{v}_{cf} - \boldsymbol{v}_{c3}^{+} \| = \left\| \boldsymbol{v}_{cf} - \dfrac{\dot{g} \boldsymbol{r}_{cf} - \boldsymbol{r}_{c2}}{g} \right\| \end{cases} \tag{4-13}$$

以 Δt_{c3} 为自变量，采用单变量优化算法可求得 Δv_{c3}、Δv_{c4} 的最小值，所得轨迹即为最优交会轨迹。

服务卫星和目标卫星在交会点的位置和速度矢量 $\boldsymbol{r}_{cf}$、$\boldsymbol{v}_{cf}$ 以及交会过程中各中间点的位置和速度矢量均可通过求解轨道动力学方程式（4-1）得到。综上所述，霍曼-兰伯特四脉冲交会的总速度增量 Δv_c 和交会时间 Δt_c 分别为

$$\begin{cases} \Delta v_c = \Delta v_{c1} + \Delta v_{c2} + \Delta v_{c3} + \Delta v_{c4} \\ \Delta t_c = \Delta t_{c1} + \Delta t_{c2} + \Delta t_{c3} \end{cases} \tag{4-14}$$

针对表 1-1 归纳总结的 5 种典型在轨服务任务，分别对每种任务进行建模。根据服务卫星与目标卫星组合体在交会点的位置和速度矢量 $\boldsymbol{r}_{u0} = \boldsymbol{r}_{cf}$、$\boldsymbol{v}_{u0} = \boldsymbol{v}_{cf}$，计算其在任务结束时的位置和速度矢量 $\boldsymbol{r}_{uf}$、$\boldsymbol{v}_{uf}$，以及在任务执行过程中消耗的速度增量和时间 Δv_u、Δt_u。

4.3 地球同步轨道在轨服务任务建模

4.3.1 在轨加注/维修任务

对于在轨加注/维修任务，服务卫星与目标卫星交会对接后，一般就地在原轨道进行加注或维修，无须变轨，速度增量 Δv_u 可视为零，任务时间 Δt_u 取决于任务执行情况，一般为几小时到几天

$$\begin{cases} \Delta v_u = 0 \\ \Delta t_u = \text{任务设定值} \end{cases} \tag{4-15}$$

将 $\boldsymbol{r}_{u0}$、$\boldsymbol{v}_{u0}$、Δv_u、Δt_u 代入式（4-1）求解可得在轨加注/维修任务执行结束时的位置和速度矢量 $\boldsymbol{r}_{uf}$、$\boldsymbol{v}_{uf}$。

4.3.2 辅助位置保持任务

对于辅助位置保持任务，服务卫星与目标卫星交会对接后，通过接管控制方式进行东

西/南北位置保持。速度增量 Δv_u 取决于轨道摄动大小，每年消耗量约 44～52 m/s，任务时间 Δt_u 根据任务要求而定，一般为几个月到几年

$$\begin{cases} \Delta v_u = \text{任务设定值} \\ \Delta t_u = \text{任务设定值} \end{cases} \tag{4-16}$$

将 $\boldsymbol{r}_{u0}$、$\boldsymbol{v}_{u0}$、Δv_u、Δt_u 代入式（4-1）求解可得辅助位置保持任务执行结束时的位置和速度矢量 $\boldsymbol{r}_{uf}$、$\boldsymbol{v}_{uf}$。

4.3.3 倾角漂移调整任务

对于倾角漂移调整任务，服务卫星与目标卫星交会对接后，在原轨道升/降交点进行变轨，将倾角调整至指定值，其他轨道参数不变。倾角漂移调整任务示意如图 4-8 所示。

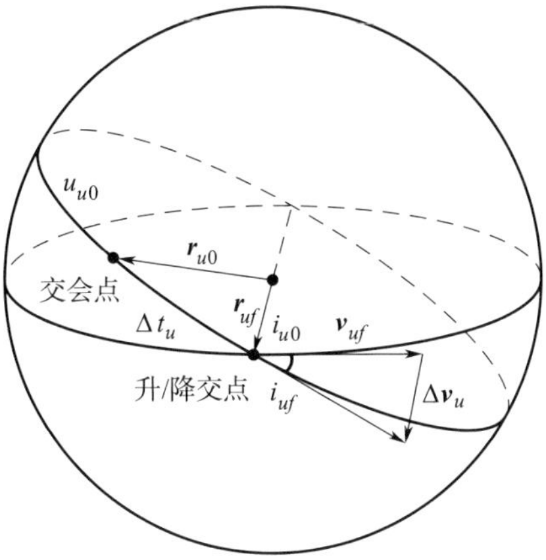

图 4-8　倾角漂移调整任务

服务卫星与目标卫星组合体在交会点的倾角和纬度幅角初值分别为 i_{u0}、u_{u0}，在升/降交点进行变轨，忽略发动机点火所用时间，任务时间 Δt_u 即为组合体从交会点到升/降交点所用时间

$$\Delta t_u = \begin{cases} \sqrt{\dfrac{r_{u0}^3}{\mu}}(\pi - u_{u0}), & 0 \leqslant u_{u0} < \pi \\ \sqrt{\dfrac{r_{u0}^3}{\mu}}(2\pi - u_{u0}), & \pi \leqslant u_{u0} < 2\pi \end{cases} \tag{4-17}$$

式中，$r_{u0} = \| \boldsymbol{r}_{u0} \|$ 为服务卫星与目标卫星组合体的地心距。

服务卫星与目标卫星组合体在升/降交点的位置和速度矢量 $\boldsymbol{r}_{uf}$、$\boldsymbol{v}_{uf}$ 可通过求解式（4-1）得到，倾角目标值 i_{uf} 根据任务要求设定，倾角调整前后速度大小 $v_{uf} = \| \boldsymbol{v}_{uf} \|$ 保持不变，则速度增量 Δv_u 为

$$\Delta v_u = \sqrt{2v_{uf}^2 - 2v_{uf}^2 \cos(i_{uf} - i_{u0})} \tag{4-18}$$

4.3.4 废弃卫星离轨任务

对于废弃卫星离轨任务，服务卫星与目标卫星交会对接后，将目标卫星轨道高度抬高

至坟墓轨道，防止其滞留于同步轨道产生碰撞风险。由于无须改变倾角，因此可采用共面霍曼转移方法实现废弃卫星离轨。共面霍曼转移示意如图 4－9 所示。

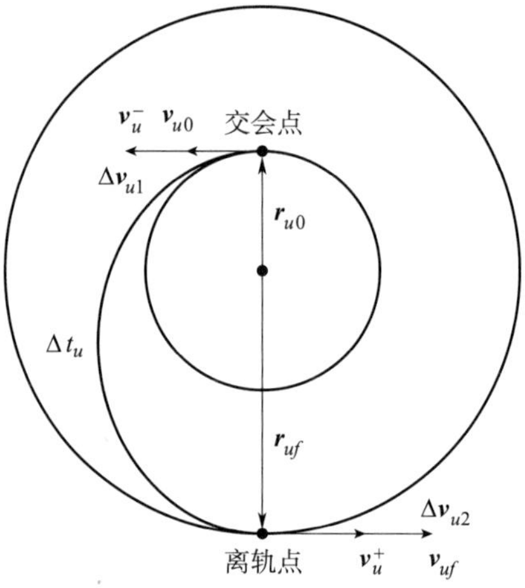

图 4－9　共面霍曼转移

服务卫星与目标卫星组合体分别在交会点和离轨点施加两次速度脉冲 $\Delta\boldsymbol{v}_{u1}$、$\Delta\boldsymbol{v}_{u2}$，将组合体转移至坟墓轨道。坟墓轨道地心距 r_{uf} 根据任务要求设定，且一般有 $r_{uf} > r_{u0}$。根据共面霍曼转移方法，两次速度脉冲大小 Δv_{u1}、Δv_{u2} 分别为

$$\begin{cases}\Delta v_{u1}=\left|\sqrt{\dfrac{2\mu}{r_{u0}}-\dfrac{2\mu}{r_{u0}+r_{uf}}}-\sqrt{\dfrac{\mu}{r_{u0}}}\right| \\ \Delta v_{u2}=\left|\sqrt{\dfrac{\mu}{r_{uf}}}-\sqrt{\dfrac{2\mu}{r_{uf}}-\dfrac{2\mu}{r_{u0}+r_{uf}}}\right|\end{cases} \tag{4-19}$$

式中，$r_{u0}=\|\boldsymbol{r}_{u0}\|$、$r_{uf}=\|\boldsymbol{r}_{uf}\|$ 分别为交会轨道和坟墓轨道的地心距。$\Delta\boldsymbol{v}_{u1}$、$\Delta\boldsymbol{v}_{u2}$ 分别与 $\boldsymbol{v}_{u0}$、$\boldsymbol{v}_{uf}$ 平行且同向。

总速度增量 Δv_u 和任务时间 Δt_u 分别为

$$\begin{cases}\Delta v_u=\Delta v_{u1}+\Delta v_{u2} \\ \Delta t_u=\dfrac{\pi}{\sqrt{\mu}}\left(\dfrac{r_{u0}+r_{uf}}{2}\right)^{\frac{3}{2}}\end{cases} \tag{4-20}$$

服务卫星与目标卫星组合体在离轨点的位置和速度矢量 $\boldsymbol{r}_{uf}$、$\boldsymbol{v}_{uf}$ 可通过求解式（4－1）得到。

4.3.5　失效卫星救援任务

对于失效卫星救援任务，服务卫星与目标卫星交会对接后，对其进行故障修复，然后将其返回原轨道位置或转移到新轨道位置。考虑到失效目标卫星一般处于摄动漂移状态，倾角一般不为零，可采用异面四脉冲转移方法。

服务卫星与目标卫星组合体在交会点的倾角初值为 i_{u0}，倾角目标值 $i_{uf}=0$。首先采用共面霍曼转移方法将组合体从交会轨道转移至中间漂星轨道，中间轨道地心距 r_{um} 根据

任务要求设定，若目标轨位位于当前交会轨位东侧，则 $r_{um} < r_{u0}$；若目标轨位位于当前交会轨位西侧，则 $r_{um} > r_{u0}$。两次速度脉冲大小 Δv_{u1}、Δv_{u2} 和转移时间 Δt_{u1} 计算方法同式（4-19）～式（4-20）。

然后利用地球同步轨道动力学特性，组合体在中间轨道进行漂星，漂星时间 Δt_{u2} 根据任务要求设定。待漂至目标轨位附近时，再通过异面霍曼转移方法将组合体转移至目标轨位。异面霍曼转移示意如图 4-10 所示，同样采用双脉冲转移方法，在中间点施加第三次速度脉冲 $\Delta \boldsymbol{v}_{u3}$，在改变地心距的同时将倾角减小 Δi_u；在入轨点施加第四次速度脉冲 $\Delta \boldsymbol{v}_{u4}$，在轨道圆化的同时将倾角减为零。

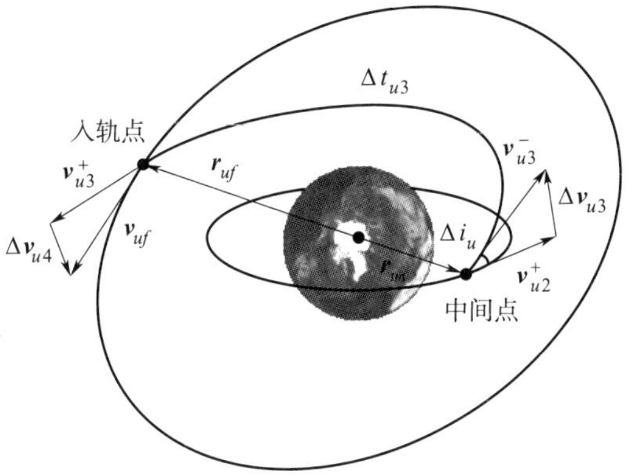

图 4-10　异面霍曼转移

根据异面霍曼转移方法，两次速度脉冲大小 Δv_{u3}、Δv_{u4} 分别为

$$\begin{cases}\Delta v_{u3}=\sqrt{v_{u2}^{+2}+v_{u3}^{-2}-2v_{u2}^{+}v_{u3}^{-}\cos\Delta i_u}\\ \Delta v_{u4}=\sqrt{v_{u3}^{+\,2}+v_{uf}^{2}-2v_{u3}^{+}v_{uf}\cos(i_{u0}-\Delta i_u)}\end{cases} \tag{4-21}$$

式中，v_{u2}^{+}、v_{u3}^{-} 分别为第三次速度脉冲 $\Delta \boldsymbol{v}_{u3}$ 施加前后组合体的速度大小，v_{u3}^{+}、v_{uf} 分别为第四次速度脉冲 $\Delta \boldsymbol{v}_{u4}$ 施加前后组合体的速度大小

$$\begin{cases}v_{u2}^{+}=\sqrt{\dfrac{\mu}{r_{um}}},v_{u3}^{-}=\sqrt{\dfrac{2\mu}{r_{um}}-\dfrac{2\mu}{r_{um}+r_{uf}}}\\ v_{uf}=\sqrt{\dfrac{\mu}{r_{uf}}},v_{u3}^{+}=\sqrt{\dfrac{2\mu}{r_{uf}}-\dfrac{2\mu}{r_{um}+r_{uf}}}\end{cases} \tag{4-22}$$

式中，$r_{uf}=\| \boldsymbol{r}_{uf} \|$ 为目标轨道地心距。

为使 $\Delta v_{u3}+\Delta v_{u4}$ 最小，需要满足条件

$$\frac{\partial(\Delta v_{u3}+\Delta v_{u4})}{\partial \Delta i_u}=0 \tag{4-23}$$

将式（4-21）～式（4-22）代入式（4-23），求解得到 Δi_u，从而得到最优速度增量 Δv_{u3}、Δv_{u4}。转移时间 Δt_{u3} 计算方法同式（4-20）。

总速度增量 Δv_u 和任务时间 Δt_u 分别为

$$\begin{cases}\Delta v_u=\Delta v_{u1}+\Delta v_{u2}+\Delta v_{u3}+\Delta v_{u4}\\ \Delta t_u=\Delta t_{u1}+\Delta t_{u2}+\Delta t_{u3}\end{cases} \tag{4-24}$$

4.4 基于强化学习的服务序列规划

4.4.1 强化学习算法

强化学习（Reinforcement Learning，RL）是机器学习中的一个重要研究领域，采用试错机制与环境交互，通过最大化累积奖赏学习最优策略[217]。强化学习系统由 4 个基本部分组成：状态 $\boldsymbol{S}$ 、动作 A 、状态转移概率 P 和奖赏 R 。策略 π：$\boldsymbol{S} \rightarrow A$ 定义为从状态空间到动作空间的映射。智能体在当前状态 $\boldsymbol{S}_k$ 下根据策略 π 选择动作 A_k，执行该动作并以概率 P 转移到下一状态 $\boldsymbol{S}_{k+1}$，同时接收到环境反馈回来的奖赏 R_k。强化学习的目标是通过调整策略来最大化累积奖赏。通常使用值函数估计某个策略 π 的优劣程度。假设初始状态 $\boldsymbol{S}_0 = \boldsymbol{S}$ ，则关于策略 π 的状态值函数可定义为

$$V^{\pi}(\boldsymbol{S}) = \sum_{k=0}^{\infty} \gamma^k R_k(\boldsymbol{S}_k, A_k) \mid \boldsymbol{S}_0 = \boldsymbol{S}, A_k = \pi(\boldsymbol{S}_k) \tag{4-25}$$

式中，$0 < \gamma < 1$ 为折扣因子。由于最优策略是最大化值函数的策略，因此可根据下式求得最优策略

$$\pi^* = \arg\max_{\pi} V^{\pi}(\boldsymbol{S}) \tag{4-26}$$

另一种形式的值函数是状态动作值函数，定义为

$$Q(\boldsymbol{S}_k, A_k) = R_k(\boldsymbol{S}_k, A_k) + \gamma V^{\pi}(\boldsymbol{S}_{k+1}) \tag{4-27}$$

此时最优策略可根据下式得到

$$\pi^* = \arg\max_{A} Q(\boldsymbol{S}, A) \tag{4-28}$$

4.4.1.1 蒙特卡罗方法

蒙特卡罗方法是一种以概率统计理论为指导的强化学习方法。通过与环境交互，从所采集的样本中学习，获得关于决策过程的状态、动作和奖赏的大量数据，最后计算出累积奖赏的平均值。采样越多、累积奖赏的平均值越接近真实的值函数。因此，该方法的计算量非常大。蒙特卡罗方法作为一种无模型的方法，不需要事先知道马尔科夫决策过程的状态转移概率以及奖赏。蒙特卡罗方法同时还可以与离策略的思想相结合，得到离策略的蒙特卡罗方法，能够在执行一个策略的时候评估另一个策略的好坏。蒙特卡罗方法可以与树搜索结合而形成蒙特卡罗树搜索，蒙特卡罗树搜索算法是一种用于决策过程的启发式搜索算法，主要包含选择、扩展、模拟和反向传播 4 个步骤。

4.4.1.2 Q 学习/SARSA 学习/TD（λ）学习

Q 学习是最早的在线强化学习算法，同时也是强化学习最重要的算法之一，主要思路是定义 Q 函数（性能函数），并利用在线观测到的数据对 Q 函数进行迭代更新，更新公式为

$$Q_j(\boldsymbol{S}_k, A_k) = Q_{j-1}(\boldsymbol{S}_k, A_k) + \alpha \boldsymbol{\Delta}_k \tag{4-29}$$

$$\boldsymbol{\Delta}_k = R_k + \gamma \max_{A} Q_{j-1}(\boldsymbol{S}_{k+1}, A) - Q_{j-1}(\boldsymbol{S}_k, A_k) \tag{4-30}$$

式中，α 为学习率；$\boldsymbol{\Delta}_k$ 为时间差分误差；下标 $j-1$、j 分别表示上次学习和当前学习过程；下标 k 、$k+1$ 分别表示当前时刻和下一时刻。Q 学习在训练过程中通常采用 ε 贪心策略或 Softmax 策略来平衡探索与利用的关系。Q 学习是一种离线策略的学习算法，使用一个合理的策略来产生动作，根据该动作与环境交互所得到的下一状态以及奖赏来学习得到另一个最优的 Q 函数。

SARSA 学习与 Q 学习类似，但 SARSA 学习是一种在线策略学习算法，直接使用在线动作来更新 Q 函数，其时间差分误差 $\boldsymbol{\Delta}_k$ 定义为

$$\boldsymbol{\Delta}_k = R_k + \gamma Q_{j-1}(\boldsymbol{S}_{k+1}, A_{k+1}) - Q_{j-1}(\boldsymbol{S}_k, A_k) \tag{4-31}$$

可以看出，SARSA 学习更新 Q 函数时需要用到 $\boldsymbol{S}_k$、A_k、$\boldsymbol{R}_k$、$\boldsymbol{S}_{k+1}$、A_{k+1}， 它们构成了该算法的名字 SARSA。

Q 学习和 SARSA 学习都是借助时间差分误差来更新值函数，它们可以被称为时间差分学习，这涉及时间信度分配问题，即对于不同时刻的动作，应该为其分配多少时间差分误差来更新值函数。TD（ λ ）学习可以解决时间信度分配问题

$$Q_j(\boldsymbol{S}_k, A_k) = Q_{j-1}(\boldsymbol{S}_k, A_k) + \alpha \boldsymbol{\Delta}_k e_k(\boldsymbol{S}_k) \tag{4-32}$$

式中，e_k 称为资格迹，表达式为

$$e_k(\boldsymbol{S}) = \begin{cases} \gamma\lambda e_k(\boldsymbol{S}) + 1, & \boldsymbol{S} = \boldsymbol{S}_k \\ \gamma\lambda e_k(\boldsymbol{S}), & \boldsymbol{S} \neq \boldsymbol{S}_k \end{cases} \tag{4-33}$$

TD（ λ ）学习建立了蒙特卡罗方法和时间差分学习的统一框架。当 λ 在 0 到 1 之间取不同值时，TD（λ）学习可以转化为不同的方法。$\lambda=1$ 时，TD（λ）学习转化为蒙特卡罗方法；$\lambda=0$ 时，TD（λ）学习转化为时间差分学习。

4.4.1.3　策略梯度学习

上述介绍的方法都是基于值函数的方法，需要求出值函数，再根据值函数来选择动作。另一类方法是基于策略的方法，如策略梯度学习。策略梯度学习是一种通过直接逼近最终得到最优策略的方法。值函数法相比于策略梯度法有两个局限性：①值函数法最终得到的是一个确定性的策略，而最优策略可能是随机的，此时值函数法不适用；②值函数的一个小小的变动往往会导致一个原本被选择的动作反而不能被选择，这种变化会影响算法的收敛性。策略梯度学习又可以分为确定策略梯度学习和随机策略梯度学习。在确定策略梯度学习中，动作以概率 1 被执行；在随机策略梯度学习中，动作以某一概率被执行。与随机策略梯度学习相比，确定策略梯度学习在高维动作空间上拥有更好的表现，假设需要逼近的策略为 $\pi(\boldsymbol{S}, A, \theta)$， 而且该策略对参数 θ 可导，则可定义目标函数和值函数为

$$J(\pi_\theta) = \mathrm{E}\sum_{k=1}^{\infty}\gamma^{k-1}R_k \mid \boldsymbol{S}_0, \pi_\theta \tag{4-34}$$

$$Q(\boldsymbol{S}, A) = \mathrm{E}\sum_{n=1}^{\infty}\gamma^{n-1}R_{k+n} \mid \boldsymbol{S}_k = \boldsymbol{S}, A_k = A, \pi_\theta \tag{4-35}$$

假设从初始状态 $\boldsymbol{S}_0$ 开始，依据策略 π_θ 来选择动作的状态分布为 $d^{\pi_\theta}(\boldsymbol{S})$，则对于任意的马尔科夫决策过程，均有

$$\nabla_{\theta}J(\pi_{\theta})=\sum_{\boldsymbol{S}}d^{\pi_{\theta}}(\boldsymbol{S})\sum_{A}\nabla_{\theta}\pi_{\theta}(\boldsymbol{S},A)Q^{\pi_{\theta}}(\boldsymbol{S},A) \tag{4-36}$$

从式（4-36）可以看出，虽然状态分布 $d^{\pi_{\theta}}(\boldsymbol{S})$ 与策略 π_{θ} 有关，但 $\nabla_{\theta}J(\pi_{\theta})$ 与 $\nabla_{\theta}d^{\pi_{\theta}}(\boldsymbol{S})$ 无关。因此策略的变化会使得样本分布发生变化，但样本分布的变化不会对策略的更新产生影响。得到策略梯度之后，便可采用梯度上升等方法来最大化目标函数。

4.4.1.4 自适应动态规划

自适应动态规划是一种针对连续状态空间的最优控制方法。对于比较复杂的问题，其状态空间和动作空间往往是连续的，规模较大。由于维度爆炸，不能采用传统的查表法来得到性能函数，此时需要使用函数逼近器，例如使用线性函数逼近器和神经网络逼近器等工具来逼近性能函数。自适应动态规划通过构建动作网络和评价网络两个网络来处理复杂的强化学习问题。在状态 $\boldsymbol{S}_k$ 时，动作网络用于选择动作 A_k，评价网络输出值函数对动作网络的动作进行评价，并对动作网络进行调整，最终通过被控系统输出下一时刻的状态 $\boldsymbol{S}_{k+1}$。

4.4.2 状态与动作定义

本章基于Q学习进行目标卫星最优服务序列规划。强化学习的环境状态需要能够完全表达每一步规划所需要的全部信息。假设本书研究的地球同步轨道在轨服务任务场景共包含 n 颗目标卫星，编号分别为 $1\sim n$。服务卫星在进行服务序列规划时，需要明确当前状态下哪些目标卫星已服务，哪些目标卫星尚未服务，以及正在服务哪颗目标卫星。因此，当前时刻 k 的状态 $\boldsymbol{S}_k$ 定义为

$$\boldsymbol{S}_k=[s_{k1}\quad s_{k2}\quad \cdots\quad s_{kn}] \tag{4-37}$$

式中，s_{ki} 表示目标卫星 i 在当前时刻 k 的服务状态

$$s_{ki}=\begin{cases}1,\text{已服务}\\0,\text{正在服务}\\-1,\text{未服务}\end{cases} \tag{4-38}$$

当前状态 $\boldsymbol{S}_k$ 下，服务卫星进行任务规划，在尚未服务的目标卫星中选择一颗作为下一服务对象。因此，当前时刻 k 的动作 A_k 定义为所选择作为下一服务对象的目标卫星编号

$$A_k\in\{i\in\mathbf{Z}^+\mid 1\leqslant i\leqslant n,s_{ki}=-1\} \tag{4-39}$$

服务卫星执行动作 A_k 后，环境接收该动作并转移到下一时刻 $k+1$ 的状态 $\boldsymbol{S}_{k+1}$，状态转移方程为

$$\boldsymbol{S}_{k+1}=[s_{(k+1)1}\quad s_{(k+1)2}\quad \cdots\quad s_{(k+1)n}] \tag{4-40}$$

式中，$s_{(k+1)i}$ 表示目标卫星 i 在下一时刻 $k+1$ 的服务状态

$$s_{(k+1)i}=\begin{cases}1,i=A_{k-1}\in\{i\in\mathbf{Z}^+\mid 1\leqslant i\leqslant n,s_{ki}=0\}\\0,i=A_k\in\{i\in\mathbf{Z}^+\mid 1\leqslant i\leqslant n,s_{ki}=-1\}\\s_{ki},i\in\{i\in\mathbf{Z}^+\mid 1\leqslant i\leqslant n,i\neq A_{k-1},i\neq A_k\}\end{cases} \tag{4-41}$$

4.4.3 奖赏函数定义

服务卫星在当前状态 $\boldsymbol{S}_k$ 下执行动作 A_k，以编号为 A_k 的目标卫星为下一服务对象，采用本书建模方法可以得到目标交会过程消耗的速度增量 Δv_c 和时间 Δt_c，以及任务执行过程消耗的速度增量 Δv_u 和时间 Δt_u。以对目标卫星 A_k 服务全过程的速度增量和时间消耗最小化为目标，则服务卫星在当前状态 $\boldsymbol{S}_k$ 下执行动作 A_k 获得的奖赏 R_k 定义为

$$R_k = -\eta_1(\Delta v_c + \Delta v_u) - \eta_2(\Delta t_c + \Delta t_u) \tag{4-42}$$

式中，η_1、η_2 分别为速度增量和时间对应的权重系数。

4.4.4 服务序列规划流程

根据上述建模，基于强化学习的服务序列规划流程如下：

1）设定学习率 α、折扣因子 γ、贪心率 ε、最大学习次数 $j_{\max}$，初始化状态动作值函数 $Q_j(\boldsymbol{S}, A)$，$j \in \mathbf{Z}^+$，$1 \leqslant j \leqslant j_{\max}$。

2）对于每次学习过程 j，初始化状态 $\boldsymbol{S}_k$，$k \in \mathbf{Z}^+$，$1 \leqslant k \leqslant n$，设定状态初值 $\boldsymbol{S}_1 = [-1 \quad -1 \quad \cdots \quad -1]$。

3）对于每一时刻 k，服务卫星感知当前时刻 k 的状态 $\boldsymbol{S}_k$，采用 ε 贪心策略根据式（4-39）选择动作 A_k。

4）服务卫星执行动作 A_k，计算得到对目标卫星 A_k 服务全过程的速度增量 Δv_c、Δv_u 和时间 Δt_c、Δt_u，根据式（4-42）计算得到奖赏 R_k，根据式（4-40）～式（4-41）计算得到下一时刻 $k+1$ 的状态 $\boldsymbol{S}_{k+1}$。

5）根据式（4-29）～式（4-30）更新状态动作值函数 $Q_j(\boldsymbol{S}_k, A_k)$，作为下次学习采用 ε 贪心策略选择动作的依据。

6）判断是否 $k = n$，若是，计算累积奖赏 $R = R_1 + R_2 + \cdots + R_n$，转 7)；若否，置 $k = k + 1$，转 3)。

7）判断是否 $j = j_{\max}$，若是，表明学习过程完成，转 8)；若否，置 $j = j + 1$，转 2)。

8）根据式（4-28）生成最优策略 π^*，得到服务卫星对目标卫星的最优服务序列。

4.5 工程算例仿真验证

4.5.1 仿真参数设定

通过工程算例进行仿真，验证航天器在轨服务任务建模与序列规划方法的有效性。根据北美防空司令部（NORAD）发布的 TLE 两行轨道根数，从中随机选取 10 颗地球同步轨道卫星作为目标卫星进行在轨服务任务规划。TLE 两行轨道根数是一组用于确定地球轨道空间目标位置和速度的轨道数据。TLE 以纯文本格式给出，由两行组成，有效数字为数字 0～9、大写字母 A～Z、正负号、空格和句点。TLE 两行轨道根数示例和格式见表 4-7～表 4-9。

表 4-7　TLE 两行轨道根数示例

行数	TLE 轨道根数
第 1 行	1 36868U 10039A 20165.82319187 +.00000027 +00000-0 +00000-0 0 9996
第 2 行	2 36868 002.7356 097.7158 0006006 346.8740 118.2734 01.00270907031654

表 4-8　TLE 第 1 行轨道根数格式

位号	示例	格式描述
01	1	行号
03～07	36868	NORAD 编号
08	U	卫星类别(U 表示不保密,可供公众使用)
10～11	10	发射编号(发射年份的后两位)
12～14	039	发射编号(当年的发射序号)
15～17	A	发射编号(运载火箭一次同时发射的卫星序号)
19～20	20	轨道历元时刻(历元年份的后两位)
21～32	165.82319187	轨道历元时刻(当年累计天数和当天的小数部分,UTC 时间)
34～43	+.00000027	平均运动的一阶时间导数
45～52	+00000-0	平均运动的二阶时间导数
54～61	+00000-0	BSTAR 拖调制系数
63	0	星历类型,美国空军空间指挥中心以外公开使用标识为 0
65～68	999	星历编号,按新发现卫星的先后顺序编号
69	6	校验码

表 4-9　TLE 第 2 行轨道根数格式

位号	示例	格式描述
01	2	行号
03～07	36868	NORAD 编号
09～16	002.7356	轨道倾角/(°)
18～25	097.7158	升交点赤经/(°)
27～33	0006006	偏心率的小数部分
35～42	346.8740	近地点幅角/(°)
44～51	118.2734	平近点角/(°)
53～63	01.00270907	平均每天绕地球飞行的圈数
64～68	03165	发射以来绕地球飞行的总圈数
69	4	校验码

服务卫星和目标卫星的初始轨道参数分别见表 4-10 和表 4-11，目标卫星的服务需求和量化参数见表 4-12。霍曼-兰伯特四脉冲交会的中间轨道地心距 $r_{c1}=r_{c2}=(42\ 164\pm 100)$km。强化学习算法的学习率 $\alpha=0.1$，折扣因子 $\gamma=1.0$，贪心率 ε 采用递减策略，初值 $\varepsilon_{\text{ini}}=0.9$，末值 $\varepsilon_{\text{end}}=0.1$，最大学习次数 $j_{\max}=1\ 000$。

表 4-10　服务卫星初始轨道参数

编号	半长轴/km	偏心率	倾角/(°)	升交点赤经/(°)	近地点幅角/(°)	平近点角/(°)
/	42 164.213	0.000 014	0.019 4	99.567 3	214.074 6	108.259 2

表 4-11　目标卫星初始轨道参数

编号	半长轴/km	偏心率	倾角/(°)	升交点赤经/(°)	近地点幅角/(°)	平近点角/(°)
1	42 166.446	0.000 069	1.055 2	176.627 3	224.924 5	13.025 5
2	42 165.504	0.005 745	3.211 8	10.203 0	177.357 7	208.563 4
3	42 165.612	0.000 034	0.044 8	145.499 3	343.667 1	39.385 1
4	42 166.293	0.000 211	0.027 3	200.315 6	331.444 3	347.392 3
5	42 166.322	0.000 416	5.296 2	125.531 7	213.453 8	105.658 5
6	42 167.354	0.000 847	2.772 0	48.266 1	75.828 8	8.664 8
7	42 166.885	0.000 314	2.556 9	186.577 9	92.596 4	150.309 1
8	42 165.576	0.020 487	4.247 3	313.219 4	228.391 5	297.224 8
9	42 167.216	0.005 868	1.769 2	143.466 0	183.386 0	170.9808
10	42 165.364	0.000 302	2.538 2	25.149 2	147.825 1	53.968 0

表 4-12　目标卫星在轨服务需求

编号	服务类型	量化参数
1	在轨加注/维修	$\Delta t_u = 0.2$ d
2	在轨加注/维修	$\Delta t_u = 0.5$ d
3	辅助位置保持	$\Delta v_u = 4\ \mathrm{m \cdot s^{-1}}$, $\Delta t_u = 30$ d
4	辅助位置保持	$\Delta v_u = 8\ \mathrm{m \cdot s^{-1}}$, $\Delta t_u = 60$ d
5	倾角漂移调整	$i_{uf} = -3°$
6	倾角漂移调整	$i_{uf} = -2°$
7	废弃卫星离轨	$r_{uf} = 42\ 464$ km
8	废弃卫星离轨	$r_{uf} = 42\ 664$ km
9	失效卫星救援	$r_{um} = 42\ 064$ km, $\Delta t_{u2} = 10$ d
10	失效卫星救援	$r_{um} = 42\ 264$ km, $\Delta t_{u2} = 20$ d

4.5.2　霍曼-兰伯特交会仿真结果

研究霍曼-兰伯特四脉冲交会速度增量 Δv_c 和时间 Δt_c 随目标卫星与服务卫星的初始经度差 $\Delta\lambda_c$ 和倾角差 Δi_c 之间的变化关系，仿真结果分别如图 4-11～图 4-12 所示。从图中可以看出，Δv_c 主要受 Δi_c 影响，且随 Δi_c 增大而增大。当 $\Delta i_c = 10°$ 时，$\Delta v_c < 600\ \mathrm{m \cdot s^{-1}}$；当 $\Delta\lambda_c$ 变化时，Δv_c 仅产生小幅波动，波动幅度小于 $20\ \mathrm{m \cdot s^{-1}}$，不会产生地球同步轨道远距离交会速度增量过大的问题。Δt_c 主要受 $\Delta\lambda_c$ 影响，随着 $\Delta\lambda_c$ 增大，Δt_c 先增大后减小。当 $\Delta\lambda_c = 180°$ 时，Δt_c 最大，最大值小于 150 天，符合轨道运动规律。

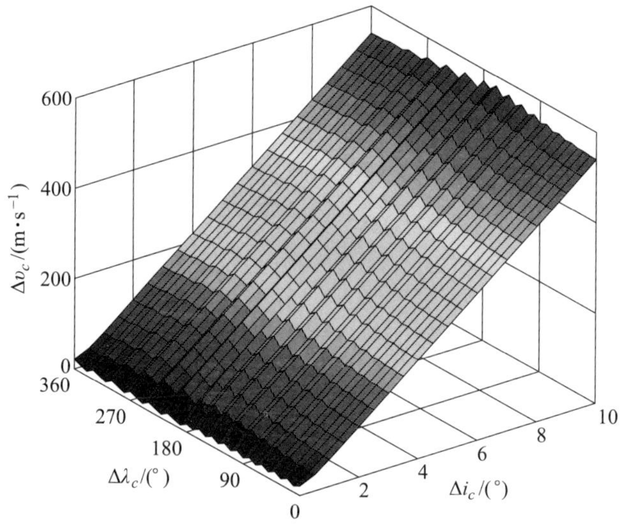

图 4-11　霍曼-兰伯特四脉冲交会速度增量

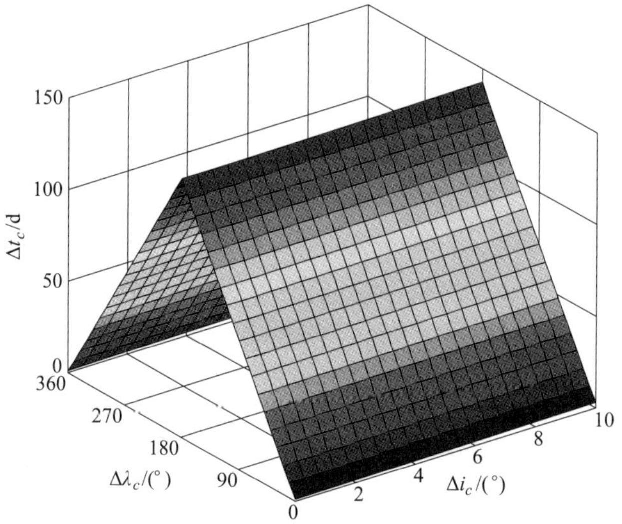

图 4-12　霍曼-兰伯特四脉冲交会时间

4.5.3 服务序列规划仿真结果

基于强化学习算法进行目标卫星服务序列规划仿真。为增加对比，针对同一算例分别进行两种工况仿真。工况 1 计算单步奖赏 R_k 时仅考虑目标交会过程消耗的速度增量 Δv_c 和时间 Δt_c， 工况 2 计算单步奖赏 R_k 时全面考虑目标交会和任务执行过程消耗的速度增量和时间（Δv_c、Δt_c、Δv_u、Δt_u）。两种工况仿真得到的强化学习过程累积奖赏如图 4-13 所示，图中蓝线表示每次学习过程的累积奖赏，红线表示最近 20 次学习过程的平均累积奖赏。工况 1 最终学习得到的目标卫星服务序列为 4→3→1→9→10→7→6→2→8→5，工况 2 最终学习得到的目标卫星服务序列为 4→3→1→9→6→7→5→8→2→10。基于两种工况得到的服务序列，计算服务卫星速度增量 Δv 随时间 Δt 变化情况，结果如图 4-14 所示。图中，实心点表示服务卫星与目标卫星交会时的参数，数字表示目标卫星编号；空心点表示服务卫星和目标卫星组合体任务执行完成时的参数。

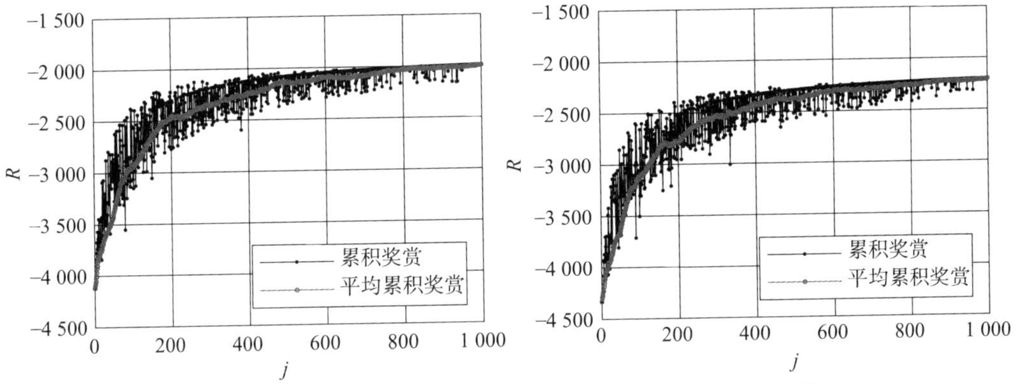

(a) 工况1　　(b) 工况2

图 4-13　强化学习过程累积奖赏（见彩插）

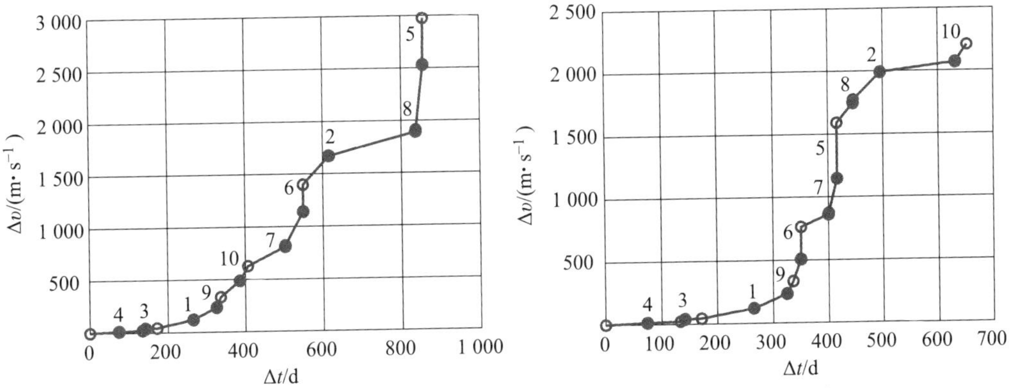

(a) 工况1　　(b) 工况2

图 4-14　服务卫星速度增量和时间消耗

根据单步奖赏 R_k 定义，速度增量和时间消耗越小，累积奖赏越大。从图中可以看出，工况 1 由于未考虑任务执行过程，累积奖赏、速度增量和时间消耗均大于工况 2，与实际情况不符，表明工况 1 未能真实反映实际在轨服务任务过程，规划得到的服务序列不是最优服务序列。而工况 2 全面考虑目标交会和任务执行过程，规划得到的服务序列明显优于工况 1 规划结果。

根据工况 2 规划得到的最优服务序列，极坐标形式的服务卫星倾角 i 和升交点赤经 Ω 变化如图 4-15 所示。服务卫星倾角 i 、升交点赤经 Ω 、半长轴 a 随时间 Δt 的变化分别如图 4-16～图 4-18 所示。从图中可以看出，服务序列规划结果能够全面反映服务卫星在目标交会和任务执行过程中的轨道参数改变。其中目标卫星 5、6 需要进行倾角漂移调整，目标卫星 9、10 需要进行失效卫星救援，任务执行过程中 i 、Ω 存在较大改变；目标卫星 7、8 需要进行废弃卫星离轨，任务执行过程中 a 存在较大改变。

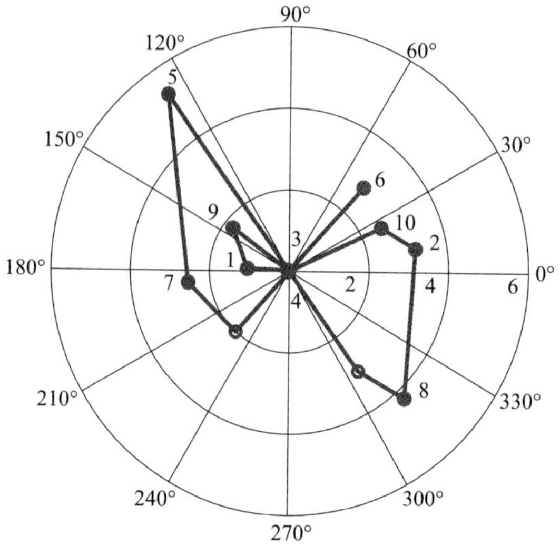

图 4-15　服务卫星倾角和升交点赤经（工况 2）

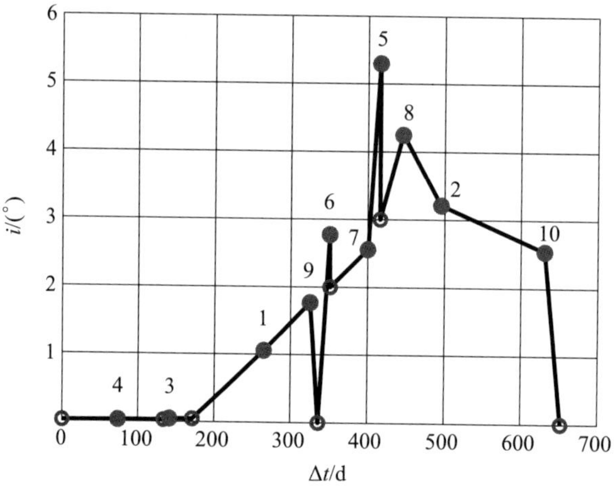

图 4-16　服务卫星倾角（工况 2）

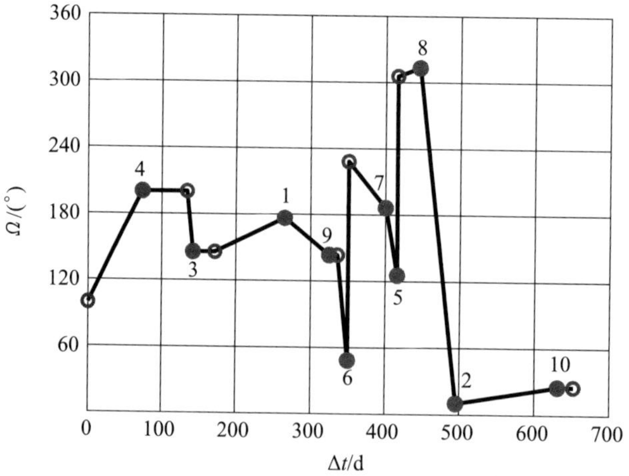

图 4-17　服务卫星升交点赤经（工况 2）

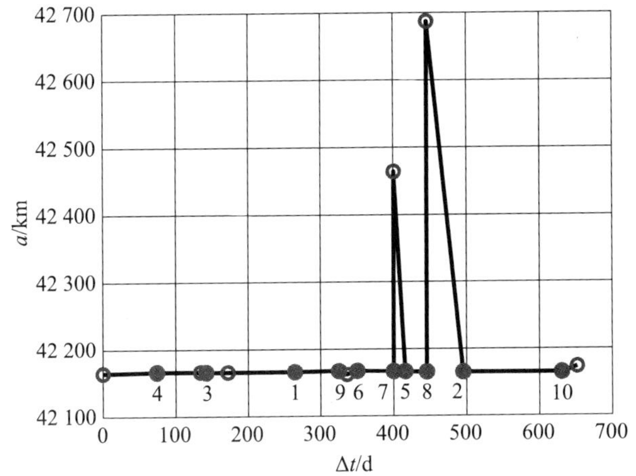

图 4-18　服务卫星半长轴（工况 2）

4.6　本章小结

本章主要研究了航天器在轨服务任务建模与序列规划问题，并以地球同步轨道卫星为例，通过仿真验证了任务规划方法的有效性和适用性。统计分析了地球同步轨道目标的分布、运动、几何和光学特性，为在轨服务任务建模与序列规划提供了前提输入和基础数据。根据地球同步轨道动力学特性，推导了霍曼-兰伯特四脉冲交会模型，能够有效解决地球同步轨道远距离交会速度增量过大的问题，且方法简单，计算量小，便于应用。针对地球同步轨道在轨服务需求建立了不同类型的服务任务模型，提出了基于强化学习的服务序列规划方法，全面反映服务卫星在目标交会和任务执行过程中的轨道参数改变以及速度增量和时间消耗，所得目标卫星最优服务序列更加真实有效。在工程应用时，可先期在地面进行强化学习离线训练，将训练得到的状态动作值函数表上注卫星作为初始策略依据，再通过迁移学习等方式进行在轨适应性调整，以获得较好的任务泛化能力。

第5章　空间失稳目标安全逼近任务规划与控制

地球同步轨道在轨服务任务实施要求服务卫星具有相对导航和安全逼近能力，能够在有限时间内快速逼近目标卫星。空间稳定目标的逼近策略技术发展较为成熟。通常情况下，目标卫星对接轴指向设置为在其轨道面内，包括±V－bar和＋R－bar等方向。以目标卫星对接轴为中心线定义圆锥形安全走廊，服务卫星首先转移至安全走廊入口处，然后进入并保持在安全走廊内，并始终沿目标对接轴方向逼近。由于目标卫星姿态稳定，对接轴和安全走廊的空间指向固定，服务卫星在安全走廊内的逼近轨迹为直线，对服务卫星控制系统要求较低。

但是对于空间失稳目标，其姿态失稳后往往因存在初始角速度和能量耗散等因素而处于慢旋或翻滚状态，对接轴的空间指向不确定且时刻变化，若仍采用空间稳定目标的逼近策略，服务卫星在安全走廊内的逼近轨迹跟随对接走廊的运动而呈形状复杂的空间曲线，对服务卫星控制系统要求较高，工程实施较为困难。此外，地球同步轨道卫星一般都采用大型或超大型卫星平台，由于目标姿态失稳，太阳翼等大型附件跟随星体姿态做旋转运动。服务卫星在逼近过程中极有可能与目标卫星本体及太阳翼等附件发生碰撞，产生安全性问题。这些问题使得空间失稳目标的逼近策略更加复杂困难。

针对上述问题，本章重点研究空间失稳目标安全逼近任务规划与控制方法[218]。分析设定目标卫星和服务卫星的姿态运动与几何包络尺寸，基于直线型动态安全走廊逼近策略，提出空间失稳目标安全逼近与紧急撤离任务规划方法，设计服务卫星相对轨道姿态耦合控制方法，实现服务卫星对空间失稳目标的快速精准安全逼近，为空间失稳目标在轨捕获创造前提条件。

5.1　空间失稳目标姿态运动分析

5.1.1　不同类型卫星姿态运动

研究空间失稳目标安全逼近问题，首先需对空间失稳目标的在轨运动状态进行分析。在轨运行的目标卫星由于推进剂耗尽或系统故障进入姿态失稳状态后，往往因存在初始角速度等因素而处于自旋或翻滚状态，因此可用自旋卫星姿态动力学相关理论研究其姿态运动特性。自旋卫星根据其尺寸、形状、基频等方面的差异可以视为不同类型的动力学模型，如轴对称刚体、非轴对称刚体、带能量耗散的柔性体等。不同类型卫星的动力学模型不同，其姿态运动特性也不同。针对几种典型类型的卫星模型，定性分析其姿态运动特性。研究两星短时间近距离相对运动时，可将目标卫星平动坐标系$\{\boldsymbol{i}\}$视为惯性坐标系$\{\boldsymbol{I}\}$。除特别说明外，本章所有矢量均用其在惯性坐标系$\{\boldsymbol{I}\}$中的分量表示。

5.1.1.1　轴对称刚体卫星

对于轴对称刚体卫星，卫星对称轴过星体质心，且为其主惯量轴之一。假定星体的自旋轴即为其对称轴，则星体的轴向转动与横向转动是独立的，不存在耦合作用。星体绕其对称轴自旋，同时自旋轴在惯性空间中绕角动量矢量旋转。如图 5－1 所示，假定卫星不受外界干扰力矩影响，卫星角动量矢量 $\boldsymbol{H}$ 在惯性空间中固定，卫星角动量矢量 $\boldsymbol{H}$ 、角速度矢量 $\boldsymbol{\omega}$ 和自旋轴 x 位于同一平面内。自旋轴 x 绕角动量矢量 $\boldsymbol{H}$ 做圆锥运动。角速度矢量 $\boldsymbol{\omega}$ 同时做两种圆锥运动：绕自旋轴 x 形成的圆锥称为本体锥，绕角动量矢量 $\boldsymbol{H}$ 形成的圆锥称为空间锥。空间锥在惯性空间中固定，整个星体的姿态运动为星体绕自旋轴旋转，同时本体锥在空间锥上做无滑动滚动。自旋轴 x 与角动量矢量 $\boldsymbol{H}$ 之间的夹角 θ 称为章动角，对于轴对称刚体，章动角 θ 为常值。

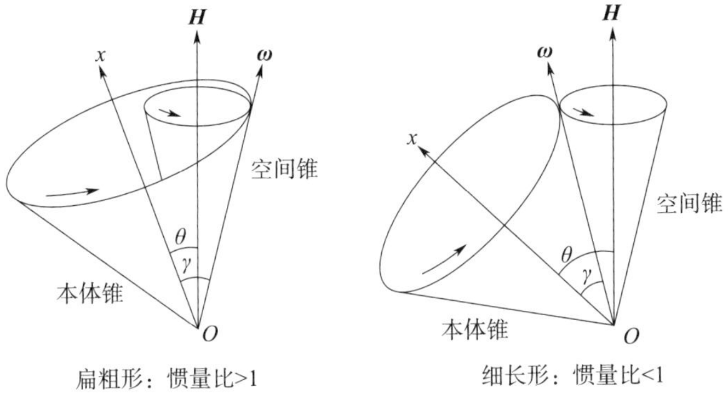

图 5－1　轴对称刚体卫星姿态运动

5.1.1.2　非轴对称刚体卫星

对于非轴对称刚体卫星，星体的轴向转动与横向转动是耦合的，章动角 θ 不再为常值，主惯量轴的运动在惯性空间中形成比较复杂的形状。如图 5－2 左图所示，假定卫星不受外界干扰力矩影响，卫星动能 E_k 和角动量大小 H 都恒定为常值。动能 E_k 恒定时，角速度矢量 $\boldsymbol{\omega}$ 在星体惯量主轴坐标系中的轨迹为一个椭球，称为能量椭球。角动量 H 恒定时，角速度矢量 $\boldsymbol{\omega}$ 在星体惯量主轴坐标系中的轨迹同样为一个椭球，称为惯量椭球。能量椭球和惯量椭球的交线即为角速度矢量 $\boldsymbol{\omega}$ 端点在惯性空间中的运动轨迹，称为本体极迹。由于角动量矢量 $\boldsymbol{H}$ 在惯性空间中固定，必然有一垂直于 $\boldsymbol{H}$ 的固定平面与能量椭球相切，切点即为角速度矢量 $\boldsymbol{\omega}$ 端点，此平面称为不变平面。整个星体的姿态运动可以视为能量椭球在不变平面上做无滑动滚动。如图 5－2 右图所示，当角动量大小 H 给定时，若动能 E_k 小于某一阈值，角速度矢量 $\boldsymbol{\omega}$ 绕星体最大惯量轴做椭圆锥运动；若动能 E_k 大于某一阈值，角速度矢量 $\boldsymbol{\omega}$ 绕星体最小惯量轴做椭圆锥运动；若动能 E_k 取最小值或最大值，角速度矢量 $\boldsymbol{\omega}$ 对应绕星体最大或最小惯量轴做恒定旋转。可以证明，星体绕最大或最小惯量轴旋转时，自旋运动是稳定的，绕中间惯量轴旋转时，自旋运动是不稳定的。

5.1.1.3　带能量耗散的柔性体卫星

当卫星带有太阳翼等柔性附件时，其结构发生柔性变形造成系统内部能量耗散，使得

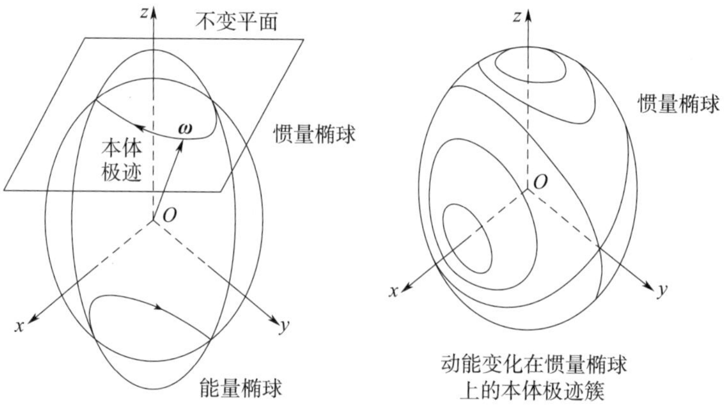

图 5－2　非轴对称刚体卫星姿态运动

星体的总动能减少，趋向于最小动能状态。但是由于角动量守恒，能量耗散过程必然伴随着角动量的转移，星体的横向角动量逐渐转移到动能最小的旋转轴上去。星体绕最大惯量轴自旋时动能最小，在最小动能状态下，星体的运动不再引起能量耗散，卫星将绕最大惯量轴稳定自旋。因此，对于柔性体卫星而言，不论初始条件如何，星体的所有转动由于内部能量耗散，最终将达到绕最大惯量轴的简单自旋，称为最大轴原理。

5.1.2　目标卫星姿态运动分析

考虑带有太阳翼等柔性附件的地球同步轨道大型卫星，姿态失控后往往因初始角动量等因素而处于慢旋或翻滚状态。根据最大轴原理，不论目标卫星初始状态如何，在长期能量耗散作用下，目标卫星最终将达到绕最大惯量轴的简单自旋，最大惯量轴即为自旋轴。

根据地球同步轨道卫星的质量特性，最大惯量轴近似与对接环中心轴垂直。假设 x_t 轴为目标卫星的最大惯量轴（自旋轴），目标卫星几何包络如图 5－3 所示。r_{t1} 为从目标卫星质心 O_t 出发沿垂直于 x_t 轴方向的目标卫星最大几何包络尺寸。r_{t2} 为从目标卫星质心 O_t 出发沿平行于 x_t 轴方向的目标卫星最大几何包络尺寸。r_{t3} 为从目标卫星质心 O_t 出发沿垂直于 x_t 轴方向的目标卫星本体（不包括太阳翼等附件）最大几何包络尺寸。以 x_t 轴为中心线，以 $2r_{t1}$ 为底面圆直径，以 $2r_{t2}$ 为高度的圆柱体可实现对目标卫星的完全包络。以 x_t 轴为中心线，以 $2r_{t3}$ 为底面圆直径，以 $2r_{t2}$ 为高度的圆柱体可实现对目标卫星本体的完全包络。

目标卫星的姿态运动假设为绕 x_t 轴的简单自旋，x_t 轴指向短时间内在惯性空间中可视为固定，不考虑章动和进动。目标卫星姿态运动如图 5－4 所示。目标卫星平动坐标系 $\{\boldsymbol{i}\}$ 在短时间内可视为惯性坐标系，且假设在初始时刻目标卫星平动坐标系 $\{\boldsymbol{i}\}$ 与目标卫星轨道坐标系 $\{\boldsymbol{o}\}$ 重合。$z_iO_tx_i$ 平面为目标卫星的轨道平面，α_1 为 x_t 轴与 $z_iO_tx_i$ 平面的夹角，α_2 为 x_t 轴在 $z_iO_tx_i$ 平面内的投影与 z_i 轴的夹角，ω_t 为目标卫星绕 x_t 轴的自旋角速度。

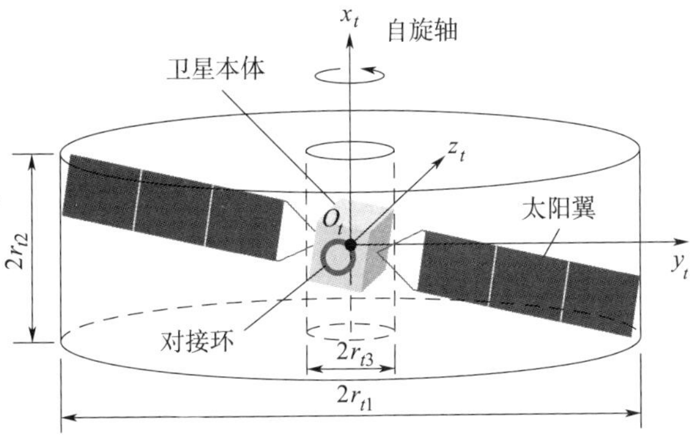

图 5-3　目标卫星几何包络

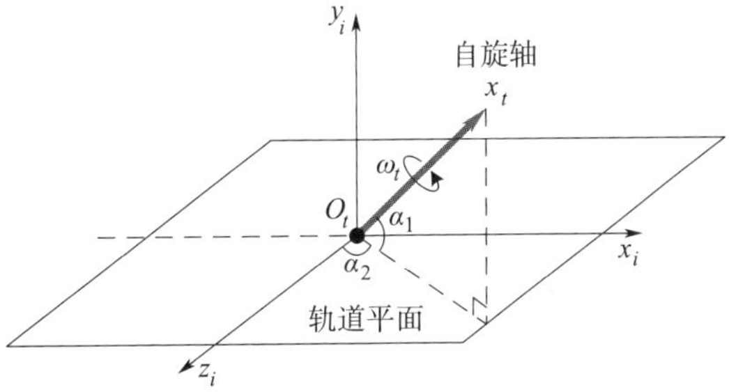

图 5-4　目标卫星姿态运动

5.1.3　服务卫星姿态运动分析

服务卫星采用三轴稳定姿态控制，其姿态可实现在惯性空间内任意指向并保持稳定。服务卫星几何包络如图 5-5 所示。r_{s1} 为从服务卫星质心 O_s 出发沿任意方向的服务卫星最大几何包络尺寸。r_{s2} 为从服务卫星质心 O_s 到机械臂末端的最大几何包络尺寸。r_{s3} 为从服

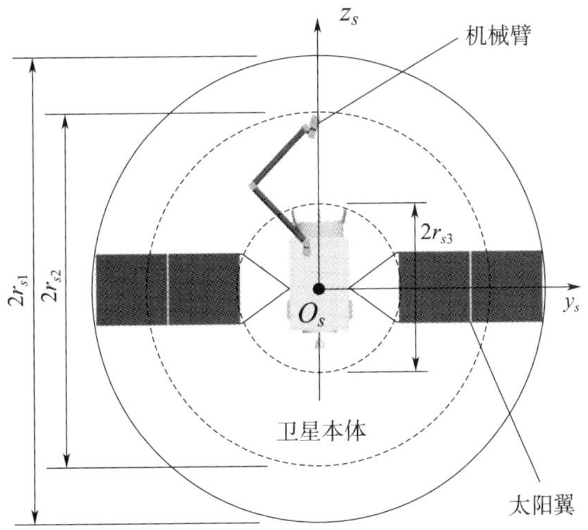

图 5-5　服务卫星几何包络

务卫星质心 O_s 出发沿任意方向的服务卫星本体（不包括太阳翼等附件）最大几何包络尺寸。以 O_s 为球心，以 $2r_{s1}$ 为直径的球体可实现对服务卫星的完全包络。以 O_s 为球心，以 $2r_{s3}$ 为直径的球体可实现对服务卫星本体的完全包络。

5.2 空间失稳目标安全逼近任务规划

5.2.1 动态安全走廊定义

现有研究成果中，空间失稳目标的逼近策略主要分两种。第一种要求服务卫星进入并保持在以目标卫星对接轴为中心线的安全走廊内，并始终沿对接轴方向逼近目标卫星。由于目标卫星姿态翻滚，对接轴指向时刻变化，服务卫星在安全走廊内的逼近轨迹为复杂的空间曲线，卫星轨道控制难度大，工程实施困难。第二种要求服务卫星在以目标卫星自旋轴为中心线的安全走廊内始终沿自旋轴方向逼近目标卫星，逼近轨迹在惯性空间中近似为直线。但该策略要求服务卫星姿态与目标卫星姿态保持同步旋转，且对接轴近似与自旋轴垂直，卫星姿态控制难度大，工程实施同样困难。

针对上述问题，本章提出一种直线型动态安全走廊逼近策略。服务卫星在以目标卫星对接轴为中心线的动态安全走廊内沿直线逼近路径逼近目标，同时将逼近轨迹约束在目标卫星轨道平面内，避免了复杂的空间曲线运动，且无须与目标卫星姿态保持同步旋转。对于慢速旋转的大型空间失稳目标而言，该策略能够保证服务卫星安全逼近目标卫星，且卫星控制简单，易于工程实现。

动态安全走廊定义为以目标卫星对接轴为中心线的圆锥形空间区域，其指向跟随星体姿态旋转运动，如图 5-6 所示。φ_d 为半锥角，d_d 为圆锥顶点 O_d 到目标卫星质心 O_t 的距离。在周围没有大尺寸障碍物的情况下，φ_d 取值可接近 90°。动态安全走廊跟随目标卫星姿态绕最大惯量轴旋转，因此服务卫星抵近过程中存在安全逼近窗口。安全逼近窗口 Δt_d 定义为直线逼近路径在动态安全走廊内的时间。φ_t 为安全逼近窗口的半圆心角，r_r 为服务卫星质心 O_s 与目标卫星质心 O_t 之间的相对距离。

由目标卫星姿态自旋运动可得

$$\varphi_t = \frac{1}{2}\omega_t \Delta t_d \tag{5-1}$$

由图中几何关系可得

$$r_r \cos\varphi_t - r_r \frac{\sin\varphi_t}{\tan\varphi_d} = d_d \tag{5-2}$$

联立式（5-1）～式（5-2），整理得到安全逼近窗口为

$$\Delta t_d = \frac{2}{\omega_t}\arccos\left[\frac{d_d\tan^2\varphi_d + \sqrt{(r_r^2 - d_d^2)\tan^2\varphi_d + r_r^2}}{r_r^2(\tan^2\varphi_d + 1)}\right] \tag{5-3}$$

当 $\varphi_d \approx 90°$ 时，安全逼近窗口可近似为

$$\Delta t_d = \frac{2}{\omega_t}\arccos\left(\frac{d_d}{r_r}\right) \tag{5-4}$$

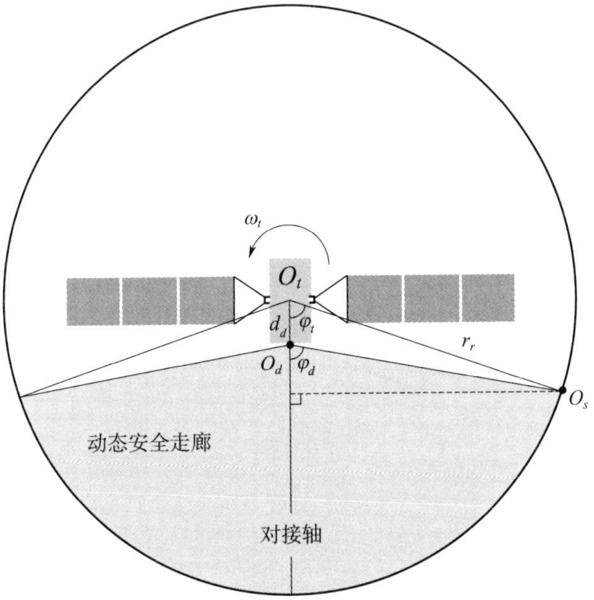

图 5-6　动态安全走廊与安全逼近窗口

5.2.2　直线逼近路径选择

从工程实现角度考虑，仍以直线型逼近策略最为简单，也有较多成熟技术可供参考。因此本章研究的空间失稳目标逼近策略仍采用直线逼近路径，服务卫星在动态安全走廊中沿某一直线路径逼近目标卫星，直线逼近路径的位置和指向在惯性空间中保持固定。

目标卫星的自旋轴法平面定义为过目标卫星质心 O_t 且垂直于自旋轴 x_t 的平面。由于目标卫星对接轴近似与自旋轴垂直，因此目标卫星对接环的旋转运动轨迹近似位于自旋轴法平面内。动态安全走廊中的直线逼近路径选择应满足以下约束条件：1）位于目标卫星的自旋轴法平面内，以便于服务卫星逼近和捕获目标卫星；2）位于目标卫星的轨道平面内，以减小服务卫星的控制难度和推进剂消耗。基于上述约束，选择目标卫星自旋轴法平面和轨道平面的交线作为服务卫星在动态安全走廊中的直线逼近路径，如图 5-7 所示。

直线逼近路径在目标卫星平动坐标系 $\{\boldsymbol{i}\}$ 中的直线方程为

$$\begin{cases} y=0 \\ x\cos\alpha_1\sin\alpha_2+y\sin\alpha_1+z\cos\alpha_1\cos\alpha_2=0 \end{cases} \tag{5-5}$$

5.2.3　动态安全走廊逼近策略

服务卫星进入并保持在动态安全走廊中向目标卫星逼近的策略称为动态安全走廊逼近策略。服务卫星初始悬停保持在目标卫星轨道坐标系 $\{\boldsymbol{o}\}$ 的 $-x_o$ 轴方向，与目标卫星的相对速度为零。动态安全走廊抵近策略在目标卫星平动坐标系 $\{\boldsymbol{i}\}$ 中进行规划，初始时刻目标卫星平动坐标系 $\{\boldsymbol{i}\}$ 与其轨道坐标系 $\{\boldsymbol{o}\}$ 重合。在整个逼近过程中设置若干关键点，作为逼近阶段划分的依据，如图 5-8 所示。

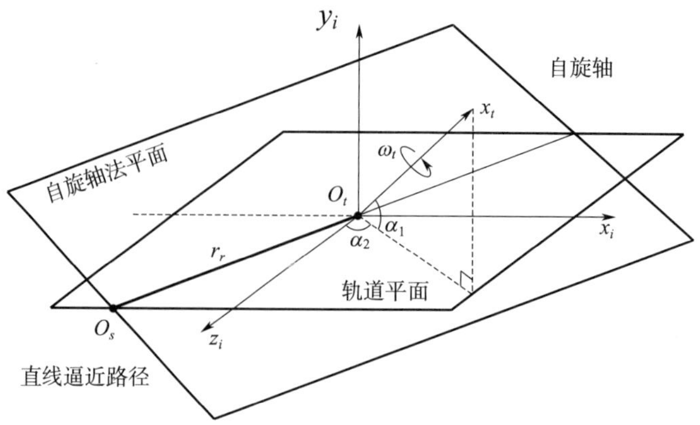

图 5－7　动态安全走廊直线逼近路径

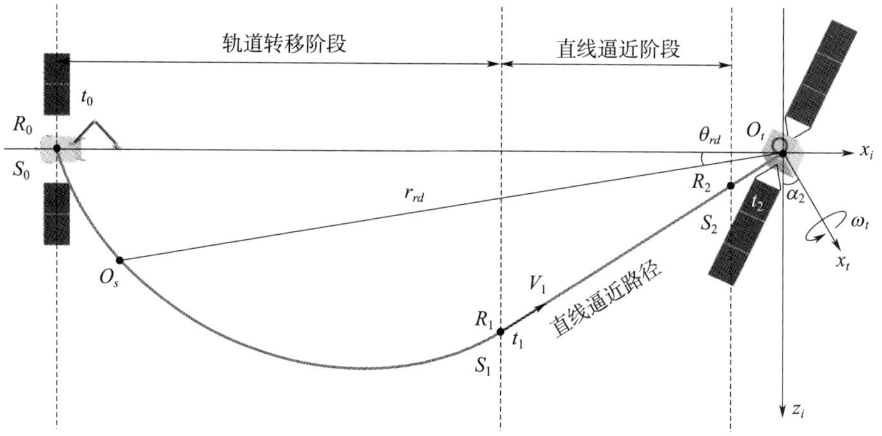

图 5－8　动态安全走廊逼近策略

S_0 为逼近起始点，初始时刻位于目标卫星的 $-x_i$ 轴方向。R_0 为逼近起始点 S_0 与目标卫星质心 O_t 之间的距离。

S_1 为安全走廊入口点，位于直线逼近路径的始端。R_1 为安全走廊入口点 S_1 与目标卫星质心 O_t 之间的距离。R_1 应保证服务卫星在任意姿态下都不会与目标卫星发生碰撞

$$R_1 > r_{t1} + r_{s1} \tag{5-6}$$

S_2 为最终停泊点，位于直线逼近路径的末端。R_2 为最终停泊点 S_2 与目标卫星质心 O_t 之间的距离。R_2 应保证目标卫星的对接环进入服务卫星机械臂的工作空间，且服务卫星在期望逼近姿态下不会与目标卫星发生碰撞

$$r_{t3} + r_{s3} < R_2 < r_{t3} + r_{s2} \tag{5-7}$$

动态安全走廊逼近策略可以分为两个阶段：

1）轨道转移阶段：服务卫星在初始 $t_0 = 0$ 时刻从 S_0 点出发，初始相对速度 $V_0 = 0$。经过 $\Delta t_1 = t_1 - t_0$ 时间后，在 t_1 时刻到达 S_1 点，此时相对速度为 V_1。在此阶段，服务卫星轨道需考虑逼近窗口、有限推力、安全速度等多种约束，规划得到转移时间和推进剂消

耗综合最优的安全逼近轨迹。服务卫星姿态由初始姿态机动至逼近姿态。

2）直线逼近阶段：服务卫星在 t_1 时刻从 S_1 点出发，相对速度为 V_1。经过 $\Delta t_2 = t_2 - t_1$ 时间后，在 t_2 时刻到达 S_2 点，完成逼近任务，此时相对速度 $V_2 = 0$。在此阶段，服务卫星轨道采用直线逼近路径，逼近过程中考虑到紧急撤离需求，逼近速度需满足安全速度约束。服务卫星姿态保持逼近姿态，直至成功逼近目标卫星。

5.2.4　轨道转移阶段任务规划

基于动态安全走廊逼近策略，服务卫星对目标卫星的安全逼近任务规划包括轨道转移阶段任务规划和直线逼近阶段任务规划两部分。首先进行轨道转移阶段任务规划，根据在轨实际情况，服务卫星控制力采用连续有限推力模型。在轨道转移阶段 $t \in [t_0, t_1]$，服务卫星以转移时间和推进剂消耗为优化目标，考虑逼近窗口、有限推力、安全速度等约束，采用粒子群算法规划得到最优安全逼近轨迹。

在动态安全走廊逼近策略中，服务卫星的相对运动轨迹被约束在目标卫星轨道平面内。定义 r_{rd} 为服务卫星质心 O_s 相对于目标卫星质心 O_t 的期望距离，θ_{rd} 为服务卫星质心 O_s 相对于目标卫星质心 O_t 的位置矢量与 $-x_i$ 轴的夹角。服务卫星的相对运动轨迹可被 r_{rd}、θ_{rd} 唯一描述。在轨道转移阶段 $t \in [t_0, t_1]$，$r_{rd}(t)$、$\theta_{rd}(t)$ 及其导数在 t_0、t_1 时刻的取值分别为

$$\begin{cases} r_{rd}(t_0) = R_0 \\ \theta_{rd}(t_0) = 0 \end{cases}, \quad \begin{cases} \dot{r}_{rd}(t_0) = 0 \\ \dot{\theta}_{rd}(t_0) = 0 \end{cases} \tag{5-8}$$

$$\begin{cases} r_{rd}(t_1) = R_1 \\ \theta_{rd}(t_1) = \alpha_2 \end{cases}, \quad \begin{cases} \dot{r}_{rd}(t_1) = -V_1 \\ \dot{\theta}_{rd}(t_1) = 0 \end{cases} \tag{5-9}$$

采用五次多项式对 $r_{rd}(t)$、$\theta_{rd}(t)$ 进行参数化

$$\begin{cases} r_{rd}(t) = a_{r5}t^5 + a_{r4}t^4 + a_{r3}t^3 + a_{r2}t^2 + a_{r1}t + a_{r0} \\ \theta_{rd}(t) = a_{\theta 5}t^5 + a_{\theta 4}t^4 + a_{\theta 3}t^3 + a_{\theta 2}t^2 + a_{\theta 1}t + a_{\theta 0} \end{cases} \tag{5-10}$$

式中，a_{ri}、$a_{\theta i}$ 为多项式系数，$i = 0, 1, \cdots, 5$。将边界条件式（5-8）～式（5-9）代入式（5-10），并取 $t_0 = 0$，得

$$\begin{cases} a_{r0} = R_0, a_{r1} = 0 \\ a_{r2} = 2a_{r5}\Delta t_1^3 + a_{r4}\Delta t_1^2 + V_1\Delta t_1^{-1} + 3(R_1 - R_0)\Delta t_1^{-2} \\ a_{r3} = -3a_{r5}\Delta t_1^2 - 2a_{r4}\Delta t_1 - V_1\Delta t_1^{-2} - 2(R_1 - R_0)\Delta t_1^{-3} \end{cases} \tag{5-11}$$

$$\begin{cases} a_{\theta 0} = a_{\theta 1} = 0 \\ a_{\theta 2} = 2a_{\theta 5}\Delta t_1^3 + a_{\theta 4}\Delta t_1^2 + 3\alpha_2\Delta t_1^{-2} \\ a_{\theta 3} = -3a_{\theta 5}\Delta t_1^2 - 2a_{\theta 4}\Delta t_1 - 2\alpha_2\Delta t_1^{-3} \end{cases} \tag{5-12}$$

因此，轨道转移阶段安全逼近轨迹规划的优化变量可取为

$$\boldsymbol{X} = [\Delta t_1 \quad a_{r5} \quad a_{r4} \quad a_{\theta 5} \quad a_{\theta 4}]^{\mathrm{T}} \tag{5-13}$$

定义 ${}^i\boldsymbol{r}_{rd}$ 为服务卫星质心 O_s 相对于目标卫星质心 O_t 的期望位置矢量在目标卫星平动坐标系 $\{\boldsymbol{i}\}$ 中的坐标分量

$$ {}^{i}\boldsymbol{r}_{rd}(t)=[\,-r_{rd}(t)\cos\theta_{rd}(t)\quad 0\quad r_{rd}(t)\sin\theta_{rd}(t)\,]^{\mathrm{T}} \tag{5-14}$$

受到目标卫星轨道角速度的影响，目标卫星平动坐标系 $\{\boldsymbol{i}\}$ 到目标卫星轨道坐标系 $\{\boldsymbol{o}\}$ 的坐标转换矩阵 ${}^{o}\boldsymbol{A}_{i}$ 为

$$ {}^{o}\boldsymbol{A}_{i}(t)=\begin{bmatrix}\cos\omega_{o}(t-t_{0}) & 0 & -\sin\omega_{o}(t-t_{0})\\ 0 & 1 & 0\\ \sin\omega_{o}(t-t_{0}) & 0 & \cos\omega_{o}(t-t_{0})\end{bmatrix} \tag{5-15}$$

式中，ω_{o} 为目标卫星的轨道角速度大小。利用式（5－14）～式（5－15）求得 ${}^{o}\boldsymbol{r}_{rd}(t)$ 及其一二阶导数，代入 C－W 方程，可求得服务卫星的期望控制力 ${}^{o}\boldsymbol{F}_{sd}(t)$。

综合考虑转移时间和推进剂消耗，轨道转移阶段安全逼近轨迹规划的目标函数可定义为

$$ J_{\mathrm{pso}}=\lambda_{1}\Delta t_{1}^{2}+\lambda_{2}\int_{t_{0}}^{t_{1}}{}^{o}\boldsymbol{F}_{sd}^{\mathrm{T}}(t)\,{}^{o}\boldsymbol{F}_{sd}(t)\,\mathrm{d}t \tag{5-16}$$

式中，λ_{1}、λ_{2} 为权重系数。

为尽量增大服务卫星在动态安全走廊内的时间，应使服务卫星到达 S_{1} 点时恰好处于安全逼近窗口前沿，即 Δt_{1} 应满足以下约束

$$ \omega_{t}\Delta t_{1}=\varphi_{0}+2n\pi \tag{5-17}$$

式中，φ_{0} 为服务卫星初始位置与安全逼近窗口前沿的相位差，n 为非负整数。服务卫星控制力采用连续有限推力模型，即 ${}^{o}\boldsymbol{F}_{sd}$ 应满足以下约束

$$ |F_{sdx}|\leqslant F_{\max},\ |F_{sdy}|\leqslant F_{\max},\ |F_{sdz}|\leqslant F_{\max} \tag{5-18}$$

式中，F_{sdx}、F_{sdy}、F_{sdz} 分别为 ${}^{o}\boldsymbol{F}_{sd}$ 的三轴坐标分量；$F_{\max}$ 为服务卫星在各个方向的控制力上限。考虑紧急撤离任务需求，服务卫星到达 S_{1} 点时的相对速度 V_{1} 应满足安全速度约束

$$ 0\leqslant V_{1}\leqslant v_{P}(R_{1}) \tag{5-19}$$

式中，$v_{P}(R_{1})$ 为服务卫星在 S_{1} 点的安全速度上限。

因此，服务卫星在轨道转移阶段的安全逼近轨迹规划可转换为以下优化问题：

$$ \begin{cases}\min\limits_{\boldsymbol{X}} J_{\mathrm{pso}}(\boldsymbol{X})\\ \text{subject to:}\ \omega_{t}\Delta t_{1}=\varphi_{0}+2n\pi,\ |F_{sdx}|\leqslant F_{\max},\ |F_{sdy}|\leqslant F_{\max},\ |F_{sdz}|\leqslant F_{\max}\\ 0\leqslant V_{1}\leqslant v_{P}(R_{1})\end{cases} \tag{5-20}$$

采用粒子群算法求解上述优化问题，得到服务卫星在轨道转移阶段的最优安全逼近轨迹。

在轨道转移阶段 $t\in[t_{0},\ t_{1}]$，服务卫星由初始姿态变为逼近姿态。如图 5－9 所示，在逼近过程中，期望的服务卫星本体坐标系 $\{\boldsymbol{s}\}$ 的 z_{sd} 轴始终指向目标卫星质心 O_{t}，初始姿态下 y_{sd} 轴与 y_{i} 轴同向，逼近姿态下 y_{sd} 轴与 x_{t} 轴同向。

根据上述姿态定义，轨道转移阶段服务卫星相对于目标卫星平动坐标系 $\{\boldsymbol{i}\}$ 的期望姿态四元数 $\boldsymbol{Q}_{sd}$ 为

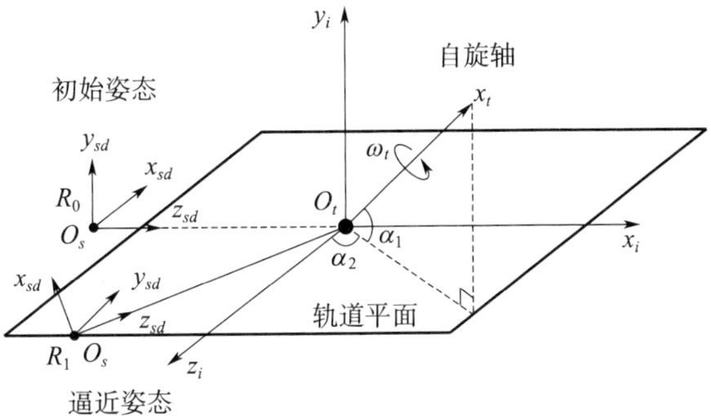

图 5－9　服务卫星初始姿态与逼近姿态

$$
\boldsymbol{Q}_{sd}(t)=\begin{bmatrix} q_{sd0}(t) \\ \boldsymbol{q}_{sdv}(t) \end{bmatrix}=\begin{bmatrix} \cos\psi_y(t)\cos\psi_z(t) \\ \sin\psi_y(t)\sin\psi_z(t) \\ \sin\psi_y(t)\cos\psi_z(t) \\ \cos\psi_y(t)\sin\psi_z(t) \end{bmatrix} \tag{5-21}
$$

其中

$$
\begin{cases} \psi_y(t)=\dfrac{\pi}{4}+\dfrac{\theta_{rd}(t)}{2} \\ \psi_z(t)=\dfrac{2\alpha_1-\pi}{2\Delta t_1{}^3}(t-t_0)^3+\dfrac{3(\pi-2\alpha_1)}{4\Delta t_1^2}(t-t_0)^2 \end{cases} \tag{5-22}
$$

5.2.5　直线逼近阶段任务规划

在直线逼近阶段 $t\in[t_1, t_2]$，服务卫星采用直线逼近路径完成对目标卫星的逼近任务。在直线逼近路径中，服务卫星采用匀减速直线运动形式

$$
\begin{cases} r_{rd}(t)=R_1-V_1(t-t_1)+\dfrac{V_1^2(t-t_1)^2}{4(R_1-R_2)} \\ \theta_{rd}(t)=\alpha_2 \end{cases} \tag{5-23}
$$

在直线逼近阶段 $t\in[t_1, t_2]$，服务卫星保持逼近姿态，直至成功逼近目标卫星。服务卫星相对于目标卫星平动坐标系 $\{\boldsymbol{i}\}$ 的期望姿态四元数 $\boldsymbol{Q}_{sd}$ 表达式同式（5－21），式中 $\psi_y(t)$、$\psi_z(t)$ 为常值

$$
\begin{cases} \psi_y(t)=\dfrac{\pi}{4}+\dfrac{\alpha_2}{2} \\ \psi_z(t)=\dfrac{\pi}{4}-\dfrac{\alpha_1}{2} \end{cases} \tag{5-24}
$$

5.3　逼近过程中的紧急撤离任务规划

5.3.1　紧急撤离策略

服务卫星在直线逼近阶段受到安全逼近窗口约束，时间限制较紧，因此需设计紧急撤

离策略，一旦发生意外能够立即中止并退出直线逼近，保证自身安全。紧急撤离策略需尽可能简单，以增强可靠性和安全性。本章采取的紧急撤离策略在目标卫星视线坐标系 $\{\boldsymbol{v}\}$ 中设计，具体为：服务卫星在直线逼近过程中检测到突发情况并判断存在碰撞危险时，立即中止直线逼近，开启前进反向推力器产生 $+z_v$ 轴方向推力，以最大推力在直线逼近路径方向减速，同时开启侧向推力器产生 $+x_v$ 轴方向推力，使服务卫星从垂直于直线逼近路径方向快速撤出动态安全捕获走廊。目标卫星视线坐标系 $\{\boldsymbol{v}\}$ 如图 5－10 所示，在服务卫星逼近过程的短时间内在惯性空间中可视为固定。

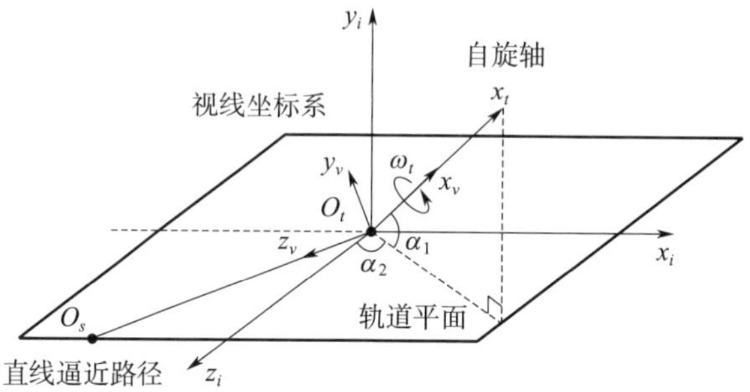

图 5－10　目标卫星视线坐标系

为避免服务卫星在紧急撤离过程中与目标卫星发生碰撞，需设置禁飞区。按照上述紧急撤离策略，服务卫星的撤离轨迹限制在 $x_vO_tz_v$ 平面内，因此禁飞区设定为 $x_vO_tz_v$ 平面内的矩形区域，以 O_t 为中心，两边分别平行于 x_v 轴和 z_v 轴，边长分别为 $2R_x$ 和 $2R_z$，如图 5－11 所示。R_x、R_z 的取值取决于服务卫星和目标卫星的相对运动状态和几何包络尺寸，并满足以下约束

$$\begin{cases} R_x > r_{t2} + r_{s1} \\ R_z - R_2 > r_{t3} + r_{s3} \end{cases} \tag{5-25}$$

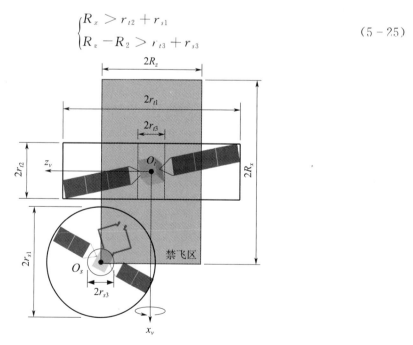

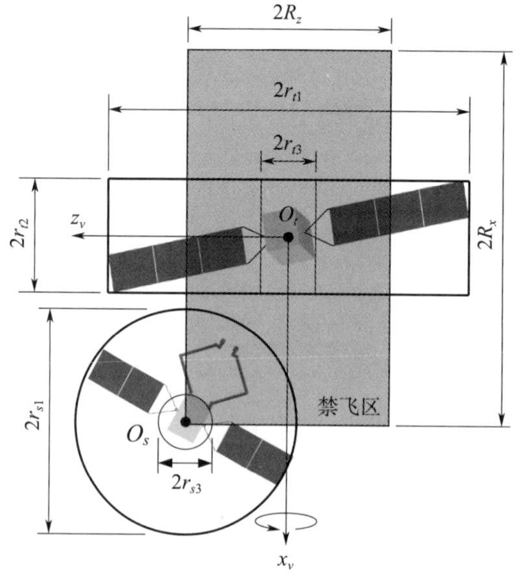

图 5－11　紧急撤离禁飞区

5.3.2 安全逼近速度分析

紧急撤离任务规划的主要内容是计算安全速度，用以约束服务卫星直线逼近时的相对速度。当服务卫星的相对速度小于安全速度时，其紧急撤离轨迹不会进入禁飞区。如图 5－12 所示，根据启动紧急撤离的起始点位置不同，极限撤离轨迹可以分为两类：

1）类型Ⅰ：撤离轨迹与禁飞区 $+z_v$ 轴方向边界 AB 相切。

2）类型Ⅱ：撤离轨迹经过禁飞区第一象限顶点 A。

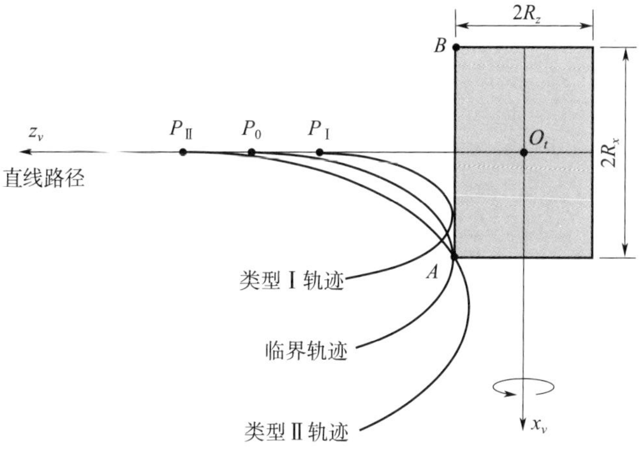

图 5－12　紧急撤离轨迹

z_v 轴上存在临界点 P_0，当服务卫星在 P_0 点启动紧急撤离时，极限撤离轨迹与禁飞区边界 AB 相切，且切点为 A，称为临界轨迹。当紧急撤离起始点越过 P_0 点距禁飞区较近时，如图中 P_{I} 点，极限撤离轨迹为类型Ⅰ。当紧急撤离起始点未到 P_0 点距禁飞区较远时，如图中 P_{II} 点，极限撤离轨迹为类型Ⅱ。

定义 P 为紧急撤离起始点，t_P 为服务卫星到达 P 点的时刻，v_P 为服务卫星在 P 点时的安全速度。定义 ${}^v\boldsymbol{r}_r$ 为服务卫星质心 O_s 与目标卫星质心 O_t 的相对位置矢量在目标卫星视线坐标系 $\{\boldsymbol{v}\}$ 中的坐标分量。在 t_P 时刻，${}^v\boldsymbol{r}_r$ 及其一阶导数分别为

$$\begin{cases} {}^v\boldsymbol{r}_r(t_P) = [0 \quad 0 \quad r_{rd}(t_P)]^{\text{T}} \\ {}^v\dot{\boldsymbol{r}}_r(t_P) = [0 \quad 0 \quad -v_P]^{\text{T}} \end{cases} \tag{5-26}$$

定义 t_A 为服务卫星到达 A 点或与边界 AB 相切的时刻。设定在 t_A 时刻，${}^v\boldsymbol{r}_r$ 及其一阶导数分别为

$$\begin{cases} {}^v\boldsymbol{r}_r(t_A) = [x_A \quad y_A \quad z_A]^{\text{T}} \\ {}^v\dot{\boldsymbol{r}}_r(t_A) = [\dot{x}_A \quad \dot{y}_A \quad \dot{z}_A]^{\text{T}} \end{cases} \tag{5-27}$$

定义 ${}^v\boldsymbol{F}_s$ 为服务卫星的控制力矢量在目标卫星视线坐标系 $\{\boldsymbol{v}\}$ 中的坐标分量。根据紧急撤离策略，对于 $t \in [t_P, t_A]$，有

$${}^v\boldsymbol{F}_s(t) = [F_{\max} \quad 0 \quad F_{\max}]^{\text{T}} \tag{5-28}$$

根据图 5－12 中的几何关系，目标卫星视线坐标系 $\{\boldsymbol{v}\}$ 到目标卫星平动坐标系 $\{\boldsymbol{i}\}$ 的

坐标转换矩阵 ${}^{i}\boldsymbol{A}_{v}$ 为

$$
{}^{i}\boldsymbol{A}_{v}(t)=\begin{bmatrix}\cos\alpha_{1}\sin\alpha_{2} & -\sin\alpha_{1}\sin\alpha_{2} & -\cos\alpha_{2}\\ \sin\alpha_{1} & \cos\alpha_{1} & 0\\ \cos\alpha_{1}\cos\alpha_{2} & -\sin\alpha_{1}\cos\alpha_{2} & \sin\alpha_{2}\end{bmatrix} \tag{5-29}
$$

对于临界轨迹，紧急撤离起始点为 P_0，服务卫星在 t_A 时刻的运动状态为

$$
x_A=R_x, z_A=R_z, \dot{z}_A=0 \tag{5-30}
$$

利用式（5-15）、式（5-26）～式（5-30）求得 ${}^{o}\boldsymbol{r}_r(t_P)$、${}^{o}\boldsymbol{r}_r(t_A)$ 及其一二阶导数，代入 C-W 方程，利用微分方程组数值解法可解得服务卫星在临界点 P_0 时的相对距离 R_{P0} 和安全速度 V_{P0}。

对于类型Ⅰ轨迹，紧急撤离起始点 P 的相对距离 $r_{rd}<R_{P0}$。服务卫星在 t_A 时刻的运动状态为

$$
z_A=R_z,\quad \dot{z}_A=0 \tag{5-31}
$$

利用式（5-15）、式（5-26）～式（5-29）、式（5-31）求得 ${}^{o}\boldsymbol{r}_r(t_P)$、${}^{o}\boldsymbol{r}_r(t_A)$ 及其一二阶导数，代入 C-W 方程式，利用微分方程组数值解法可解得服务卫星在 P 点时的安全速度 $v_{P\text{Ⅰ}}$，其为 r_{rd} 的函数。

对于类型Ⅱ轨迹，紧急撤离起始点 P 的相对距离 $r_{rd}>R_{P0}$。服务卫星在 t_A 时刻的运动状态为

$$
x_A=R_x,\quad z_A=R_z \tag{5-32}
$$

利用式（5-15）、式（5-26）～式（5-29）、式（5-32）求得 ${}^{o}\boldsymbol{r}_r(t_P)$、${}^{o}\boldsymbol{r}_r(t_A)$ 及其一二阶导数，代入 C-W 方程式，利用微分方程组数值解法可解得服务卫星在 P 点时的安全速度 $v_{P\text{Ⅱ}}$，其为 r_{rd} 的函数。

综上所述，服务卫星在直线逼近过程中的安全速度为

$$
v_P=\begin{cases}v_{P\text{Ⅱ}}, & R_{P0}<r_{rd}\leqslant R_1\\ V_{P0}, & r_{rd}=R_{P0}\\ v_{P\text{Ⅰ}}, & R_z\leqslant r_{rd}<R_{P0}\end{cases} \tag{5-33}
$$

5.3.3 紧急撤离时间分析

服务卫星完成紧急撤离的标志为 ${}^{v}\boldsymbol{r}_r$ 的 x_v 轴坐标分量大于 R_x。定义 Δt_e 为服务卫星完成紧急撤离所需要的时间。根据紧急撤离策略计算可得

$$
\Delta t_e=\sqrt{\frac{2R_x m_s}{F_{\max}}} \tag{5-34}
$$

对于动态安全走廊逼近策略，服务卫星的逼近和撤离受到安全逼近窗口的限制，$\Delta t_2+\Delta t_e$ 为服务卫星在满足紧急撤离要求前提下，成功逼近目标卫星总共所需时间，其数值应能满足安全逼近窗口的时间约束

$$
\Delta t_2+\Delta t_e\leqslant \Delta t_d \tag{5-35}
$$

在 Δt_2、Δt_e 已知情况下，将式（5-4）代入式（5-35），即可求得服务卫星采用动态

安全走廊逼近策略所能逼近的目标卫星最大自旋角速度 ω_t。

5.4 服务卫星相对轨道姿态耦合控制

5.4.1 相对耦合误差动力学模型

根据空间失稳目标安全逼近任务规划，在轨道转移和直线逼近阶段，服务卫星的轨道控制和姿态控制都是相互耦合的。服务卫星在逼近目标卫星过程中，需进行相对轨道姿态耦合控制，实时跟踪规划得到期望轨道和姿态，精确完成目标卫星逼近任务。服务卫星与目标卫星的近距离相对运动采用第 2 章建立的航天器相对轨道姿态耦合动力学模型。

定义 $\boldsymbol{e}_r$ 为服务卫星质心 O_s 相对于目标卫星质心 O_t 的实际位置矢量 ${}^o\boldsymbol{r}_r$ 与期望位置矢量 ${}^o\boldsymbol{r}_{rd}$ 之间的误差

$$\boldsymbol{e}_r = {}^o\boldsymbol{r}_r - {}^o\boldsymbol{r}_{rd} \tag{5-36}$$

对 $\boldsymbol{e}_r$ 求一二阶导数，并代入式（2－162），得到航天器相对轨道误差动力学方程

$$\ddot{\boldsymbol{e}}_r = \boldsymbol{C}_1(\boldsymbol{e}_r, \dot{\boldsymbol{e}}_r) + \boldsymbol{G}_1 {}^o\boldsymbol{F}_s \tag{5-37}$$

式中，$\boldsymbol{G}_1$、${}^o\boldsymbol{F}_s$ 的物理含义和表达式同 2.5.1 节，$\boldsymbol{C}_1(\boldsymbol{e}_r, \dot{\boldsymbol{e}}_r)$ 的表达式为

$$\boldsymbol{C}_1(\boldsymbol{e}_r, \dot{\boldsymbol{e}}_r) = \boldsymbol{C}_{11}\dot{\boldsymbol{e}}_r + \boldsymbol{C}_{12}\boldsymbol{e}_r - {}^o\ddot{\boldsymbol{r}}_{rd} + \boldsymbol{C}_{11}{}^o\dot{\boldsymbol{r}}_{rd} + \boldsymbol{C}_{12}{}^o\boldsymbol{r}_{rd} \tag{5-38}$$

式中，$\boldsymbol{C}_{11}$、$\boldsymbol{C}_{12}$ 的表达式同 2.5.1 节。

定义 $\boldsymbol{e}_q$ 为服务卫星实际姿态四元数 $\boldsymbol{Q}_s$ 与期望姿态四元数 $\boldsymbol{Q}_{sd}$ 之间的误差

$$\boldsymbol{e}_q = \begin{bmatrix} e_{q0} \\ \boldsymbol{e}_{qv} \end{bmatrix} = \boldsymbol{Q}_{sd}^* \circ \boldsymbol{Q}_s \tag{5-39}$$

式中，e_{q0}、$\boldsymbol{e}_{qv}$ 分别为 $\boldsymbol{e}_q$ 的标量部分和矢量部分；$\boldsymbol{Q}_{sd}^*$ 为 $\boldsymbol{Q}_{sd}$ 的共轭四元数。按照与式（2－177）同样的建模方法，推导得到航天器相对姿态误差动力学方程

$$\ddot{\boldsymbol{e}}_{qv} = \boldsymbol{C}_2(\boldsymbol{e}_q, \dot{\boldsymbol{e}}_q) + \boldsymbol{G}_2(\boldsymbol{e}_q){}^s\boldsymbol{T}_s \tag{5-40}$$

式中，${}^s\boldsymbol{T}_s$ 的物理含义同 2.5.2 节，$\boldsymbol{C}_2(\boldsymbol{e}_q, \dot{\boldsymbol{e}}_q)$、$\boldsymbol{G}_2(\boldsymbol{e}_q)$ 的表达式分别为

$$\boldsymbol{C}_2(\boldsymbol{e}_q, \dot{\boldsymbol{e}}_q) = -\frac{1}{4}({}^s\boldsymbol{\omega}_r^{\mathrm{T}}{}^s\boldsymbol{\omega}_r)\boldsymbol{e}_{qv} + \frac{1}{2}(e_{q0}\boldsymbol{E}_{3\times3} + \boldsymbol{e}_{qv}^{\times})\boldsymbol{M}_2 \tag{5-41}$$

$$\boldsymbol{M}_2 = {}^s\boldsymbol{\omega}_r^{\times}{}^s\boldsymbol{A}_{sd}{}^{sd}\boldsymbol{\omega}_{sd} - {}^s\boldsymbol{A}_{sd}{}^{sd}\dot{\boldsymbol{\omega}}_{sd} - {}^s\boldsymbol{I}_s^{-1}({}^s\boldsymbol{\omega}_r + {}^s\boldsymbol{A}_{sd}{}^{sd}\boldsymbol{\omega}_{sd})^{\times s}\boldsymbol{I}_s({}^s\boldsymbol{\omega}_r + {}^s\boldsymbol{A}_{sd}{}^{sd}\boldsymbol{\omega}_{sd}) \tag{5-42}$$

$${}^s\boldsymbol{\omega}_r = 2(e_{q0}\dot{\boldsymbol{e}}_{qv} - \dot{e}_{q0}\boldsymbol{e}_{qv} - \dot{\boldsymbol{e}}_{qv}^{\times}\boldsymbol{e}_{qv}) \tag{5-43}$$

$$\boldsymbol{G}_2(\boldsymbol{e}_q) = \frac{1}{2}(e_{q0}\boldsymbol{E}_{3\times3} + \boldsymbol{e}_{qv}^{\times}){}^s\boldsymbol{I}_s^{-1} \tag{5-44}$$

式中，${}^s\boldsymbol{I}_s$ 的物理含义同 2.5.2 节，${}^s\boldsymbol{\omega}_r$ 为服务卫星相对于期望姿态的角速度矢量在其实际本体坐标系｛$\boldsymbol{s}$｝中的坐标分量；${}^{sd}\boldsymbol{\omega}_{sd}$ 为服务卫星相对于惯性坐标系｛$\boldsymbol{I}$｝的期望角速度矢量在其期望本体坐标系｛$\boldsymbol{sd}$｝中的坐标分量；${}^s\boldsymbol{A}_{sd}$ 为服务卫星期望本体坐标系｛$\boldsymbol{sd}$｝到实际本体坐标系｛$\boldsymbol{s}$｝的转换矩阵。

定义相对位置姿态误差

$$\boldsymbol{e} = [\boldsymbol{e}_r^{\mathrm{T}} \quad \boldsymbol{e}_{qv}^{\mathrm{T}}]^{\mathrm{T}} \tag{5-45}$$

联立式（5－37）和式（5－40），并将式（5－45）代入，得到相对轨道姿态耦合误差动力学方程

$$\ddot{\boldsymbol{e}} = \boldsymbol{C}(\boldsymbol{e}_r, \dot{\boldsymbol{e}}_r, \boldsymbol{e}_q, \dot{\boldsymbol{e}}_q) + \boldsymbol{G}(\boldsymbol{e}_q)\boldsymbol{u}_s \tag{5-46}$$

其中

$$\boldsymbol{C}(\boldsymbol{e}_r, \dot{\boldsymbol{e}}_r, \boldsymbol{e}_q, \dot{\boldsymbol{e}}_q) = \begin{bmatrix} \boldsymbol{C}_1(\boldsymbol{e}_r, \dot{\boldsymbol{e}}_r) \\ \boldsymbol{C}_2(\boldsymbol{e}_q, \dot{\boldsymbol{e}}_q) \end{bmatrix} \tag{5-47}$$

$$\boldsymbol{G}(\boldsymbol{e}_q) = \begin{bmatrix} \boldsymbol{G}_1 {}^o\boldsymbol{A}_s & \boldsymbol{0} \\ \boldsymbol{0} & \boldsymbol{G}_2(\boldsymbol{e}_q) \end{bmatrix} \tag{5-48}$$

$$\boldsymbol{u}_s = \begin{bmatrix} {}^s\boldsymbol{F}_s \\ {}^s\boldsymbol{T}_s \end{bmatrix} \tag{5-49}$$

式中，${}^o\boldsymbol{A}_s$ 为服务卫星本体坐标系 $\{\boldsymbol{s}\}$ 到目标卫星轨道坐标系 $\{\boldsymbol{o}\}$ 的转换矩阵。

5.4.2 相对轨道姿态耦合控制器设计

基于相对轨道姿态耦合误差动力学模型，采用前馈-反馈控制思想，设计服务卫星相对轨道姿态耦合控制器，精确跟踪规划得到期望轨道和姿态，完成空间失稳目标安全逼近任务。

前馈控制是按照预测得到的干扰力和力矩进行补偿的控制，当作用于系统的干扰刚出现并被测出时，控制器就发出相应的控制信号，使控制量做相应的变化，使被控量在发生变化之前就将干扰对被控量的影响抵消。前馈控制属于超前校正环节，是一种预测性质的开环控制。其缺点是需要精确知道系统模型，才能有针对性地给出较为准确的预测补偿，获得较好的控制效果。然而在实际中并不是所有的干扰都可测量或估计，也不是所有的被控系统模型都精确已知，因此仅用前馈控制很难获得较好的控制精度。

反馈控制则是根据被控量与其期望值之间的偏差来调节控制输入，无论被控对象的模型是否精确已知，也无论外界干扰是否可测，只要被控量与其期望值有偏差，就可以根据偏差进行校正，从而使被控量达到期望值。反馈控制属于滞后校正环节，可以有效地消除动态误差，弥补前馈控制的缺点。将前馈控制与反馈控制相结合的前馈-反馈控制可以综合两者的优点，提高控制系统的控制精度和响应速度。

由式（2－165）、式（5－44）和式（5－48）可知，$\boldsymbol{G}(\boldsymbol{e}_q)$ 的逆矩阵 $\boldsymbol{G}(\boldsymbol{e}_q)^{-1}$ 存在。将相对轨道姿态耦合误差动力学方程式（5－46）中的非线性项 $\boldsymbol{C}(\boldsymbol{e}_r, \dot{\boldsymbol{e}}_r, \boldsymbol{e}_q, \dot{\boldsymbol{e}}_q)$ 视为扰动，应用前馈-反馈控制思想，构造服务卫星相对轨道姿态耦合控制律为

$$\boldsymbol{u}_s = -\boldsymbol{G}(\boldsymbol{e}_q)^{-1}[\boldsymbol{K}_P\boldsymbol{e} + \boldsymbol{K}_D\dot{\boldsymbol{e}} + \boldsymbol{C}(\boldsymbol{e}_r, \dot{\boldsymbol{e}}_r, \boldsymbol{e}_q, \dot{\boldsymbol{e}}_q)] \tag{5-50}$$

式中，$\boldsymbol{K}_P$、$\boldsymbol{K}_D$ 分别为比例和微分系数，其表达式分别为

$$\begin{cases} \boldsymbol{K}_P = \mathrm{diag}(k_{P1}, k_{P2}, \cdots, k_{P6}) \\ \boldsymbol{K}_D = \mathrm{diag}(k_{D1}, k_{D2}, \cdots, k_{D6}) \end{cases} \tag{5-51}$$

将式（5－50）代入式（5－46），整理得

$$\ddot{\boldsymbol{e}} + \boldsymbol{K}_P\boldsymbol{e} + \boldsymbol{K}_D\dot{\boldsymbol{e}} = \boldsymbol{0} \tag{5-52}$$

通过合理选择控制系数 $\boldsymbol{K}_P$、$\boldsymbol{K}_D$，可以保证式（5－46）所示的相对轨道姿态耦合误差动力学系统渐近稳定。

为了使相对轨道姿态耦合控制律输出的力和力矩不超出服务卫星实际可用的控制力和力矩上限，并保证控制系统的跟踪特性，分别对控制量 $\boldsymbol{u}_s$ 中的控制力 ${}^s\boldsymbol{F}_s$ 和控制力矩 ${}^s\boldsymbol{T}_s$ 进行限幅，定义 $\mathrm{sat}({}^s\boldsymbol{F}_s)$ 和 $\mathrm{sat}({}^s\boldsymbol{T}_s)$ 分别为

$$\mathrm{sat}({}^s\boldsymbol{F}_s)=\begin{cases}{}^s\boldsymbol{F}_s, & \dfrac{F_{\max}}{\|{}^s\boldsymbol{F}_s\|_\infty}>1\\ {}^s\boldsymbol{F}_s\cdot\dfrac{F_{\max}}{\|{}^s\boldsymbol{F}_s\|_\infty}, & \dfrac{F_{\max}}{\|{}^s\boldsymbol{F}_s\|_\infty}\leqslant 1\end{cases}\tag{5-53}$$

$$\mathrm{sat}({}^s\boldsymbol{T}_s)=\begin{cases}{}^s\boldsymbol{T}_s, & \dfrac{T_{\max}}{\|{}^s\boldsymbol{T}_s\|_\infty}>1\\ {}^s\boldsymbol{T}_s\cdot\dfrac{T_{\max}}{\|{}^s\boldsymbol{T}_s\|_\infty}, & \dfrac{T_{\max}}{\|{}^s\boldsymbol{T}_s\|_\infty}\leqslant 1\end{cases}\tag{5-54}$$

式中，$\|{}^s\boldsymbol{F}_s\|_\infty$ 和 $\|{}^s\boldsymbol{T}_s\|_\infty$ 分别为 ${}^s\boldsymbol{F}_s$ 和 ${}^s\boldsymbol{T}_s$ 的∞－范数，$F_{\max}$ 和 $T_{\max}$ 分别为服务卫星在各个方向的控制力和力矩上限。

5.5　工程算例仿真验证

5.5.1　仿真参数设定

通过工程算例进行仿真，验证空间失稳目标安全逼近任务规划与控制方法的有效性。目标卫星和服务卫星采用1.4.2节的设定，几何包络尺寸和姿态运动参数见表5－1，安全逼近/紧急撤离任务规划参数见表5－2，相对轨道姿态耦合控制参数见表5－3。

表5－1　几何包络尺寸和姿态运动参数

参数归属	参数名称	参数取值
目标卫星	最大几何包络尺寸	$r_{t1}=18.4\ \mathrm{m}$，$r_{t2}=5.2\ \mathrm{m}$，$r_{t3}=1.2\ \mathrm{m}$
	自旋轴空间指向	$\alpha_1=45°$，$\alpha_2=60°$
	自旋角速度	$\omega_t=3\ (°)\cdot\mathrm{s}^{-1}$
服务卫星	最大几何包络尺寸	$r_{s1}=6.4\ \mathrm{m}$，$r_{s2}=5.6\ \mathrm{m}$，$r_{s3}=1.2\ \mathrm{m}$

表5－2　安全逼近/紧急撤离任务规划参数

参数归属	参数名称	参数取值
安全逼近任务规划	动态安全走廊参数	$\varphi_d=85°$，$d_d=1.0\ \mathrm{m}$
	逼近起始点距离与速度	$R_0=1\ 000\ \mathrm{m}$，$V_0=0\ \mathrm{m}\cdot\mathrm{s}^{-1}$
	走廊入口点距离与速度	$R_1=50\ \mathrm{m}$，$V_1=2.5\ \mathrm{m}\cdot\mathrm{s}^{-1}$
	最终停泊点距离与速度	$R_2=5\ \mathrm{m}$，$V_2=0\ \mathrm{m}\cdot\mathrm{s}^{-1}$
	目标函数权重系数	$\lambda_1=0.01$，$\lambda_2=0.001$
	初始相位差	$\varphi_0=30°$
	服务卫星控制力上限	$F_{\max}=100\ \mathrm{N}$

续表

参数归属	参数名称	参数取值
粒子群算法	种群数量	$M = 200$
	惯性权重(线性递减)	$w_{\text{ini}} = 0.9$, $w_{\text{end}} = 0.4$
	学习因子	$c_1 = 2$, $c_2 = 2$
	最大迭代次数	$i_{\max} = 500$
紧急撤离任务规划	禁飞区半边长	$R_x = 12$ m, $R_z = 5$ m

表 5-3 相对轨道姿态耦合控制参数

参数归属	参数名称	参数取值
相对轨道姿态耦合控制	比例系数	$\boldsymbol{K}_P = \text{diag}(5, 5, 5, 90, 30, 30)$
	微分系数	$\boldsymbol{K}_D = \text{diag}(50, 50, 50, 350, 150, 150)$
	服务卫星控制周期	$\tau = 0.1$ s
控制精度要求	相对位置精度	$e_r \leqslant 0.05$ m
	相对姿态精度	$e_q \leqslant 0.002$

5.5.2 安全逼近与紧急撤离仿真结果

进行空间失稳目标安全逼近与紧急撤离任务规划仿真。粒子群算法目标函数 J_{pso} 随迭代次数 i 的变化曲线如图 5-13 所示。从图中可以看出，随着 i 增加，J_{pso} 单调递减。当迭代至 $i = 164$ 时，$J_{\text{pso}} = 1\,429$ 达到最小值。

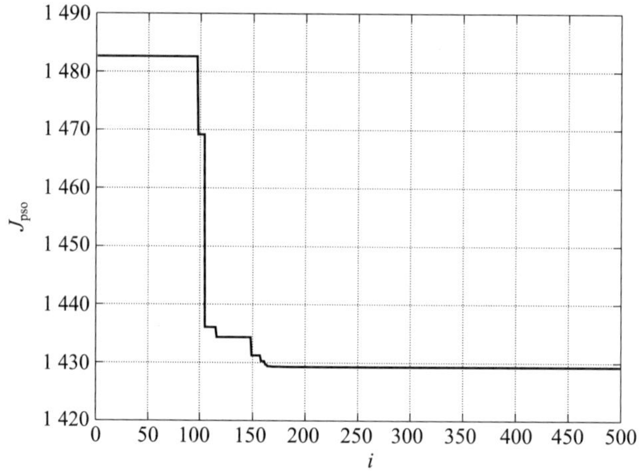

图 5-13 最优安全逼近任务规划目标函数

在整个安全逼近过程中，服务卫星在目标卫星平动坐标系 $\{\boldsymbol{i}\}$ 中的最优期望相对运动轨迹如图 5-14 所示，最优期望相对距离 r_{rd} 和相对角度 θ_{rd} 分别如图 5-15～图 5-16 所示，期望姿态四元数 $\boldsymbol{Q}_{sd}$ 如图 5-17 所示。从图中可以看出，在轨道转移阶段，r_{rd}、θ_{rd} 按照规划得到的最优安全逼近轨迹变化，以实现转移时间和推进剂消耗的综合最优，转移时间 $\Delta t_1 = 250$ s。在直线逼近阶段，r_{rd} 逐渐递减，θ_{rd} 保持不变，符合直线运动规律，逼近时间 $\Delta t_2 = 36$ s。r_{rd}、θ_{rd}、$\boldsymbol{Q}_{sd}$ 变化曲线在整个安全逼近过程中连续光滑，无突变现象，有利于减小控制实现难度。

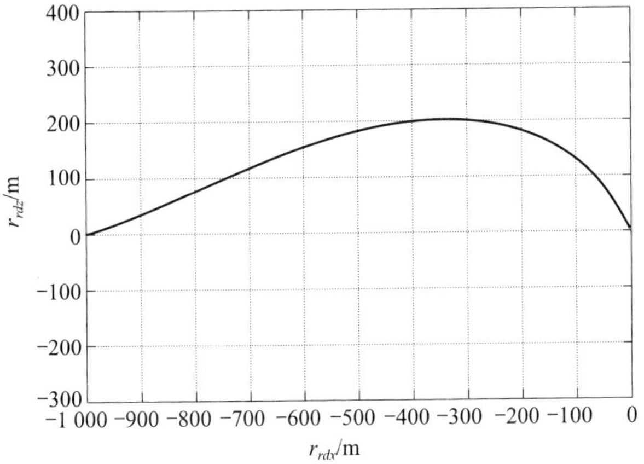

图 5 - 14　最优期望相对运动轨迹

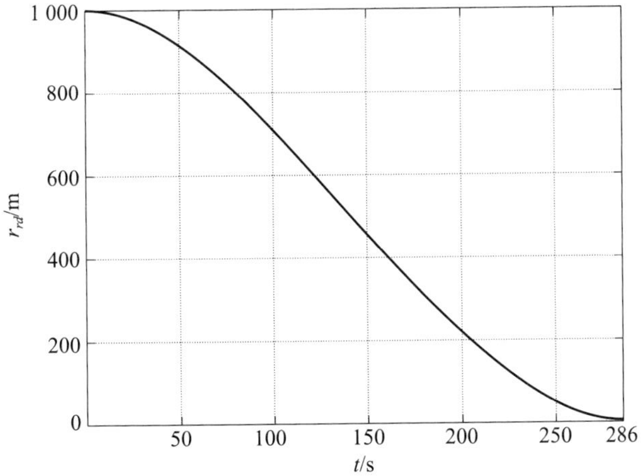

图 5 - 15　最优期望相对距离

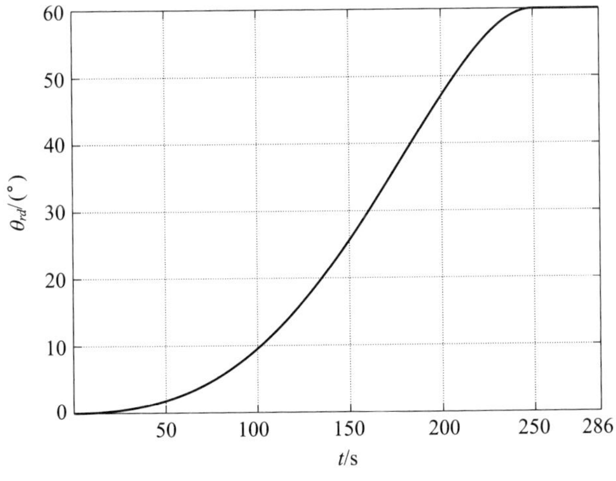

图 5 - 16　最优期望相对角度

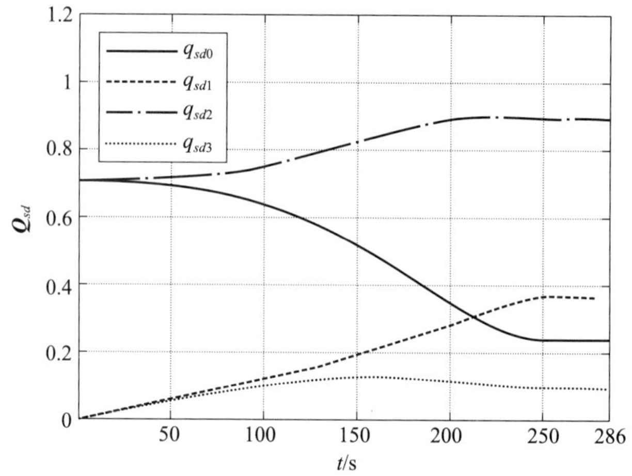

图 5-17 服务卫星期望姿态四元数

紧急撤离任务规划仿真得到的安全速度 v_P 与相对距离 r_{rd} 的关系如图 5-18 所示，图中虚线表示类型Ⅰ极限撤离轨迹的安全速度 $v_{P\mathrm{I}}$，点画线表示类型Ⅱ极限撤离轨迹的安全速度 $v_{P\mathrm{II}}$，实线表示安全逼近任务规划得到的期望逼近速度 v_{rd}。从图中可以看出，在相对距离 r_{rd} 从 $R_1 = 50$ m 递减至 $R_2 = 5$ m 的过程中，$v_{P\mathrm{I}}$、$v_{P\mathrm{II}}$ 均逐渐递减，轨迹交点即为临界点 P_0。当 $r_{rd} < R_{P0}$ 时，$v_P = v_{P\mathrm{I}}$，当 $r_{rd} > R_{P0}$ 时，$v_P = v_{P\mathrm{II}}$。对于任意 r_{rd}，均有 $v_{rd} < v_P$，期望逼近速度满足安全速度约束。

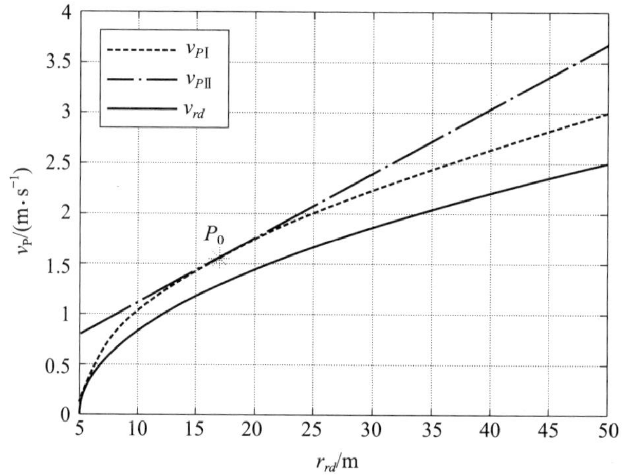

图 5-18 安全速度与相对距离关系

定义 $\Delta t_2' = t - t_1$ 为服务卫星在直线逼近阶段的逼近时间，当 $t = t_2$ 时，$\Delta t_2' = \Delta t_2$。在直线逼近阶段，逼近时间 $\Delta t_2'$、撤离时间 Δt_e 与安全逼近窗口 Δt_d 的关系如图 5-19 所示。从图中可以看出，在相对距离 r_{rd} 从 $R_1 = 50$ m 递减至 $R_2 = 5$ m 的过程中，$\Delta t_2'$ 逐渐递增，Δt_e 保持不变，Δt_d 逐渐递减。整个直线逼近阶段，$\Delta t_2' + \Delta t_e < \Delta t_d$，满足安全逼近窗口约束。

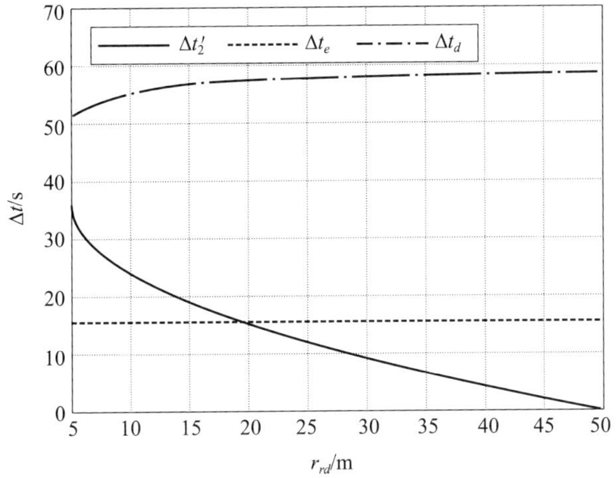

图 5-19　直线逼近阶段时间关系

基于设定的仿真参数，服务卫星所能逼近的目标卫星最大自旋角速度 ω_t 与控制力上限 $F_{\max}$ 的关系如图 5-20 所示。从图中可以看出，ω_t 随 $F_{\max}$ 增大而增大，当 $F_{\max}=100$ N 时，$\omega_t=3.406$ (°)·s^{-1}。

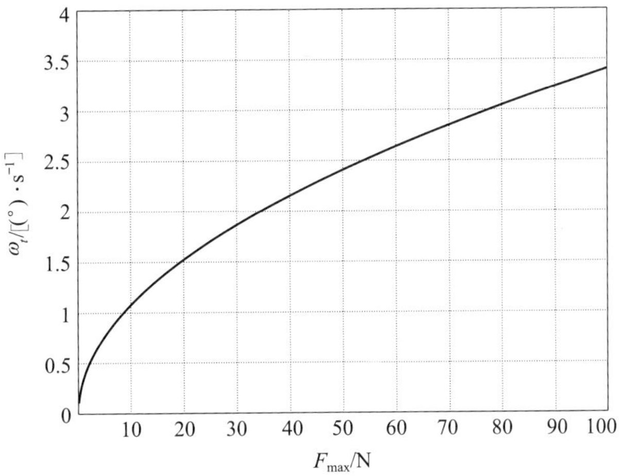

图 5-20　自旋角速度与控制力上限关系

5.5.3　服务卫星耦合控制仿真结果

进行服务卫星相对轨道姿态耦合控制仿真。服务卫星的相对轨道误差 $\boldsymbol{e}_r$ 和相对姿态误差 $\boldsymbol{e}_{qv}$ 分别如图 5-21～图 5-22 所示，服务卫星在其本体坐标系 $\{\boldsymbol{s}\}$ 中的控制力 ${}^s\boldsymbol{F}_s$ 和控制力矩 ${}^s\boldsymbol{T}_s$ 分别如图 5-23～图 5-24 所示。从图中可以看出，在相对轨道姿态耦合控制器作用下，服务卫星能够精确有效地跟踪规划得到的期望相对运动轨迹。在整个安全逼近过程中，$\boldsymbol{e}_r$ 和 $\boldsymbol{e}_{qv}$ 的三轴分量绝对值分别小于 0.05 m 和 0.001，满足任务要求。${}^s\boldsymbol{F}_s$ 和 ${}^s\boldsymbol{T}_s$ 的三轴分量绝对值分别小于 100 N 和 0.4 N·m，不超过设计限定值，工程实现可行。

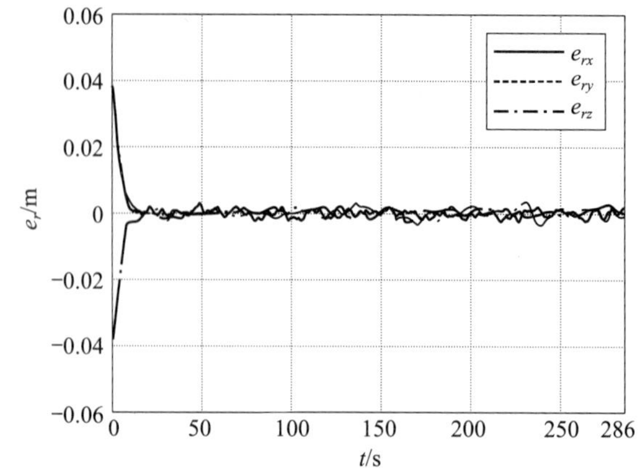

图 5-21 服务卫星相对轨道误差

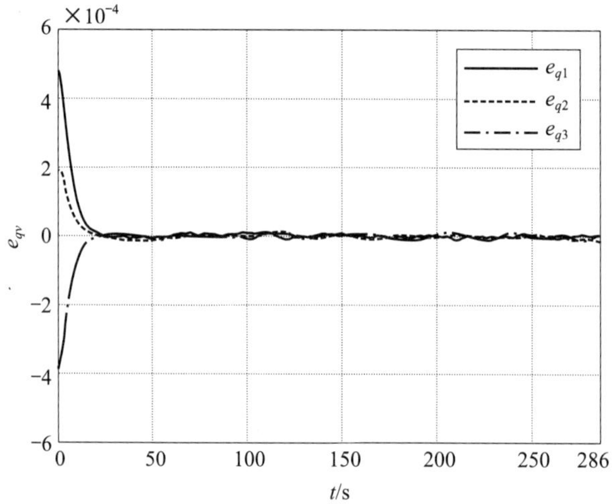

图 5-22 服务卫星相对姿态误差

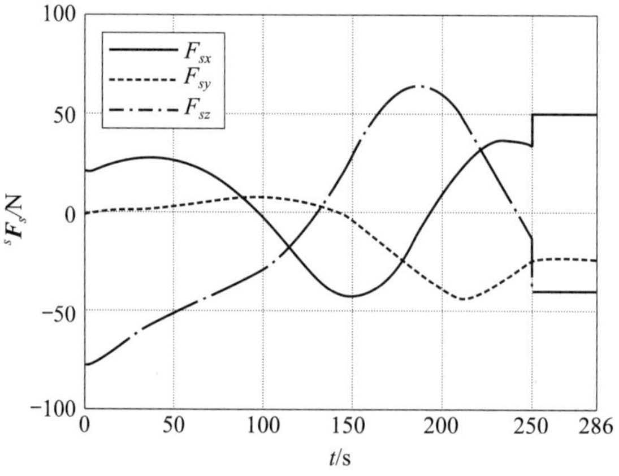

图 5-23 服务卫星控制力

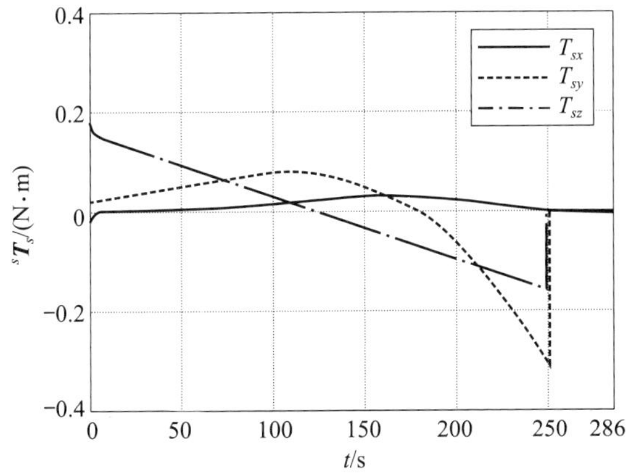

图 5 - 24　服务卫星控制力矩

5.6　本章小结

本章研究了空间失稳目标安全逼近与紧急撤离任务规划问题，并设计了服务卫星相对轨道姿态耦合控制方法。提出了直线型动态安全走廊逼近策略，将服务卫星的逼近轨迹简化为目标卫星轨道平面内的直线运动，避免了复杂的空间曲线运动，且姿态无须与目标卫星同步旋转，减小了控制难度，易于工程实现。提出了最优安全逼近任务规划方法，以转移时间和推进剂消耗为优化目标，并考虑逼近窗口、有限推力、安全速度等约束，采用粒子群算法规划得到了服务卫星的最优安全逼近轨迹。设计了逼近过程中的紧急撤离策略，计算分析了安全逼近速度，保证服务卫星在突发意外情况时能够立即退出逼近程序，并快速撤离动态安全走廊，确保服务卫星自身安全。设计了服务卫星相对轨道姿态耦合控制方法，实时跟踪规划得到期望轨道和姿态，提高了控制系统的控制精度和响应速度，精确完成目标卫星逼近任务。

第6章 空间失稳目标脉冲接触消旋建模与控制

当空间失稳目标自旋角速度较大或存在章动时，对其直接进行逼近和捕获的难度较大，可能超出服务卫星和机械臂的能力限制而导致任务失败。对于此类快速旋转空间失稳目标的捕获任务，可以采用消旋技术对目标卫星进行减速消旋，使其角速度减小至合适范围后再进行最后的直线逼近和捕获，从而可以有效减小服务卫星逼近和机械臂捕获的技术难度。

空间失稳目标消旋方法按消旋力/力矩是否与目标接触可以分为接触式和非接触式两类。接触式消旋力/力矩较大，制动效率较高，消旋控制较为精确灵活，适用于大质量目标的快速消旋；但由于与目标表面接触，碰撞风险较大；非接触式碰撞风险较小，但其消旋力/力矩较小，制动效率较低，消旋过程时间较长，且消耗大量工质，能够实施的消旋操作次数有限。综合考虑两类消旋方法的优缺点，本章选择并设计空间失稳目标接触消旋策略，在服务卫星机械臂末端安装消旋杆，通过消旋杆与目标卫星太阳翼接触产生的弹性力和摩擦力对目标卫星进行减速消旋。设计消旋杆接触检测方法，并建立目标卫星动力学模型和消旋杆接触力模型，为消旋控制策略设计提供基础。

在空间失稳目标消旋过程中，受测量和控制误差影响，目标卫星自旋角速度减小的同时容易产生并增大其横向角速度，从而引起章动，使得目标卫星的姿态运动更加复杂。对于本身存在章动的空间失稳目标，消旋减速的同时也需要对其章动进行抑制，以减小逼近捕获难度。因此，目标章动控制成为消旋控制的一个难点问题。本章提出一种空间失稳目标脉冲接触消旋最优控制方法[219]，将接触力简化为瞬时脉冲力，通过接触力施加时刻和接触点位置的选择优化，同时衰减目标卫星的三轴角速度，并给出章动收敛条件，实现目标卫星的消旋稳定控制。

在工程实施中，空间失稳目标接触消旋需要空间机械臂与服务卫星平台协同配合完成。本章最后设计空间机械臂与服务卫星平台协同控制方法[220]，采用五次多项式规划空间机械臂点到点运动轨迹，计算机械臂运动和消旋接触产生的反作用力和力矩，并将其作为前馈补偿叠加到服务卫星平台相对轨道姿态耦合控制器中，通过空间机械臂与服务卫星平台协同控制，实现对目标卫星的跟踪保持和接触点位置的精确控制。

6.1 空间失稳目标接触消旋策略

6.1.1 消旋杆方案设计

接触消旋工具目前已知的有柔性刷、弹性小球等。本章设计的消旋工具如图6-1所示，为弹簧杆式结构（以下称为消旋杆），主要由柔性弹簧、刚性杆、安装接口和接触缓冲材料等组成。柔性弹簧和刚性杆为消旋杆主体结构。柔性弹簧用于接触时发生变形吸收转移目标卫星角动量，变形产生的弹性力为目标卫星的主要消旋力。柔性弹簧根部通过安装接口与机械臂末端连接。刚性杆用于与目标卫星接触并提供机械臂与目标卫星之间的安全距离。刚性杆末端外部包覆一层接触缓冲材料，用于缓冲吸收接触时的碰撞冲击，避免因冲击过大造成目标卫星或消旋杆损坏。接触缓冲材料具有一定的摩擦系数，接触产生的摩擦力为目标卫星的次要消旋力。

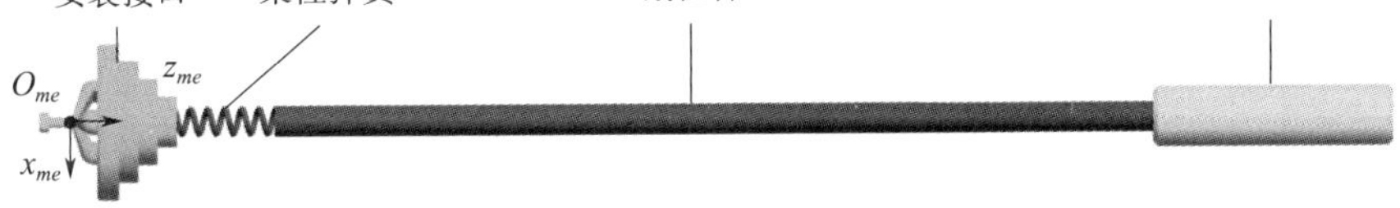

图 6-1　消旋杆结构

6.1.2　接触消旋策略流程

空间失稳目标接触消旋任务场景如图 6-2 所示。目标卫星处于无控失稳状态，姿态绕自身最大惯量轴 x_t 轴旋转，旋转角速度为 $\boldsymbol{\omega}_t$。目标卫星的轨道位置和姿态四元数分别为 $\boldsymbol{r}_t$、$\boldsymbol{Q}_t$。服务卫星悬停保持在目标卫星后方安全距离处，空间机械臂工作在平台受控模式，关节角度和角速度分别为 $\boldsymbol{\Theta}_m$、$\dot{\boldsymbol{\Theta}}_m$，末端位置为 $\boldsymbol{r}_{me}$。消旋杆安装于机械臂末端，沿服务卫星本体坐标系 $\{\boldsymbol{s}\}$ 的 $+z_s$ 轴方向平行向前伸出，对目标卫星进行接触消旋，接触部位为目标卫星太阳翼外边缘 $\overline{S_{t1}S_{t2}}$ 和 $\overline{S_{t3}S_{t4}}$，接触点位置为 $\boldsymbol{r}_c$，接触产生的消旋力和消旋力矩分别为 $\boldsymbol{F}_c$、$\boldsymbol{T}_c$。为简化问题，惯性坐标系 $\{\boldsymbol{I}\}$ 原点 O_I 可假设位于消旋初始时刻服务卫星质心 O_s 所在位置，服务卫星本体坐标系 $\{\boldsymbol{s}\}$ 和目标卫星本体坐标系 $\{\boldsymbol{t}\}$ 均可视为其惯量主轴坐标系。除特别说明外，本章所有矢量均用其在惯性坐标系 $\{\boldsymbol{I}\}$ 中的分量表示。

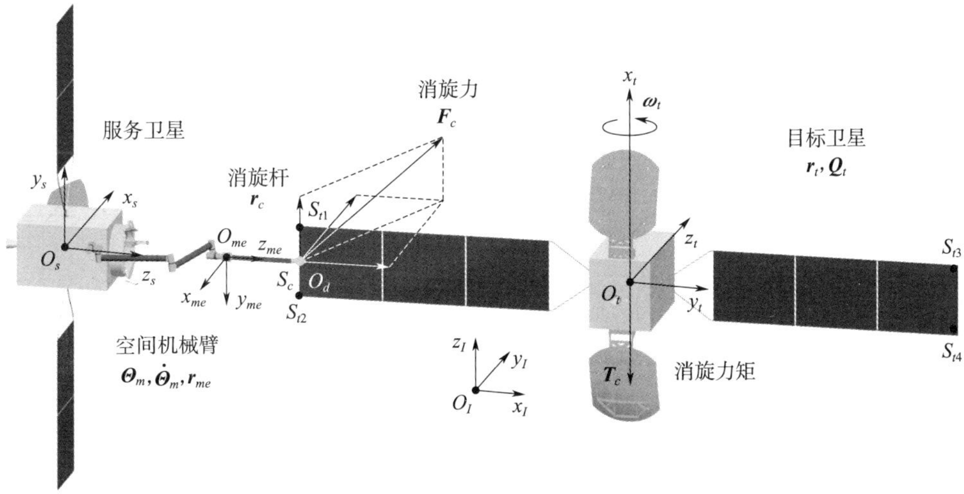

图 6-2　空间失稳目标接触消旋任务场景

本章设计的空间失稳目标接触消旋策略流程如图6-3和图6-4所示，具体流程如下：

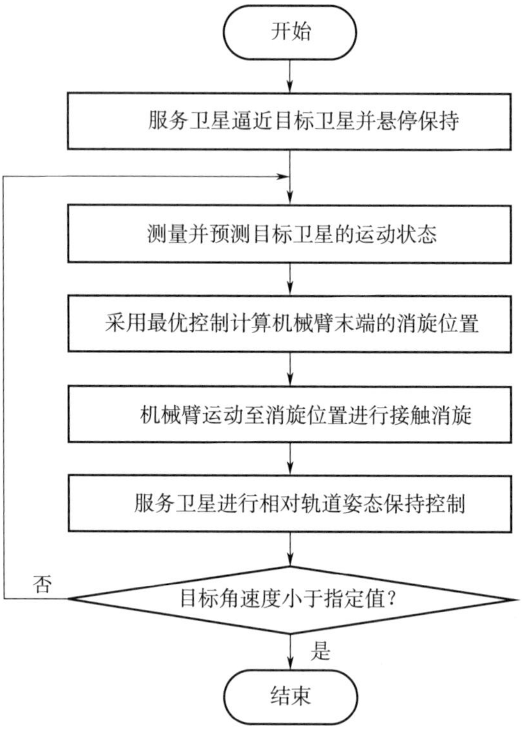
开始
服务卫星逼近目标卫星并悬停保持
测量并预测目标卫星的运动状态
采用最优控制计算机械臂末端的消旋位置
机械臂运动至消旋位置进行接触消旋
服务卫星进行相对轨道姿态保持控制
目标角速度小于指定值?
否
是
结束

图6-3 空间失稳目标接触消旋策略流程

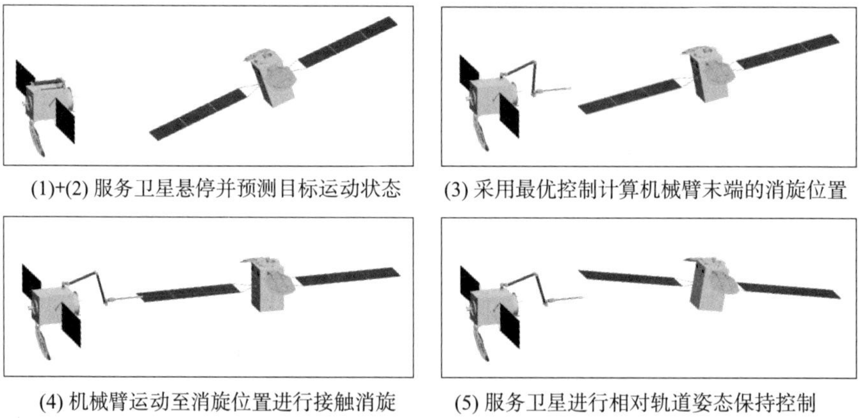
(1)+(2) 服务卫星悬停并预测目标运动状态
(3) 采用最优控制计算机械臂末端的消旋位置
(4) 机械臂运动至消旋位置进行接触消旋
(5) 服务卫星进行相对轨道姿态保持控制

图6-4 空间失稳目标接触消旋策略流程示意

(1) 服务卫星逼近目标卫星并悬停保持

服务卫星根据自身和目标卫星的轨道位置，经过远距离导引、近距离导引、自然/强迫绕飞、直线逼近等一系列轨道机动，最终悬停保持在目标卫星后方的安全距离处，为机械臂和消旋杆提供稳定基座，并使目标卫星太阳翼的运动包络进入机械臂和消旋杆的工作空间，准备进行接触消旋。

(2) 测量并预测目标卫星的运动状态

服务卫星通过非合作测量敏感器等手段测量得到两星相对运动状态，并根据自身基准换算得到目标卫星在惯性空间中的运动状态，包括位置、姿态、速度和角速度等。将当前时刻测量得到的运动状态代入目标卫星动力学模型外推，可预估之后任意时刻的目标卫星运动状态。

(3) 采用最优控制计算机械臂末端的消旋位置

采用最优控制方法，以机械臂末端位置为优化变量，通过接触检测方法预先判断消旋杆与目标卫星太阳翼的接触点位置，并通过接触力模型计算目标卫星受到的接触消旋力/力矩。以减小接触脉冲宽度和目标卫星三轴角速度为约束条件，以抑制目标章动为优化指标，计算得到机械臂末端的最优消旋位置。

(4) 机械臂运动至消旋位置进行接触消旋

机械臂根据计算得到的末端最优消旋位置，采用逆运动学求解对应的期望关节角度。根据实际与期望关节角度偏差，设计关节控制器，通过控制关节运动，使机械臂末端带动消旋杆提前运动至最优消旋位置，待目标卫星太阳翼旋转到达该位置后，进行一次接触消旋。

(5) 服务卫星进行相对轨道姿态保持控制

服务卫星在接触结束后进行相对轨道姿态保持控制，消除接触引起的两星相对轨道姿态变化，恢复并保持对目标卫星的近距离稳定悬停。同时实时测量更新目标卫星运动状态，计算下次最优消旋位置，并通过机械臂带动消旋杆向下次消旋位置运动。重复上述步骤，直至目标卫星的角速度减小至指定安全范围。

6.2 空间失稳目标接触消旋动力学建模

6.2.1 目标卫星动力学模型

目标卫星动力学模型用于外推预测任意时刻的目标卫星运动状态。目标卫星包括卫星本体和太阳翼等附件，卫星本体视为刚体，太阳翼的刚度远大于消旋杆刚度，同样可视为刚体。太阳翼根部与卫星本体固连，不存在相对转动。为简化问题，研究服务卫星与目标卫星超近距离相对运动时，可将惯性坐标系 $\{\boldsymbol{I}\}$ 原点 O_I 视为位于消旋初始时刻服务卫星质心 O_s 所在位置，不考虑重力梯度影响。

目标卫星位置运动学与动力学方程在惯性坐标系 $\{\boldsymbol{I}\}$ 中描述，具体为

$$\dot{\boldsymbol{r}}_t=\boldsymbol{v}_t \tag{6-1}$$

$$m_t\dot{\boldsymbol{v}}_t=\boldsymbol{F}_c \tag{6-2}$$

式中，$\boldsymbol{r}_t$、$\boldsymbol{v}_t$ 分别为目标卫星质心位置和速度在惯性坐标系 $\{\boldsymbol{I}\}$ 中的分量；m_t 为目标卫星质量；$\boldsymbol{F}_c$ 为目标卫星受到的接触消旋力在惯性坐标系 $\{\boldsymbol{I}\}$ 中的分量。

目标卫星姿态运动学与动力学方程在其本体坐标系 $\{\boldsymbol{t}\}$ 中描述，具体为

$$\dot{\boldsymbol{Q}}_t=\begin{bmatrix}\dot{q}_{t0}\\ \dot{\boldsymbol{q}}_{tv}\end{bmatrix}=\frac{1}{2}\begin{bmatrix}\boldsymbol{0} & -{}^t\boldsymbol{\omega}_t^{\mathrm{T}}\\ {}^t\boldsymbol{\omega}_t & -{}^t\boldsymbol{\omega}_t^{\times}\end{bmatrix}\begin{bmatrix}q_{t0}\\ \boldsymbol{q}_{tv}\end{bmatrix} \tag{6-3}$$

$${}^t\boldsymbol{I}_t{}^t\dot{\boldsymbol{\omega}}_t+{}^t\boldsymbol{\omega}_t^{\times}{}^t\boldsymbol{I}_t{}^t\boldsymbol{\omega}_t={}^t\boldsymbol{T}_c \tag{6-4}$$

式中，$\boldsymbol{Q}_t$ 为目标卫星相对于惯性坐标系 $\{\boldsymbol{I}\}$ 的姿态四元数；q_{t0}、$\boldsymbol{q}_{tv}$ 分别为其标量部分和矢量部分；${}^t\boldsymbol{\omega}_t$ 为目标卫星相对于惯性坐标系 $\{\boldsymbol{I}\}$ 的角速度在目标卫星本体坐标系 $\{\boldsymbol{t}\}$ 中的分量；${}^t\boldsymbol{I}_t$ 为目标卫星转动惯量在目标卫星本体坐标系 $\{\boldsymbol{t}\}$ 中的表示；${}^t\boldsymbol{T}_c$ 为目标卫星受到的接触消旋力矩在目标卫星本体坐标系 $\{\boldsymbol{t}\}$ 中的分量。

6.2.2　消旋杆接触检测方法

消旋杆接触检测方法用于判断消旋杆与目标卫星太阳翼是否发生接触，与哪个太阳翼发生接触以及计算接触点 S_c 在惯性空间中的位置。以目标卫星其中一侧太阳翼为例，消旋杆接触检测方法示意如图 6-5 所示。$\overline{O_{me}O_d}$ 表示消旋杆，$\boldsymbol{r}_{me}$ 为机械臂末端（消旋杆根部）点 O_{me} 在惯性空间中的位置，$\boldsymbol{r}_d$ 为消旋杆末端点 O_d 在惯性空间中的位置，φ_1 为消旋杆与机械臂末端坐标系 $\{\boldsymbol{me}\}$ 的 z_{me} 轴的夹角，φ_2 为消旋杆与机械臂末端坐标系 $\{\boldsymbol{me}\}$ 的 $x_{me}O_{me}y_{me}$ 平面内的投影与 x_{me} 轴的夹角。$\overline{S_{t1}S_{t2}}$ 表示目标卫星太阳翼外边缘，$\boldsymbol{r}_{t1}$、$\boldsymbol{r}_{t2}$ 分别为目标卫星太阳翼外边缘的两个端点 S_{t1}、S_{t2} 在惯性空间中的位置。$\overline{S_{c1}S_{c2}}$ 表示消旋杆 $\overline{O_{me}O_d}$ 与目标卫星太阳翼外边缘 $\overline{S_{t1}S_{t2}}$ 的公垂线，$\boldsymbol{r}_{c1}$、$\boldsymbol{r}_{c2}$ 分别为公垂线的两个端点 S_{c1}、S_{c2} 在惯性空间中的位置。S_c 为消旋杆 $\overline{O_{me}O_d}$ 与目标卫星太阳翼外边缘 $\overline{S_{t1}S_{t2}}$ 的接触点，$\boldsymbol{r}_c$ 为接触点 S_c 在惯性空间中的位置。

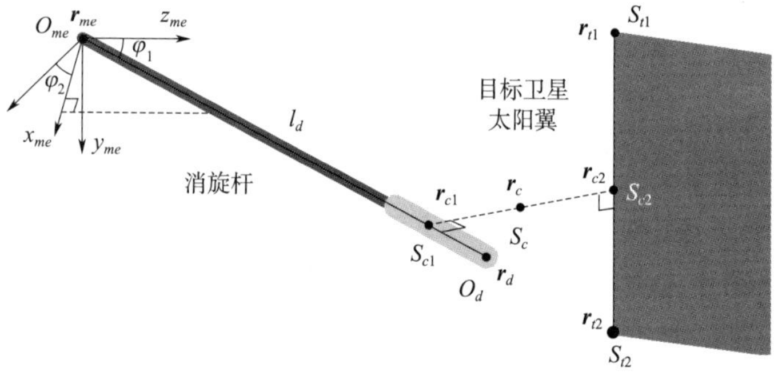

图 6-5　消旋杆接触检测方法

根据检测精细程度的不同，消旋杆接触检测方法分为粗检测和精检测两种。粗检测方法用于消旋杆与目标卫星太阳翼大范围运动的初步接触检测，主要思路是判断目标卫星太阳翼外边缘端点 S_{t1}、S_{t2} 是否进入消旋杆末端点 O_d 的邻域范围内。根据目标卫星动力学方程可预测其质心位置 $\boldsymbol{r}_t$，根据空间机械臂运动学方程可计算其末端位置 $\boldsymbol{r}_{me}$，则消旋杆末端位置 $\boldsymbol{r}_d$、目标卫星太阳翼外边缘端点位置 $\boldsymbol{r}_{t1}$、$\boldsymbol{r}_{t2}$ 分别为

$$\boldsymbol{r}_d=\boldsymbol{r}_{me}+\boldsymbol{A}_{me}l_d\begin{bmatrix}\sin\varphi_1\cos\varphi_2\\\sin\varphi_1\sin\varphi_2\\\cos\varphi_1\end{bmatrix}\tag{6-5}$$

$$\begin{cases}\boldsymbol{r}_{t1}=\boldsymbol{r}_t+\boldsymbol{A}_t{}^t\boldsymbol{p}_{t1}\\\boldsymbol{r}_{t2}=\boldsymbol{r}_t+\boldsymbol{A}_t{}^t\boldsymbol{p}_{t2}\end{cases}\tag{6-6}$$

式中，l_d 为消旋杆轴向长度；${}^t\boldsymbol{p}_{t1}$、${}^t\boldsymbol{p}_{t2}$ 分别为目标卫星质心 O_t 指向太阳翼外边缘端点 S_{t1}、S_{t2} 的位置矢量在目标卫星本体坐标系 $\{\boldsymbol{t}\}$ 中的分量；$\boldsymbol{A}_{me}$ 为从机械臂末端坐标系 $\{\boldsymbol{me}\}$ 到惯性坐标系 $\{\boldsymbol{I}\}$ 的坐标转换矩阵；$\boldsymbol{A}_t$ 为从目标卫星本体坐标系 $\{\boldsymbol{t}\}$ 到惯性坐标系 $\{\boldsymbol{I}\}$ 的坐标转换矩阵。当 $\boldsymbol{r}_d$、$\boldsymbol{r}_{t1}$、$\boldsymbol{r}_{t2}$ 满足下式条件时，认为消旋杆 $\overline{O_{me}O_d}$ 即将与目标卫星太阳翼外边缘 $\overline{S_{t1}S_{t2}}$ 发生接触

$$\begin{cases}\|\boldsymbol{r}_d-\boldsymbol{r}_{t1}\|\leqslant l_R\\\|\boldsymbol{r}_d-\boldsymbol{r}_{t2}\|\leqslant l_R\end{cases}\tag{6-7}$$

式中，l_R 为消旋杆末端点 O_d 的邻域半径。

若某时刻消旋杆与目标卫星太阳翼的相对位置满足上述粗检测判定条件，则根据预测得到的目标卫星运动状态，进行精检测判定；若不满足，则继续根据预测得到的下一时刻目标卫星运动状态进行粗检测。

精检测方法用于消旋杆与目标卫星太阳翼的精确接触检测，主要思路是判断消旋杆 $\overline{O_{me}O_d}$ 是否与目标卫星太阳翼外边缘 $\overline{S_{t1}S_{t2}}$ 相交。根据空间几何理论，公垂线 $\overline{S_{c1}S_{c2}}$ 端点位置 $\boldsymbol{r}_{c1}$、$\boldsymbol{r}_{c2}$ 可通过求解下列方程组得到

$$\begin{cases}(\boldsymbol{r}_{c2}-\boldsymbol{r}_{c1})^{\mathrm{T}}(\boldsymbol{r}_d-\boldsymbol{r}_{me})=0\\(\boldsymbol{r}_{c2}-\boldsymbol{r}_{c1})^{\mathrm{T}}(\boldsymbol{r}_{t2}-\boldsymbol{r}_{t1})=0\\(\boldsymbol{r}_{c1}-\boldsymbol{r}_{me})^{\times}(\boldsymbol{r}_d-\boldsymbol{r}_{c1})=\boldsymbol{0}\\(\boldsymbol{r}_{c2}-\boldsymbol{r}_{t1})^{\times}(\boldsymbol{r}_{t2}-\boldsymbol{r}_{c2})=\boldsymbol{0}\end{cases}\tag{6-8}$$

当 S_{c1} 与 S_{c2} 的距离足够小，且 S_{c1}、S_{c2} 分别位于消旋杆 $\overline{O_{me}O_d}$、目标卫星太阳翼外边缘 $\overline{S_{t1}S_{t2}}$ 内时，认为消旋杆 $\overline{O_{me}O_d}$ 与目标卫星太阳翼外边缘 $\overline{S_{t1}S_{t2}}$ 相交，消旋杆与目标卫星太阳翼外边缘发生接触

$$\begin{cases}\|\boldsymbol{r}_{c2}-\boldsymbol{r}_{c1}\|\leqslant\varepsilon\\(\boldsymbol{r}_{c1}-\boldsymbol{r}_{me})^{\mathrm{T}}(\boldsymbol{r}_d-\boldsymbol{r}_{c1})\geqslant 0\\(\boldsymbol{r}_{c2}-\boldsymbol{r}_{t1})^{\mathrm{T}}(\boldsymbol{r}_{t2}-\boldsymbol{r}_{c2})\geqslant 0\end{cases}\tag{6-9}$$

式中，ε 为距离阈值，为小量。

若某时刻消旋杆与目标卫星太阳翼的相对位置满足上述精检测判定条件，则根据预测得到的目标卫星运动状态，判定两者发生接触并计算接触点位置；若不满足，则继续根据预测得到的下一时刻目标卫星运动状态进行精检测。

取公垂线 $\overline{S_{c1}S_{c2}}$ 的中点为接触点 S_c 位置，即

$$\boldsymbol{r}_c=\frac{1}{2}(\boldsymbol{r}_{c1}+\boldsymbol{r}_{c2})\tag{6-10}$$

当接触点 S_c 与机械臂末端点 O_{me} 的距离大于消旋杆轴向长度 l_d 时，认为接触结束

$$\|\boldsymbol{r}_c-\boldsymbol{r}_{me}\|>\|\boldsymbol{r}_d-\boldsymbol{r}_{me}\|=l_d \tag{6-11}$$

6.2.3 消旋杆接触力模型

消旋杆接触力模型用于计算消旋杆与目标卫星太阳翼接触产生的接触消旋力和消旋力矩。消旋杆接触力模型如图 6-6 所示，目标卫星在太阳翼外边缘接触点 S_c 受到的接触力 $\boldsymbol{F}_c$ 为消旋杆变形产生的法向弹性力 $\boldsymbol{F}_n$ 和相对滑动产生的摩擦力 $\boldsymbol{F}_f$ 的合力。法向弹性力 $\boldsymbol{F}_n$ 采用 Hertz 接触模型计算，摩擦力 $\boldsymbol{F}_f$ 采用 Coulomb 摩擦模型计算。

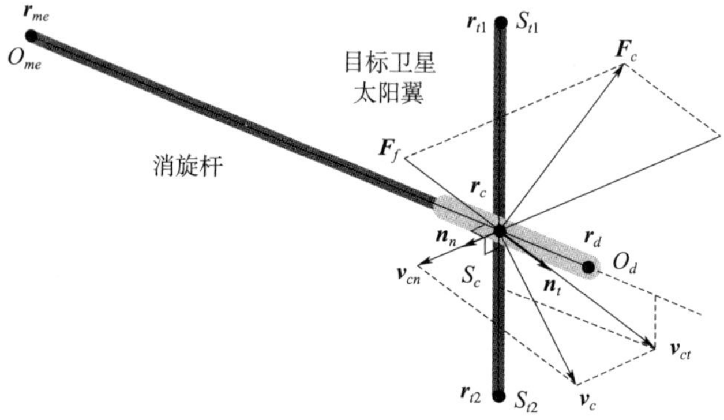

图 6-6 消旋杆接触力模型

定义 $\boldsymbol{v}_c$ 为目标卫星太阳翼在接触点 S_c 相对于消旋杆的相对速度，根据接触检测方法，有

$$\boldsymbol{v}_c=\dot{\boldsymbol{r}}_{c2}-\dot{\boldsymbol{r}}_{c1} \tag{6-12}$$

如图 6-6 所示，$\boldsymbol{v}_c$ 可以分解为两部分：平行于公垂线 $\overline{S_{c1}S_{c2}}$ 方向的法向速度分量 $\boldsymbol{v}_{cn}$ 和垂直于公垂线 $\overline{S_{c1}S_{c2}}$ 方向的切向速度分量 $\boldsymbol{v}_{ct}$。定义 $\boldsymbol{n}_n$、$\boldsymbol{n}_t$ 分别为沿 $\boldsymbol{v}_{cn}$、$\boldsymbol{v}_{ct}$ 方向的单位矢量，则 $\boldsymbol{n}_n$、$\boldsymbol{v}_{cn}$、$\boldsymbol{v}_{ct}$、$\boldsymbol{n}_t$ 可由下列公式计算得到

$$\boldsymbol{n}_n=\frac{\boldsymbol{r}_{c1}-\boldsymbol{r}_{c2}}{\|\boldsymbol{r}_{c1}-\boldsymbol{r}_{c2}\|} \tag{6-13}$$

$$\boldsymbol{v}_{cn}=(\boldsymbol{v}_c\cdot\boldsymbol{n}_n)\cdot\boldsymbol{n}_n \tag{6-14}$$

$$\boldsymbol{v}_{ct}=\boldsymbol{v}_c-\boldsymbol{v}_{cn} \tag{6-15}$$

$$\boldsymbol{n}_t=\frac{\boldsymbol{v}_{ct}}{\|\boldsymbol{v}_{ct}\|} \tag{6-16}$$

根据 Hertz 接触模型，目标卫星在接触点 S_c 受到的法向弹性力 $\boldsymbol{F}_n$ 为

$$\boldsymbol{F}_n=-\left(K_n\delta^{3/2}+C_n\frac{\delta^{3/2}}{\dot{\delta}_0}\dot{\delta}\right)\boldsymbol{n}_n \tag{6-17}$$

式中，δ 为法向穿透深度；$\dot{\delta}_0=\|\boldsymbol{v}_{cn}\|$ 为法向速度 $\boldsymbol{v}_{cn}$ 在初始接触时刻的模；K_n、C_n 分别为刚度系数和阻尼系数

$$K_n = \frac{4E_1E_2}{3E_2(1-\gamma_1^2)+3E_1(1-\gamma_2^2)}\sqrt{\frac{R_1R_2}{R_1+R_2}} \tag{6-18}$$

$$C_n = \frac{3}{4}K_n(1-e^2) \tag{6-19}$$

式中，E_1、γ_1、R_1 分别为消旋杆接触缓冲材料的弹性模量、泊松比、表面曲率半径；E_2、γ_2、R_2 分别为目标卫星太阳翼外边缘的弹性模量、泊松比、表面曲率半径；e 为恢复系数。

根据 Coulomb 摩擦模型，目标卫星在接触点 S_c 受到的摩擦力 $\boldsymbol{F}_f$ 为

$$\boldsymbol{F}_f = -\mu\|\boldsymbol{F}_n\|\boldsymbol{n}_t \tag{6-20}$$

式中，μ 为滑动摩擦系数。

目标卫星在接触点 S_c 受到的接触力 $\boldsymbol{F}_c$ 为法向弹性力 $\boldsymbol{F}_n$ 和摩擦力 $\boldsymbol{F}_f$ 的合力

$$\boldsymbol{F}_c = \boldsymbol{F}_n + \boldsymbol{F}_f \tag{6-21}$$

目标卫星受到的接触力矩在其本体坐标系 $\{t\}$ 中的分量 ${}^t\boldsymbol{T}_c$ 为

$${}^t\boldsymbol{T}_c = {}^t\boldsymbol{A}(\boldsymbol{r}_c - \boldsymbol{r}_t)^\times \boldsymbol{F}_c \tag{6-22}$$

式中，${}^t\boldsymbol{A}$ 为从惯性坐标系 $\{\boldsymbol{I}\}$ 到目标卫星本体坐标系 $\{\boldsymbol{t}\}$ 的坐标转换矩阵。

6.3　空间失稳目标脉冲接触消旋最优控制

6.3.1　脉冲接触消旋控制器设计

在空间失稳目标消旋过程中容易引起并增大目标卫星章动，因此消旋控制的任务目标可表述为：根据目标卫星模型和测量信息，预测目标卫星运动状态，规划并控制最优脉冲接触时刻和接触位置，使得接触产生的消旋力矩能够同时减小目标卫星的三轴角速度，在目标卫星消旋减速的同时对其章动进行抑制。空间失稳目标脉冲接触消旋最优控制结构如图 6-7 所示。

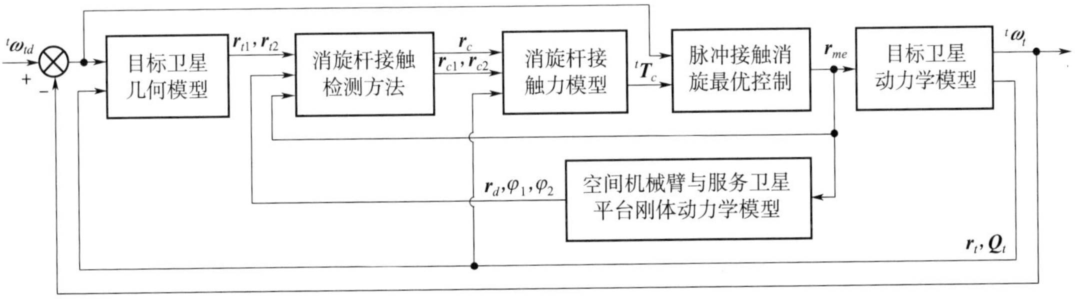

图 6-7　空间失稳目标脉冲接触消旋最优控制结构

空间失稳目标接触消旋采用最优控制方法。以机械臂末端位置为优化变量，通过消旋杆接触检测方法预先判断消旋杆与目标卫星太阳翼的接触点位置，并通过消旋杆接触力模型计算目标卫星受到的接触消旋力/力矩。以减小接触脉冲宽度和目标卫星三轴角速度为约束条件，以抑制目标卫星章动为优化目标，计算得到机械臂末端的最优消旋位置。

（1）优化变量

消旋杆作为机械臂的末端工具，其根部固定安装在机械臂末端，通过控制机械臂运动来带动消旋杆实施接触消旋操作。设定消旋杆轴向在未发生接触变形时始终沿服务卫星本体坐标系 $\{\boldsymbol{s}\}$ 的 $+z_s$ 轴方向，机械臂末端姿态保持不变，因此优化变量取为机械臂末端在惯性坐标系 $\{\boldsymbol{I}\}$ 中的位置 $\boldsymbol{r}_{me}$

$$\boldsymbol{r}_{me}=[r_{mex}\quad r_{mey}\quad r_{mez}]^{\mathrm{T}} \tag{6-23}$$

（2）约束条件

为降低接触过程中的碰撞损伤风险，采用多次小脉冲接触方式，尽量减小单次接触的脉冲宽度。为实现上述脉冲接触要求，需使接触点 S_c 尽量靠近消旋杆末端点 O_d，即满足以下不等式约束

$$\|\boldsymbol{r}_c-\boldsymbol{r}_d\|\leqslant\sigma \tag{6-24}$$

式中，σ 为接触段长度阈值。

为保证接触消旋力矩 ${}^t\boldsymbol{T}_c$ 能够同时减小目标卫星三轴角速度 ${}^t\boldsymbol{\omega}_t$，需使 ${}^t\boldsymbol{T}_c$ 和 ${}^t\boldsymbol{\omega}_t$ 在目标卫星本体坐标系 $\{\boldsymbol{t}\}$ 三轴上的分量方向均相反，即满足以下不等式约束

$$\begin{cases}\omega_{tx}T_{cx}\leqslant 0\\ \omega_{ty}T_{cy}\leqslant 0\\ \omega_{tz}T_{cz}\leqslant 0\end{cases} \tag{6-25}$$

式中，ω_{tx}、ω_{ty}、ω_{tz} 分别为 ${}^t\boldsymbol{\omega}_t$ 在目标卫星本体坐标系 $\{\boldsymbol{t}\}$ 三轴上的分量；T_{cx}、T_{cy}、T_{cz} 分别为 ${}^t\boldsymbol{T}_c$ 在目标卫星本体坐标系 $\{\boldsymbol{t}\}$ 三轴上的分量。

（3）优化目标

对于每次脉冲接触，定义 t_-、t_+ 分别为脉冲接触的开始时刻和结束时刻，接触消旋力矩 ${}^t\boldsymbol{T}_c$ 在 $[t_-,\ t_+]$ 积分可得目标卫星在单次脉冲接触期间受到的冲量矩。为尽量抑制目标卫星章动，需使横向冲量矩最大，即使以下目标函数取最大值

$$J_{\det}=\int_{t_-}^{t_+}(T_{cy}^2+T_{cz}^2)\mathrm{d}t \tag{6-26}$$

因此，空间失稳目标脉冲接触消旋可转换为以下最优控制问题

$$\begin{cases}\max\limits_{\boldsymbol{r}_{me}}J_{\det}(\boldsymbol{r}_{me})\\ \text{subject to}:\|\boldsymbol{r}_c-\boldsymbol{r}_d\|\leqslant\sigma,\omega_{tx}T_{cx}\leqslant 0,\omega_{ty}T_{cy}\leqslant 0,\omega_{tz}T_{cz}\leqslant 0\end{cases} \tag{6-27}$$

针对上述多变量非线性最优控制问题，可采用梯度投影法、罚函数法等算法求解，从而得到机械臂末端的最优消旋位置。

6.3.2　控制系统稳定性分析

空间失稳目标脉冲接触消旋最优控制的稳定性可基于 Lyapunov 定理证明。构造 Lyapunov 函数为

$$V=\frac{1}{2}(I_{txx}\omega_{tx}^2+I_{tyy}\omega_{ty}^2+I_{tzz}\omega_{tz}^2) \tag{6-28}$$

式中，I_{txx}、I_{tyy}、I_{tzz} 分别为目标卫星转动惯量矩阵 ${}^t\boldsymbol{I}_t$ 在目标卫星本体坐标系 $\{\boldsymbol{t}\}$ 三轴上的主轴转动惯量。将式（6-28）对时间 t 求导可得

$$\dot{V}=\omega_{tx}I_{txx}\dot{\omega}_{tx}+\omega_{ty}I_{tyy}\dot{\omega}_{ty}+\omega_{tz}I_{tzz}\dot{\omega}_{tz} \tag{6-29}$$

将式（6-4）代入，整理得

$$\dot{V}=\omega_{tx}T_{cx}+\omega_{ty}T_{cy}+\omega_{tz}T_{cz} \tag{6-30}$$

根据不等式（6-25），可以得到 $\dot{V}\leqslant 0$，并且当且仅当 $\omega_{tx}=\omega_{ty}=\omega_{tz}=0$ 时，$\dot{V}=0$，因此系统是渐近稳定的，从而证明脉冲接触消旋最优控制方法能够保证目标卫星的三轴角速度渐近收敛到零。

6.3.3 章动收敛条件分析

假设目标卫星姿态旋转存在章动，定义 θ_t 为目标卫星姿态旋转的章动角

$$\theta_t=\arctan\left(\frac{\sqrt{I_{tyy}^2\omega_{ty}^2+I_{tzz}^2\omega_{tz}^2}}{I_{txx}\omega_{tx}}\right) \tag{6-31}$$

本书研究的目标卫星为非轴对称卫星，三轴转动惯量 $I_{txx}>I_{tzz}>I_{tyy}$，目标卫星姿态旋转过程中章动角 θ_t 呈周期性变化。消旋控制期望章动角 θ_t 幅值渐近收敛，以简化并稳定目标卫星姿态。以下推导目标卫星章动收敛条件。

定义 E_k、H 分别为目标卫星姿态运动的动能和角动量大小

$$E_k=\frac{1}{2}(I_{txx}\omega_{tx}^2+I_{tyy}\omega_{ty}^2+I_{tzz}\omega_{tz}^2) \tag{6-32}$$

$$H^2=I_{txx}^2\omega_{tx}^2+I_{tyy}^2\omega_{ty}^2+I_{tzz}^2\omega_{tz}^2 \tag{6-33}$$

式（6-32）、式（6-33）分别对应目标卫星姿态运动的能量椭球和角动量椭球，比值 E_k/H^2 称为目标卫星姿态运动的相对能量。根据最大惯量轴原理，当相对能量减小 E_k/H^2 时，目标卫星倾向于绕最大惯量轴旋转，章动角 θ_t 幅值收敛。

将式（6-32）、式（6-33）分别对时间 t 求导，并将式（6-4）代入，整理得

$$\frac{\mathrm{d}E_k}{\mathrm{d}t}=\omega_{tx}T_{cx}+\omega_{ty}T_{cy}+\omega_{tz}T_{cz} \tag{6-34}$$

$$\frac{\mathrm{d}H^2}{\mathrm{d}t}=2I_{txx}\omega_{tx}T_{cx}+2I_{tyy}\omega_{ty}T_{cy}+2I_{tzz}\omega_{tz}T_{cz} \tag{6-35}$$

对相对能量 E_k/H^2 求时间导数，并将式（6-34）、式（6-35）代入，整理得

$$\frac{\mathrm{d}}{\mathrm{d}t}\left(\frac{E_k}{H^2}\right)=\frac{1}{H^2}\left[\left(1-2I_{txx}\frac{E_k}{H^2}\right)\omega_{tx}T_{cx}+\left(1-2I_{tyy}\frac{E_k}{H^2}\right)\omega_{ty}T_{cy}+\left(1-2I_{tzz}\frac{E_k}{H^2}\right)\omega_{tz}T_{cz}\right] \tag{6-36}$$

要使章动角 θ_t 幅值收敛，应使相对能量 E_k/H^2 的变化率为负，即

$$\frac{\mathrm{d}}{\mathrm{d}t}\left(\frac{E_k}{H^2}\right)<0 \tag{6-37}$$

因此得到章动角 θ_t 的收敛条件为

$$\left(1-2I_{txx}\frac{E_k}{H^2}\right)\omega_{tx}T_{cx}+\left(1-2I_{tyy}\frac{E_k}{H^2}\right)\omega_{ty}T_{cy}+\left(1-2I_{tzz}\frac{E_k}{H^2}\right)\omega_{tz}T_{cz}<0 \tag{6-38}$$

工程实施中，受目标卫星太阳翼尺寸和消旋操作安全性约束，接触消旋力矩 ${}^{t}\boldsymbol{T}_c$ 不一定满足式（6-38）所示的章动收敛条件，但可通过脉冲接触消旋最优控制，尽量抑制目标卫星章动角发散。

6.4 空间机械臂与服务卫星平台协同控制

6.4.1 空间机械臂点到点规划与控制

空间失稳目标接触消旋控制实施需要空间机械臂与服务卫星平台协同配合完成。服务卫星平台在目标卫星后方一定距离处进行相对轨道姿态保持控制，为机械臂和消旋杆提供稳定基座。空间机械臂通过笛卡儿点到点规划与控制实时跟踪脉冲接触消旋最优控制输出的机械臂末端位置轨迹 $\boldsymbol{r}_{me}(t)$，实现对接触点的精确控制。

在第 $i-1$ 次和第 i 次脉冲接触之间的任意时刻 $\forall t_0\in(t_{(i-1)+},\ t_{i-})$，空间机械臂根据当前时刻 t_0 的关节角度 $\boldsymbol{\Theta}_m(t_0)$、角速度 $\dot{\boldsymbol{\Theta}}_m(t_0)$、角加速度 $\ddot{\boldsymbol{\Theta}}_m(t_0)$，以及下次脉冲接触开始时刻 t_{i-} 的末端位置 $\boldsymbol{r}_{me}(t_{i-})$、姿态转换矩阵 $\boldsymbol{A}_{me}(t_{i-})$，实时规划并控制 $t\in[t_0,\ t_{i-}]$ 时刻的关节运动轨迹 $\boldsymbol{\Theta}_m(t)$、$\dot{\boldsymbol{\Theta}}_m(t)$、$\ddot{\boldsymbol{\Theta}}_m(t)$，以保证其末端在期望时间内到达期望的位置和姿态，准确实施脉冲接触消旋控制。

定义 $\boldsymbol{\Theta}_f$ 为空间机械臂在第 i 次脉冲接触开始时刻 t_{i-} 的关节角度

$$\boldsymbol{\Theta}_f=[\theta_{1f}\quad \theta_{2f}\quad \cdots\quad \theta_{nf}]^{\mathrm{T}} \tag{6-39}$$

式中，n 为机械臂自由度。根据 3.1 节建立的空间机械臂与服务卫星平台刚体运动学模型，机械臂末端在时刻 t_{i-} 的位置和姿态分别为

$$\boldsymbol{r}_{me}(t_{i-})=\boldsymbol{r}_{m0}(t_{i-})+\boldsymbol{A}_{m0}(t_{i-})^{m0}\boldsymbol{b}_{m0}+\sum_{i=1}^{n}\boldsymbol{A}_{m0}(t_{i-})^{m0}\boldsymbol{A}_{m1}(\theta_{1f})\cdots^{mi-1}\boldsymbol{A}_{mi}(\theta_{if})^{mi}\boldsymbol{l}_{mi} \tag{6-40}$$

$$\boldsymbol{A}_{me}(t_{i-})=\boldsymbol{A}_{m0}(t_{i-})^{m0}\boldsymbol{A}_{m1}(\theta_{1f})\cdots^{mn-1}\boldsymbol{A}_{mn}(\theta_{nf})^{mn}\boldsymbol{A}_{me} \tag{6-41}$$

式中，${}^{m0}\boldsymbol{b}_{m0}$、${}^{mi}\boldsymbol{l}_{mi}$、${}^{mn}\boldsymbol{A}_{me}$ 为空间机械臂的结构参数，物理含义同 3.1 节；$\boldsymbol{r}_{m0}(t_{i-})$、$\boldsymbol{A}_{m0}(t_{i-})$ 分别为服务卫星平台在时刻 t_{i-} 相对惯性坐标系 $\{\boldsymbol{I}\}$ 的位置和姿态转换矩阵，可由敏感器测量得到；$\boldsymbol{r}_{me}(t_{i-})$、$\boldsymbol{A}_{me}(t_{i-})$ 由脉冲接触消旋最优控制输出生成。

联立式（6-40）和式（6-41），构成非线性方程组。当机械臂自由度 $n=6$ 时，非线性方程组具有唯一解 $\boldsymbol{\Theta}_f$。当 $n>6$ 时，机械臂具有冗余自由度，可固定其中 $n-6$ 个自由度，解非线性方程组可得 $\boldsymbol{\Theta}_f$。

根据关节伺服测量和消旋控制要求，空间机械臂在当前时刻 t_0 和下次脉冲接触开始时刻 t_{i-} 的关节运动状态分别为

$$\begin{cases}\boldsymbol{\Theta}_m(t_0)=\boldsymbol{\Theta}_0\\ \dot{\boldsymbol{\Theta}}_m(t_0)=\dot{\boldsymbol{\Theta}}_0\\ \ddot{\boldsymbol{\Theta}}_m(t_0)=\ddot{\boldsymbol{\Theta}}_0\end{cases} \tag{6-42}$$

$$\begin{cases}\boldsymbol{\Theta}_m(t_{i-})=\boldsymbol{\Theta}_f\\ \dot{\boldsymbol{\Theta}}_m(t_{i-})=\mathbf{0}\\ \ddot{\boldsymbol{\Theta}}_m(t_{i-})=\mathbf{0}\end{cases} \tag{6-43}$$

采用五次多项式对关节运动轨迹进行参数化，有

$$\theta_{mi}(t)=a_{i5}t^5+a_{i4}t^4+a_{i3}t^3+a_{i2}t^2+a_{i1}t+a_{i0} \tag{6-44}$$

将起止时刻的运动约束条件式（6-42）、式（6-43）代入，解线性方程组得到五次多项式系数 a_{i5}、a_{i4}、a_{i3}、a_{i2}、a_{i1}、a_{i0}，$i=1,\ 2,\ \cdots,\ n$，进而得到时刻 $t\in[t_0,\ t_{i-}]$ 的空间机械臂关节运动轨迹 $\boldsymbol{\Theta}_m(t)$、$\dot{\boldsymbol{\Theta}}_m(t)$、$\ddot{\boldsymbol{\Theta}}_m(t)$。

在第 i 次脉冲接触期间的任意时刻 $\forall t\in[t_{i-},\ t_{i+}]$，空间机械臂关节角度锁定，$\boldsymbol{\Theta}_m(t)=\boldsymbol{\Theta}_f$，$\dot{\boldsymbol{\Theta}}_m(t)=\mathbf{0}$，$\ddot{\boldsymbol{\Theta}}_m(t)=\mathbf{0}$。服务卫星通过消旋杆与目标卫星太阳翼接触产生的消旋力 $\boldsymbol{F}_c$ 和消旋力矩 ${}^t\boldsymbol{T}_c$ 对目标卫星进行减速消旋。

空间机械臂运动过程中的轨迹跟踪控制是一个典型的非线性变结构控制问题，可采用滑模变结构控制方法实现。空间机械臂滑模变结构轨迹跟踪控制系统将在第 7 章空间失稳目标在轨捕获任务规划与控制中进行详细设计。

6.4.2 服务卫星平台前馈补偿协同控制

在空间失稳目标消旋过程中，机械臂运动和消旋杆接触产生的反作用力/力矩会对服务卫星平台控制系统产生较大干扰。为此，服务卫星平台采用“前馈补偿+相对轨道姿态耦合”控制方案，根据空间机械臂与服务卫星平台刚体动力学模型估算机械臂和接触反作用力/力矩，并将其作为前馈补偿叠加到服务卫星平台相对轨道姿态耦合控制器中，实现空间机械臂与服务卫星平台的协同控制。服务卫星平台前馈补偿协同控制结构如图 6-8 所示。

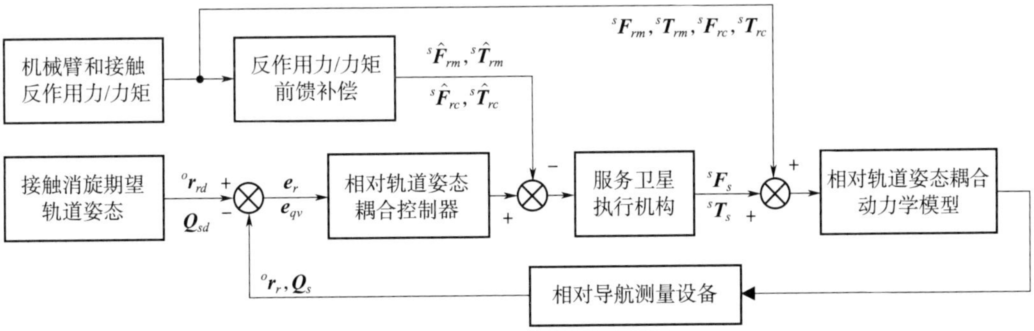

图 6-8　服务卫星平台前馈补偿协同控制结构

定义 ${}^s\boldsymbol{F}_{rm}$、${}^s\boldsymbol{T}_{rm}$ 分别为机械臂反作用力和反作用力矩在服务卫星本体坐标系 $\{\boldsymbol{s}\}$ 中的分量，${}^s\boldsymbol{F}_{rc}$、${}^s\boldsymbol{T}_{rc}$ 分别为接触反作用力和反作用力矩在服务卫星本体坐标系 $\{\boldsymbol{s}\}$ 中的分量，在服务卫星相对轨道姿态耦合误差动力学模型中考虑机械臂和接触反作用力/力矩，有

$$\ddot{\boldsymbol{e}} = \boldsymbol{C}(\boldsymbol{e}_r, \dot{\boldsymbol{e}}_r, \boldsymbol{e}_q, \dot{\boldsymbol{e}}_q) + \boldsymbol{G}(\boldsymbol{e}_q)(\boldsymbol{u}_s + \boldsymbol{u}_{rm} + \boldsymbol{u}_{rc}) \tag{6-45}$$

式中，$\boldsymbol{e}$、$\boldsymbol{u}_s$、$\boldsymbol{C}(\boldsymbol{e}_r, \dot{\boldsymbol{e}}_r, \boldsymbol{e}_q, \dot{\boldsymbol{e}}_q)$、$\boldsymbol{G}(\boldsymbol{e}_q)$ 的物理意义和表达式同 5.4.1 节；$\boldsymbol{u}_{rm}$、$\boldsymbol{u}_{rc}$ 分别为机械臂和接触反作用力/力矩

$$\begin{cases} \boldsymbol{u}_{rm} = [{}^s\boldsymbol{F}_{rm}^{\mathrm{T}} \quad {}^s\boldsymbol{T}_{rm}^{\mathrm{T}}]^{\mathrm{T}} \\ \boldsymbol{u}_{rc} = [{}^s\boldsymbol{F}_{rc}^{\mathrm{T}} \quad {}^s\boldsymbol{T}_{rc}^{\mathrm{T}}]^{\mathrm{T}} \end{cases} \tag{6-46}$$

服务卫星平台前馈补偿协同控制要求实时估算机械臂和接触反作用力/力矩。定义 ${}^s\hat{\boldsymbol{F}}_{rm}$、${}^s\hat{\boldsymbol{T}}_{rm}$ 分别为机械臂反作用力 ${}^s\boldsymbol{F}_{rm}$、${}^s\boldsymbol{T}_{rm}$ 的估算值，$\boldsymbol{A}_s$ 为从服务卫星本体坐标系 $\{\boldsymbol{s}\}$ 到惯性坐标系 $\{\boldsymbol{I}\}$ 的坐标转换矩阵。由机械臂关节伺服测量可得关节角速度 $\dot{\boldsymbol{\Theta}}_m$ 和角加速度 $\ddot{\boldsymbol{\Theta}}_m$，代入空间机械臂与服务卫星平台刚体动力学方程式（3-46），并令 $\boldsymbol{v}_{m0}$、$\dot{\boldsymbol{v}}_{m0}$、$\boldsymbol{\omega}_{m0}$、$\dot{\boldsymbol{\omega}}_{m0}$ 均为零，整理得到

$$\boldsymbol{M}(\boldsymbol{q})\begin{bmatrix} \boldsymbol{0} \\ \boldsymbol{0} \\ \ddot{\boldsymbol{\Theta}}_m \end{bmatrix} + \boldsymbol{C}(\boldsymbol{q}, \dot{\boldsymbol{q}})\begin{bmatrix} \boldsymbol{0} \\ \boldsymbol{0} \\ \dot{\boldsymbol{\Theta}}_m \end{bmatrix} = \begin{bmatrix} \boldsymbol{A}_s{}^s\hat{\boldsymbol{F}}_{rm} \\ \boldsymbol{A}_s{}^s\hat{\boldsymbol{T}}_{rm} \\ \boldsymbol{T}_m \end{bmatrix} \tag{6-47}$$

从而解得机械臂反作用力/力矩的估算值 ${}^s\hat{\boldsymbol{F}}_{rm}$、${}^s\hat{\boldsymbol{T}}_{rm}$。

定义 ${}^s\hat{\boldsymbol{F}}_{rc}$、${}^s\hat{\boldsymbol{T}}_{rc}$ 分别为接触反作用力 ${}^s\boldsymbol{F}_{rc}$、反作用力矩 ${}^s\boldsymbol{T}_{rc}$ 的估算值，由消旋杆接触力模型计算可得接触力的估算值 $\hat{\boldsymbol{F}}_c$，则有

$${}^s\hat{\boldsymbol{F}}_{rc} = -\boldsymbol{A}_s^{\mathrm{T}}\hat{\boldsymbol{F}}_c \tag{6-48}$$

$${}^s\hat{\boldsymbol{T}}_{rc} = -\boldsymbol{A}_s^{\mathrm{T}}(\boldsymbol{r}_{me} - \boldsymbol{r}_{m0})^{\times}\hat{\boldsymbol{F}}_c \tag{6-49}$$

将机械臂和接触反作用力/力矩估算值作为前馈补偿，构造服务卫星平台相对轨道姿态耦合协同控制律为

$$\boldsymbol{u}_s = -\boldsymbol{G}(\boldsymbol{e}_q)^{-1}(\boldsymbol{K}_P\boldsymbol{e} + \boldsymbol{K}_D\dot{\boldsymbol{e}}) - \boldsymbol{G}(\boldsymbol{e}_q)^{-1}\boldsymbol{C}(\boldsymbol{e}_r, \dot{\boldsymbol{e}}_r, \boldsymbol{e}_q, \dot{\boldsymbol{e}}_q) - \hat{\boldsymbol{u}}_{rm} - \hat{\boldsymbol{u}}_{rc} \tag{6-50}$$

式中，$\boldsymbol{K}_P$、$\boldsymbol{K}_D$ 分别为比例和微分控制系数；$\hat{\boldsymbol{u}}_{rm}$、$\hat{\boldsymbol{u}}_{rc}$ 分别为机械臂和接触反作用力/力矩的估算值，其表达式分别为

$$\begin{cases} \boldsymbol{K}_P = \mathrm{diag}(k_{P1}, k_{P2}, \cdots, k_{P6}) \\ \boldsymbol{K}_D = \mathrm{diag}(k_{D1}, k_{D2}, \cdots, k_{D6}) \\ \hat{\boldsymbol{u}}_{rm} = \left[{}^s\hat{\boldsymbol{F}}_{rm}^{\mathrm{T}} \quad {}^s\hat{\boldsymbol{T}}_{rm}^{\mathrm{T}}\right]^{\mathrm{T}} \\ \hat{\boldsymbol{u}}_{rc} = \left[{}^s\hat{\boldsymbol{F}}_{rc}^{\mathrm{T}} \quad {}^s\hat{\boldsymbol{T}}_{rc}^{\mathrm{T}}\right]^{\mathrm{T}} \end{cases} \tag{6-51}$$

将式（6-50）代入式（6-45），整理得

$$\ddot{\boldsymbol{e}} + \boldsymbol{K}_P\boldsymbol{e} + \boldsymbol{K}_D\dot{\boldsymbol{e}} = \boldsymbol{G}(\boldsymbol{e}_q)(\boldsymbol{u}_{rm} - \hat{\boldsymbol{u}}_{rm}) + \boldsymbol{G}(\boldsymbol{e}_q)(\boldsymbol{u}_{rc} - \hat{\boldsymbol{u}}_{rc}) \tag{6-52}$$

当机械臂和接触反作用力/力矩估算值 $\hat{\boldsymbol{u}}_{rm}$ 、$\hat{\boldsymbol{u}}_{rc}$ 与其真值 $\boldsymbol{u}_{rm}$ 、$\boldsymbol{u}_{rc}$ 存在偏差时，相对轨道姿态误差 $\boldsymbol{e}$ 将不再收敛到零，但可以通过合理选择控制系数 $\boldsymbol{K}_P$ 、$\boldsymbol{K}_D$，保证式（6-45）所示的相对轨道姿态耦合动力学系统渐近稳定，并使 $\boldsymbol{e}$ 收敛到以零为中心的有界区域内。

为了使相对轨道姿态耦合控制律输出的力和力矩不超出服务卫星实际可用的控制力和力矩上限，并保证控制系统的跟踪特性，分别对控制量 $\boldsymbol{u}_s$ 中的控制力 ${}^s\boldsymbol{F}_s$ 和控制力矩 ${}^s\boldsymbol{T}_s$ 进行限幅，定义 $\mathrm{sat}({}^s\boldsymbol{F}_s)$ 和 $\mathrm{sat}({}^s\boldsymbol{T}_s)$ 分别为

$$\mathrm{sat}({}^s\boldsymbol{F}_s)=\begin{cases}{}^s\boldsymbol{F}_s, & \dfrac{F_{\max}}{\|{}^s\boldsymbol{F}_s\|_\infty}>1\\ {}^s\boldsymbol{F}_s\cdot\dfrac{F_{\max}}{\|{}^s\boldsymbol{F}_s\|_\infty}, & \dfrac{F_{\max}}{\|{}^s\boldsymbol{F}_s\|_\infty}\leqslant 1\end{cases} \tag{6-53}$$

$$\mathrm{sat}({}^s\boldsymbol{T}_s)=\begin{cases}{}^s\boldsymbol{T}_s, & \dfrac{T_{\max}}{\|{}^s\boldsymbol{T}_s\|_\infty}>1\\ {}^s\boldsymbol{T}_s\cdot\dfrac{T_{\max}}{\|{}^s\boldsymbol{T}_s\|_\infty}, & \dfrac{T_{\max}}{\|{}^s\boldsymbol{T}_s\|_\infty}\leqslant 1\end{cases} \tag{6-54}$$

式中，$\|{}^s\boldsymbol{F}_s\|_\infty$ 和 $\|{}^s\boldsymbol{T}_s\|_\infty$ 分别为 ${}^s\boldsymbol{F}_s$ 和 ${}^s\boldsymbol{T}_s$ 的∞—范数；$F_{\max}$ 和 $T_{\max}$ 分别为服务卫星在各个方向的控制力和力矩上限。

6.5 工程算例仿真验证

6.5.1 仿真参数设定

通过工程算例进行仿真，验证空间失稳目标脉冲接触消旋建模与控制方法的有效性和鲁棒性。目标卫星、服务卫星和空间机械臂采用 1.4.2 节的设定。空间机械臂构型和 D-H 坐标系如图 3-2 所示，D-H 参数见表 3-1，空间机械臂与服务卫星平台质量特性参数见表 3-2。空间失稳目标接触消旋动力学建模参数见表 6-1，空间失稳目标脉冲接触消旋最优控制参数见表 6-2，空间机械臂与服务卫星平台协同控制参数见表 6-3。机械臂和接触反作用力/力矩估算值 $\hat{\boldsymbol{u}}_{rm}$ 、$\hat{\boldsymbol{u}}_{rc}$ 与其真值 $\boldsymbol{u}_{rm}$ 、$\boldsymbol{u}_{rc}$ 考虑存在 10%的相对偏差。

表 6-1　空间失稳目标接触消旋动力学建模参数

参数归属	参数名称	参数取值
目标卫星整体	质量	$m_t=3\,100$ kg
	转动惯量	${}^t\boldsymbol{I}_t=\mathrm{diag}(13\,750,5\,500,12\,760)$ kg · m^2
目标卫星太阳翼	外边缘端点 S_{t1} 位置	${}^t\boldsymbol{p}_{t1}=[1.18\quad -18.40\quad 0.00]^{\mathrm{T}}$
	外边缘端点 S_{t2} 位置	${}^t\boldsymbol{p}_{t2}=[-1.18\quad -18.40\quad 0.00]^{\mathrm{T}}$
	弹性模量	$E_2=7.832\times10^{10}$ N · m^{-2}
	泊松比	$\gamma_2=0.3$
	表面曲率半径	$R_2=0.015$ m

续表

参数归属	参数名称	参数取值
消旋杆	轴向长度	$l_d = 2.5$ m
	弹性模量	$E_1 = 2.049 \times 10^5$ N · m^{-2}
	泊松比	$\gamma_1 = 0.3$
	表面曲率半径	$R_1 = 0.06$ m
接触检测方法	粗检测邻域半径	$l_R = 2.0$ m
	精检测距离阈值	$\varepsilon = 0.001$ m
接触力模型	恢复系数	$e = 0.2$
	滑动摩擦系数	$\mu = 0.2$

表 6-2　空间失稳目标脉冲接触消旋最优控制参数

参数归属	参数名称	参数取值
目标卫星初始运动状态	初始位置	$\boldsymbol{r}_t(0) = [0 \quad 0 \quad 0]^{\mathrm{T}}$ m
	初始姿态	$\boldsymbol{Q}_t(0) = [0 \quad 1 \quad 0 \quad 1]^{\mathrm{T}}$
	初始速度	$\boldsymbol{v}_t(0) = [0 \quad 0 \quad 0]^{\mathrm{T}}$ m · s^{-1}
	初始角速度	${}^t\boldsymbol{\omega}_t(0) = [15 \quad 2 \quad 3]^{\mathrm{T}}(°) \cdot \mathrm{s}^{-1}$
脉冲接触消旋最优控制方法	接触段长度阈值	$\sigma = 0.5$ m
	测量输出周期	$T = 0.1$ s
	消旋控制周期	$\tau = 0.1$ s

表 6-3　空间机械臂与服务卫星平台协同控制参数

参数归属	参数名称	参数取值
协同控制方法	比例控制系数	$\boldsymbol{K}_P = \mathrm{diag}(5, 5, 5, 90, 30, 30)$
	微分控制系数	$\boldsymbol{K}_D = \mathrm{diag}(50, 50, 50, 350, 150, 150)$
	测量输出周期	$T = 0.1$ s
	服务卫星控制周期	$\tau = 0.1$ s
控制精度要求	相对轨道精度	$e_r \leqslant 0.05$ m
	相对姿态精度	$e_q \leqslant 0.002$

6.5.2　脉冲接触消旋仿真结果

工程算例中，目标卫星的初始角速度存在横向分量，因此其姿态旋转存在章动。进行空间失稳目标脉冲接触消旋最优控制仿真，目标卫星太阳翼外边缘中点在惯性坐标系 $\{\boldsymbol{I}\}$ 中的运动轨迹如图 6-9 所示，图中蓝线表示消旋前的运动轨迹，红线表示消旋后的运动轨迹。消旋过程中，目标卫星角速度 ${}^t\boldsymbol{\omega}_t$ 如图 6-10 所示，姿态章动角 θ_t 如图 6-11 所示。从图中可以看出，在脉冲接触消旋控制律作用下，目标卫星角速度 ${}^t\boldsymbol{\omega}_t$ 在其本体坐标系 $\{\boldsymbol{t}\}$ 三轴上的分量 ω_{tx}、ω_{ty}、ω_{tz} 均逐渐减小，最后一次接触结束后，${}^t\boldsymbol{\omega}_t < [2 \quad 0.1 \quad 0.1]^{\mathrm{T}}(°) \cdot \mathrm{s}^{-1}$，满足期望控制要求。姿态章动角 θ_t 得到有效抑制，未有明显发

散，最后一次接触结束后，$\theta_t < 3°$，章动收敛效果较为理想。

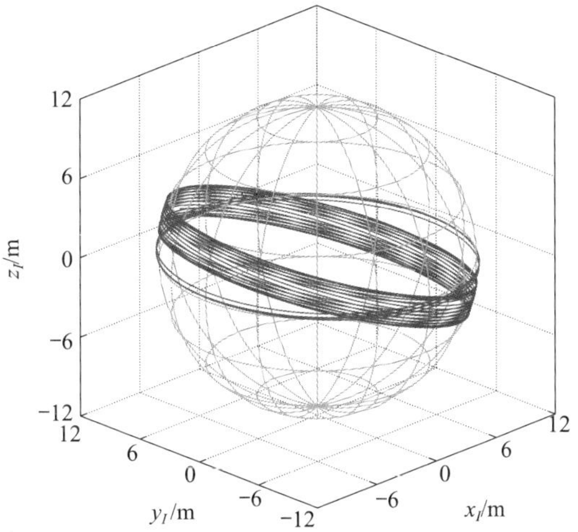

图 6-9　目标卫星太阳翼外边缘中点运动轨迹（见彩插）

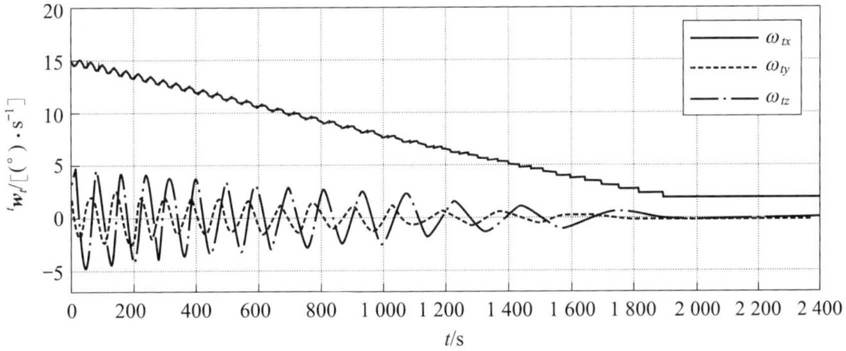

图 6-10　目标卫星角速度

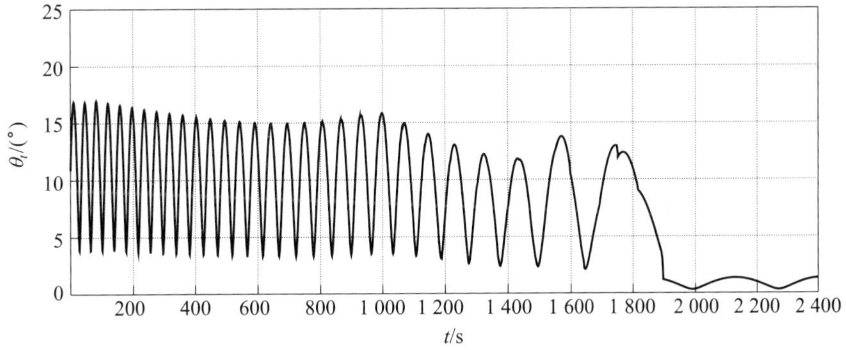

图 6-11　目标卫星姿态章动角

脉冲接触消旋控制输出的空间机械臂末端位置 $\boldsymbol{r}_{me}$ 如图 6-12 所示，目标卫星受到的接触消旋力 $\boldsymbol{F}_c$ 和接触消旋力矩 ${}^t\boldsymbol{T}_c$ 分别如图 6-13～图 6-14 所示。从图中可以看出，

$\boldsymbol{F}_c$、${}^t\boldsymbol{T}_c$ 的三轴分量上限分别小于 10 N 和 100 N·m，不超过消旋方案设计限定值，工程实现可行。$\boldsymbol{r}_{me}$ 在 $+x_I$ 轴和 $+y_I$ 轴方向发生较大偏移，表明目标卫星质心和接触点位置在接触力作用下发生相应方向偏移，与 F_{cx}、F_{cy} 大小相符。T_{cx} 数值为负且绝对值大于 T_{cy}、T_{cz}，表明接触主要产生 $-x_t$ 轴方向消旋力矩，符合工程实际情况。T_{cy}、T_{cz} 上下波动较大，表明其在脉冲接触消旋控制律作用下使横向冲量矩最大化，有效实现了目标卫星章动抑制。

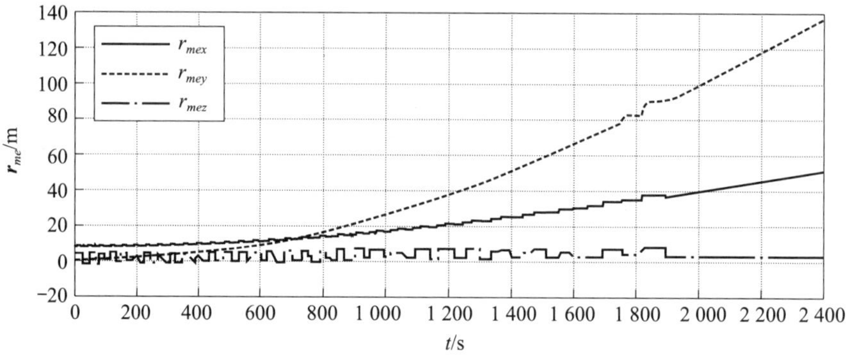

图 6-12　空间机械臂末端位置

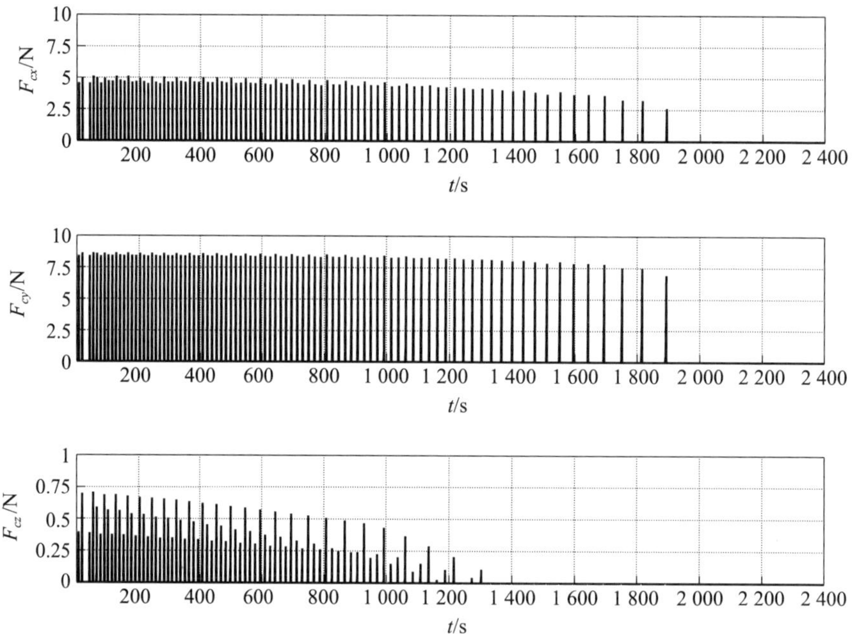

图 6-13　目标卫星接触消旋力

空间失稳目标接触消旋过程中需要根据目标卫星当前的运动状态和动力学模型对其之后的运动状态进行预测，预测精度直接影响控制输出精度。因此，目标卫星的运动状态测量误差和动力学参数辨识误差对消旋控制效果具有重要影响。定义 δ_r、δ_e 分别为目标卫星位置和姿态的测量误差，δ_m、δ_I 分别为目标卫星质心位置和转动惯量的辨识误差，均可

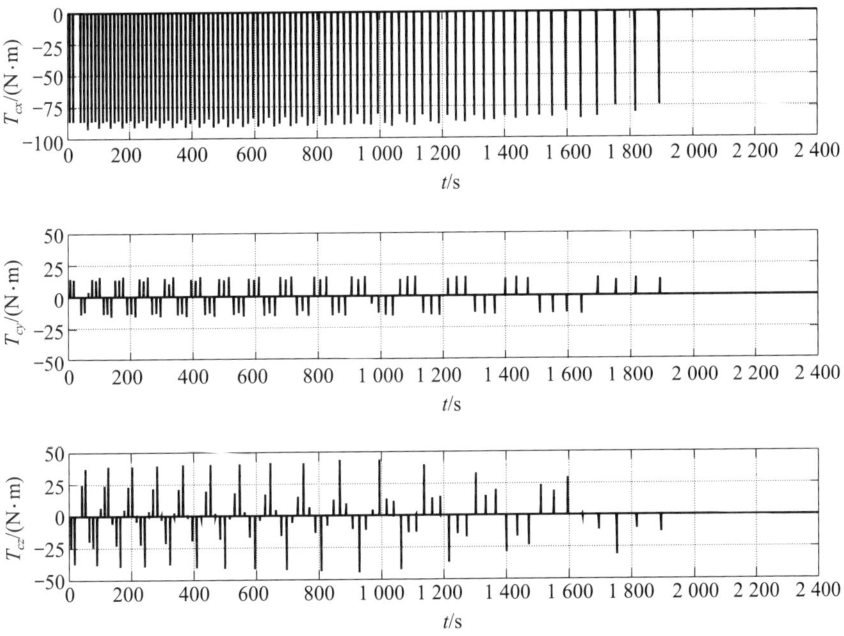

图 6 - 14　目标卫星接触消旋力矩

用均值为零的高斯白噪声描述。通过工程算例仿真分析脉冲接触控制律分别对上述误差的鲁棒性，δ_r、δ_e、δ_m、δ_I 取值见表 6 - 4，分为 4 种工况。

表 6 - 4　空间失稳目标测量与辨识误差

工况	$\delta_r(3\sigma)$	$\delta_e(3\sigma)$	$\delta_m(3\sigma)$	$\delta_I(3\sigma)$
1	0.1 m	1°	0	0
2	0.2 m	2°	0	0
3	0	0	0.1 m	$10\% \parallel {}^t\boldsymbol{I}_t \parallel$
4	0	0	0.2 m	$20\% \parallel {}^t\boldsymbol{I}_t \parallel$

工况 1～4 仿真得到的目标卫星角速度 ${}^t\boldsymbol{\omega}_t$ 和姿态章动角 θ_t 如图 6 - 15 所示。从图中可以看出，工况 1、3 中，脉冲接触消旋控制律能够保证目标卫星角速度 ${}^t\boldsymbol{\omega}_t$ 的三轴分量 ω_{tx}、ω_{ty}、ω_{tz} 逐渐减小至期望范围，且对姿态章动角 θ_t 抑制效果较好，整个消旋过程未有明显发散，表明控制律对测量和辨识误差均具有一定的鲁棒性。工况 2、4 中，控制律能够保证目标卫星角速度 ${}^t\boldsymbol{\omega}_t$ 的三轴分量 ω_{tx}、ω_{ty}、ω_{tz} 逐渐减小，但却未能使其减小至期望范围，且姿态章动角 θ_t 后期发散较为明显。因此，要想保证较好的消旋效果，应将测量和辨识误差控制在一定范围内。

仿真结果表明，本章提出的空间失稳目标脉冲接触消旋最优控制方法有效可行，能够满足服务卫星和空间机械臂对快速旋转失稳目标减速消旋和章动抑制等任务要求。该方法具有以下特点：1）利用空间机械臂与目标卫星的多次小脉冲柔性接触消除目标卫星旋转，降低了接触过程中的碰撞损伤风险；2）采用最优控制方法计算空间机械臂末端消旋位置，

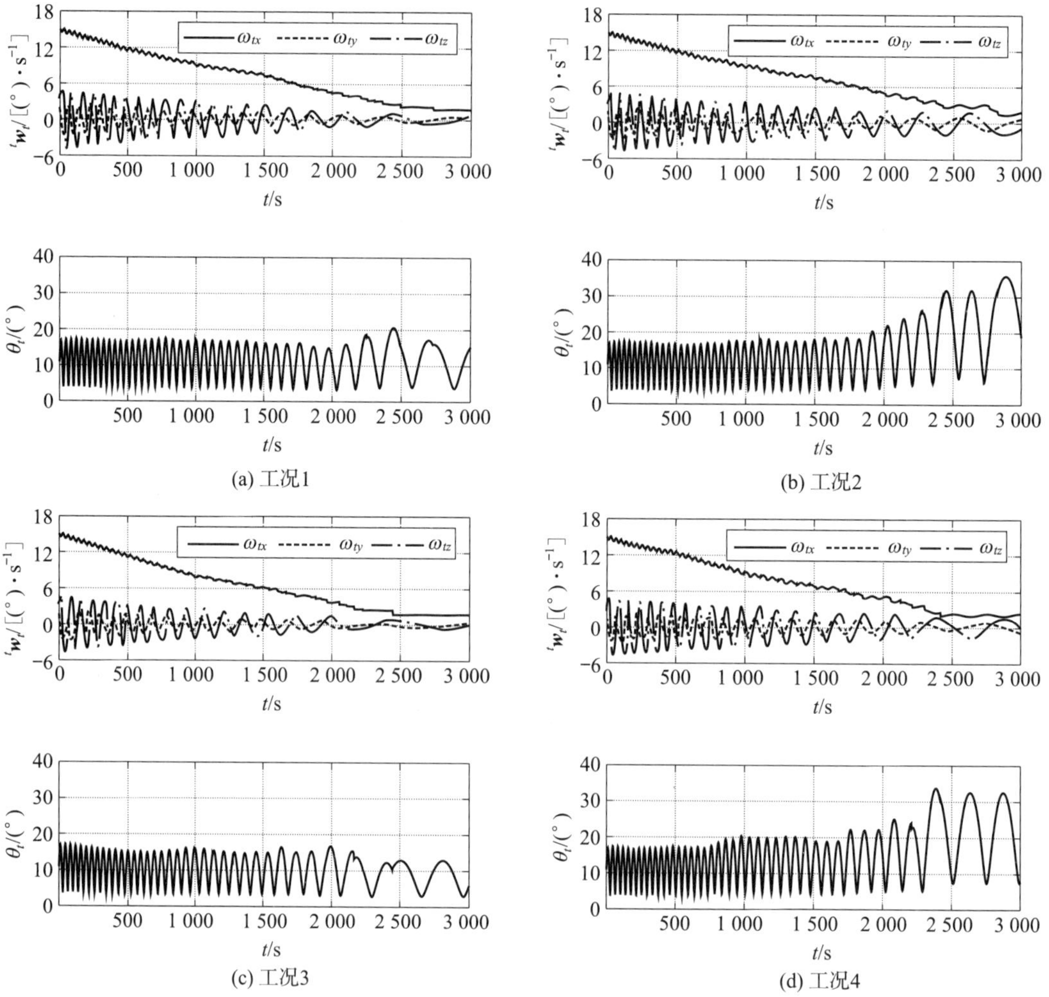

图 6-15　目标卫星误差鲁棒性分析仿真结果

消旋力矩能够同时减小目标卫星三轴角速度，有效消除目标卫星姿态旋转；3）以横向冲量矩最大化为优化目标，消旋过程中能够对目标卫星章动进行抑制，并在一定条件下实现章动收敛；4）脉冲接触消旋最优控制律对目标卫星的测量和辨识误差具有一定的鲁棒性。

6.5.3　协同控制仿真结果

进行空间机械臂与服务卫星平台协同控制仿真。空间机械臂点到点规划得到的关节角度 $\boldsymbol{\Theta}_m$ 和角速度 $\dot{\boldsymbol{\Theta}}_m$ 的前 160 s 仿真结果分别如图 6-16～图 6-17 所示。服务卫星平台前馈补偿协同控制得到的相对轨道误差 $\boldsymbol{e}_r$ 和相对姿态误差 $\boldsymbol{e}_{qv}$ 的前 160 s 仿真结果分别如图 6-18～图 6-19 所示，服务卫星平台在其本体坐标系 $\{\boldsymbol{s}\}$ 中的控制力 ${}^s\boldsymbol{F}_s$ 和控制力矩 ${}^s\boldsymbol{T}_s$ 的前 160 s 仿真结果分别如图 6-20～图 6-21 所示。从图中可以看出，关节角度 $\boldsymbol{\Theta}_m$ 连续光滑，无突变现象，符合轨迹规划设计要求。相对轨道误差 $\boldsymbol{e}_r$ 和相对姿态误差 $\boldsymbol{e}_{qv}$ 能够被控制在期望精度内，满足控制系统要求。控制力 ${}^{s}\boldsymbol{F}_{s}$ 和控制力矩 ${}^{s}\boldsymbol{T}_{s}$ 三轴分量的最大绝对值分别小于 20 N 和 60 N·m，不超过设计限定值，工程实现可行。

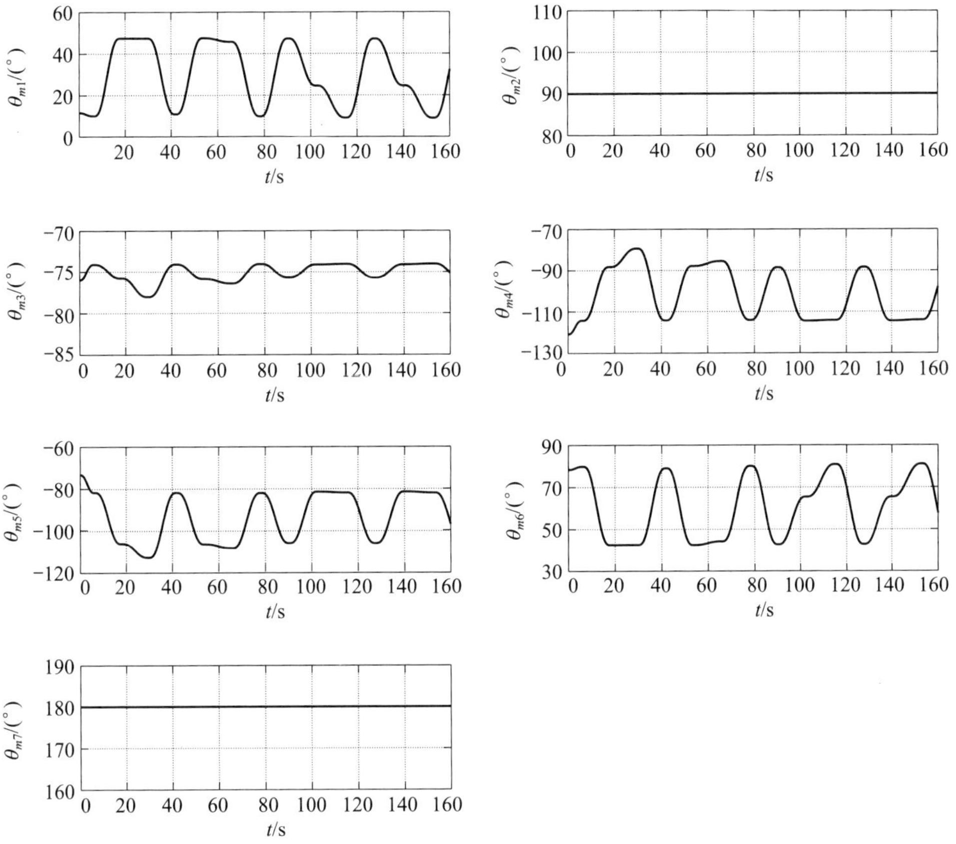

图 6－16　空间机械臂关节角度

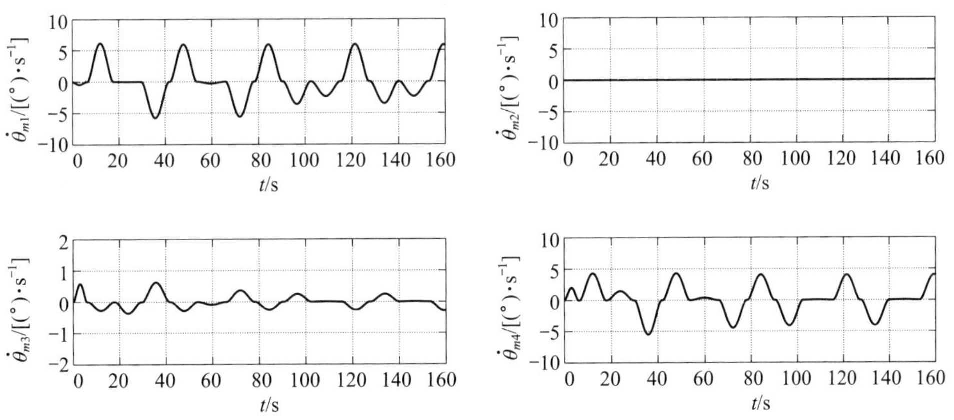

图 6－17　空间机械臂关节角速度

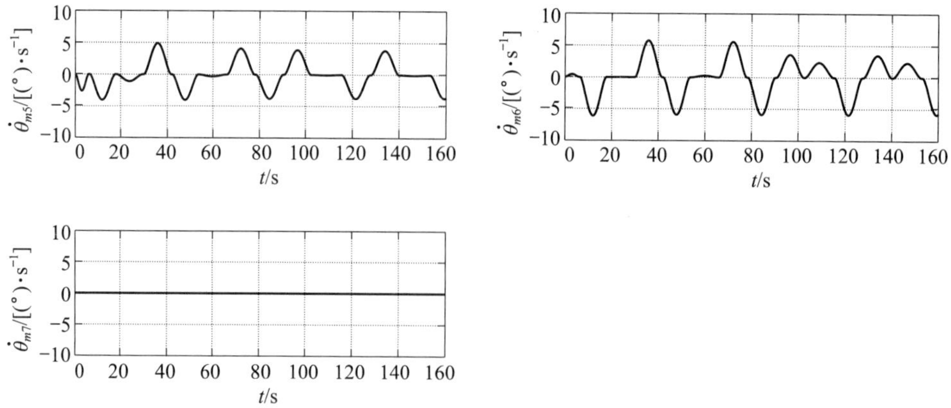

图 6－17　空间机械臂关节角速度（续）

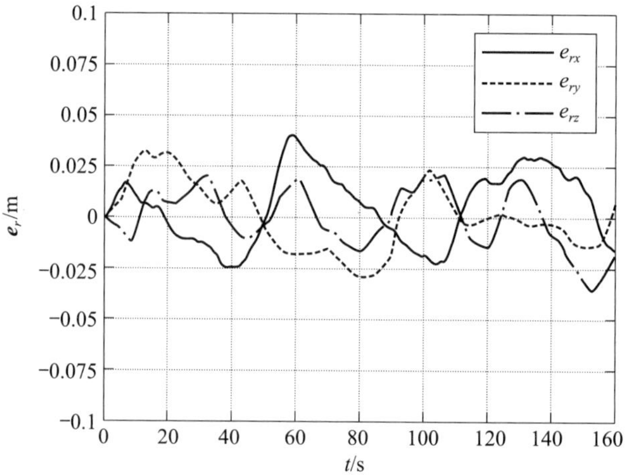

图 6－18　服务卫星平台相对轨道误差

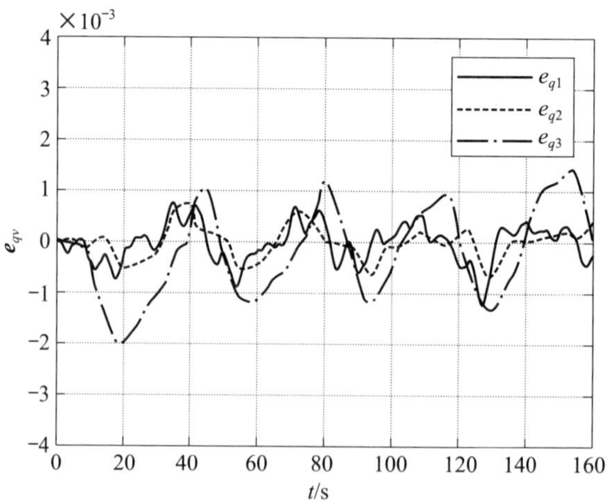

图 6－19　服务卫星平台相对姿态误差

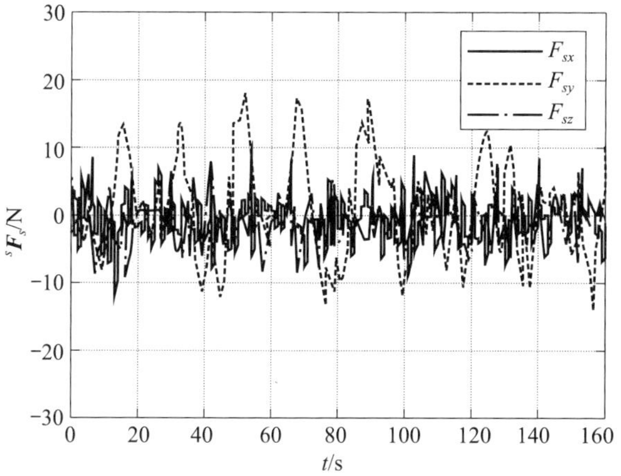

图 6－20　服务卫星平台控制力（见彩插）

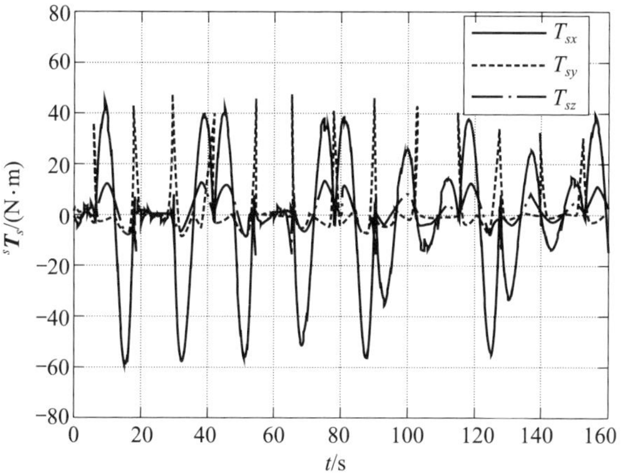

图 6－21　服务卫星平台控制力矩（见彩插）

仿真结果表明，本章设计的空间机械臂与服务卫星平台协同控制方法有效可行，能够满足空间机械臂轨迹跟踪和服务卫星平台相对轨道姿态保持对控制精度、控制稳定性和控制力/力矩限制等方面的要求，保证空间失稳目标脉冲接触消旋最优控制的精确实施，具有工程实用性。

6.6　本章小结

本章主要研究了空间失稳目标脉冲接触消旋建模与控制问题，作为服务卫星安全逼近和空间机械臂直接抓捕能力的有效补充。设计了消旋杆方案和接触消旋策略流程。建立了空间失稳目标接触消旋动力学模型，包括目标卫星动力学模型、消旋杆接触检测方法和接触力模型。针对消旋过程中的自旋减速和章动抑制问题，提出了一种空间失稳目标脉冲接触消旋最优控制方法，通过脉冲接触时刻和接触位置的最优控制，使得消旋力矩能够同时减小目标卫星的三轴角速度，并对目标卫星章动进行抑制，同时给出了稳定性证明和章动收敛条件。针对服务卫星相对轨道姿态保持和空间机械臂接触点轨迹跟踪控制问题，设计了一种空间机械臂与服务卫星平台协同控制方法，将空间机械臂和接触反作用力/力矩作为前馈补偿叠加到服务卫星平台相对轨道姿态耦合控制系统中，通过空间机械臂与服务卫星平台协同配合完成空间失稳目标接触消旋控制。

第7章 空间失稳目标在轨捕获任务规划与控制

空间失稳目标消旋技术能够有效减小目标卫星自旋角速度，但无法保证完全消旋。对于慢旋的空间失稳目标，星上锚定的捕获部位（捕获锚点）跟随星体姿态旋转运动，空间机械臂捕获操作存在捕获窗口且时间限制较紧，使得大时延的地面遥操作方式难以完成捕获任务。因此，本章采用空间机械臂自主控制方式，通过视觉伺服系统实时采集目标图像信息，经过滤波预测得到目标运动状态，通过输入其控制系统形成闭环自主控制，完成目标捕获操作。

为减小目标捕获瞬时产生的碰撞冲击，要求实时规划空间机械臂的运动轨迹，实现机械臂末端对目标卫星捕获锚点的相对位置姿态同步跟踪。在传统目标捕获轨迹规划方法中，空间机械臂末端对目标卫星捕获锚点的相对速度与其相对距离成正比，且速度增益矩阵多为常值。增大速度增益矩阵可以减少目标捕获时间，但容易产生起始和残余速度过大的问题。同时，在轨迹规划过程中需进行机械臂逆运动学求解，容易产生雅可比矩阵奇异问题。针对上述问题，本章提出一种空间机械臂自主捕获失稳目标轨迹规划方法[221]，利用机械臂的冗余自由度，采用线性规划对速度增益矩阵和关节角速度进行实时计算和动态调整，在减少捕获时间的同时保证机械臂的平滑启动和柔顺捕获。

空间机械臂捕获目标前后，末端质量发生突变，对机械臂控制系统冲击较大，容易造成系统失稳。此外，空间机械臂本身是一个典型的变结构强耦合的非线性系统，存在建模误差和外部干扰等很多不确定因素。滑模变结构控制通过对不确定因素设置上界来保证其稳定性，具有响应快速、实时性强、鲁棒性高等特点，但其控制误差容易产生抖颤现象且无法保证有限收敛时间。针对上述问题，本章采用全局终端滑模控制方法设计空间机械臂轨迹跟踪控制系统[222]，通过构造非线性终端滑模面来消除抖颤并保证跟踪误差在有限时间内收敛到零，以满足空间机械臂自主捕获失稳目标的控制要求。

视觉测量误差对空间机械臂捕获目标的控制精度具有重要影响。本章最后结合工程实际，建立视觉测量误差模型和误差传递模型，并基于本章设计的轨迹规划和控制方法，定量分析测量误差对空间机械臂捕获目标单步控制精度和最终控制精度的影响[223]，给出指定控制精度所允许的最大测量误差范围，为空间机械臂测量和控制精度指标设计提供参考。

7.1 空间机械臂视觉伺服与目标运动预测

7.1.1 空间机械臂视觉伺服系统

空间机械臂视觉伺服系统是指利用视觉传感器得到的图像作为反馈信息而构造的空间

机械臂闭环反馈控制系统。视觉伺服以实现机械臂控制为目的，利用机器视觉原理，从采集得到的图像信息中快速进行图像处理，在尽可能短的时间内给出反馈信息，参与产生控制决策，构成空间机械臂的闭环自主控制系统。根据误差信号定义空间的不同，空间机械臂视觉伺服可以分为基于位置的视觉伺服和基于图像的视觉伺服。

基于位置的视觉伺服又称 3D 视觉伺服，其误差信号定义在笛卡儿空间内，控制结构如图 7-1 所示。该方法利用摄像机模型和从图像提取的目标特征信息，计算得到目标相对于机械臂末端执行器的位置姿态。其优点在于直接在笛卡儿空间中控制机械臂的运动轨迹，符合机器人学习惯，轨迹规划比较直观，并且可将目标位置姿态估计问题与机械臂控制器设计问题解耦，便于分别研究。但是由于该系统没有对图像边界条件进行约束，使得目标图像特征可能超出视场而导致视觉伺服任务失败。此外，其视觉伺服精度依赖于摄像机标定精度和目标几何模型精度，对系统标定误差敏感，且三维重建计算量较大，图像处理时延较长。

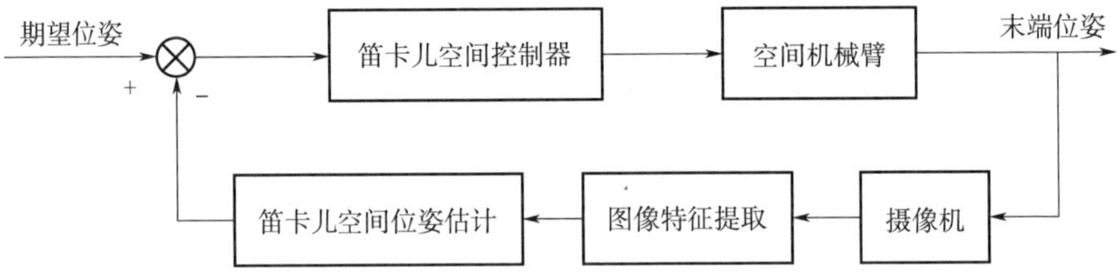

图 7-1 基于位置的视觉伺服系统

基于图像的视觉伺服又称 2D 视觉伺服，其误差信号定义在图像平面内，控制结构如图 7-2 所示。该方法不需要目标模型，无须进行位置姿态估计，可直接利用图像特征进行视觉信息反馈控制，对系统标定误差具有较好的鲁棒性，且计算量较小，图像处理时延较短。但其缺点在于控制过程中需要实时计算图像雅可比矩阵，可能产生雅可比矩阵奇异问题，造成系统控制失稳。并且视觉伺服误差无法保证收敛至全局最小值点，容易产生局部收敛问题。此外，图像雅可比矩阵与特征点的图像深度有关，而深度估计一直是机器视觉中的难点。

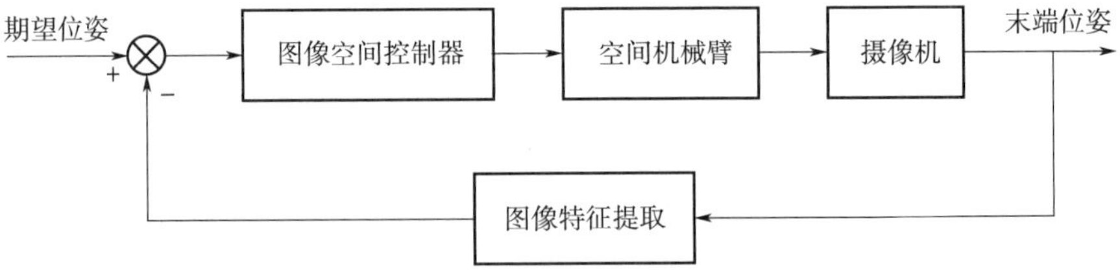

图 7-2 基于图像的视觉伺服系统

本章主要利用视觉伺服图像处理得到的目标位置姿态信息进行空间机械臂轨迹规划与控制，不对位置姿态估计和图像处理算法进行过多研究，因此选用可将位置姿态估计和控制器设计解耦的基于位置的视觉伺服系统来提供机械臂末端与目标卫星捕获锚点的相对位置姿态误差信息。在理想情况下，机械臂成功捕获目标卫星时，机械臂末端坐标系 $\{\boldsymbol{me}\}$ 与捕获锚点坐标系 $\{\boldsymbol{ci}\}$ 重合。除特别说明外，本章所有矢量均用其在惯性坐标系 $\{\boldsymbol{I}\}$ 中的分量表示。

基于位置的空间机械臂视觉伺服系统经过图像采集和处理得到的相对位置姿态观测量定义为

$$\begin{cases} \boldsymbol{r}_{me}^{ci} = [x_{me}^{ci} \quad y_{me}^{ci} \quad z_{me}^{ci}]^{\mathrm{T}} \\ \boldsymbol{e}_{me}^{ci} = [\alpha_{me}^{ci} \quad \beta_{me}^{ci} \quad \gamma_{me}^{ci}]^{\mathrm{T}} \end{cases} \tag{7-1}$$

式中，$\boldsymbol{r}_{me}^{ci}$ 为机械臂末端坐标系 $\{\boldsymbol{me}\}$ 相对于捕获锚点坐标系 $\{\boldsymbol{ci}\}$ 的位置；x_{me}^{ci}、y_{me}^{ci}、z_{me}^{ci} 为 $\boldsymbol{r}_{me}^{ci}$ 在惯性坐标系 $\{\boldsymbol{I}\}$ 三轴上的分量；α_{me}^{ci}、β_{me}^{ci}、γ_{me}^{ci} 为机械臂末端坐标系 $\{\boldsymbol{me}\}$ 相对于捕获锚点坐标系 $\{\boldsymbol{ci}\}$ 的姿态欧拉角，按 3—1—3 旋转顺序。

上述相对位置姿态信息的解算受到图像采集频率和计算机处理速度的限制，存在一定的时间延迟，使得机械臂的运动产生滞后现象。为了减少图像处理时延对机械臂运动的影响，可以采用带有预测功能的滤波算法对目标运动进行预测，以改善控制系统的性能。

7.1.2　卡尔曼滤波运动预测

卡尔曼滤波（Kalman Filter）是一种时域内的线性滤波算法，它将状态空间概念引入随机估计理论，把信号过程视为白噪声作用下的一个线性系统的输出，用系统状态方程来描述这种输入输出关系，估计过程中利用状态方程、观测方程和白噪声激励的统计特性形成滤波算法。卡尔曼滤波在运动预测和信号滤波方面得到了广泛应用。

定义视觉伺服系统的状态量 $\boldsymbol{X}$ 和观测量 $\boldsymbol{Y}$ 分别为

$$\boldsymbol{X} = [x_{me}^{ci} \quad \dot{x}_{me}^{ci} \quad y_{me}^{ci} \quad \dot{y}_{me}^{ci} \quad z_{me}^{ci} \quad \dot{z}_{me}^{ci} \quad \alpha_{me}^{ci} \quad \dot{\alpha}_{me}^{ci} \quad \beta_{me}^{ci} \quad \dot{\beta}_{me}^{ci} \quad \gamma_{me}^{ci} \quad \dot{\gamma}_{me}^{ci}]^{\mathrm{T}} \tag{7-2}$$

$$\boldsymbol{Y} = [x_{me}^{ci} \quad y_{me}^{ci} \quad z_{me}^{ci} \quad \alpha_{me}^{ci} \quad \beta_{me}^{ci} \quad \gamma_{me}^{ci}]^{\mathrm{T}} \tag{7-3}$$

设视觉伺服系统的图像采集和观测输出周期为 T，记 $\boldsymbol{X}(k)$、$\boldsymbol{Y}(k)$ 分别为系统在 kT 时刻的状态量和观测量，视觉伺服系统的状态方程和观测方程分别为

$$\boldsymbol{X}(k+1) = \boldsymbol{\Phi X}(k) + \boldsymbol{W}(k) \tag{7-4}$$

$$\boldsymbol{Y}(k) = \boldsymbol{HX}(k) + \boldsymbol{V}(k) \tag{7-5}$$

式中，$\boldsymbol{W}(k)$ 为过程噪声；$\boldsymbol{V}(k)$ 为观测噪声，且两者为互不相关的高斯白噪声；$\boldsymbol{\Phi}$ 为状态转移矩阵

$$\boldsymbol{\Phi} = \begin{bmatrix} 1 & T & \cdots & 0 & 0 \\ 0 & 1 & & 0 & 0 \\ \vdots & & \ddots & & \vdots \\ 0 & 0 & & 1 & T \\ 0 & 0 & \cdots & 0 & 1 \end{bmatrix}_{12\times 12} \tag{7-6}$$

$\boldsymbol{H}$ 为观测矩阵

$$\boldsymbol{H} = \begin{bmatrix} 1 & 0 & \cdots & 0 & 0 \\ \vdots & & \ddots & & \vdots \\ 0 & 0 & \cdots & 1 & 0 \end{bmatrix}_{6\times 12} \tag{7-7}$$

假设系统初始状态 $\boldsymbol{X}(0)$ 与过程噪声 $\boldsymbol{W}(k)$、观测噪声 $\boldsymbol{V}(k)$ 均互不相关

$$\mathrm{E}[\boldsymbol{X}(0)\boldsymbol{W}(k)^{\mathrm{T}}]=0 \tag{7-8}$$

$$\mathrm{E}[\boldsymbol{X}(0)\boldsymbol{V}(k)^{\mathrm{T}}]=0 \tag{7-9}$$

对于式（7-4）～式（7-5）所描述的视觉伺服系统状态方程和观测方程，线性卡尔曼滤波算法的递推过程为

1）系统初始状态

$$\hat{\boldsymbol{X}}(0\mid 0)=E[\boldsymbol{X}(0)]=\boldsymbol{\mu}_0 \tag{7-10}$$

$$\boldsymbol{P}(0\mid 0)=\mathrm{E}[(\boldsymbol{X}(0)-\boldsymbol{\mu}_0)(\boldsymbol{X}(0)-\boldsymbol{\mu}_0)^{\mathrm{T}}]=\boldsymbol{P}_0 \tag{7-11}$$

2）状态一步预测

$$\hat{\boldsymbol{X}}(k+1\mid k)=\boldsymbol{\Phi}\hat{\boldsymbol{X}}(k\mid k) \tag{7-12}$$

3）一步预测协方差阵

$$\boldsymbol{P}(k+1\mid k)=\boldsymbol{\Phi}\boldsymbol{P}(k\mid k)\boldsymbol{\Phi}^{\mathrm{T}}+\boldsymbol{Q} \tag{7-13}$$

4）滤波增益矩阵

$$\boldsymbol{K}(k+1)=\boldsymbol{P}(k+1\mid k)\boldsymbol{H}^{\mathrm{T}}[\boldsymbol{H}\boldsymbol{P}(k+1\mid k)\boldsymbol{H}^{\mathrm{T}}+\boldsymbol{R}]^{-1} \tag{7-14}$$

5）状态更新

$$\varepsilon(k+1)=\boldsymbol{Y}(k+1)-\boldsymbol{H}\hat{\boldsymbol{X}}(k+1\mid k) \tag{7-15}$$

$$\hat{\boldsymbol{X}}(k+1\mid k+1)=\hat{\boldsymbol{X}}(k+1\mid k)+\boldsymbol{K}(k+1)\varepsilon(k+1) \tag{7-16}$$

6）协方差阵更新

$$\boldsymbol{P}(k+1\mid k+1)=[\boldsymbol{E}-\boldsymbol{K}(k+1)\boldsymbol{H}]\boldsymbol{P}(k+1\mid k) \tag{7-17}$$

定义 $\boldsymbol{v}_{me}^{ci}$、$\boldsymbol{\omega}_{me}^{ci}$ 分别为机械臂末端坐标系 $\{\boldsymbol{me}\}$ 相对于捕获锚点坐标系 $\{\boldsymbol{ci}\}$ 的速度和角速度矢量在惯性坐标系 $\{\boldsymbol{I}\}$ 中的分量，则由线性卡尔曼滤波结果可得

$$\boldsymbol{v}_{me}^{ci}=[\dot{x}_{me}^{ci}\quad \dot{y}_{me}^{ci}\quad \dot{z}_{me}^{ci}]^{\mathrm{T}} \tag{7-18}$$

$$\boldsymbol{\omega}_{me}^{ci}=\boldsymbol{A}_{me}\begin{bmatrix}\sin\beta_{me}^{ci}\sin\gamma_{me}^{ci} & \cos\gamma_{me}^{ci} & 0\\ \sin\beta_{me}^{ci}\cos\gamma_{me}^{ci} & -\sin\gamma_{me}^{ci} & 0\\ \cos\beta_{me}^{ci} & 0 & 1\end{bmatrix}\begin{bmatrix}\dot{\alpha}_{me}^{ci}\\ \dot{\beta}_{me}^{ci}\\ \dot{\gamma}_{me}^{ci}\end{bmatrix} \tag{7-19}$$

式中，$\boldsymbol{A}_{me}$ 为从机械臂末端坐标系 $\{\boldsymbol{me}\}$ 到惯性坐标系 $\{\boldsymbol{I}\}$ 的转换矩阵。

通过视觉伺服和卡尔曼滤波运动预测可以得到空间机械臂末端相对于目标卫星捕获锚点的相对位置 $\boldsymbol{r}_{me}^{ci}$、相对姿态 $\boldsymbol{e}_{me}^{ci}$、相对速度 $\boldsymbol{v}_{me}^{ci}$、相对角速度 $\boldsymbol{\omega}_{me}^{ci}$ 等测量信息，作为空间机械臂轨迹规划和控制系统设计的输入，以实现空间机械臂对失稳目标的自主捕获。

7.2 空间机械臂自主捕获失稳目标轨迹规划

7.2.1 目标捕获轨迹规划问题

空间机械臂自主捕获失稳目标任务场景如图 7-3 所示。目标卫星经消旋减速后处于慢旋状态，捕获锚点跟随星体做旋转运动，速度和角速度分别为 $\boldsymbol{v}_{ci}$、$\boldsymbol{\omega}_{ci}$。服务卫星逼近悬停至最终停泊点，捕获锚点运动轨迹与机械臂工作空间相交。服务卫星姿轨控正常稳

定，卫星平台速度和角速度分别为 $\boldsymbol{v}_{m0}$、$\boldsymbol{\omega}_{m0}$。空间机械臂工作在基座受控模式，关节角度和角速度分别为 $\boldsymbol{\Theta}_m$ 、$\dot{\boldsymbol{\Theta}}_m$ ，末端速度和角速度分别为 $\boldsymbol{v}_{me}$、$\boldsymbol{\omega}_{me}$。研究两星短时间近距离相对运动时，可将目标卫星平动坐标系 $\{\boldsymbol{i}\}$ 视为惯性坐标系 $\{\boldsymbol{I}\}$ 。除特别说明外，本章所有矢量均用其在惯性坐标系 $\{\boldsymbol{I}\}$ 中的分量表示。

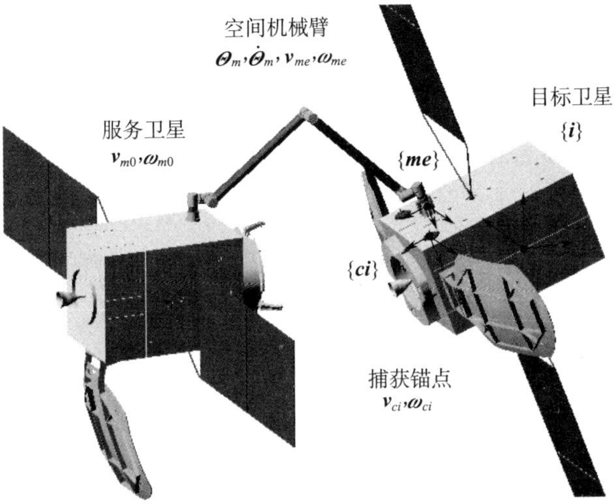

图 7-3　空间机械臂自主捕获失稳目标任务场景

空间机械臂与服务卫星平台模型采用 3.1.2 节建立的刚体运动学模型

$$\begin{bmatrix} \boldsymbol{v}_{me} \\ \boldsymbol{\omega}_{me} \end{bmatrix} = \boldsymbol{J}_s \begin{bmatrix} \boldsymbol{v}_{m0} \\ \boldsymbol{\omega}_{m0} \end{bmatrix} + \boldsymbol{J}_m \dot{\boldsymbol{\Theta}}_m \tag{7-20}$$

式中，$\boldsymbol{J}_s$ 为服务卫星平台运动相关的雅可比矩阵；$\boldsymbol{J}_m$ 为机械臂运动相关的雅可比矩阵。目标卫星捕获锚点的速度 $\boldsymbol{v}_{ci}$ 和角速度 $\boldsymbol{\omega}_{ci}$ 可表示为

$$\begin{cases} \boldsymbol{v}_{ci} = \boldsymbol{v}_{me} - \boldsymbol{v}_{me}^{ci} \\ \boldsymbol{\omega}_{ci} = \boldsymbol{\omega}_{me} - \boldsymbol{\omega}_{me}^{ci} \end{cases} \tag{7-21}$$

在传统目标捕获轨迹规划方法中，机械臂末端的期望速度 $\boldsymbol{v}_{med}$ 和角速度 $\boldsymbol{\omega}_{med}$ 按式(7-22)规划

$$\begin{bmatrix} \boldsymbol{v}_{med} \\ \boldsymbol{\omega}_{med} \end{bmatrix} = -\boldsymbol{K} \begin{bmatrix} \boldsymbol{r}_{me}^{ci} \\ \boldsymbol{o}_{me}^{ci} \end{bmatrix} + \begin{bmatrix} \boldsymbol{v}_{ci} \\ \boldsymbol{\omega}_{ci} \end{bmatrix} \tag{7-22}$$

式中，$\boldsymbol{o}_{me}^{ci}$ 为用轴角法表示的机械臂末端坐标系 $\{\boldsymbol{me}\}$ 相对于捕获锚点坐标系 $\{\boldsymbol{ci}\}$ 的姿态

$$\boldsymbol{o}_{me}^{ci} = \frac{1}{2} \begin{bmatrix} \sin\beta_{me}^{ci}(\cos\alpha_{me}^{ci} + \cos\gamma_{me}^{ci}) \\ \sin\beta_{me}^{ci}(\sin\alpha_{me}^{ci} - \sin\gamma_{me}^{ci}) \\ (1+\cos\beta_{me}^{ci})\sin(\alpha_{me}^{ci} + \gamma_{me}^{ci}) \end{bmatrix} \tag{7-23}$$

$\boldsymbol{K}$ 称为速度增益矩阵，一般取非负常值对角阵，且可以写成如下形式

$$\boldsymbol{K} = \begin{bmatrix} \boldsymbol{K}_v & \boldsymbol{0} \\ \boldsymbol{0} & \boldsymbol{K}_\omega \end{bmatrix} \tag{7-24}$$

式中，$\boldsymbol{K}_v = \mathrm{diag}(k_v,\ k_v,\ k_v) > \boldsymbol{0}$ 为线速度增益矩阵；$\boldsymbol{K}_\omega = \mathrm{diag}(k_\omega,\ k_\omega,\ k_\omega) > \boldsymbol{0}$ 为角速度增益矩阵；$\boldsymbol{K}_v$、$\boldsymbol{K}_\omega$ 对角线元素取值相等是为保证相对速度始终沿相对位置的直线方向。

根据式（7-22）规划得到 $\boldsymbol{v}_{med}$、$\boldsymbol{\omega}_{med}$ 后，通过机械臂逆运动学求解可得关节期望角速度 $\dot{\boldsymbol{\Theta}}_{md}$

$$\dot{\boldsymbol{\Theta}}_{md} = \boldsymbol{J}_m^+ \begin{bmatrix} \boldsymbol{v}_{me} \\ \boldsymbol{\omega}_{me} \end{bmatrix} - \boldsymbol{J}_m^+ \boldsymbol{J}_s \begin{bmatrix} \boldsymbol{v}_{m0} \\ \boldsymbol{\omega}_{m0} \end{bmatrix} \tag{7-25}$$

式中，$\boldsymbol{J}_m^+$ 为机械臂雅可比矩阵 $\boldsymbol{J}_m$ 的广义逆。

在传统的目标捕获轨迹规划算法中，速度增益矩阵 $\boldsymbol{K}$ 的对角线元素 k_v、k_ω 一般取常值。由式（7-22）可知，$\boldsymbol{K}$ 越大，$\boldsymbol{v}_{med}$、$\boldsymbol{\omega}_{med}$ 的模越大，机械臂的捕获时间越短。当 $\boldsymbol{K}$ 取值过大时，容易造成以下问题：1）机械臂启动时，相对位置 $\boldsymbol{r}_{me}^{ci}$ 和姿态 $\boldsymbol{o}_{me}^{ci}$ 较大，使得关节起始角速度 $\dot{\boldsymbol{\Theta}}_{md}$ 较大，可能超过允许值，导致关节损坏；2）临近捕获时，当相对位置 $\boldsymbol{r}_{me}^{ci}$ 和姿态 $\boldsymbol{o}_{me}^{ci}$ 收敛至指定精度时，残余的相对速度 $\boldsymbol{v}_{me}^{ci}$ 和角速度 $\boldsymbol{\omega}_{me}^{ci}$ 较大，未收敛至指定精度，可能导致捕获失败；3）采用式（7-23）规划机械臂关节期望角速度 $\dot{\boldsymbol{\Theta}}_{md}$ 时，需要进行逆运动学求解，容易产生雅可比矩阵 $\boldsymbol{J}_m$ 奇异的问题。

针对上述问题，本章提出一种基于速度增益矩阵动态调整的空间机械臂自主捕获失稳目标轨迹规划方法。利用空间机械臂的冗余自由度（$n \geqslant 7$），采用线性规划实时计算关节角速度约束下的速度增益矩阵最大值 $\boldsymbol{K}^*(t)$ 和相应的关节期望角速度 $\dot{\boldsymbol{\Theta}}_{md}^*(t)$。机械臂启动时，$\boldsymbol{K}(t)$、$\dot{\boldsymbol{\Theta}}_{md}(t)$ 从初值递增至 $\boldsymbol{K}^*(t)$、$\dot{\boldsymbol{\Theta}}_{md}^*(t)$，保证机械臂平滑启动；中间阶段，$\boldsymbol{K}(t)$、$\dot{\boldsymbol{\Theta}}_{md}(t)$ 取最大值 $\boldsymbol{K}^*(t)$、$\dot{\boldsymbol{\Theta}}_{md}^*(t)$，使机械臂快速向目标逼近；临近捕获时，再将 $\boldsymbol{K}(t)$ 递减至指定值 $\boldsymbol{K}_f$，同时以二次规划求得相应的 $\dot{\boldsymbol{\Theta}}_{md}(t)$，保证相对位置、姿态、速度、角速度同时收敛至指定精度。

7.2.2 速度增益矩阵动态调整方法

设空间机械臂关节角速度的上下限分别为 $-\dot{\boldsymbol{\Theta}}_{\max} \leqslant \dot{\boldsymbol{\Theta}}_m \leqslant \dot{\boldsymbol{\Theta}}_{\max}$，各测量量在当前时刻 t 的取值分别为 $\boldsymbol{v}_{m0}(t)$、$\boldsymbol{\omega}_{m0}(t)$、$\boldsymbol{r}_{me}^{ci}(t)$、$\boldsymbol{e}_{me}^{ci}(t)$、$\boldsymbol{v}_{me}^{ci}(t)$、$\boldsymbol{\omega}_{me}^{ci}(t)$，代入式（7-20）、式（7-22），合并整理得

$$-\boldsymbol{K}(t) \begin{bmatrix} \boldsymbol{r}_{me}^{ci}(t) \\ \boldsymbol{o}_{me}^{ci}(t) \end{bmatrix} = \boldsymbol{J}_m(t)\dot{\boldsymbol{\Theta}}_{md}(t) + \boldsymbol{V}(t) \tag{7-26}$$

其中

$$\boldsymbol{V}(t) = \boldsymbol{J}_s(t) \begin{bmatrix} \boldsymbol{v}_{m0}(t) \\ \boldsymbol{\omega}_{m0}(t) \end{bmatrix} - \begin{bmatrix} \boldsymbol{v}_{ci}(t) \\ \boldsymbol{\omega}_{ci}(t) \end{bmatrix} \tag{7-27}$$

将 $\boldsymbol{K}(t)$ 写成式（7-24）所示形式，同时令

$$\begin{cases}\boldsymbol{r}_{me}^{ci}(t)=[r_1(t)\quad r_2(t)\quad r_3(t)]^{\mathrm{T}}\\ \boldsymbol{o}_{me}^{ci}(t)=[o_1(t)\quad o_2(t)\quad o_3(t)]^{\mathrm{T}}\\ \boldsymbol{J}_m(t)=[\boldsymbol{J}_1^{\mathrm{T}}(t)\quad \boldsymbol{J}_2^{\mathrm{T}}(t)\quad \cdots\quad \boldsymbol{J}_6^{\mathrm{T}}(t)]^{\mathrm{T}}\\ \boldsymbol{V}(t)=[V_1(t)\quad V_2(t)\quad \cdots\quad V_6(t)]^{\mathrm{T}}\end{cases}\tag{7-28}$$

式中，$\boldsymbol{J}_i(t)$ 为 $1\times n$ 矩阵，$i=1,2,\cdots,n$，n 为空间机械臂自由度。将式（7-26）写成展开形式

$$\begin{cases}-r_1(t)k_v(t)=\boldsymbol{J}_1(t)\dot{\boldsymbol{\Theta}}_{md}(t)+V_1(t)\\ -r_2(t)k_v(t)=\boldsymbol{J}_2(t)\dot{\boldsymbol{\Theta}}_{md}(t)+V_2(t)\\ -r_3(t)k_v(t)=\boldsymbol{J}_3(t)\dot{\boldsymbol{\Theta}}_{md}(t)+V_3(t)\end{cases}\tag{7-29}$$

$$\begin{cases}-o_1(t)k_\omega(t)=\boldsymbol{J}_4(t)\dot{\boldsymbol{\Theta}}_{md}(t)+V_4(t)\\ -o_2(t)k_\omega(t)=\boldsymbol{J}_5(t)\dot{\boldsymbol{\Theta}}_{md}(t)+V_5(t)\\ -o_3(t)k_\omega(t)=\boldsymbol{J}_6(t)\dot{\boldsymbol{\Theta}}_{md}(t)+V_6(t)\end{cases}\tag{7-30}$$

问题转化为求一组 $\dot{\boldsymbol{\Theta}}_{md}(t)=[\dot{\theta}_{m1d}(t)\quad \dot{\theta}_{m2d}(t)\quad \cdots\quad \dot{\theta}_{mnd}(t)]^{\mathrm{T}}$，使 $k_v(t)+k_\omega(t)$ 取最大值，属于线性规划问题。

将式（7-29）和式（7-30）的后两式分别代入其第一式中，整理得到线性规划的等式约束为

$$\begin{cases}(r_2(t)\boldsymbol{J}_1(t)-r_1(t)\boldsymbol{J}_2(t))\dot{\boldsymbol{\Theta}}_{md}(t)=r_1(t)V_2(t)-r_2(t)V_1(t)\\ (r_3(t)\boldsymbol{J}_1(t)-r_1(t)\boldsymbol{J}_3(t))\dot{\boldsymbol{\Theta}}_{md}(t)=r_1(t)V_3(t)-r_3(t)V_1(t)\\ (o_2(t)\boldsymbol{J}_4(t)-o_1(t)\boldsymbol{J}_5(t))\dot{\boldsymbol{\Theta}}_{md}(t)=o_1(t)V_5(t)-o_2(t)V_4(t)\\ (o_3(t)\boldsymbol{J}_4(t)-o_1(t)\boldsymbol{J}_6(t))\dot{\boldsymbol{\Theta}}_{md}(t)=o_1(t)V_6(t)-o_3(t)V_4(t)\end{cases}\tag{7-31}$$

将式（7-29）和式（7-30）的第一式相加，整理得

$$\left(\frac{\boldsymbol{J}_1(t)}{r_1(t)}+\frac{\boldsymbol{J}_4(t)}{o_1(t)}\right)\dot{\boldsymbol{\Theta}}_{md}(t)=-\left(\frac{V_1(t)}{r_1(t)}+\frac{V_4(t)}{o_1(t)}\right)-(k_v(t)+k_\omega(t))\tag{7-32}$$

则线性规划的目标函数可取为

$$J_{\mathrm{lin}}=\left(\eta_v\frac{\boldsymbol{J}_1(t)}{r_1(t)}+\eta_\omega\frac{\boldsymbol{J}_4(t)}{o_1(t)}\right)\dot{\boldsymbol{\Theta}}_{md}(t)\tag{7-33}$$

式中，η_v、η_ω 分别为线速度和角速度的权重系数，用以调节规划结果中线速度增益 $k_v(t)$ 和角速度增益 $k_\omega(t)$ 的权重。

自变量 $\dot{\boldsymbol{\Theta}}_{md}(t)$ 取值范围满足 $-\dot{\boldsymbol{\Theta}}_{\max}\leqslant\dot{\boldsymbol{\Theta}}_{md}(t)\leqslant\dot{\boldsymbol{\Theta}}_{\max}$。通过线性规划算法可求得使 J_{lin} 取最小值 J_{lin}^* 时的 $\dot{\boldsymbol{\Theta}}_{md}^*(t)$，则 $k_v(t)$、$k_\omega(t)$ 的最大值 $k_v^*(t)$、$k_\omega^*(t)$ 可分别由式（7-29）和式（7-30）的第一式求得

$$\begin{cases}k_v^*(t)=-\dfrac{\boldsymbol{J}_1(t)}{r_1(t)}\dot{\boldsymbol{\Theta}}_{md}^*(t)-\dfrac{V_1(t)}{r_1(t)}\\ k_\omega^*(t)=-\dfrac{\boldsymbol{J}_4(t)}{o_1(t)}\dot{\boldsymbol{\Theta}}_{md}^*(t)-\dfrac{V_4(t)}{o_1(t)}\end{cases}\tag{7-34}$$

进而可得 $\boldsymbol{K}(t)$ 的最大值 $\boldsymbol{K}^*(t)$。

设空间机械臂对失稳目标捕获操作的初始时刻 $t_0=0$。在结束时刻 t_f，机械臂末端相对于捕获锚点的位置、姿态、速度、角速度的精度要求分别为

$$\begin{cases}\|\boldsymbol{r}_{me}^{ci}(t_f)\|_2 \leqslant \varepsilon_r \\ \|\boldsymbol{e}_{me}^{ci}(t_f)\|_\infty \leqslant \varepsilon_e \\ \|\boldsymbol{v}_{me}^{ci}(t_f)\|_2 \leqslant \varepsilon_v \\ \|\boldsymbol{\omega}_{me}^{ci}(t_f)\|_2 \leqslant \varepsilon_\omega\end{cases} \tag{7-35}$$

式中，$\|\cdot\|_2$ 和 $\|\cdot\|_\infty$ 分别为矢量的 2－范数和∞－范数。

将整个捕获过程 $[0,\ t_f]$ 分为三个阶段：1）平滑启动阶段 $[0,\ t_1)$，机械臂关节平滑启动，使其末端速度从初值递增至沿相对直线方向所能达到的最大值；2）快速逼近阶段 $[t_1,\ t_2)$，机械臂末端以最大速度快速逼近目标，以尽可能减少捕获时间；3）临近捕获阶段 $[t_2,\ t_f]$，机械臂减速，使相对位置、姿态、速度、角速度在结束时刻 t_f 同时收敛至指定精度。

t_1 为机械臂完成平滑启动时刻，其取值与空间机械臂关节性能有关。t_2 为临近捕获阶段起始时刻。当相对位置 $\boldsymbol{r}_{me}^{ci}$ 收敛至一定程度时，可认为进入临近捕获阶段，故 t_2 取值可按下式确定

$$\|\boldsymbol{r}_{me}^{ci}(t_2)\|_2 \leqslant \sigma\varepsilon_r \tag{7-36}$$

式中，σ 为正整数。

设视觉伺服系统图像测量输出周期为 T，$\boldsymbol{x}(k)$ 为变量 $\boldsymbol{x}$ 在 kT 时刻的取值，令 $k_1=t_1/T$、$k_2=t_2/T$、$k_3=t_3/T$，$\boldsymbol{K}(t)$、$\dot{\boldsymbol{\Theta}}_{md}(t)$ 的动态调整方法如下：

（1）初始时刻

初始时刻 $t_0=0$，各测量量的初值 $\boldsymbol{v}_{m0}(0)$、$\boldsymbol{\omega}_{m0}(0)$、$\boldsymbol{r}_{me}^{ci}(0)$、$\boldsymbol{e}_{me}^{ci}(0)$、$\boldsymbol{v}_{me}^{ci}(0)$、$\boldsymbol{\omega}_{me}^{ci}(0)$ 已知，设定 $\dot{\boldsymbol{\Theta}}_{md}(0)=\boldsymbol{0}$，代入式（7－26）可求得 $\boldsymbol{K}(0)$。

（2）平滑启动阶段

对于 $\forall k\in(0,\ k_1)\cap \mathbf{Z}^+$，$\boldsymbol{K}$、$\dot{\boldsymbol{\Theta}}_{md}$ 在当前 k 时刻的取值 $\boldsymbol{K}(k)$、$\dot{\boldsymbol{\Theta}}_{md}(k)$ 已知，采用线性规划算法可求得 $\boldsymbol{K}$ 在当前 k 时刻的最大值 $\boldsymbol{K}^*(k)$ 和相应的 $\dot{\boldsymbol{\Theta}}_{md}^*(k)$，则 $\boldsymbol{K}$、$\dot{\boldsymbol{\Theta}}_{md}$ 在 $k+1$ 时刻的取值 $\boldsymbol{K}(k+1)$、$\dot{\boldsymbol{\Theta}}_{md}(k+1)$ 按下式进行规划

$$\begin{cases}\boldsymbol{K}(k+1)=\boldsymbol{K}(k)+\dfrac{\boldsymbol{K}^*(k)-\boldsymbol{K}(k)}{k_1-k} \\ \dot{\boldsymbol{\Theta}}_{md}(k+1)=\dot{\boldsymbol{\Theta}}_{md}(k)+\dfrac{\dot{\boldsymbol{\Theta}}_{md}^*(k)-\dot{\boldsymbol{\Theta}}_{md}(k)}{k_1-k}\end{cases} \tag{7-37}$$

（3）快速逼近阶段

对于 $\forall k\in[k_1,\ k_2)\cap \mathbf{Z}^+$，采用线性规划算法可求得 $\boldsymbol{K}$ 在当前 k 时刻的最大值 $\boldsymbol{K}^*(k)$ 和相应的 $\dot{\boldsymbol{\Theta}}_{md}^*(k)$，则 $\boldsymbol{K}$、$\dot{\boldsymbol{\Theta}}_{md}$ 在 $k+1$ 时刻的取值 $\boldsymbol{K}(k+1)$、$\dot{\boldsymbol{\Theta}}_{md}(k+1)$ 按下式进行规划

$$\begin{cases}\boldsymbol{K}(k+1)=\boldsymbol{K}^{*}(k)\\ \dot{\boldsymbol{\Theta}}_{md}(k+1)=\dot{\boldsymbol{\Theta}}_{md}^{*}(k)\end{cases} \tag{7-38}$$

(4) 临近捕获阶段

根据相对位置、姿态、速度、角速度在结束时刻 t_f 同时收敛至指定精度的要求，令

$$k_{vf}=\frac{\varepsilon_v}{\varepsilon_r},\quad k_{\omega f}=\frac{\varepsilon_\omega}{\varepsilon_e} \tag{7-39}$$

则 $\boldsymbol{K}$ 在结束时刻 t_f 的取值要求 $\boldsymbol{K}(t_f)$ 为

$$\boldsymbol{K}(t_f)=\begin{bmatrix}\boldsymbol{K}_{vf} & \boldsymbol{0}\\ \boldsymbol{0} & \boldsymbol{K}_{\omega f}\end{bmatrix} \tag{7-40}$$

式中，$\boldsymbol{K}_{vf}=\mathrm{diag}(k_{vf},\ k_{vf},\ k_{vf})$，$\boldsymbol{K}_{\omega f}=\mathrm{diag}(k_{\omega f},\ k_{\omega f},\ k_{\omega f})$。

对于 $\forall k\in[k_2,\ k_f)\cap \boldsymbol{Z}^{+}$，$\boldsymbol{K}$、$\dot{\boldsymbol{\Theta}}_{md}$ 在当前 k 时刻的取值 $\boldsymbol{K}(k)$、$\dot{\boldsymbol{\Theta}}_{md}(k)$ 已知，则 $\boldsymbol{K}$ 在 $k+1$ 时刻的取值 $\boldsymbol{K}(k+1)$ 按下式进行规划

$$\boldsymbol{K}(k+1)=\boldsymbol{K}(k)-\frac{\boldsymbol{K}(k)-\boldsymbol{K}(k_f)}{k_f-k} \tag{7-41}$$

采用二次规划计算 $\dot{\boldsymbol{\Theta}}_{md}(k+1)$，目标函数为

$$J_{\text{qua}}=\frac{1}{2}\sum_{i=1}^{n}\left[\dot{\theta}_{mid}(k+1)-\dot{\theta}_{mid}(k)\right]^2 \tag{7-42}$$

等式约束为式 (7-26)，自变量取值范围同线性规划。通过二次规划算法求得使 J_{qua} 取最小值 J_{qua}^{*} 时的 $\dot{\boldsymbol{\Theta}}_{md}(k+1)$，以平滑关节角速度曲线，减小抖动。

从上述 $\boldsymbol{K}(k)$、$\dot{\boldsymbol{\Theta}}_{md}(k)$ 动态调整方法可见，整个计算过程仅用到空间机械臂的正运动学方程，从而可以避免逆运动学求解带来的雅可比矩阵 $\boldsymbol{J}_m$ 奇异问题。

7.2.3 目标捕获轨迹规划方法

基于速度增益矩阵动态调整方法，空间机械臂自主捕获失稳目标轨迹规划方法如图 7-4 所示。

轨迹规划方法具体步骤如下：

1) 通过视觉伺服和运动预测获取当前 k 时刻各运动学参数测量值 $\boldsymbol{v}_{m0}(k)$、$\boldsymbol{\omega}_{m0}(k)$、$\boldsymbol{r}_{me}^{ci}(k)$、$\boldsymbol{e}_{me}^{ci}(k)$、$\boldsymbol{v}_{me}^{ci}(k)$、$\boldsymbol{\omega}_{me}^{ci}(k)$，并计算 $\boldsymbol{v}_{ci}(k)$、$\boldsymbol{\omega}_{ci}(k)$、$\boldsymbol{o}_{me}^{ci}(k)$。

2) 根据 k 的取值判断当前时刻属于捕获过程的哪一阶段。若为初始时刻 $k=0$，初值 $\dot{\boldsymbol{\Theta}}_m(0)$ 已知，则按式 (7-26) 计算 $\boldsymbol{K}(0)$。

3) 若 $k\in(0,\ k_1)$，为平滑启动阶段。采用线性规划算法求得当前时刻的 $\boldsymbol{K}^{*}(k)$、$\dot{\boldsymbol{\Theta}}_{md}^{*}(k)$，按式 (7-37) 规划下一时刻的 $\boldsymbol{K}(k+1)$、$\dot{\boldsymbol{\Theta}}_{md}(k+1)$。

4) 若 $k\in[k_1,\ k_2)$，为快速逼近阶段。采用线性规划算法求得当前时刻的 $\boldsymbol{K}^{*}(k)$、$\dot{\boldsymbol{\Theta}}_{md}^{*}(k)$，按式 (7-38) 规划下一时刻的 $\boldsymbol{K}(k+1)$、$\dot{\boldsymbol{\Theta}}_{md}(k+1)$。

5) 若 $k\in[k_2,\ k_f)$，为临近捕获阶段。按式 (7-41) 规划下一时刻的 $\boldsymbol{K}(k+1)$，

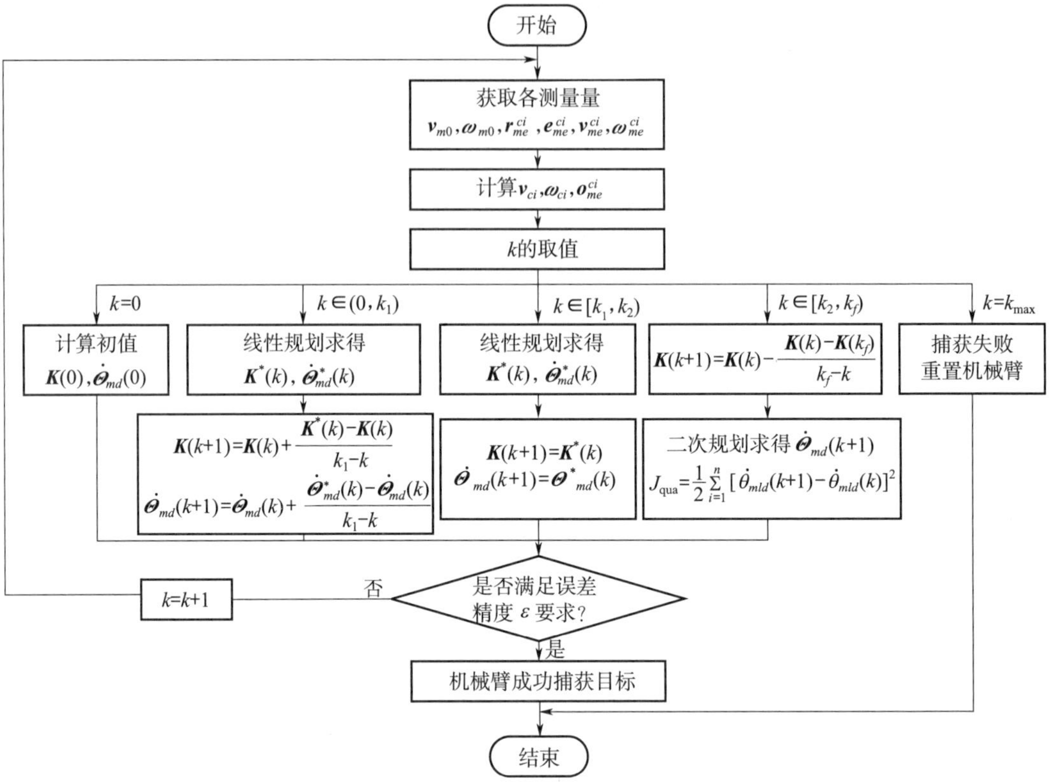

图 7-4　空间机械臂自主捕获失稳目标轨迹规划流程

采用二次规划算法求得下一时刻的 $\dot{\boldsymbol{\Theta}}_{md}(k+1)$。

6）若 $k=k_{\max}$，表明循环次数已到达规定的最大值，始终无法满足捕获条件，捕获任务失败，重置空间机械臂，结束当前捕获操作。

7）根据式（7-35）判断 $\boldsymbol{r}_{me}^{ci}(k)$、$\boldsymbol{e}_{me}^{ci}(k)$、$\boldsymbol{v}_{me}^{ci}(k)$、$\boldsymbol{\omega}_{me}^{ci}(k)$ 是否满足指定精度要求。若不满足，令 $k=k+1$，转 1）。

8）若满足，表明已实现机械臂末端对目标卫星捕获锚点的相对位置姿态的同步跟踪，发出指令使机械臂成功捕获目标，令 $k_f=k$，捕获任务结束。

7.3　空间机械臂全局终端滑模轨迹跟踪控制

7.3.1　全局终端滑模控制器设计

滑模变结构控制（Sliding Mode Control，SMC）是一种典型的非线性鲁棒控制策略，其控制系统结构并不固定，而是根据系统当前状态，有目的地不断变化，迫使系统按照预定的“滑动模态”状态轨迹运动。由于滑动模态可以设计且与系统参数及扰动无关，因而使得滑模控制对系统参数变化和外部扰动都具有很强的鲁棒性。此外，滑模控制不需要精确的系统模型，算法简单、实时性强、响应快速，目前在航空航天和机器人领域都得到了广泛应用。普通滑模控制使用切换函数来迫使系统在滑模面附近做小振幅高频率的上下运动，并通过对每种不确定因素设置上界来保证稳定性，其本质上的不连续开关特性会引起系统的抖颤。抖颤不仅影响控制的精确性，增加能量消耗，而且容易激发系统高频模态，破坏系统的稳定性。此外，普通滑模控制通常使用线性滑模面，系统到达滑模面后，跟踪误差渐近收敛到零，收敛速度可以通过滑模面参数来调节，但跟踪误差无法保证在有限时间内收敛到零。

终端滑模控制（Terminal Sliding Mode Control，TSMC）在滑动超平面的设计中引入非线性函数，构造动态非线性滑模面，在保证系统稳定性的基础上，使得跟踪误差在滑模面上能够在指定的有限时间内收敛到零。并且相对于普通线性滑模控制，终端滑模控制无切换项，可有效地消除抖颤现象。终端滑模控制的缺点在于只能保证跟踪误差在滑模面上的有限收敛时间，无法保证其在全局范围内的有限收敛时间。并且当跟踪误差在滑模面上收敛至接近零点时，其收敛速度要慢于普通线性滑模控制。

基于上述分析，本章综合考虑线性滑模和终端滑模，设计全局终端滑模控制（Global Terminal Sliding Mode Control，GTSMC），保证跟踪误差在全局范围内的有限收敛时间，同时通过消除切换项来有效消除抖颤，保证系统良好的稳定性和动态特性。基于全局终端滑模控制设计空间机械臂自主控制系统，控制空间机械臂精确跟踪规划得到的期望运动轨迹，完成参数和非参数不确定因素影响下的空间失稳目标在轨捕获任务。

空间失稳目标捕获前，机械臂末端空载，其关节和臂杆的基频较高，柔性振动并不显著。此外，服务卫星控制系统在此阶段正常工作，太阳翼等附件的柔性振动可假设能够被其控制系统正常控制。因此可将空间机械臂和服务卫星平台组成的系统视为刚体系统。根据 3.1 节建立的刚体动力学模型，同时考虑系统建模误差、不确定参数和外部干扰等不确定因素，空间机械臂与服务卫星平台刚体动力学方程为

$$\boldsymbol{M}(\boldsymbol{\Theta}_m)\ddot{\boldsymbol{\Theta}}_m+\boldsymbol{C}(\boldsymbol{\Theta}_m,\dot{\boldsymbol{\Theta}}_m)\dot{\boldsymbol{\Theta}}_m+\boldsymbol{D}(\boldsymbol{\Theta}_m)+\Delta\boldsymbol{U}=\boldsymbol{T}_m \tag{7-43}$$

式中，$\boldsymbol{M}(\boldsymbol{\Theta}_m)$、$\boldsymbol{C}(\boldsymbol{\Theta}_m,\dot{\boldsymbol{\Theta}}_m)$、$\boldsymbol{D}(\boldsymbol{\Theta}_m)$、$\boldsymbol{T}_m$ 的物理含义和表达式同 3.1 节；$\Delta\boldsymbol{U}$ 为包括各种参数和非参数不确定因素的扰动项

$$\Delta\boldsymbol{U}=[\Delta u_1 \quad \Delta u_2 \quad \cdots \quad \Delta u_n]^{\mathrm{T}} \tag{7-44}$$

式中，n 为空间机械臂自由度。

式（7-43）所示的空间机械臂与服务卫星平台刚体动力学模型具有以下性质：

1）矩阵 $\boldsymbol{M}(\boldsymbol{\Theta}_m)$ 非奇异，逆矩阵 $\boldsymbol{M}(\boldsymbol{\Theta}_m)^{-1}$ 存在。

2）矩阵 $\boldsymbol{M}(\boldsymbol{\Theta}_m)$ 对称正定有界。

3）合理选取 $\boldsymbol{C}(\boldsymbol{\Theta}_m,\dot{\boldsymbol{\Theta}}_m)$，可使 $\dot{\boldsymbol{M}}(\boldsymbol{\Theta}_m)-2\boldsymbol{C}(\boldsymbol{\Theta}_m,\dot{\boldsymbol{\Theta}}_m)$ 为反对称矩阵

$$\boldsymbol{X}^{\mathrm{T}}[\dot{\boldsymbol{M}}(\boldsymbol{\Theta}_m)-2\boldsymbol{C}(\boldsymbol{\Theta}_m,\dot{\boldsymbol{\Theta}}_m)]\boldsymbol{X}=0,\forall\boldsymbol{X}\in\mathbf{R}^n \tag{7-45}$$

定义 $\boldsymbol{E}_m$ 为矢量形式的空间机械臂关节轨迹跟踪误差

$$\boldsymbol{E}_m=\boldsymbol{\Theta}_{md}-\boldsymbol{\Theta}_m \tag{7-46}$$

式中，$\boldsymbol{\Theta}_{md}$、$\boldsymbol{\Theta}_m$ 分别为空间机械臂的期望关节角度和实际关节角度

$$\begin{cases}\boldsymbol{E}_m = [e_{m1} \quad e_{m2} \quad \cdots \quad e_{mn}]^{\mathrm{T}} \\ \boldsymbol{\Theta}_{md} = [\theta_{m1d} \quad \theta_{m2d} \quad \cdots \quad \theta_{mnd}]^{\mathrm{T}} \\ \boldsymbol{\Theta}_m = [\theta_{m1} \quad \theta_{m2} \quad \cdots \quad \theta_{mn}]^{\mathrm{T}}\end{cases} \tag{7-47}$$

构造全局终端滑模超平面为

$$\boldsymbol{S} = \dot{\boldsymbol{E}}_m + \boldsymbol{A}\boldsymbol{E}_m + \boldsymbol{B}\boldsymbol{E}_m^{q/p} \tag{7-48}$$

其中

$$\begin{cases}\boldsymbol{S} = [s_1 \quad s_2 \quad \cdots \quad s_n]^{\mathrm{T}} \\ \boldsymbol{E}_m^{q/p} = [e_{m1}^{q/p} \quad e_{m2}^{q/p} \quad \cdots \quad e_{mn}^{q/p}]^{\mathrm{T}} \\ \boldsymbol{A} = \mathrm{diag}(\alpha_1, \alpha_2, \cdots, \alpha_n) \\ \boldsymbol{B} = \mathrm{diag}(\beta_1, \beta_2, \cdots, \beta_n)\end{cases} \tag{7-49}$$

且有 $\alpha_i > 0$，$\beta_i > 0$，p、q 为正奇数，$p > q$，$i = 1, 2, \cdots, n$。

假定系统不确定项 $\Delta \boldsymbol{U}$ 有界，根据全局终端滑模控制方法，构造空间机械臂关节轨迹跟踪控制律为

$$\begin{aligned}\boldsymbol{T}_m = {} & \boldsymbol{M}(\boldsymbol{\Theta}_m)\left[\ddot{\boldsymbol{\Theta}}_{md} + \boldsymbol{A}\dot{\boldsymbol{E}}_m + \frac{q}{p}\boldsymbol{B}\boldsymbol{E}_m^{(q-p)/p}\dot{\boldsymbol{E}}_m\right] + \boldsymbol{C}(\boldsymbol{\Theta}_m, \dot{\boldsymbol{\Theta}}_m)\dot{\boldsymbol{\Theta}}_m + \boldsymbol{D}(\boldsymbol{\Theta}_m) + \\ & \boldsymbol{C}(\boldsymbol{\Theta}_m, \dot{\boldsymbol{\Theta}}_m)\boldsymbol{S} + \boldsymbol{\Phi}\boldsymbol{S} + \boldsymbol{\Gamma}\boldsymbol{S}^{q/p}\end{aligned} \tag{7-50}$$

其中

$$\begin{cases}\boldsymbol{S}^{q/p} = [s_1^{q/p} \quad s_2^{q/p} \quad \cdots \quad s_n^{q/p}]^{\mathrm{T}} \\ \boldsymbol{\Phi} = \mathrm{diag}(\varphi_1, \varphi_2, \cdots, \varphi_n) \\ \boldsymbol{\Gamma} = \mathrm{diag}(\gamma_1, \gamma_2, \cdots, \gamma_n)\end{cases} \tag{7-51}$$

$$\gamma_i = \frac{|\Delta u_i|}{|s_i^{q/p}|} + \eta_i \tag{7-52}$$

且有 $\varphi_i > 0$，$\eta_i > 0$，因而有 $\gamma_i > 0$，$i = 1, 2, \cdots, n$。

7.3.2 控制系统稳定性分析

根据式（7-48），滑模面 $\boldsymbol{S}$ 对时间 t 的一阶导数为

$$\dot{\boldsymbol{S}} = \ddot{\boldsymbol{E}}_m + \boldsymbol{A}\dot{\boldsymbol{E}}_m + \frac{q}{p}\boldsymbol{B}\boldsymbol{E}_m^{(q-p)/p}\dot{\boldsymbol{E}}_m \tag{7-53}$$

等式两边乘以 $\boldsymbol{M}(\boldsymbol{\Theta}_m)$，并将式（7-46）代入得

$$\boldsymbol{M}(\boldsymbol{\Theta}_m)\dot{\boldsymbol{S}} = \boldsymbol{M}(\boldsymbol{\Theta}_m)\left[\ddot{\boldsymbol{\Theta}}_{md} - \ddot{\boldsymbol{\Theta}}_m + \boldsymbol{A}\dot{\boldsymbol{E}}_m + \frac{q}{p}\boldsymbol{B}\boldsymbol{E}_m^{(q-p)/p}\dot{\boldsymbol{E}}_m\right] \tag{7-54}$$

再将空间机械臂与服务卫星平台刚体动力学方程式（7-43）代入得

$$\begin{aligned}\boldsymbol{M}(\boldsymbol{\Theta}_m)\dot{\boldsymbol{S}} = {} & \boldsymbol{M}(\boldsymbol{\Theta}_m)\left[\ddot{\boldsymbol{\Theta}}_{md} + \boldsymbol{A}\dot{\boldsymbol{E}}_m + \frac{q}{p}\boldsymbol{B}\boldsymbol{E}_m^{(q-p)/p}\dot{\boldsymbol{E}}_m\right] + \\ & \boldsymbol{C}(\boldsymbol{\Theta}_m, \dot{\boldsymbol{\Theta}}_m)\dot{\boldsymbol{\Theta}}_m + \boldsymbol{D}(\boldsymbol{\Theta}_m) + \Delta\boldsymbol{U} - \boldsymbol{T}_m\end{aligned} \tag{7-55}$$

最后将全局终端滑模控制律式（7-50）代入，整理得

$$\boldsymbol{M}(\boldsymbol{\Theta}_m)\dot{\boldsymbol{S}} = \Delta\boldsymbol{U} - \boldsymbol{C}(\boldsymbol{\Theta}_m, \dot{\boldsymbol{\Theta}}_m)\boldsymbol{S} - \boldsymbol{\Phi}\boldsymbol{S} - \boldsymbol{\Gamma}\boldsymbol{S}^{q/p} \tag{7-56}$$

由式（7-52）可得

$$\frac{\Delta u_i}{\left| s_i^{q/p} \right|} - \gamma_i \leqslant \frac{\left| \Delta u_i \right|}{\left| s_i^{q/p} \right|} - \gamma_i = -\eta_i \tag{7-57}$$

因而有

$$\Delta u_i - \gamma_i \left| s_i^{q/p} \right| \leqslant -\eta_i \left| s_i^{q/p} \right| \tag{7-58}$$

令 $\boldsymbol{H} = \mathrm{diag}(\eta_1, \eta_2, \cdots, \eta_n)^{\mathrm{T}}$，将式（7-58）写成矩阵形式，有

$$\Delta\boldsymbol{U} - \boldsymbol{\Gamma}\boldsymbol{S}^{q/p} \leqslant -\boldsymbol{H}\boldsymbol{S}^{q/p} \tag{7-59}$$

将式（7-59）代入式（7-56），整理得

$$\boldsymbol{M}(\boldsymbol{\Theta}_m)\dot{\boldsymbol{S}} \leqslant -\boldsymbol{C}(\boldsymbol{\Theta}_m, \dot{\boldsymbol{\Theta}}_m)\boldsymbol{S} - \boldsymbol{\Phi}\boldsymbol{S} - \boldsymbol{H}\boldsymbol{S}^{q/p} \tag{7-60}$$

选取 Lyapunov 函数为

$$V = \frac{1}{2}\boldsymbol{S}^{\mathrm{T}}\boldsymbol{M}(\boldsymbol{\Theta}_m)\boldsymbol{S} \tag{7-61}$$

将式（7-61）对时间 t 求导，并利用动力学模型性质 3)，整理得

$$\begin{aligned} \dot{V} &= \frac{1}{2}\boldsymbol{S}^{\mathrm{T}}\dot{\boldsymbol{M}}(\boldsymbol{\Theta}_m)\boldsymbol{S} + \boldsymbol{S}^{\mathrm{T}}\boldsymbol{M}(\boldsymbol{\Theta}_m)\dot{\boldsymbol{S}} \\ &= \boldsymbol{S}^{\mathrm{T}}\boldsymbol{C}(\boldsymbol{\Theta}_m, \dot{\boldsymbol{\Theta}}_m)\boldsymbol{S} + \boldsymbol{S}^{\mathrm{T}}\boldsymbol{M}(\boldsymbol{\Theta}_m)\dot{\boldsymbol{S}} \\ &\leqslant -\boldsymbol{S}^{\mathrm{T}}\boldsymbol{\Phi}\boldsymbol{S} - \boldsymbol{S}^{\mathrm{T}}\boldsymbol{H}\boldsymbol{S}^{q/p} \end{aligned} \tag{7-62}$$

将式（7-62）中的矩阵展开，写成元素求和形式，有

$$\dot{V} \leqslant -\sum_{i=1}^{n}\varphi_i s_i^2 - \sum_{i=1}^{n}\eta_i s_i^{(q+p)/p} \tag{7-63}$$

由于 $\varphi_i > 0$，$\eta_i > 0$，$p+q$ 为正偶数，因此有 $\dot{V} \leqslant 0$，并且当且仅当 $\boldsymbol{S} = \boldsymbol{0}$ 时，$\dot{V} = 0$，从而可以证明系统是渐近稳定的。此外，从式（7-50）可以看出，全局终端滑模控制律是连续的，不含切换项，因而可以有效消除系统抖颤。

7.3.3 跟踪误差收敛时间分析

首先研究一元微分方程

$$\dot{x} + ax + bx^{q/p} = 0 \tag{7-64}$$

式中，x 为状态变量，$a > 0$，$b > 0$，p、q 为正奇数，$p > q$，整理可得

$$x^{-q/p}\frac{\mathrm{d}x}{\mathrm{d}t} + ax^{(p-q)/p} = -b \tag{7-65}$$

令 $y = x^{(p-q)/p}$，则有

$$\frac{\mathrm{d}y}{\mathrm{d}t} = \frac{p-q}{p}x^{-q/p}\frac{\mathrm{d}x}{\mathrm{d}t} \tag{7-66}$$

将式（7-66）代入式（7-65）得

$$\frac{\mathrm{d}y}{\mathrm{d}t} + \frac{p-q}{p}ay = -\frac{p-q}{p}b \tag{7-67}$$

一阶线性微分方程 $\mathrm{d}y/\mathrm{d}t + P(t)y = Q(t)$ 的通解为

$$y(t) = \mathrm{e}^{-\int P(t)\mathrm{d}t}\left[\int Q(t)\mathrm{e}^{\int P(t)\mathrm{d}t}\mathrm{d}t + y(0)\right] \tag{7-68}$$

则式（7－67）的解为

$$y(t) = \mathrm{e}^{-\int_0^t \frac{p-q}{p}a\mathrm{d}t}\left[\int_0^t -\frac{p-q}{p}b\mathrm{e}^{\int_0^t \frac{p-q}{p}a\mathrm{d}t}\mathrm{d}t + y(0)\right] \tag{7-69}$$

进一步积分化简得

$$y(t) = -\frac{b}{a} + \frac{b}{a}\mathrm{e}^{-\frac{p-q}{p}at} + y(0)\mathrm{e}^{-\frac{p-q}{p}at} \tag{7-70}$$

设 t_x 为状态变量 x 从初值 $x(0) \neq 0$ 收敛到 $x = 0$ 所用时间，且有 $x(t_x) = 0$，$y(t_x) = 0$。则当 $t = t_x$ 时，式（7－70）变为

$$\frac{b}{a}\mathrm{e}^{-\frac{p-q}{p}at_x} + y(0)\mathrm{e}^{-\frac{p-q}{p}at_x} = \frac{b}{a} \tag{7-71}$$

将 $y(0) = x(0)^{(p-q)/p}$ 代入，整理解得

$$t_x = \frac{p}{a(p-q)}\ln\frac{ax(0)^{(p-q)/p} + b}{b} \tag{7-72}$$

对于式（7－43）所示的空间机械臂与服务卫星平台刚体动力学系统，根据动力学模型性质 1）和 2），$\boldsymbol{M}(\boldsymbol{\Theta}_m)$ 为非奇异对称正定矩阵，将不等式（7－60）两边乘以 $\boldsymbol{M}(\boldsymbol{\Theta}_m)^{-1}$ 得

$$\dot{\boldsymbol{S}} \leqslant -\boldsymbol{M}(\boldsymbol{\Theta}_m)^{-1}[\boldsymbol{C}(\boldsymbol{\Theta}_m, \dot{\boldsymbol{\Theta}}_m) + \boldsymbol{\Phi}]\boldsymbol{S} - \boldsymbol{M}(\boldsymbol{\Theta}_m)^{-1}\boldsymbol{H}\boldsymbol{S}^{q/p} \tag{7-73}$$

又因为 $\boldsymbol{M}(\boldsymbol{\Theta}_m)$ 有界，因此存在矩阵 $\boldsymbol{\Phi}^*$、$\boldsymbol{H}^*$，满足

$$\dot{\boldsymbol{S}} = -\boldsymbol{\Phi}^*\boldsymbol{S} - \boldsymbol{H}^*\boldsymbol{S}^{q/p} \tag{7-74}$$

其中

$$\begin{cases} \boldsymbol{\Phi}^* = \mathrm{diag}(\varphi_1^*, \varphi_2^*, \cdots, \varphi_n^*) \\ \boldsymbol{H}^* = \mathrm{diag}(\eta_1^*, \eta_2^*, \cdots, \eta_n^*) \end{cases} \tag{7-75}$$

且有 $\varphi_i^* > 0$，$\eta_i^* > 0$，$i = 1, 2, \cdots, n$。

研究空间机械臂关节 i 的轨迹跟踪误差 e_{mi}。在全局终端滑模控制律式（7－50）作用下，定义 t_{ri} 为跟踪误差 e_{mi} 从初始状态 $s_i(0) \neq 0$ 到滑模面 $s_i(t_{ri}) = 0$ 的收敛时间，根据式（7－74）可得其微分方程为

$$\dot{s}_i + \varphi_i^* s_i + \eta_i^* s_i^{q/p} = 0 \tag{7-76}$$

从而解得

$$t_{ri} = \frac{p}{\varphi_i^*(p-q)}\ln\frac{\varphi_i^* s_i(0)^{(p-q)/p} + \eta_i^*}{\eta_i^*} \tag{7-77}$$

在滑模面 $s_i = 0$ 上，定义 t_{si} 为跟踪误差 e_{mi} 从初始状态 $e_{mi}(t_{ri}) \neq 0$ 到零点 $e_{mi}(t_{ri} + t_{si}) = 0$ 的收敛时间，根据滑模面定义式（7－48）可得其微分方程为

$$\dot{e}_{mi} + \alpha_i e_{mi} + \beta_i e_{mi}^{q/p} = 0 \tag{7-78}$$

从而解得

$$t_{si}=\frac{p}{\alpha_i(p-q)}\ln\frac{\alpha_i e_{mi}(t_{ri})^{(p-q)/p}+\beta_i}{\beta_i} \tag{7-79}$$

定义 t_{total} 为空间机械臂所有关节跟踪误差 e_{m1}，e_{m2}，…，e_{mn} 在全局范围内从初始状态到零点的总收敛时间

$$t_{\text{total}}=\max_{i\in[1,n]}\{t_{ri}+t_{si}\} \tag{7-80}$$

合理选择参数 p、q、φ_i^*、η_i^*、α_i、β_i，可使跟踪误差收敛时间 t_{total} 调整至指定值，保证跟踪误差在有限时间内收敛到零。

由滑模面微分方程式（7-78）可得

$$\dot{e}_{mi}=-\alpha_i e_{mi}-\beta_i e_{mi}^{q/p} \tag{7-81}$$

当跟踪误差 e_{mi} 远离零点时，收敛时间主要由快速终端吸引子 $\dot{e}_{mi}=-\beta_i e_{mi}^{q/p}$ 决定；当跟踪误差 e_{mi} 接近零点时，收敛时间主要由式 $\dot{e}_{mi}=-\alpha_i e_{mi}$ 决定，e_{mi} 呈指数快速衰减。到达阶段的微分方程式（7-76）同理。因此，全局终端滑模既引入了终端吸引子，保证跟踪误差在有限时间内收敛，又保留了线性滑模在接近零点时的快速性，从而使得跟踪误差快速精确地收敛到零点。

7.4　视觉测量误差对目标捕获控制精度影响

7.4.1　视觉测量误差模型

空间机械臂自主捕获失稳目标的整体控制结构如图 7-5 所示。空间机械臂通过视觉伺服和运动预测得到其末端与目标卫星捕获锚点的相对位置姿态信息 $\boldsymbol{r}_{me}^{ci}$、$\boldsymbol{e}_{me}^{ci}$、$\boldsymbol{v}_{me}^{ci}$、$\boldsymbol{\omega}_{me}^{ci}$，作为规划和控制的输入条件。然后通过目标捕获轨迹规划得到关节期望角度和角速度 $\boldsymbol{\Theta}_{md}$、$\dot{\boldsymbol{\Theta}}_{md}$，再与关节伺服得到的关节实际角度和角速度 $\boldsymbol{\Theta}_m$、$\dot{\boldsymbol{\Theta}}_m$ 相减，得到轨迹跟踪误差 $\boldsymbol{E}_m$、$\dot{\boldsymbol{E}}_m$，输入给全局终端滑模控制系统形成关节控制力矩 $\boldsymbol{T}_m$，驱动机械臂关节运动，完成空间失稳目标捕获任务。

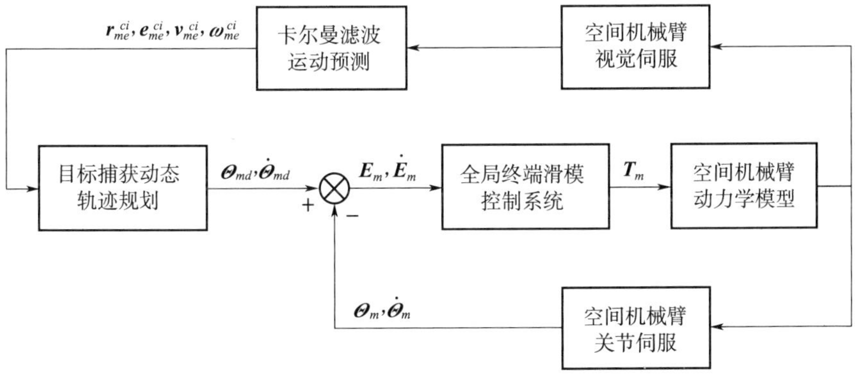

图 7-5　空间机械臂自主捕获失稳目标的整体控制结构

从图中可以看出，视觉伺服作为整个规划和控制系统的输入，其测量误差对空间机械

臂捕获目标的控制精度具有重要影响。在本章已经建立的空间机械臂轨迹规划和全局终端滑模控制的基础上，引入视觉测量误差，分析其对目标捕获控制精度的影响。

定义 $\boldsymbol{\delta}_r$、$\boldsymbol{\delta}_e$ 分别为相对位置和相对姿态的测量误差

$$\begin{cases}\boldsymbol{\delta}_r=\boldsymbol{r}_{me}^{ci}-\hat{\boldsymbol{r}}_{me}^{ci}=[\delta_x\quad\delta_y\quad\delta_z]^{\mathrm{T}}\\\boldsymbol{\delta}_e=\boldsymbol{e}_{me}^{ci}-\hat{\boldsymbol{e}}_{me}^{ci}=[\delta_\alpha\quad\delta_\beta\quad\delta_\gamma]^{\mathrm{T}}\end{cases}\tag{7-82}$$

式中，$\boldsymbol{r}_{me}^{ci}$ 、$\boldsymbol{e}_{me}^{ci}$ 分别为相对位置和相对姿态的测量值；$\hat{\boldsymbol{r}}_{me}^{ci}$ 、$\hat{\boldsymbol{e}}_{me}^{ci}$ 分别为相对位置和相对姿态的真值；δ_x 、δ_y、δ_z 为 $\boldsymbol{\delta}_r$ 在惯性坐标系 $\{\boldsymbol{I}\}$ 中的坐标分量；δ_α、δ_β、δ_γ 分别为相对姿态欧拉角 α_{me}^{ci} 、β_{me}^{ci} 、γ_{me}^{ci} 的测量误差。

定义 Δ_r、Δ_e 分别为相对位置和相对姿态的测量误差限

$$\begin{cases}-\Delta_r\leqslant\delta_x,\quad\delta_y,\quad\delta_z\leqslant\Delta_r\\-\Delta_e\leqslant\delta_\alpha,\quad\delta_\beta,\quad\delta_\gamma\leqslant\Delta_e\end{cases}\tag{7-83}$$

定义 $r_{me}^{ci}=\|\boldsymbol{r}_{me}^{ci}\|$ 为机械臂末端与目标卫星捕获锚点之间的相对距离。根据视觉伺服系统特点，Δ_r、Δ_e 与 r_{me}^{ci} 成正比。定义 δ_{r0} 、δ_{e0} 分别为单位距离处（$r_{me}^{ci}=1$ m）的相对位置和相对姿态测量误差限，则任意距离 r_{me}^{ci} 处的测量误差限为

$$\begin{cases}\Delta_r=\delta_{r0}r_{me}^{ci},\quad r_{me}^{ci}\geqslant r_{\min}\\\Delta_e=\delta_{e0}r_{me}^{ci},\quad r_{me}^{ci}\geqslant r_{\min}\end{cases}\tag{7-84}$$

假设相对位置和相对姿态测量误差 $\boldsymbol{\delta}_r$、$\boldsymbol{\delta}_e$ 分别为均值为零的高斯白噪声

$$\begin{cases}\boldsymbol{\delta}_r\sim\boldsymbol{N}(0,\sigma_r^2)\\\boldsymbol{\delta}_e\sim\boldsymbol{N}(0,\sigma_e^2)\end{cases}\tag{7-85}$$

式中，σ_r、σ_e 分别为相对位置和相对姿态误差噪声的标准差。Δ_r、Δ_e 分别取 $\boldsymbol{\delta}_r$、$\boldsymbol{\delta}_e$ 的 3σ 值，则有

$$\begin{cases}\sigma_r=\Delta_r/3\\\sigma_e=\Delta_e/3\end{cases}\tag{7-86}$$

7.4.2　测量误差到单步控制误差传递模型

根据空间机械臂自主捕获失稳目标轨迹规划，机械臂末端与目标卫星捕获锚点的相对速度/角速度与相对位置/姿态之间的传递关系为

$$\begin{bmatrix}\boldsymbol{v}_{me}^{ci}\\\boldsymbol{\omega}_{me}^{ci}\end{bmatrix}=-\begin{bmatrix}\boldsymbol{K}_v&\boldsymbol{0}\\\boldsymbol{0}&\boldsymbol{K}_\omega\end{bmatrix}\begin{bmatrix}\boldsymbol{r}_{me}^{ci}\\\boldsymbol{o}_{me}^{ci}\end{bmatrix}\tag{7-87}$$

考虑工程实际情况，目标捕获过程中的轨迹规划与控制都是实时的。每个测量周期内，视觉伺服系统都会对 $\boldsymbol{r}_{me}^{ci}$ 、$\boldsymbol{e}_{me}^{ci}$ 进行测量更新，并以此重新规划和控制当前周期的 $\boldsymbol{v}_{me}^{ci}$ 、$\boldsymbol{\omega}_{me}^{ci}$ ，相当于截断了之前所有周期测量误差的累积影响，因此从测量误差到控制误差的传递关系是单步形式的。

设视觉伺服系统图像测量输出周期为 T ，$\boldsymbol{x}(k)$ 为变量 $\boldsymbol{x}$ 在第 k 周期的取值。由式（7-87）可知，线速度和角速度的规划控制通道是解耦的，因而有

$$
\begin{cases}
\boldsymbol{v}_{me}^{ci}(k)=-\boldsymbol{K}_v(k)\boldsymbol{r}_{me}^{ci}(k)\\
\boldsymbol{r}_{me}^{ci}(k+1)=\boldsymbol{r}_{me}^{ci}(k)+T\boldsymbol{v}_{me}^{ci}(k)\\
\boldsymbol{\omega}_{me}^{ci}(k)=-\boldsymbol{K}_\omega(k)\boldsymbol{o}_{me}^{ci}(k)\\
\boldsymbol{e}_{me}^{ci}(k+1)=\boldsymbol{e}_{me}^{ci}(k)+T\boldsymbol{S}(k)\boldsymbol{\omega}_{me}^{ci}(k)
\end{cases}
\tag{7-88}
$$

式中，$\boldsymbol{S}(k)$ 的表达式为

$$
\boldsymbol{S}(k)=\begin{bmatrix}
-s_\gamma c_\beta/s_\beta & -c_\gamma c_\beta/s_\beta & 1\\
c_\gamma & -s_\gamma & 0\\
s_\gamma/s_\beta & c_\gamma/s_\beta & 0
\end{bmatrix}
\tag{7-89}
$$

式中，$s_\beta=\sin\beta_{me}^{ci}(k)$，$s_\gamma=\sin\gamma_{me}^{ci}(k)$，$c_\beta=\cos\beta_{me}^{ci}(k)$，$c_\gamma=\cos\gamma_{me}^{ci}(k)$。

定义 $\boldsymbol{\varepsilon}_r$、$\boldsymbol{\varepsilon}_e$、$\boldsymbol{\varepsilon}_v$、$\boldsymbol{\varepsilon}_\omega$ 分别为相对位置、姿态、速度、角速度的单步控制误差在惯性坐标系 $\{\boldsymbol{I}\}$ 中的分量

$$
\begin{cases}
\boldsymbol{\varepsilon}_r=\boldsymbol{r}_{me}^{ci}-\boldsymbol{r}_{med}^{ci}=[\varepsilon_x\quad \varepsilon_y\quad \varepsilon_z]^{\mathrm{T}}\\
\boldsymbol{\varepsilon}_e=\boldsymbol{e}_{me}^{ci}-\boldsymbol{e}_{med}^{ci}=[\varepsilon_\alpha\quad \varepsilon_\beta\quad \varepsilon_\gamma]^{\mathrm{T}}\\
\boldsymbol{\varepsilon}_v=\boldsymbol{v}_{me}^{ci}-\boldsymbol{v}_{med}^{ci}=[\varepsilon_{vx}\quad \varepsilon_{vy}\quad \varepsilon_{vz}]^{\mathrm{T}}\\
\boldsymbol{\varepsilon}_\omega=\boldsymbol{\omega}_{me}^{ci}-\boldsymbol{\omega}_{med}^{ci}=[\varepsilon_{\omega x}\quad \varepsilon_{\omega y}\quad \varepsilon_{\omega z}]^{\mathrm{T}}
\end{cases}
\tag{7-90}
$$

式中，$\boldsymbol{r}_{med}^{ci}$、$\boldsymbol{e}_{med}^{ci}$、$\boldsymbol{v}_{med}^{ci}$、$\boldsymbol{\omega}_{med}^{ci}$ 分别为相对位置、姿态、速度、角速度的期望值。

将式（7-82）、式（7-90）代入式（7-88），进行线性化处理并忽略高阶小量，推导得到测量误差到单步控制误差的传递方程为

$$
\begin{cases}
\boldsymbol{\varepsilon}_v(k)=-\boldsymbol{K}_v(k)\boldsymbol{\delta}_r(k)\\
\boldsymbol{\varepsilon}_r(k+1)=\boldsymbol{\delta}_r(k)+T\boldsymbol{\varepsilon}_v(k)\\
\boldsymbol{\varepsilon}_\omega(k)=-\boldsymbol{K}_\omega(k)\boldsymbol{P}(k)\boldsymbol{\delta}_e(k)\\
\boldsymbol{\varepsilon}_e(k+1)=\boldsymbol{\delta}_e(k)+T\boldsymbol{Q}(k)\boldsymbol{\varepsilon}_\omega(k)
\end{cases}
\tag{7-91}
$$

式中，$\boldsymbol{P}(k)$、$\boldsymbol{Q}(k)$ 的表达式分别为

$$
\boldsymbol{P}(k)=\frac{1}{2}\begin{bmatrix}
-s_\alpha s_\beta & c_\beta(c_\alpha+c_\gamma) & -s_\gamma s_\beta\\
c_\alpha s_\beta & c_\beta(s_\alpha-s_\gamma) & -c_\gamma s_\beta\\
(1+c_\beta)c_{\alpha+\gamma} & -s_\beta s_{\alpha+\gamma} & (1+c_\beta)c_{\alpha+\gamma}
\end{bmatrix}
\tag{7-92}
$$

$$
\boldsymbol{Q}(k)=\begin{bmatrix}
-s_\gamma c_\beta/s_\beta & -c_\gamma c_\beta/s_\beta & 1\\
c_\gamma & -s_\gamma & 0\\
s_\gamma/s_\beta & c_\gamma/s_\beta & 0
\end{bmatrix}
\tag{7-93}
$$

式中，$s_\alpha=\sin\alpha_{me}^{ci}(k)$，$c_\alpha=\cos\alpha_{me}^{ci}(k)$，$s_{\alpha+\gamma}=\sin(\alpha_{me}^{ci}(k)+\gamma_{me}^{ci}(k))$，$c_{\alpha+\gamma}=\cos(\alpha_{me}^{ci}(k)+\gamma_{me}^{ci}(k))$。

7.4.3　测量误差到最终控制误差传递模型

空间机械臂捕获目标轨迹规划与控制的最终目的是实现机械臂末端与目标卫星捕获锚点的相对位置姿态同步跟踪，以减小捕获时的碰撞冲击。虽然视觉测量误差对单步控制误差的影响不会累积，但最终捕获时刻 t_f 的机械臂末端与目标卫星捕获锚点的相对位置

$\boldsymbol{r}_{me}^{ci}(t_f)$、相对姿态 $\boldsymbol{e}_{me}^{ci}(t_f)$、相对速度 $\boldsymbol{v}_{me}^{ci}(t_f)$、相对角速度 $\boldsymbol{\omega}_{me}^{ci}(t_f)$ 却与整个捕获过程的轨迹规划和控制有关，并反映了空间机械臂捕获目标的最终控制精度。定义 $\boldsymbol{r}_{me}^{ci}$、$\boldsymbol{v}_{me}^{ci}$、$\boldsymbol{\omega}_{me}^{ci}$ 的三轴合成误差和 $\boldsymbol{e}_{me}^{ci}$ 的单轴极限误差为其最终控制精度评价指标

$$\begin{cases}\varepsilon_{\text{nor}}(r)=\|\boldsymbol{r}_{me}^{ci}\|_2\\ \varepsilon_{\text{nor}}(e)=\|\boldsymbol{e}_{me}^{ci}\|_\infty\\ \varepsilon_{\text{nor}}(v)=\|\boldsymbol{v}_{me}^{ci}\|_2\\ \varepsilon_{\text{nor}}(\omega)=\|\boldsymbol{\omega}_{me}^{ci}\|_2\end{cases}\tag{7-94}$$

式中，$\|\cdot\|_2$ 和 $\|\cdot\|_\infty$ 分别为矢量的 2—范数和 ∞—范数。$\boldsymbol{\delta}_r$、$\boldsymbol{\delta}_e$ 与 $\varepsilon_{\text{nor}}(r)$、$\varepsilon_{\text{nor}}(e)$、$\varepsilon_{\text{nor}}(v)$、$\varepsilon_{\text{nor}}(\omega)$ 之间并无显式传递关系，其影响需通过整个目标捕获过程的规划控制仿真得到。

7.5　工程算例仿真验证

7.5.1　仿真参数设定

通过工程算例进行仿真，验证空间失稳目标在轨捕获任务规划与控制方法的有效性。目标卫星、服务卫星和空间机械臂采用 1.4.2 节的设定。空间机械臂构型和 D－H 坐标系如图 3-2 所示，D-H 参数见表 3-1，空间机械臂与服务卫星平台质量特性参数见表 3-2。空间机械臂自主捕获失稳目标轨迹规划参数见表 7－1。空间机械臂全局终端滑模轨迹跟踪控制参数见表 7－2。

表 7－1　空间机械臂自主捕获失稳目标轨迹规划参数

参数归属	参数名称	参数取值
目标卫星	自旋角速度	${}^t\boldsymbol{\omega}_t=[2\quad 0\quad 0]^{\mathrm{T}}(°)\cdot \mathrm{s}^{-1}$
服务卫星平台	初始速度	$\boldsymbol{v}_{m0}(0)=[0\quad 0\quad 0]^{\mathrm{T}}\ \mathrm{m}\cdot\mathrm{s}^{-1}$
	初始角速度	$\boldsymbol{\omega}_{m0}(0)=[0\quad 0\quad 0]^{\mathrm{T}}(°)\cdot\mathrm{s}^{-1}$
空间机械臂	关节角速度上限	$\dot{\boldsymbol{\Theta}}_{\max}=[1.2\quad 1.2\quad 1.2\quad 3\quad 4\quad 4\quad 4]^{\mathrm{T}}(°)\cdot\mathrm{s}^{-1}$
	初始关节角度	$\boldsymbol{\Theta}_m(0)=[0\quad 90\quad -45\quad -90\quad 180\quad 90\quad 0]^{\mathrm{T}}(°)$
	初始关节角速度	$\dot{\boldsymbol{\Theta}}_m(0)=[0\quad 0\quad 0\quad 0\quad 0\quad 0\quad 0]^{\mathrm{T}}(°)\cdot\mathrm{s}^{-1}$
	初始末端相对位置	$\boldsymbol{r}_{me}^{ci}(0)=[-0.07\quad 0.33\quad -1.13]^{\mathrm{T}}\ \mathrm{m}$
	初始末端相对姿态	$\boldsymbol{e}_{me}^{ci}(0)=[90\quad 13\quad -90]^{\mathrm{T}}(°)$
	初始末端相对速度	$\boldsymbol{v}_{me}^{ci}(0)=[0.01\quad 0\quad 0.06]^{\mathrm{T}}\ \mathrm{m}\cdot\mathrm{s}^{-1}$
	初始末端相对角速度	$\boldsymbol{\omega}_{me}^{ci}(0)=[0\quad -2\quad 0]^{\mathrm{T}}(°)\cdot\mathrm{s}^{-1}$
目标捕获轨迹规划方法	机械臂启动时间	$t_1=2.5\ \mathrm{s}$
	目标函数权重系数	$\eta_v=0.1$，$\eta_\omega=1.0$
	最大迭代次数	$k_{\max}=10\ 000$

续表

参数归属	参数名称	参数取值
结束时刻相对误差精度要求	末端相对位置精度	$\varepsilon_r = 0.01$ m
	末端相对姿态精度	$\varepsilon_e = 0.2°$
	末端相对速度精度	$\varepsilon_v = 0.002\ \mathrm{m \cdot s^{-1}}$
	末端相对角速度精度	$\varepsilon_\omega = 0.05\ (°) \cdot \mathrm{s^{-1}}$

表 7-2　空间机械臂全局终端滑模轨迹跟踪控制参数

参数归属	参数名称	参数取值
轨迹跟踪控制方法	全局终端滑模控制器参数	$\boldsymbol{A} = \mathrm{diag}(10, 10, 10, 10, 10, 10, 10)$
		$\boldsymbol{B} = \mathrm{diag}(2, 2, 2, 2, 2, 2, 2)$
		$\boldsymbol{\Phi} = \mathrm{diag}(10, 10, 10, 10, 10, 10, 10)$
		$\boldsymbol{\Gamma} = \mathrm{diag}(10, 10, 10, 10, 10, 10, 10)$
		$\boldsymbol{H} = \mathrm{diag}(1, 1, 1, 1, 1, 1, 1)$
		$p = 5, q = 3$
	视觉系统测量周期	$T = 0.1$ s
	空间机械臂控制周期	$\tau = 0.01$ s
控制精度要求	关节角度精度	$e_{mi} \leqslant 0.005°$
	关节角速度精度	$\dot{e}_{mi} \leqslant 0.005\ (°) \cdot \mathrm{s^{-1}}$

7.5.2　目标捕获轨迹规划仿真结果

进行空间机械臂自主捕获失稳目标轨迹规划仿真，线速度增益矩阵 $\boldsymbol{K}_v$ 和角速度增益矩阵 $\boldsymbol{K}_\omega$ 如图 7-6 所示。从图中可以看出，$\boldsymbol{K}_v$、$\boldsymbol{K}_\omega$ 的变化曲线明显呈三个阶段。平滑启动阶段，$\boldsymbol{K}_v$、$\boldsymbol{K}_\omega$ 从初值近似呈线性递增；快速逼近阶段，$\boldsymbol{K}_v$、$\boldsymbol{K}_\omega$ 按当前方向的最大值快速增加；临近捕获阶段，$\boldsymbol{K}_v$、$\boldsymbol{K}_\omega$ 线性递减，在结束时刻 $t_f = 16$ s 减为指定值 $\boldsymbol{K}_{vf}$、$\boldsymbol{K}_{\omega f}$。

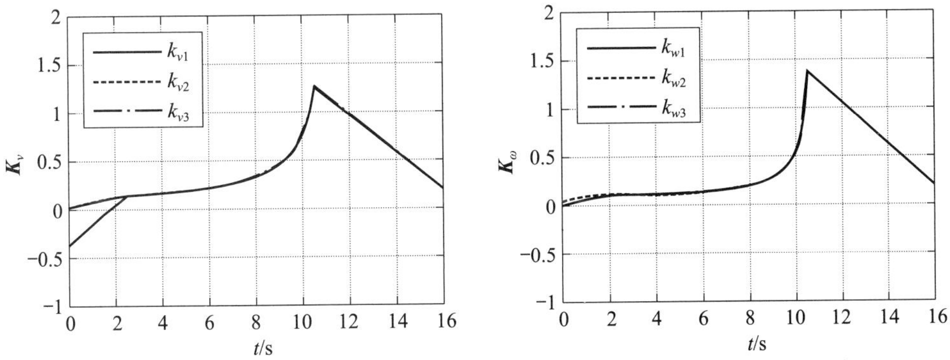

(a) 线速度增益矩阵　　(b) 角速度增益矩阵

图 7-6　速度增益矩阵（见彩插）

空间机械臂关节期望角度 $\boldsymbol{\Theta}_{md}$ 和期望角速度 $\dot{\boldsymbol{\Theta}}_{md}$ 分别如图 7－7～图 7－8 所示。从图中可以看出，在平滑启动阶段，$\dot{\boldsymbol{\Theta}}_{md}$ 从零开始平滑启动，不会出现初始角速度过大情况。在快速逼近和临近捕获阶段，$\dot{\boldsymbol{\Theta}}_{md}$ 未超过规定上限。$\boldsymbol{\Theta}_{md}$ 曲线连续光滑，易于控制。

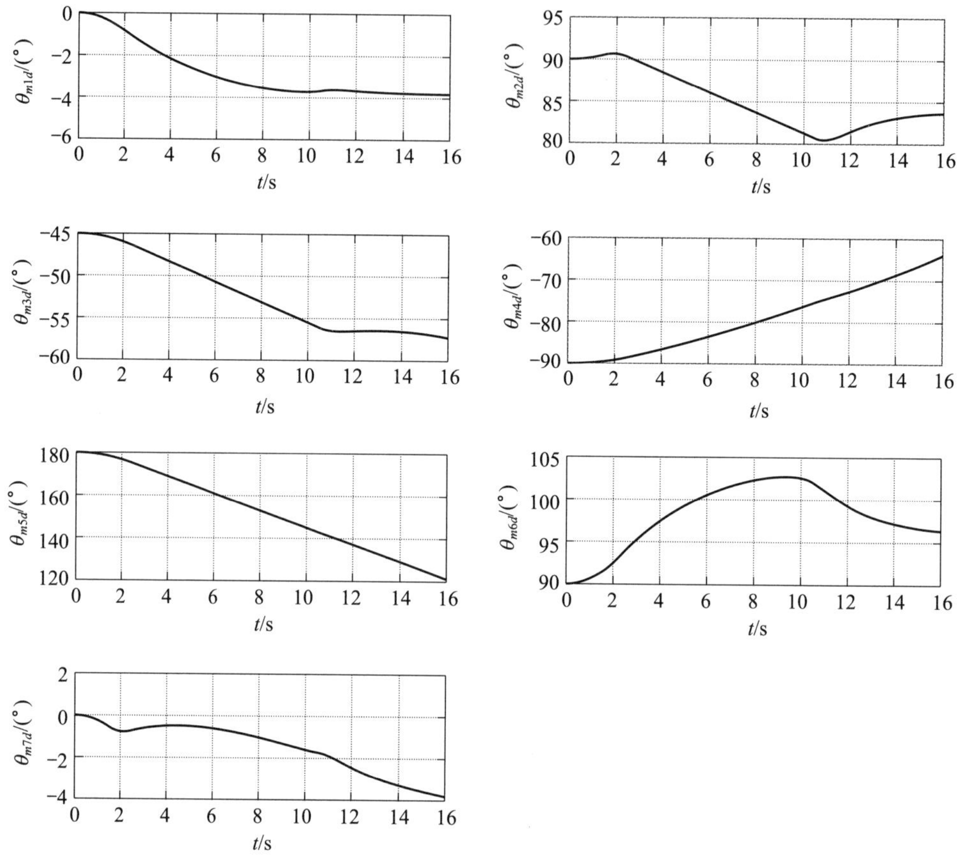

图 7－7　空间机械臂关节期望角度

空间机械臂末端与目标卫星捕获锚点的相对位置 $\boldsymbol{r}_{me}^{ci}$ 、相对姿态 $\boldsymbol{e}_{me}^{ci}$ 、相对速度 $\boldsymbol{v}_{me}^{ci}$ 、相对角速度 $\boldsymbol{\omega}_{me}^{ci}$ 如图 7－9 所示。从图中可以看出，$\boldsymbol{v}_{me}^{ci}$ 、$\boldsymbol{\omega}_{me}^{ci}$ 曲线随速度增益矩阵动态调整而呈三个阶段。平滑启动阶段，$\boldsymbol{v}_{me}^{ci}$ 、$\boldsymbol{\omega}_{me}^{ci}$ 从初值平滑递增；快速逼近阶段，$\boldsymbol{v}_{me}^{ci}$ 、$\boldsymbol{\omega}_{me}^{ci}$ 保持较大值，机械臂以较快速度向目标逼近；临近捕获阶段，$\boldsymbol{v}_{me}^{ci}$ 、$\boldsymbol{\omega}_{me}^{ci}$ 快速收敛至零，不会出现残余速度过大的情况。$\boldsymbol{r}_{me}^{ci}$ 、$\boldsymbol{e}_{me}^{ci}$ 曲线连续光滑，临近捕获阶段能与 $\boldsymbol{v}_{me}^{ci}$ 、$\boldsymbol{\omega}_{me}^{ci}$ 同步收敛。捕获结束时刻 $t_f = 16$ s，$\boldsymbol{r}_{me}^{ci}$ 、$\boldsymbol{e}_{me}^{ci}$ 、$\boldsymbol{v}_{me}^{ci}$ 、$\boldsymbol{\omega}_{me}^{ci}$ 均收敛至指定精度，满足捕获任务要求。

仿真结果表明，本章提出的空间机械臂自主捕获失稳目标轨迹规划方法有效可行，能够满足机械臂末端对目标卫星捕获锚点相对位置姿态同步跟踪的捕获任务要求。该方法具有以下特点：1）能够使机械臂快速逼近失稳目标，有效减少捕获时间；2）保证机械臂平滑启动，避免产生起始速度过大问题；3）保证相对位置和相对速度同时收敛至指定精度，避免产生残余速度过大问题；4）避免逆运动学计算，有效解决雅可比矩阵奇异问题。

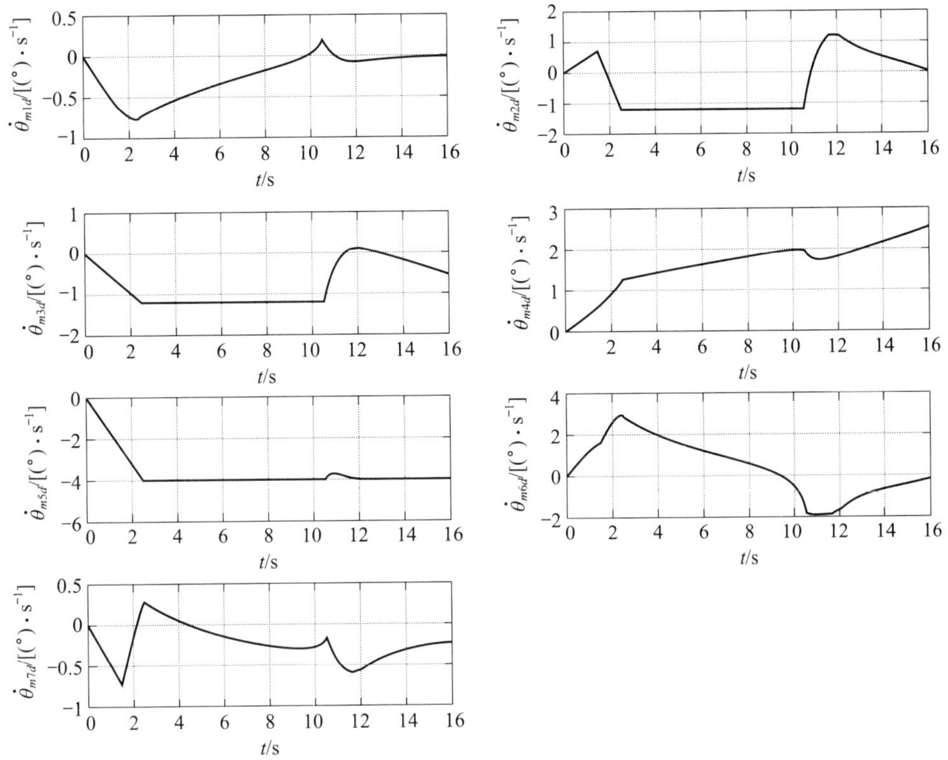

图 7 - 8　空间机械臂关节期望角速度

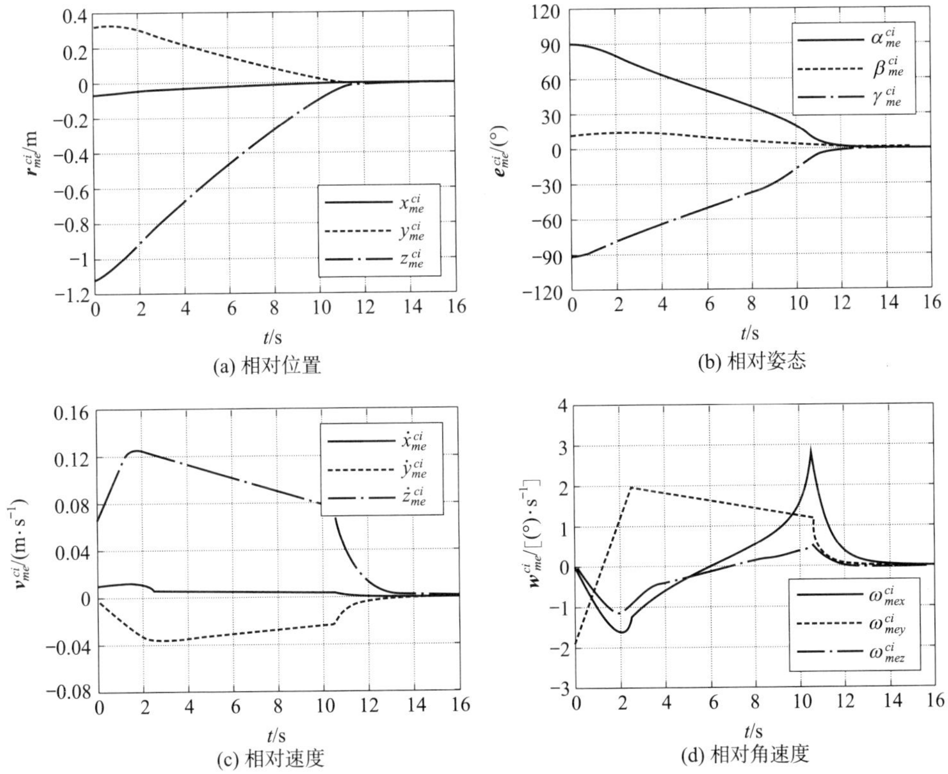

(a) 相对位置　(b) 相对姿态　(c) 相对速度　(d) 相对角速度

图 7 - 9　空间机械臂末端与捕获锚点相对运动状态

同时，该方法还存在一定问题，如计算量较大，目标跟踪时延较长；速度曲线不够光滑，阶段转换处变化较为剧烈，容易引起较大的跟踪误差等。目标跟踪时延问题可结合卡尔曼滤波运动预测进行补偿。阶段转换引起的跟踪误差问题将由空间机械臂全局终端滑模轨迹跟踪控制方法予以控制，保证其在有限时间内收敛至指定精度。

7.5.3　机械臂轨迹跟踪控制仿真结果

进行空间机械臂全局终端滑模轨迹跟踪控制仿真。空间机械臂关节角度跟踪误差 $\boldsymbol{E}_m$ 和角速度跟踪误差 $\dot{\boldsymbol{E}}_m$ 分别如图 7-10～图 7-11 所示。从图中可以看出，在全局终端滑模控制器作用下，空间机械臂能够精确有效地跟踪其期望轨迹，捕获过程大部分时间里，$\boldsymbol{E}_m$ 、$\dot{\boldsymbol{E}}_m$ 能够被控制在期望精度内，满足控制系统要求。在阶段转换处 $t_1 = 2.5$ s、$t_2 = 10.5$ s，关节角速度变化较为剧烈，$\boldsymbol{E}_m$ 、$\dot{\boldsymbol{E}}_m$ 波动较大，但在全局终端滑模控制器作用下，$\boldsymbol{E}_m$ 、$\dot{\boldsymbol{E}}_m$ 能够在有限时间内（$t_{\text{total}} < 1$ s）重新收敛到指定精度，符合控制系统设计要求。

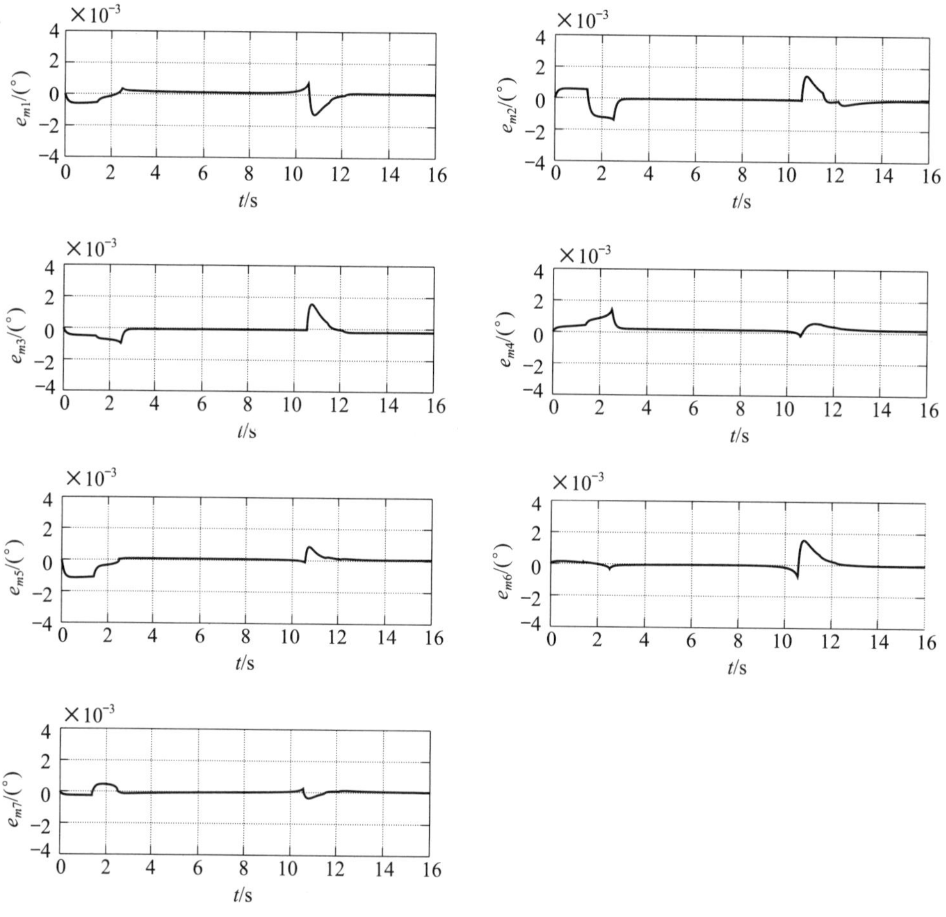

图 7-10　空间机械臂关节角度跟踪误差

空间机械臂捕获目标轨迹跟踪过程中的关节控制力矩 $\boldsymbol{T}_m$ 如图 7-12 所示。从图中可

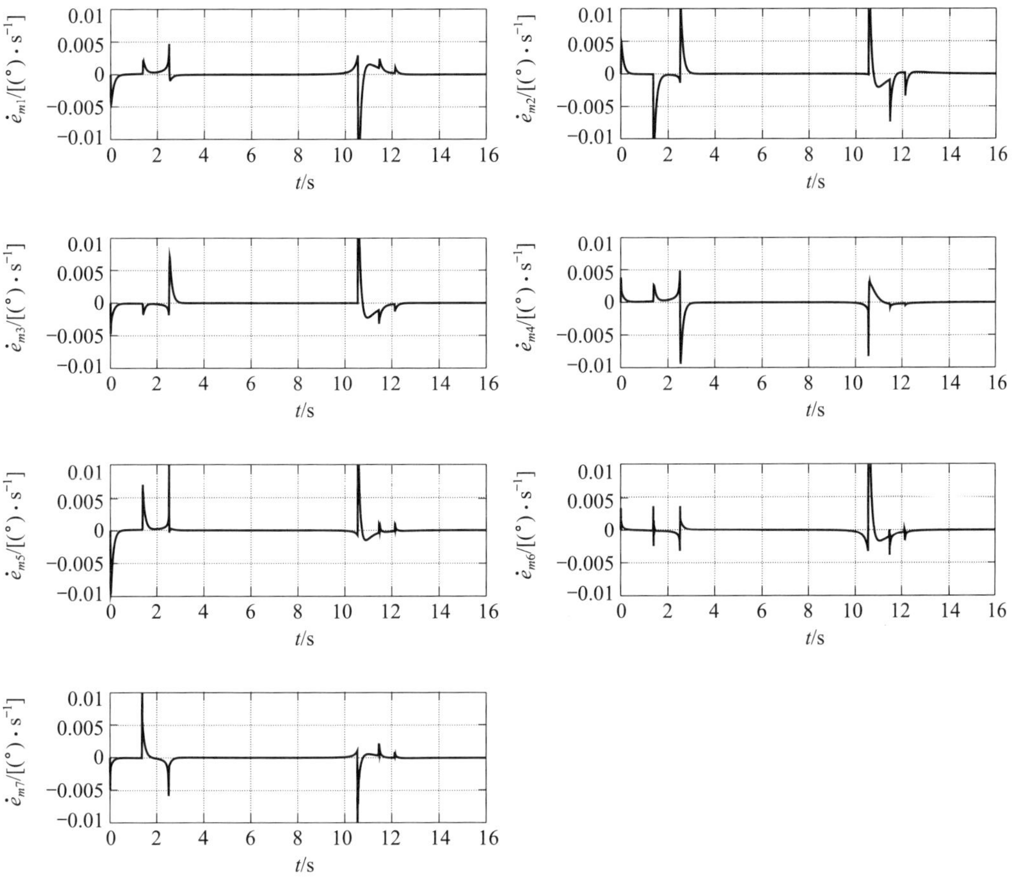

图 7－11　空间机械臂关节角速度跟踪误差

以看出，捕获过程大部分时间内，$\boldsymbol{T}_m$ 平稳光滑，无抖颤现象，符合控制系统设计要求。阶段转换处 $t_1=2.5$ s、$t_2=10.5$ s，关节角速度变化剧烈，角加速度波动较大，因而 $\boldsymbol{T}_m$ 波动较大，符合工程实际情况。捕获过程全部时间内，$\boldsymbol{T}_m$ 最大绝对值小于 60 N · m，不超过关节力矩限定值，工程实现可行。

仿真结果表明，本章设计的全局终端滑模轨迹跟踪控制方法有效可行，能够满足空间机械臂自主捕获失稳目标任务对控制精度、控制稳定性和误差收敛时间方面的要求。该方法具有以下特点：1）跟踪误差在到达阶段能够保证在有限时间内到达滑模面，在滑模面上又能保证在有限时间内收敛到零，从而保证其在全局范围的有限收敛时间；2）控制律是连续的，不含切换项，从而能够有效消除抖颤现象；3）对系统参数和非参数不确定因素具有良好的鲁棒性，通过选取足够小的 q/p ，可以保证跟踪误差收敛到零点附近足够小的邻域内，从而保证良好的控制精度和控制稳定性。

该控制方法的主要问题在于计算复杂，每个控制周期都需要实时解算系统动力学模型，对控制系统硬件性能要求较高。考虑工程实用性，可以预先算出目标捕获过程中机械臂几种典型构型的动力学参数，工程实施时根据需要直接调用相应参数生成控制力矩，由此带来的建模误差通过控制律鲁棒项予以补偿。

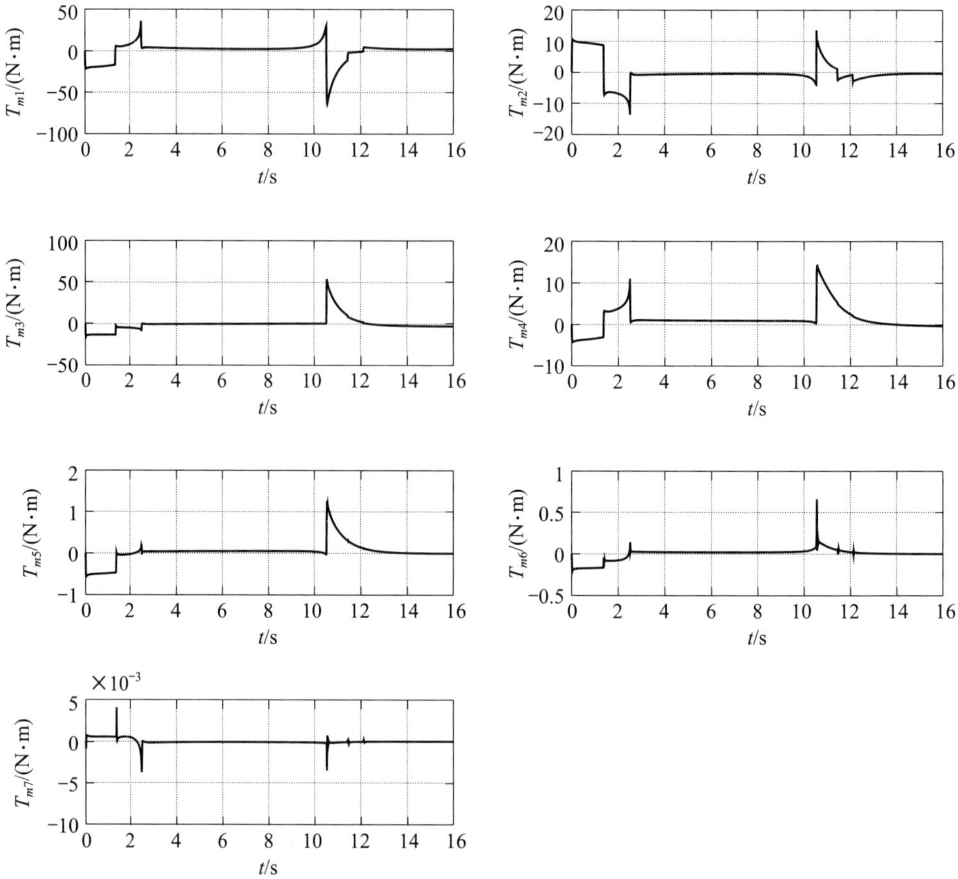

图 7 - 12　空间机械臂关节控制力矩

7.5.4　测量误差影响仿真结果

根据测量误差分别到单步控制误差和最终控制误差的传递模型，进行空间机械臂捕获目标轨迹规划与控制仿真，分析测量误差分别对单步控制精度和最终控制精度的影响，定量得到测量误差与控制精度之间的对应关系，为空间机械臂测量和控制精度指标设计提供参考。

7.5.4.1　测量误差对单步控制精度影响

假设单位距离处的相对位置测量误差限 $\delta_{r0}=0.1$ m，相对姿态测量误差限 $\delta_{e0}=1.0°$，生成标准差随距离变化的高斯噪声，模拟相对位置测量误差 $\boldsymbol{\delta}_r$ 和相对姿态测量误差 $\boldsymbol{\delta}_e$，并将其叠加到视觉伺服系统测量输出的相对位置 $\boldsymbol{r}_{me}^{ci}$ 和相对姿态 $\boldsymbol{e}_{me}^{ci}$，进行空间机械臂捕获目标轨迹规划与控制仿真。实时计算输出单步控制误差 $\boldsymbol{\varepsilon}_r$、$\boldsymbol{\varepsilon}_e$、$\boldsymbol{\varepsilon}_v$、$\boldsymbol{\varepsilon}_\omega$，分析验证本章推导的单步误差传递模型。

相对位置测量误差 $\boldsymbol{\delta}_r$ 和相对姿态测量误差 $\boldsymbol{\delta}_e$ 三轴坐标分量如图 7 - 13 所示。从图中可以看出，目标捕获过程中由于相对距离 r_{me}^{ci} 随时间递减，因而 $\boldsymbol{\delta}_r$、$\boldsymbol{\delta}_e$ 也随时间递减，在捕获时刻 $t=16\sim18$ s，$\boldsymbol{\delta}_r$ 三轴坐标分量不超过 0.01 m，$\boldsymbol{\delta}_e$ 三轴坐标分量不超过 0.1°，符合工程实际情况。

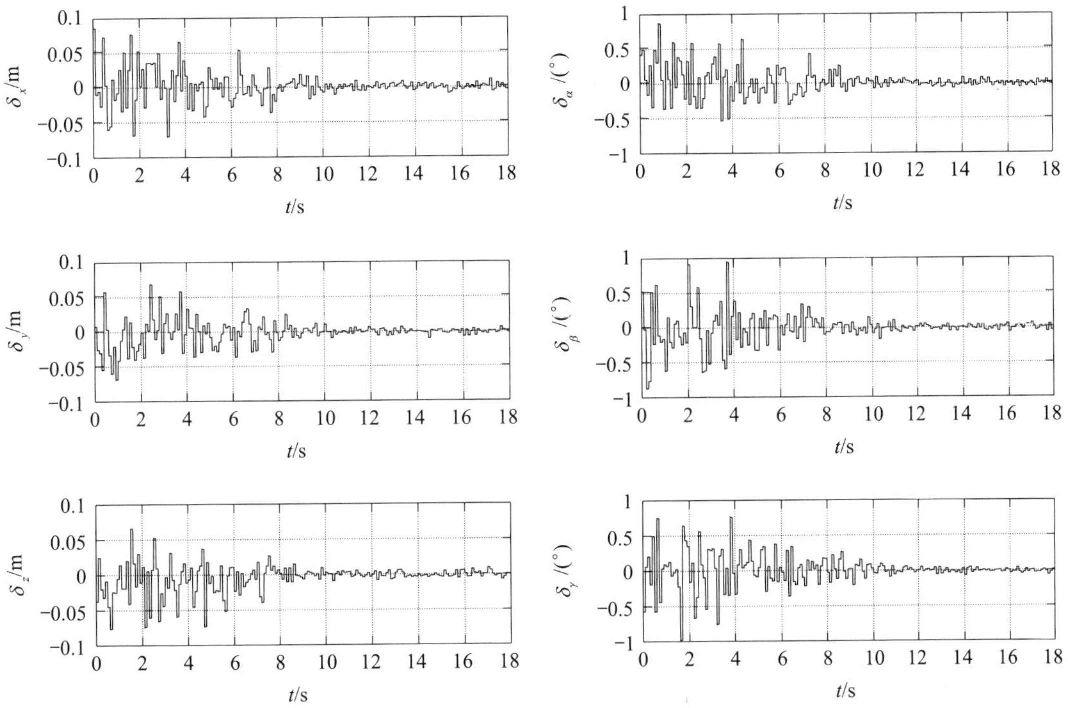

(a) 相对位置测量误差　　(b) 相对姿态测量误差

图 7-13　相对位置、姿态测量误差

相对位置、相对姿态、相对速度、相对角速度的单步控制误差 $\boldsymbol{\varepsilon}_r$、$\boldsymbol{\varepsilon}_e$、$\boldsymbol{\varepsilon}_v$、$\boldsymbol{\varepsilon}_\omega$ 三轴坐标分量如图 7-14 所示。从图中可以看出，$\boldsymbol{\varepsilon}_r$、$\boldsymbol{\varepsilon}_e$ 分别与 $\boldsymbol{\delta}_r$、$\boldsymbol{\delta}_e$ 同量级，且都随时间同步递减。这是因为测量周期较短（$T=0.1$ s），$\boldsymbol{\varepsilon}_v$、$\boldsymbol{\varepsilon}_\omega$ 的时间积分效果不明显，符合单步误差传递模型。$\boldsymbol{\varepsilon}_v$、$\boldsymbol{\varepsilon}_\omega$ 量级明显小于 $\boldsymbol{\delta}_r$、$\boldsymbol{\delta}_e$，且在 $t=0\sim10.5$ s 时间内都有所起伏，但总体随时间递增，在 $t=10.5$ s 以后都迅速衰减。这是因为线速度和角速度增益矩阵 $\boldsymbol{K}_v$、$\boldsymbol{K}_\omega$ 随时间先增大后减小，使得 $\boldsymbol{\varepsilon}_v$、$\boldsymbol{\varepsilon}_\omega$ 随之产生相应变化。在捕获时刻 $t=16\sim18$ s，$\boldsymbol{K}_v$、$\boldsymbol{K}_\omega$ 保持较小数值，因而 $\boldsymbol{\varepsilon}_v$、$\boldsymbol{\varepsilon}_\omega$ 也保持在很小范围内，相对速度和角速度控制精度较高。从图中还可以看出，$\boldsymbol{\varepsilon}_v$ 各分量数值范围基本相等，$\boldsymbol{\varepsilon}_\omega$ 各分量数值范围相差较大，分别符合各自的单步误差传递模型。

7.5.4.2　测量误差对最终控制精度影响

由上文推导过程可知，速度增益矩阵 $\boldsymbol{K}$ 为对角阵，空间机械臂位置和姿态的规划控制通道是解耦的，相对位置测量误差仅影响相对位置和相对速度控制精度。假设单位距离处的相对位置测量误差限 δ_{r0} 分别取 0.00 m、0.04 m、0.06 m、0.08 m，进行空间机械臂捕获目标规划控制仿真，计算输出相对位置最终控制误差 $\varepsilon_{\mathrm{nor}}(r)$ 和相对速度最终控制误

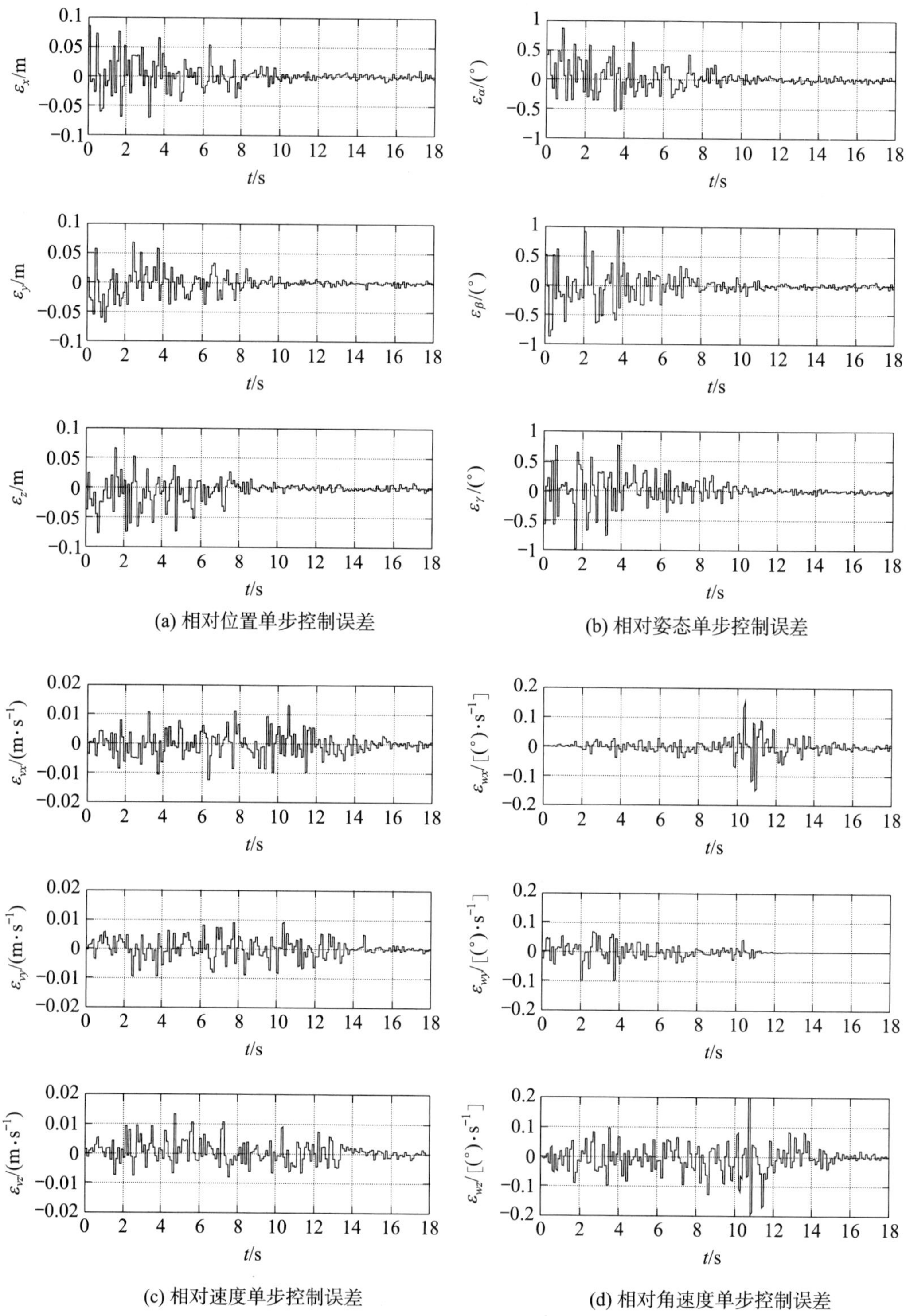

图 7-14　相对运动状态单步控制误差

差 $\varepsilon_{\text{nor}}(v)$，结果分别如图 7-15～图 7-16 所示，其中捕获时刻 $t=16\sim18$ s 的数值范围在图中放大显示。从图中可以看出，捕获时刻的 $\varepsilon_{\text{nor}}(r)$、$\varepsilon_{\text{nor}}(v)$ 随 δ_{r0} 的增大而增大。本节算例中，在不考虑其他误差情况下，当最终控制精度指标要求 $\varepsilon_{\text{nor}}(r)\leqslant 0.01$ m，$\varepsilon_{\text{nor}}(v)\leqslant 0.002\ \text{m}\cdot\text{s}^{-1}$ 时，允许的最大相对位置测量误差限 $\delta_{r0}\leqslant 0.08$ m。

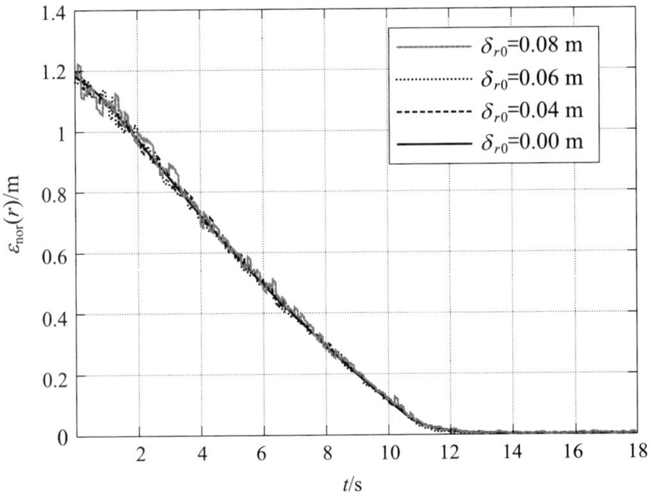

图 7-15　测量误差对相对位置最终控制精度的影响（见彩插）

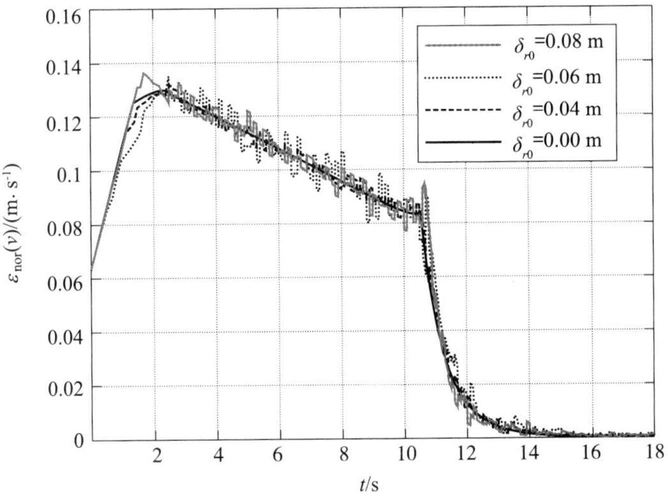

图 7-16　测量误差对相对速度最终控制精度影响（见彩插）

相对姿态测量误差仅影响相对姿态和相对角速度控制精度。假设单位距离处的相对姿态测量误差限 δ_{e0} 分别取 0.0°、0.5°、1.0°、1.5°，进行空间机械臂捕获目标规划控制仿真，计算输出相对姿态最终控制误差 $\varepsilon_{\text{nor}}(e)$ 和相对角速度最终控制误差 $\varepsilon_{\text{nor}}(\omega)$，结果分别如图 7-17～图 7-18 所示，其中捕获时刻 $t=16\sim18$ s 的数值范围在图中放大显示。

从图中可以看出，捕获时刻的 $\varepsilon_{nor}(e)$、$\varepsilon_{nor}(\omega)$ 随 δ_{e0} 的增大而增大。本节算例中，在不考虑其他误差情况下，当最终控制精度指标要求 $\varepsilon_{nor}(e) \leqslant 0.2°$，$\varepsilon_{nor}(\omega) \leqslant 0.05\ (°)\cdot s^{-1}$ 时，允许的最大相对位置测量误差限 $\delta_{e0} \leqslant 1.5°$。

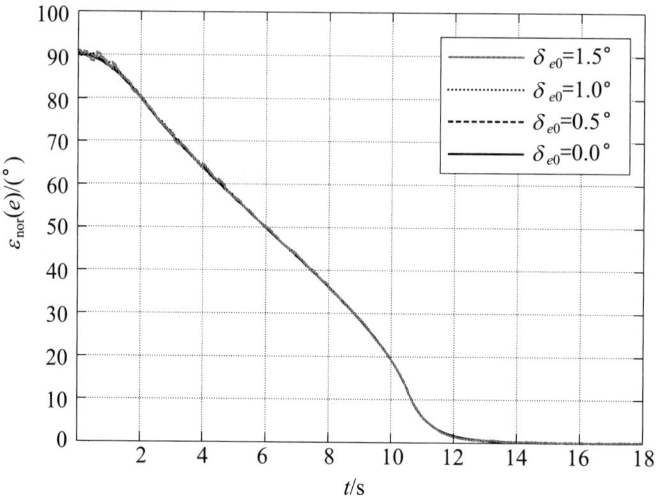

图 7-17 测量误差对相对姿态最终控制精度影响（见彩插）

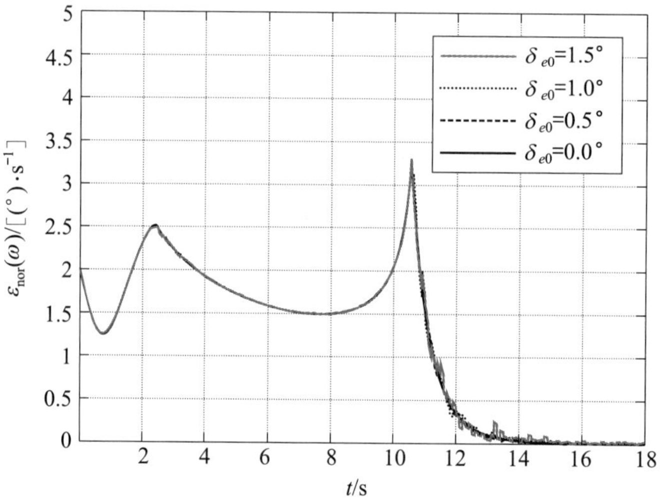

图 7-18 测量误差对相对角速度最终控制精度影响（见彩插）

7.6 本章小结

本章主要研究了空间失稳目标在轨捕获任务规划与控制问题。根据视觉伺服和运动预测提供的相对位置姿态信息，实时规划和控制空间机械臂的运动轨迹，在有限的捕获窗口时间内实现机械臂末端对目标卫星捕获锚点的相对位置姿态同步跟踪，以减小捕获瞬间的碰撞冲击并顺利完成目标捕获任务。针对传统目标捕获轨迹规划存在的问题，提出了一种空间机械臂自主捕获失稳目标轨迹规划方法，既有效减少了捕获时间，又防止了过大的起始和残余速度，同时还能回避机械臂雅可比矩阵奇异问题。针对空间机械臂关节角速度变化产生跟踪误差波动以及系统本身存在各种参数和非参数不确定因素等问题，设计了一种空间机械臂全局终端滑模轨迹跟踪控制方法，该方法既增强了系统稳定性，又能保证跟踪误差在全局范围的有限收敛时间。最后定量分析了视觉测量误差对空间机械臂捕获目标控制精度的影响，给出了指定控制精度所允许的最大测量误差范围，为空间机械臂测量和控制精度指标设计提供了理论参考。

第 8 章　目标捕获后组合体角动量转移与抑振控制

空间失稳目标捕获后，服务卫星和目标卫星在空间机械臂的连接下成为一个组合体。机械臂通过自身关节运动，将两星的相对位置姿态调整至期望值，同时消除两星的相对运动，使组合体达到相对位置姿态稳定状态。在此过程中，存在两个较为突出的问题：一方面，空间失稳目标角动量不为零，当组合体自由漂浮时，系统角动量守恒，组合体位置姿态调整与稳定过程中伴随着角动量转移，角动量由目标卫星逐渐转移至整个组合体；另一方面，当服务卫星和目标卫星均为带有太阳翼等柔性附件的大型卫星时，整个组合体构成一个多柔体、变结构、低基频的大型空间柔性组合结构，机械臂和太阳翼等的柔性振动对组合体相对位置姿态控制精度影响较大，严重时甚至可能损坏组合体。

在组合体角动量转移方面，以往研究大多使用飞轮作为角动量吸收装置，通过协同控制等方法对组合体进行角动量管理和分配，在实现角动量转移的同时保持服务卫星姿态稳定，但飞轮转速容易饱和，所能吸收和转移的角动量有限。在柔性组合体振动抑制方面，通过智能优化算法搜索机械臂最优抑振轨迹是一种有效的解决方法，但以往研究大多只考虑机械臂的柔性振动，没有对目标捕获后的柔性组合体进行动力学建模，也没有对太阳翼等的柔性振动进行抑制。针对上述问题，本章提出一种柔性组合体角动量转移与抑振规划方法[224]，根据建立的柔性组合体动力学模型，设计角动量转移优化方法，规划机械臂最终构型，保证组合体相对位置姿态稳定后的角速度最小；基于粒子群算法规划机械臂最优抑振轨迹，角动量转移过程中抑制机械臂和太阳翼的柔性振动。

目标捕获后形成的组合体是一个包含机械臂关节柔性、臂杆柔性和卫星太阳翼柔性等多个柔性环节在内的高度耦合的复杂非线性系统。虽然通过抑振轨迹规划可以在一定程度上减少机械臂臂杆和卫星太阳翼的柔性振动，但无法抑制机械臂关节柔性振动，同时考虑到系统误差和外部干扰等不确定激励因素，组合体位置姿态调整与稳定过程中的柔性振动问题是不可避免的。如何在实现机械臂精确轨迹跟踪控制的同时有效抑制组合体所有柔性部件的振动，成为一个亟待解决的重要问题。本章采用奇异摄动方法设计柔性组合体轨迹跟踪与振动抑制复合控制系统[225]，将柔性组合体动力学模型分解成分别反映系统刚性运动和柔性振动的慢快变两个子系统，并分别独立设计控制器，加和后形成复合控制，从而在两种不同的时间尺度内，实现柔性组合体的轨迹跟踪与振动抑制。

8.1　柔性组合体角动量转移与抑振规划

8.1.1　角动量转移优化方法

空间失稳目标捕获后，组合体位置姿态调整与稳定的主要难点在于如何吸收目标卫星的角动量。飞轮作为角动量吸收装置简单易行，但容易饱和，所能吸收的角动量有限；推力器喷气又会对机械臂运动产生干扰，降低机械臂控制精度。因此，本章采用先相对稳定再绝对稳定的控制方案：目标捕获后，先关闭服务卫星控制系统，通过机械臂关节运动调整两星相对位置姿态，消除其相对运动，将目标卫星的角动量转移至整个组合体；待两星相对稳定后，再重新开启服务卫星控制系统，消除组合体的旋转，实现组合体在惯性空间的姿态稳定。

组合体角动量转移过程任务场景如图 8-1 所示。目标捕获后的组合体初始构型如图 8-1 (a)所示，目标卫星处于无控失稳状态，绕自身最大惯量轴慢旋，角速度为 $\boldsymbol{\omega}_{mn}$。空间机械臂根部固定于服务卫星，末端与目标卫星固连并跟随目标做旋转运动，关节角度、角速度、角加速度分别为 $\boldsymbol{\Theta}_m$、$\dot{\boldsymbol{\Theta}}_m$、$\ddot{\boldsymbol{\Theta}}_m$。服务卫星捕获目标前姿态稳定，捕获目标后控制系统停控，速度和角速度分别为 $\boldsymbol{v}_{m0}$、$\boldsymbol{\omega}_{m0}$。组合体处于自由漂浮状态，系统角动量为 $\boldsymbol{L}_0$。经过角动量转移，相对稳定后的组合体最终构型如图 8-1 (b) 所示，服务卫星和目标卫星的相对位置姿态经调整满足期望要求，两星之间不存在相对运动，组合体整体绕角动量方向慢旋，角速度为 $\boldsymbol{\omega}_f$，角动量 $\boldsymbol{L}_0$ 守恒。除特别说明外，本章所有矢量均用其在惯性坐标系 $\{\boldsymbol{I}\}$ 中的分量表示。

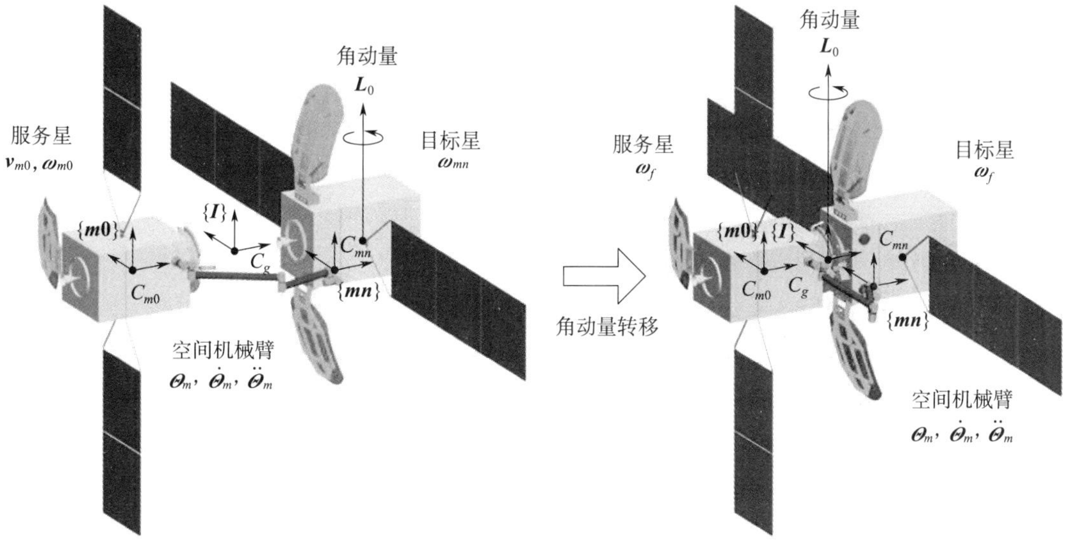

(a) 目标捕获后组合体初始构型　　(b) 相对稳定后组合体最终构型

图 8-1　组合体角动量转移过程任务场景

对于具有冗余自由度的空间机械臂，存在多种构型满足两星相对稳定后的期望位置姿态要求。因此可通过优化方法，规划机械臂最优构型，使组合体相对位置姿态稳定后的角速度 $\boldsymbol{\omega}_f$ 最小，以便于地面对组合体的跟踪控制。

组合体动力学模型采用 3.3 节建立的空间机械臂连接的柔性组合体动力学模型。组合体相对位置姿态稳定后的机械臂关节角度、角速度、角加速度分别为 $\boldsymbol{\Theta}_m=\boldsymbol{\Theta}_f$、$\dot{\boldsymbol{\Theta}}_m=\mathbf{0}$、$\ddot{\boldsymbol{\Theta}}_m=\mathbf{0}$，则角动量转移优化的优化变量可取为

$$\boldsymbol{\Theta}_f=[\theta_{1f}\quad\theta_{2f}\quad\cdots\quad\theta_{nf}]^{\mathrm{T}} \tag{8-1}$$

在 3.3 节基本符号定义的基础上，定义 ${}^{m0}\boldsymbol{r}_{mn}$ 为机械臂臂杆 0 质心 C_{m0} 指向臂杆 n 质心 C_{mn} 的期望位置在臂杆 0 坐标系 $\{\boldsymbol{m0}\}$ 中的分量，${}^{m0}\boldsymbol{A}_{mn}$ 为臂杆 n 坐标系 $\{\boldsymbol{mn}\}$ 到臂杆 0 坐标系 $\{\boldsymbol{m0}\}$ 的期望姿态转换矩阵，则角动量转移优化的等式约束可整理为

$$\begin{cases}{}^{m0}\boldsymbol{b}_{m0}+\sum\limits_{i=1}^{n}{}^{m0}\boldsymbol{A}_{m1}(\theta_{1f})\cdots{}^{mi-1}\boldsymbol{A}_{mi}(\theta_{if})\,{}^{mi}\boldsymbol{l}_{mi}={}^{m0}\boldsymbol{r}_{mn}\\ {}^{m0}\boldsymbol{A}_{m1}(\theta_{1f})\cdots{}^{mn-1}\boldsymbol{A}_{mn}(\theta_{nf})={}^{m0}\boldsymbol{A}_{mn}\end{cases} \tag{8-2}$$

式中，${}^{m0}\boldsymbol{b}_{m0}$、${}^{mi}\boldsymbol{l}_{mi}$、${}^{mi-1}\boldsymbol{A}_{mi}$ 的物理含义同 3.2 节，$i=1,\ 2,\ \cdots,\ n$。

由空间机械臂连接的柔性组合体动力学建模可知，组合体在自由漂浮状态下满足动量守恒方程式（3－110）。根据式（3－13），由 $\dot{\boldsymbol{\Theta}}_m=\mathbf{0}$ 可得 $\boldsymbol{\omega}_{mi}=\boldsymbol{\omega}_f$，$i=1,\ 2,\ \cdots,\ n$。组合体自由漂浮，不受外力作用，系统质心在惯性空间中运动状态不变，将惯性坐标系 $\{\boldsymbol{I}\}$ 原点 O_I 取在组合体系统质心 C_g，则组合体线动量 $\boldsymbol{P}_0=\mathbf{0}$，因而有 $\boldsymbol{v}_{m0}=-\boldsymbol{r}_{m0}^{\times}\boldsymbol{\omega}_f$。不考虑组合体的柔性振动，模态坐标速度 $\dot{\boldsymbol{\eta}}=\mathbf{0}$。动量守恒方程式（3－110）可简化为

$$\begin{bmatrix}\mathbf{0}\\ \boldsymbol{L}_0\end{bmatrix}=\boldsymbol{H}_s\begin{bmatrix}-\boldsymbol{r}_{m0}^{\times}\\ \boldsymbol{E}_{3\times3}\end{bmatrix}\boldsymbol{\omega}_f=\begin{bmatrix}\boldsymbol{H}_{pv} & \boldsymbol{H}_{p\omega}\\ \boldsymbol{H}_{lv} & \boldsymbol{H}_{l\omega}\end{bmatrix}\begin{bmatrix}-\boldsymbol{r}_{m0}^{\times}\\ \boldsymbol{E}_{3\times3}\end{bmatrix}\boldsymbol{\omega}_f \tag{8-3}$$

式中，$\boldsymbol{H}_{pv}$、$\boldsymbol{H}_{p\omega}$、$\boldsymbol{H}_{lv}$、$\boldsymbol{H}_{l\omega}$ 为 $\boldsymbol{H}_s$ 的分块矩阵；$\boldsymbol{E}_{3\times3}$ 为 3×3 单位矩阵。令

$$\boldsymbol{I}_f=[\boldsymbol{H}_{lv}\quad\boldsymbol{H}_{l\omega}]\begin{bmatrix}-\boldsymbol{r}_{m0}^{\times}\\ \boldsymbol{E}\end{bmatrix} \tag{8-4}$$

则式（8－3）中的角动量守恒方程可进一步简化为

$$\boldsymbol{L}_0=\boldsymbol{I}_f\boldsymbol{\omega}_f \tag{8-5}$$

可证明 $\boldsymbol{I}_f$ 非奇异，则角动量转移优化的目标函数可取为

$$J_{\mathrm{ang}}=\|\boldsymbol{\omega}_f\|=\|\boldsymbol{I}_f^{-1}\boldsymbol{L}_0\| \tag{8-6}$$

因此，组合体角动量转移可转换为以下多变量极值优化问题

$$\begin{cases}\min\limits_{\boldsymbol{\Theta}_f}J_{\mathrm{ang}}(\boldsymbol{\Theta}_f)\\ \text{subject to: }{}^{m0}\boldsymbol{b}_{m0}+\sum\limits_{i=1}^{n}{}^{m0}\boldsymbol{A}_{m1}(\theta_{1f})\cdots{}^{mi-1}\boldsymbol{A}_{mi}(\theta_{if})\,{}^{mi}\boldsymbol{l}_{mi}={}^{m0}\boldsymbol{r}_{mn}\\ \qquad{}^{m0}\boldsymbol{A}_{m1}(\theta_{1f})\cdots{}^{mn-1}\boldsymbol{A}_{mn}(\theta_{nf})={}^{m0}\boldsymbol{A}_{mn}\end{cases} \tag{8-7}$$

特别地，当空间机械臂自由度 $n=7$ 时，通过求解约束方程，可将问题进一步转化为无约束单变量极值问题，从而可以采用牛顿法、黄金分割法、抛物线法等成熟算法求解。

8.1.2 基于粒子群算法的抑振轨迹规划

粒子群算法（Particle Swarm Optimization，PSO）是通过模拟鸟群觅食行为而发展

起来的一种基于群体智能的优化算法，其核心思想是利用群体中的个体对信息的共享使整个群体的运动在问题求解空间中产生从无序到有序的演化过程，从而获得问题的最优解。粒子群算法首先给空间中的所有粒子分配初始随机位置和初始随机速度。然后根据每个粒子的速度、问题空间中已知的最优全局位置和粒子已知的最优位置依次推进每个粒子的位置。随着计算的推移，通过探索和利用搜索空间中已知的有利位置，粒子围绕一个或多个最优点聚集或聚合。粒子群算法的特点在于其保留了最优全局位置和粒子已知的最优位置两个信息，从而对于较快收敛速度以及避免过早陷入局部最优解都具有较好的效果。粒子群算法具有实现简单、收敛快、精度高等优点，可用于求解本章的抑振轨迹规划问题。

8.1.2.1　关节运动参数化

目标捕获后，组合体呈两头重中间轻的哑铃状构型，该种构型使得处于连接位置的空间机械臂的基频显著降低。同时，服务卫星和目标卫星的太阳翼本身也是基频很低的大型柔性结构。机械臂运动过程中容易激起自身和太阳翼的柔性振动，对组合体控制精度产生影响。因此，在柔性组合体位置姿态调整与稳定过程中需考虑抑制相关柔性振动，通过智能优化算法规划机械臂的最优抑振轨迹。

定义 t_0、t_f 分别为柔性组合体位置姿态调整与稳定过程的起始和终止时刻。起始时刻 $t_0=0$，机械臂关节的初始运动状态为

$$\begin{cases}\boldsymbol{\Theta}_m(0)=\boldsymbol{\Theta}_0\\ \dot{\boldsymbol{\Theta}}_m(0)=\dot{\boldsymbol{\Theta}}_0\\ \ddot{\boldsymbol{\Theta}}_m(0)=\ddot{\boldsymbol{\Theta}}_0\end{cases}\tag{8-8}$$

终止时刻 t_f，由角动量转移优化可得机械臂关节的最终运动状态为

$$\begin{cases}\boldsymbol{\Theta}_m(t_f)=\boldsymbol{\Theta}_f\\ \dot{\boldsymbol{\Theta}}_m(t_f)=\mathbf{0}\\ \ddot{\boldsymbol{\Theta}}_m(t_f)=\mathbf{0}\end{cases}\tag{8-9}$$

采用多项式函数对机械臂关节运动轨迹进行参数化具有导数连续、形式简单、求解方便等优点，因而得到广泛应用。为满足式（8-8）～式（8-9）所示起止时刻运动状态约束，需至少采用五次多项式，同时为满足柔性组合体振动抑制要求，则需适当增加多项式次数，以提供冗余待优化参数。因此，本章采用七次多项式对关节运动轨迹进行参数化

$$\theta_{mi}(t)=a_{i7}t^7+a_{i6}t^6+a_{i5}t^5+a_{i4}t^4+a_{i3}t^3+a_{i2}t^2+a_{i1}t+a_{i0}\tag{8-10}$$

式中，a_{i7}、a_{i6}、a_{i5}、a_{i4}、a_{i3}、a_{i2}、a_{i1}、a_{i0} 为七次多项式系数，$i=1,\ 2,\ \cdots,\ n$。将起止时刻的运动约束条件式（8-8）～式（8-9）代入得

$$
\begin{cases}
a_{i0}=\theta_{i0} \\
a_{i1}=\dot{\theta}_{i0} \\
a_{i2}=\dfrac{1}{2}\ddot{\theta}_{i0} \\
a_{i3}=-3a_{i7}t_f^4-a_{i6}t_f^3-\dfrac{3}{2}\ddot{\theta}_{i0}t_f^{-1}-6\dot{\theta}_{i0}t_f^{-2}+10(\theta_{if}-\theta_{i0})t_f^{-3} \\
a_{i4}=8a_{i7}t_f^3+3a_{i6}t_f^2+\dfrac{3}{2}\ddot{\theta}_{i0}t_f^{-2}+8\dot{\theta}_{i0}t_f^{-3}-15(\theta_{if}-\theta_{i0})t_f^{-4} \\
a_{i5}=-6a_{i7}t_f^2-3a_{i6}t_f-\dfrac{1}{2}\ddot{\theta}_{i0}t_f^{-3}-3\dot{\theta}_{i0}t_f^{-4}+6(\theta_{if}-\theta_{i0})t_f^{-5}
\end{cases}
\tag{8-11}
$$

参数化后的每个关节运动轨迹 $\theta_{mi}(t)$ 仅包含两个待定参数 a_{i6}、a_{i7}，则抑振轨迹规划的优化变量可取为

$$
\boldsymbol{a}=[a_{16}\quad a_{17}\quad a_{26}\quad a_{27}\quad \cdots\quad a_{n6}\quad a_{n7}]^{\mathrm{T}} \tag{8-12}
$$

8.1.2.2　目标函数定义

柔性组合体的模态坐标 $\boldsymbol{\eta}$ 能够直观反映机械臂和太阳翼的柔性振动，且可以通过求解动力学方程式（3－130）直接得到。为保证柔性组合体位置姿态调整过程中和相对稳定后的柔性振动最小，定义抑振轨迹规划的目标函数为

$$
J_{\mathrm{vib}}=\lambda_1\int_0^{t_f}\boldsymbol{\eta}^{\mathrm{T}}(t)\boldsymbol{\eta}(t)\mathrm{d}t+\lambda_2\int_{t_f}^{\infty}\boldsymbol{\eta}^{\mathrm{T}}(t)\boldsymbol{\eta}(t)\mathrm{d}t \tag{8-13}
$$

式中，J_{vib} 为机械臂和太阳翼的柔性振动能量，等号右边第一项为机械臂运动过程中的柔性振动能量，第二项为机械臂运动结束后的残余振动能量；λ_1、λ_2 分别为各自的权重系数。因此，柔性组合体抑振轨迹规划问题转化为求一组最优参数 $\boldsymbol{a}=[a_{16}\quad a_{17}\quad a_{26}\quad a_{27}\quad \cdots\quad a_{n6}\quad a_{n7}]^{\mathrm{T}}$，使目标函数 J_{vib} 取最小值，进而得到机械臂的最优抑振轨迹 $\boldsymbol{\Theta}_m(t)$。

8.1.2.3　粒子群算法求解

粒子群算法求解流程如图 8－2 所示，具体求解步骤如下：

1）定义 M 为粒子种群数量，$N=2n$ 为搜索空间维数，$\boldsymbol{X}_i$、$\boldsymbol{V}_i$ 分别为粒子 i 的位置和速度。随机初始化每个粒子 i 的位置初值 $\boldsymbol{X}_i(0)$ 和速度初值 $\boldsymbol{V}_i(0)$，其中 $\boldsymbol{X}_i(0)$ 为

$$
\boldsymbol{X}_i(0)=\boldsymbol{a}^i(0)=[a_{16}^i(0)\quad a_{17}^i(0)\quad a_{26}^i(0)\quad a_{27}^i(0)\quad \cdots\quad a_{n6}^i(0)\quad a_{n7}^i(0)]^{\mathrm{T}} \tag{8-14}
$$

2）将 $\boldsymbol{X}_i$ 代入式（8－11）和式（8－10）计算机械臂关节运动轨迹 $\boldsymbol{\Theta}_m(t)$，再代入柔性组合体动力学方程式（3－130）求解模态坐标 $\boldsymbol{\eta}(t)$，最后代入式（8－13）计算目标函数 J_{vib}。定义 $\boldsymbol{P}_i$ 为粒子 i 的个体最优位置，其初值为

$$
\boldsymbol{P}_i(0)=\boldsymbol{X}_i(0) \tag{8-15}
$$

3）定义 $\boldsymbol{P}_g$ 为粒子种群的全局最优位置，其初值为

$$
\boldsymbol{P}_g(0)=\{\boldsymbol{P}_i(0)\mid Q(\boldsymbol{P}_i)=\min\{Q(\boldsymbol{P}_1),\cdots,Q(\boldsymbol{P}_M)\}\} \tag{8-16}
$$

4）假设第 k 代的 $\boldsymbol{X}_i(k)$、$\boldsymbol{V}_i(k)$、$\boldsymbol{P}_i(k)$、$\boldsymbol{P}_g(k)$ 已知，则第 $k+1$ 代的粒子速度

$\mathbf{V}_i(k+1)$ 和位置 $\mathbf{X}_i(k+1)$ 按下式规划

$$\mathbf{V}_i(k+1)=w\mathbf{V}_i(k)+c_1 r_{i1}[\mathbf{P}_i(k)-\mathbf{X}_i(k)]+c_2 r_{i2}[\mathbf{P}_g(k)-\mathbf{X}_i(k)] \tag{8-17}$$

$$\mathbf{X}_i(k+1)=\mathbf{X}_i(k)+\mathbf{V}_i(k+1) \tag{8-18}$$

式中，w 为惯性权重；c_1、c_2 为学习因子；r_{i1}、r_{i2} 为 [0，1] 区间的随机数。

5）更新粒子 i 的个体最优位置 $\mathbf{P}_i(k+1)$

$$\mathbf{P}_i(k+1)=\begin{cases}\mathbf{P}_i(k), Q(\mathbf{X}_i(k+1))\geqslant Q(\mathbf{P}_i(k))\\ \mathbf{X}_i(k+1), Q(\mathbf{X}_i(k+1))<Q(\mathbf{P}_i(k))\end{cases} \tag{8-19}$$

6）更新粒子种群的全局最优位置 $\mathbf{P}_g(k+1)$

$$\mathbf{P}_g(k+1)=\begin{cases}\mathbf{P}_g(k), & Q(\mathbf{P}_i(k+1))\geqslant Q(\mathbf{P}_g(k))\\ \mathbf{P}_i(k+1), & Q(\mathbf{P}_i(k+1))<Q(\mathbf{P}_g(k))\end{cases} \tag{8-20}$$

7）设最大迭代次数为 $k_{\max}$，期望目标函数值为 J_{vib}^*。若 $k\geqslant k_{\max}$ 或 $J_{\text{vib}}(\mathbf{P}_g(k))\leqslant J_{\text{vib}}^*$，则判定满足算法终止条件，结束迭代，否则 $k=k+1$，转 4）。

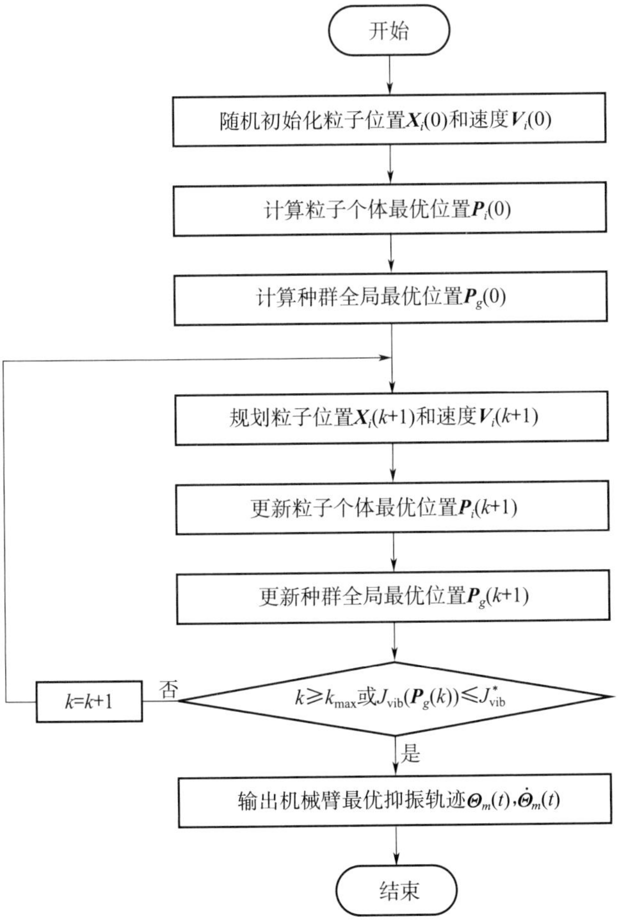

图 8-2　粒子群算法求解流程

8.2 柔性组合体动力学模型奇异摄动分解

8.2.1 柔性组合体奇异摄动模型

柔性组合体位置姿态调整与稳定控制的首要问题是在进行高精度的机械臂轨迹跟踪的同时实现有效的柔性部件振动抑制。奇异摄动方法可将柔性组合体动力学模型降阶分解为相对独立的两部分：一部分是与组合体刚性运动对应的慢变子系统，另一部分是与组合体柔性振动对应的快变子系统。然后利用复合控制原理，对慢快变两个子系统分别独立设计轨迹跟踪和振动抑制控制器，加和后作为整个系统的控制输出，从而在两种不同的时间尺度内，实现柔性组合体的轨迹跟踪与振动抑制复合控制。

系统动力学模型采用 3.2 节建立的空间机械臂连接的柔性组合体动力学模型，综合考虑机械臂关节柔性、臂杆柔性和卫星太阳翼柔性等柔性耦合因素，其动力学方程见式（3－56）和式（3－130）。定义 $\boldsymbol{\delta}_e$ 为机械臂关节的扭转变形角

$$\boldsymbol{\delta}_e = \frac{\boldsymbol{\Theta}_e}{N} - \boldsymbol{\Theta}_m \tag{8-21}$$

将式（8－21）代入式（3－56），同时将式（3－130）写成分块矩阵形式，有

$$\boldsymbol{I}_e\ddot{\boldsymbol{\Theta}}_e + \boldsymbol{C}_e + \frac{1}{N}\boldsymbol{K}_e\boldsymbol{\delta}_e = \boldsymbol{T}_e \tag{8-22}$$

$$\begin{bmatrix} \boldsymbol{M}_{rr} & \boldsymbol{M}_{rf} \\ \boldsymbol{M}_{fr} & \boldsymbol{M}_{ff} \end{bmatrix}\begin{bmatrix} \ddot{\boldsymbol{\Theta}}_m \\ \ddot{\boldsymbol{\eta}} \end{bmatrix} + \begin{bmatrix} \boldsymbol{C}_{rr} & \boldsymbol{C}_{rf} \\ \boldsymbol{C}_{fr} & \boldsymbol{C}_{ff} \end{bmatrix}\begin{bmatrix} \dot{\boldsymbol{\Theta}}_m \\ \dot{\boldsymbol{\eta}} \end{bmatrix} + \begin{bmatrix} \boldsymbol{D}_r \\ \boldsymbol{D}_f \end{bmatrix} + \begin{bmatrix} -\boldsymbol{K}_e\boldsymbol{\delta}_e \\ \boldsymbol{\Lambda}_f\boldsymbol{\eta} + 2\boldsymbol{\xi}_f\boldsymbol{\Omega}_f\dot{\boldsymbol{\eta}} \end{bmatrix} = \begin{bmatrix} \boldsymbol{0} \\ \boldsymbol{0} \end{bmatrix} \tag{8-23}$$

式中，分块矩阵下标 r 表示组合体刚性部分；下标 f 表示组合体柔性部分。

由柔性组合体动力学模型性质可知，$\boldsymbol{M}(\boldsymbol{\Theta}_m,\ \boldsymbol{\eta})$ 为正定对称矩阵，故其逆矩阵存在。定义 $\boldsymbol{N}(\boldsymbol{\Theta}_m,\ \boldsymbol{\eta})$ 为 $\boldsymbol{M}(\boldsymbol{\Theta}_m,\ \boldsymbol{\eta})$ 的逆矩阵，写成分块形式，有

$$\boldsymbol{N}(\boldsymbol{\Theta}_m, \boldsymbol{\eta}) = \boldsymbol{M}(\boldsymbol{\Theta}_m, \boldsymbol{\eta})^{-1} = \begin{bmatrix} \boldsymbol{N}_{rr} & \boldsymbol{N}_{rf} \\ \boldsymbol{N}_{fr} & \boldsymbol{N}_{ff} \end{bmatrix} \tag{8-24}$$

定义 k_c 为柔性组合体刚度矩阵 $\boldsymbol{\Lambda}_f$、$\boldsymbol{K}_e$ 中的最小元素，引入奇异摄动参数

$$\varepsilon = \sqrt{\frac{1}{k_c}} \tag{8-25}$$

假设 ε 为小量，并定义新变量

$$\begin{cases} \boldsymbol{\zeta}_m = \varepsilon^{-2}\boldsymbol{\eta} \\ \boldsymbol{\zeta}_e = \varepsilon^{-2}\boldsymbol{\delta}_e \\ \widetilde{\boldsymbol{\Lambda}}_f = \varepsilon^2\boldsymbol{\Lambda}_f \\ \widetilde{\boldsymbol{K}}_e = \varepsilon^2\boldsymbol{K}_e \end{cases} \tag{8-26}$$

将式（8－24）、式（8－26）代入式（8－22）、式（8－23），整理得到柔性组合体奇异

摄动方程为

$$\ddot{\boldsymbol{\Theta}}_m = -(\boldsymbol{N}_{rr}\boldsymbol{C}_{rr} + \boldsymbol{N}_{rf}\boldsymbol{C}_{fr})\dot{\boldsymbol{\Theta}}_m - (\boldsymbol{N}_{rr}\boldsymbol{C}_{rf} + \boldsymbol{N}_{rf}\boldsymbol{C}_{ff})\varepsilon^2\dot{\boldsymbol{\zeta}}_m - \boldsymbol{N}_{rr}\boldsymbol{D}_r - \boldsymbol{N}_{rf}\boldsymbol{D}_f + \boldsymbol{N}_{rr}\widetilde{\boldsymbol{K}}_e\boldsymbol{\zeta}_e - \boldsymbol{N}_{rf}(\widetilde{\boldsymbol{\Lambda}}_f\boldsymbol{\zeta}_m + 2\xi_f\boldsymbol{\Omega}_f\varepsilon^2\dot{\boldsymbol{\zeta}}_m) \tag{8-27}$$

$$\varepsilon^2\ddot{\boldsymbol{\zeta}}_m = -(\boldsymbol{N}_{fr}\boldsymbol{C}_{rr} + \boldsymbol{N}_{ff}\boldsymbol{C}_{fr})\dot{\boldsymbol{\Theta}}_m - (\boldsymbol{N}_{fr}\boldsymbol{C}_{rf} + \boldsymbol{N}_{ff}\boldsymbol{C}_{ff})\varepsilon^2\dot{\boldsymbol{\zeta}}_m - \boldsymbol{N}_{fr}\boldsymbol{D}_r - \boldsymbol{N}_{ff}\boldsymbol{D}_f + \boldsymbol{N}_{fr}\widetilde{\boldsymbol{K}}_e\boldsymbol{\zeta}_e - \boldsymbol{N}_{ff}(\widetilde{\boldsymbol{\Lambda}}_f\boldsymbol{\zeta}_m + 2\xi_f\boldsymbol{\Omega}_f\varepsilon^2\dot{\boldsymbol{\zeta}}_m) \tag{8-28}$$

$$\varepsilon^2\ddot{\boldsymbol{\zeta}}_e = \frac{1}{N}\boldsymbol{I}_e^{-1}\left(\boldsymbol{T}_e - \boldsymbol{C}_e - \frac{1}{N}\widetilde{\boldsymbol{K}}_e\boldsymbol{\zeta}_e\right) - \ddot{\boldsymbol{\Theta}}_m \tag{8-29}$$

针对上述柔性组合体奇异摄动模型，设计如下复合控制力矩

$$\boldsymbol{T}_e = \overline{\boldsymbol{T}}_e + \widetilde{\boldsymbol{T}}_e \tag{8-30}$$

式中，$\overline{\boldsymbol{T}}_e$ 对应慢变子系统控制力矩；$\widetilde{\boldsymbol{T}}_e$ 对应快变子系统控制力矩。

8.2.2　慢变子系统动力学方程

对于慢变子系统，令 $\varepsilon = 0$，则式（8-27）～式（8-29）分别可简化为

$$\ddot{\boldsymbol{\Theta}}_m = -(\overline{\boldsymbol{N}}_{rr}\overline{\boldsymbol{C}}_{rr} + \overline{\boldsymbol{N}}_{rf}\overline{\boldsymbol{C}}_{fr})\dot{\boldsymbol{\Theta}}_m - \overline{\boldsymbol{N}}_{rr}\overline{\boldsymbol{D}}_r - \overline{\boldsymbol{N}}_{rf}\overline{\boldsymbol{D}}_f + \overline{\boldsymbol{N}}_{rr}\widetilde{\boldsymbol{K}}_e\bar{\boldsymbol{\zeta}}_e - \overline{\boldsymbol{N}}_{rf}\widetilde{\boldsymbol{\Lambda}}_f\bar{\boldsymbol{\zeta}}_m \tag{8-31}$$

$$\boldsymbol{0} = -(\overline{\boldsymbol{N}}_{fr}\overline{\boldsymbol{C}}_{rr} + \overline{\boldsymbol{N}}_{ff}\overline{\boldsymbol{C}}_{fr})\dot{\boldsymbol{\Theta}}_m - \overline{\boldsymbol{N}}_{fr}\overline{\boldsymbol{D}}_r - \overline{\boldsymbol{N}}_{ff}\overline{\boldsymbol{D}}_f + \overline{\boldsymbol{N}}_{fr}\widetilde{\boldsymbol{K}}_e\bar{\boldsymbol{\zeta}}_e - \overline{\boldsymbol{N}}_{ff}\widetilde{\boldsymbol{\Lambda}}_f\bar{\boldsymbol{\zeta}}_m \tag{8-32}$$

$$\boldsymbol{0} = \frac{1}{N}\boldsymbol{I}_e^{-1}\left(\overline{\boldsymbol{T}}_e - \boldsymbol{C}_e - \frac{1}{N}\widetilde{\boldsymbol{K}}_e\bar{\boldsymbol{\zeta}}_e\right) - \ddot{\boldsymbol{\Theta}}_m \tag{8-33}$$

式中，上标“—”表示变量是在慢时间尺度 $\varepsilon = 0$ 下获得的。由式（8-33）可得

$$\bar{\boldsymbol{\zeta}}_e = N\widetilde{\boldsymbol{K}}_e^{-1}(\overline{\boldsymbol{T}}_e - \boldsymbol{C}_e - N\boldsymbol{I}_e\ddot{\boldsymbol{\Theta}}_m) \tag{8-34}$$

将式（8-34）代入式（8-32），整理得

$$\bar{\boldsymbol{\zeta}}_m = \widetilde{\boldsymbol{\Lambda}}_f^{-1}\overline{\boldsymbol{N}}_{ff}^{-1}[-(\overline{\boldsymbol{N}}_{fr}\overline{\boldsymbol{C}}_{rr} + \overline{\boldsymbol{N}}_{ff}\overline{\boldsymbol{C}}_{fr})\dot{\boldsymbol{\Theta}}_m - \overline{\boldsymbol{N}}_{fr}\overline{\boldsymbol{D}}_r - \overline{\boldsymbol{N}}_{ff}\overline{\boldsymbol{D}}_f] + N\widetilde{\boldsymbol{\Lambda}}_f^{-1}\overline{\boldsymbol{N}}_{ff}^{-1}\overline{\boldsymbol{N}}_{fr}(\overline{\boldsymbol{T}}_e - \boldsymbol{C}_e - N\boldsymbol{I}_e\ddot{\boldsymbol{\Theta}}_m) \tag{8-35}$$

再将式（8-35）代入式（8-31），整理得

$$\ddot{\boldsymbol{\Theta}}_m = (\overline{\boldsymbol{N}}_{rr} - \overline{\boldsymbol{N}}_{rf}\overline{\boldsymbol{N}}_{ff}^{-1}\overline{\boldsymbol{N}}_{fr})\,[-\overline{\boldsymbol{C}}_{rr}\dot{\boldsymbol{\Theta}}_m - \overline{\boldsymbol{D}}_r + N(\overline{\boldsymbol{T}}_e - \boldsymbol{C}_e - N\boldsymbol{I}_e\ddot{\boldsymbol{\Theta}}_m)] \tag{8-36}$$

由于 $\boldsymbol{N}(\boldsymbol{\Theta}_m, \boldsymbol{\eta})$ 为 $\boldsymbol{M}(\boldsymbol{\Theta}_m, \boldsymbol{\eta})$ 的逆矩阵，同样在慢变时间尺度 $\varepsilon = 0$ 下，易验证

$$\overline{\boldsymbol{M}}_{rr}^{-1} = \overline{\boldsymbol{N}}_{rr} - \overline{\boldsymbol{N}}_{rf}\overline{\boldsymbol{N}}_{ff}^{-1}\overline{\boldsymbol{N}}_{fr} \tag{8-37}$$

最后将式（8-37）代入式（8-36），整理得到慢变子系统动力学方程为

$$(\overline{\boldsymbol{M}}_{rr} + N^2\boldsymbol{I}_e)\ddot{\boldsymbol{\Theta}}_m + \overline{\boldsymbol{C}}_{rr}\dot{\boldsymbol{\Theta}}_m + \overline{\boldsymbol{D}}_r + N\boldsymbol{C}_e = N\overline{\boldsymbol{T}}_e \tag{8-38}$$

8.2.3　快变子系统动力学方程

对于快变子系统，定义状态变量

$$\begin{cases} \boldsymbol{\sigma}_{m1} = \boldsymbol{\zeta}_m - \bar{\boldsymbol{\zeta}}_m \\ \boldsymbol{\sigma}_{m2} = \varepsilon\dot{\boldsymbol{\zeta}}_m \\ \boldsymbol{\sigma}_{e1} = \boldsymbol{\zeta}_e - \bar{\boldsymbol{\zeta}}_e \\ \boldsymbol{\sigma}_{e2} = \varepsilon\dot{\boldsymbol{\zeta}}_e \end{cases} \tag{8-39}$$

引入快变时间尺度 $\tau = t/\varepsilon$，将式（8－28）、式（8－29）写成状态方程形式

$$\begin{cases} \dfrac{\mathrm{d}\boldsymbol{\sigma}_{m1}}{\mathrm{d}\tau} = \boldsymbol{\sigma}_{m2} \\ \dfrac{\mathrm{d}\boldsymbol{\sigma}_{m2}}{\mathrm{d}\tau} = -(\boldsymbol{N}_{fr}\boldsymbol{C}_{rr} + \boldsymbol{N}_{ff}\boldsymbol{C}_{fr})\dot{\boldsymbol{\Theta}}_m - \varepsilon(\boldsymbol{N}_{fr}\boldsymbol{C}_{rf} + \boldsymbol{N}_{ff}\boldsymbol{C}_{ff})\boldsymbol{\sigma}_{m2} - \boldsymbol{N}_{fr}\boldsymbol{D}_r - \boldsymbol{N}_{ff}\boldsymbol{D}_f + \\ \qquad \boldsymbol{N}_{fr}\widetilde{\boldsymbol{K}}_e(\boldsymbol{\sigma}_{e1} + \overline{\boldsymbol{\zeta}}_e) - \boldsymbol{N}_{ff}\widetilde{\boldsymbol{\Lambda}}_f(\boldsymbol{\sigma}_{m1} + \overline{\boldsymbol{\zeta}}_m) - 2\varepsilon\boldsymbol{N}_{ff}\boldsymbol{\xi}_f\boldsymbol{\Omega}_f\boldsymbol{\sigma}_{m2} \end{cases} \tag{8-40}$$

$$\begin{cases} \dfrac{\mathrm{d}\boldsymbol{\sigma}_{e1}}{\mathrm{d}\tau} = \boldsymbol{\sigma}_{e2} \\ \dfrac{\mathrm{d}\boldsymbol{\sigma}_{e1}}{\mathrm{d}\tau} = N^{-1}\boldsymbol{I}_e^{-1}[\boldsymbol{T}_e - \boldsymbol{C}_e - N^{-1}\widetilde{\boldsymbol{K}}_e(\boldsymbol{\sigma}_{e1} + \overline{\boldsymbol{\zeta}}_e)] - \ddot{\boldsymbol{\Theta}}_m \end{cases} \tag{8-41}$$

将式（8－30）、式（8－34）、式（8－35）代入式（8－40）、式（8－41），计算在边界层 $\varepsilon = 0$ 时的结果，整理得到

$$\begin{cases} \dfrac{\mathrm{d}\boldsymbol{\sigma}_{m1}}{\mathrm{d}\tau} = \boldsymbol{\sigma}_{m2} \\ \dfrac{\mathrm{d}\boldsymbol{\sigma}_{m2}}{\mathrm{d}\tau} = -\overline{\boldsymbol{N}}_{ff}\widetilde{\boldsymbol{\Lambda}}_f\boldsymbol{\sigma}_{m1} + \overline{\boldsymbol{N}}_{fr}\widetilde{\boldsymbol{K}}_e\boldsymbol{\sigma}_{e1} \end{cases} \tag{8-42}$$

$$\begin{cases} \dfrac{\mathrm{d}\boldsymbol{\sigma}_{e1}}{\mathrm{d}\tau} = \boldsymbol{\sigma}_{e2} \\ \dfrac{\mathrm{d}\boldsymbol{\sigma}_{e2}}{\mathrm{d}\tau} = -N^{-2}\boldsymbol{I}_e^{-1}\widetilde{\boldsymbol{K}}_e\boldsymbol{\sigma}_{e1} + N^{-1}\boldsymbol{I}_e^{-1}\widetilde{\boldsymbol{T}}_e \end{cases} \tag{8-43}$$

定义快变子系统状态变量

$$\boldsymbol{X} = [\boldsymbol{\sigma}_{m1}^{\mathrm{T}} \quad \boldsymbol{\sigma}_{m2}^{\mathrm{T}} \quad \boldsymbol{\sigma}_{e1}^{\mathrm{T}} \quad \boldsymbol{\sigma}_{e2}^{\mathrm{T}}]^{\mathrm{T}} \tag{8-44}$$

对式（8－42）、式（8－43）重新整理，得到快变子系统动力学方程为

$$\dot{\boldsymbol{X}} = \boldsymbol{A}_f\boldsymbol{X} + \boldsymbol{B}_f\widetilde{\boldsymbol{T}}_e \tag{8-45}$$

式中，$\boldsymbol{A}_f$ 为状态转移矩阵；$\boldsymbol{B}_f$ 为输入矩阵，其表达式分别为

$$\boldsymbol{A}_f = \begin{bmatrix} \boldsymbol{0} & \boldsymbol{E} & \boldsymbol{0} & \boldsymbol{0} \\ -\overline{\boldsymbol{N}}_{ff}\widetilde{\boldsymbol{\Lambda}}_f & \boldsymbol{0} & \overline{\boldsymbol{N}}_{fr}\widetilde{\boldsymbol{K}}_e & \boldsymbol{0} \\ \boldsymbol{0} & \boldsymbol{0} & \boldsymbol{0} & \boldsymbol{E} \\ \boldsymbol{0} & \boldsymbol{0} & -N^{-2}\boldsymbol{I}_e^{-1}\widetilde{\boldsymbol{K}}_e & \boldsymbol{0} \end{bmatrix} \tag{8-46}$$

$$\boldsymbol{B}_f = \begin{bmatrix} \boldsymbol{0} \\ \boldsymbol{0} \\ \boldsymbol{0} \\ N^{-1}\boldsymbol{I}_e^{-1} \end{bmatrix} \tag{8-47}$$

8.3　柔性组合体轨迹跟踪与振动抑制复合控制

8.3.1　柔性组合体复合控制结构

柔性组合体复合控制器结构如图 8－3 所示。柔性组合体动力学模型按照奇异摄动方法分解成慢变子系统和快变子系统后，采用复合控制原理，在快慢两种时间尺度内分别对两个子系统独立设计控制器：慢变子系统对应机械臂大范围刚性运动，采用全局终端滑模控制，实现其精确轨迹跟踪；快变子系统对应机械臂和太阳翼的柔性振动，采用 *LQR* 最优控制，实现其振动抑制。最后将两个子系统控制器加和，构成柔性组合体轨迹跟踪与振动抑制复合控制。

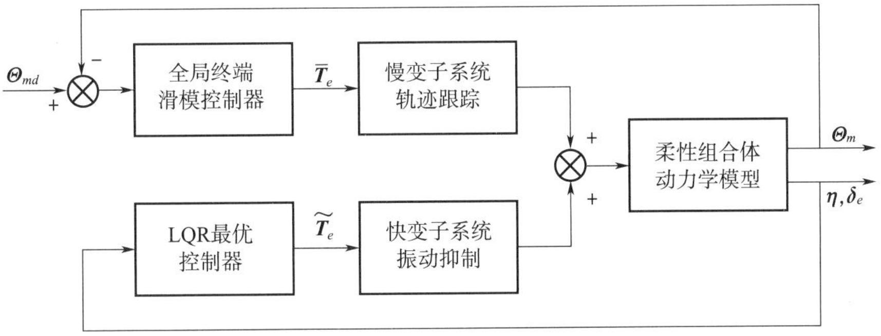

图 8－3　柔性组合体轨迹跟踪与振动抑制复合控制结构

8.3.2　慢变子系统全局终端滑模控制

慢变子系统的控制目标是控制机械臂关节运动，使其精确跟踪柔性组合体角动量转移与抑振规划得到的轨迹，完成柔性组合体位置姿态调整与稳定任务。比较式（8－38）和式（7－43）可以看出，柔性组合体慢变子系统和空间机械臂刚体系统的动力学方程具有一致的形式，因此可以采用空间机械臂刚体系统的全局终端滑模控制器实现慢变子系统的轨迹跟踪。

慢变子系统轨迹跟踪误差定义为

$$\boldsymbol{E}_m=\boldsymbol{\Theta}_{md}-\boldsymbol{\Theta}_m \tag{8-48}$$

式中，$\boldsymbol{\Theta}_{md}$ 为角动量转移与抑振规划得到的机械臂关节期望角度。

全局终端滑模超平面构造为

$$\boldsymbol{S}=\dot{\boldsymbol{E}}_m+\boldsymbol{A}\boldsymbol{E}_m+\boldsymbol{B}\boldsymbol{E}_m^{q/p} \tag{8-49}$$

式中，$\boldsymbol{A}$ 、$\boldsymbol{B}$ 为正常数对角矩阵；p 、q 为正奇数，且有 $p>q$ 。

慢变子系统全局终端滑模控制律设计为

$$\begin{aligned}\overline{\boldsymbol{T}}_e=&(N^{-1}\overline{\boldsymbol{M}}_{rr}+N\boldsymbol{I}_e)\left[\ddot{\boldsymbol{\Theta}}_{md}+\boldsymbol{A}\dot{\boldsymbol{E}}_m+\frac{q}{p}\boldsymbol{B}\boldsymbol{E}_m^{(q-p)/p}\dot{\boldsymbol{E}}_m\right]+\\&N^{-1}(\overline{\boldsymbol{C}}_{rr}\dot{\boldsymbol{\Theta}}_m+\overline{\boldsymbol{D}}_r+N\boldsymbol{C}_e+\overline{\boldsymbol{C}}_{rr}\boldsymbol{S}+\boldsymbol{\Phi}\boldsymbol{S}+\boldsymbol{\Gamma}\boldsymbol{S}^{q/p})\end{aligned} \tag{8-50}$$

式中，$\boldsymbol{\Phi}$ 、$\boldsymbol{\Gamma}$ 为正常数对角矩阵，且 $\boldsymbol{\Gamma}$ 中的元素数值大于不确定性上限。

由 7.3.2 节证明过程可知，式（8－50）所示的全局终端滑模控制律能够保证慢变子系统渐近稳定，并且能够保证轨迹跟踪误差 $\boldsymbol{E}_m$ 在有限时间内收敛到指定精度。

8.3.3 快变子系统 LQR 最优控制

快变子系统的控制目标是抑制机械臂和太阳翼的柔性振动，使其在柔性组合体位置姿态调整与稳定过程中及结束后的振幅最小。由式（8－45）可知，柔性组合体快变子系统是一个线性系统，且完全可控，因此可以采用线性二次型（Linear Quadratic Regulator，LQR）最优控制实现快变子系统的振动抑制。

LQR 最优控制的性能指标函数定义为

$$J_{\mathrm{LQR}}=\frac{1}{2}\int_0^{\infty}[\boldsymbol{X}^{\mathrm{T}}(t)\boldsymbol{Q}\boldsymbol{X}(t)+\widetilde{\boldsymbol{T}}_e^{\mathrm{T}}(t)\boldsymbol{R}\widetilde{\boldsymbol{T}}_e(t)]\,\mathrm{d}t \tag{8-51}$$

式中，$\boldsymbol{Q}$ 为半正定加权对称矩阵；$\boldsymbol{R}$ 为正定加权对称矩阵。

根据 LQR 最优控制理论，若想使性能指标函数 J_{LQR} 最小化，最优控制律应为

$$\widetilde{\boldsymbol{T}}_e=-\boldsymbol{R}^{-1}\boldsymbol{B}_f^{\mathrm{T}}\boldsymbol{P}\boldsymbol{X} \tag{8-52}$$

式中，$\boldsymbol{P}$ 为 Riccati 代数方程的解

$$\boldsymbol{P}\boldsymbol{A}_f+\boldsymbol{A}_f^{\mathrm{T}}\boldsymbol{P}-\boldsymbol{P}\boldsymbol{B}_f\boldsymbol{R}^{-1}\boldsymbol{B}_f^{\mathrm{T}}\boldsymbol{P}+\boldsymbol{Q}=\boldsymbol{0} \tag{8-53}$$

由 LQR 最优控制理论可知，式（8－52）所示的最优控制律能够保证快变子系统渐近稳定。

综合上述分析论证，柔性组合体轨迹跟踪与振动抑制复合控制律设计为

$$\boldsymbol{T}_e=\overline{\boldsymbol{T}}_e+\widetilde{\boldsymbol{T}}_e \tag{8-54}$$

式（8－54）所示的复合控制律能够保证柔性组合体在进行精确轨迹跟踪控制的同时实现有效的振动抑制，满足柔性组合体位置姿态调整与稳定的任务要求。

8.4 工程算例仿真验证

8.4.1 仿真参数设定

通过工程算例进行仿真，验证目标捕获后组合体角动量转移与抑振控制方法的有效性。目标卫星、服务卫星和空间机械臂采用 1.4.2 节的设定。空间机械臂构型和 D－H 坐标系如图 3－2 所示，D－H 参数见表 3－1。空间机械臂连接的柔性组合体质量特性参数见表 3－4。根据空间机械臂构型特点，只考虑臂杆 3 和臂杆 4 的柔性，臂杆 1、2、5、6 视为刚体。服务卫星本体（臂杆 0）和目标卫星本体（臂杆 7）视为刚体。服务卫星和目标卫星附件各考虑两个太阳翼的柔性。空间机械臂关节动力学参数见表 3－5，空间机械臂臂杆和卫星太阳翼材料参数见表 3－6，各取前两阶弯曲模态和一阶扭转模态计算。柔性组合体角动量转移与抑振规划参数见表 8－1。柔性组合体轨迹跟踪与振动抑制复合控制参数见表 8－2。

表 8-1　柔性组合体角动量转移与抑振规划参数

参数归属	参数名称	参数取值
柔性组合体	初始角动量	$\boldsymbol{L}_0 = [0 \quad 482 \quad 0]^{\mathrm{T}}\ \mathrm{kg \cdot m^2 \cdot s^{-1}}$
空间机械臂	初始关节角度	$\boldsymbol{\Theta}_0 = [-4 \quad 84 \quad -57 \quad -64 \quad 121 \quad 96 \quad -4]^{\mathrm{T}} (^\circ)$
	初始关节角速度	$\dot{\boldsymbol{\Theta}}_0 = [0 \quad -0.1 \quad -0.6 \quad 2.5 \quad -4 \quad -0.2 \quad -0.2]^{\mathrm{T}} (^\circ) \cdot \mathrm{s}^{-1}$
	初始关节角加速度	$\ddot{\boldsymbol{\Theta}}_0 = [0 \quad -0.3 \quad -0.2 \quad 0.2 \quad 0 \quad 0.3 \quad 0]^{\mathrm{T}} (^\circ) \cdot \mathrm{s}^{-2}$
角动量转移	终止时刻	$t_f = 40\ \mathrm{s}$
	期望相对位置	${}^{m0}\boldsymbol{r}_{mn}(t_f) = [4 \quad 0 \quad 0]^{\mathrm{T}}\ \mathrm{m}$
	期望相对姿态	${}^{m0}\boldsymbol{A}_{mn}(t_f) = \mathrm{diag}(1, 1, 1)$
抑振轨迹规划	种群数量	$M = 40$
	惯性权重(线性递减)	$w_{\mathrm{ini}} = 0.9, w_{\mathrm{end}} = 0.4$
	学习因子	$c_1 = 2, c_2 = 2$
	最大迭代次数	$k_{\max} = 60$
	目标函数权重系数	$\lambda_1 = 1, \lambda_2 = 10$

表 8-2　柔性组合体轨迹跟踪与振动抑制复合控制参数

参数归属	参数名称	参数取值
轨迹跟踪与振动抑制复合控制方法	全局终端滑模控制器参数	$\boldsymbol{A} = \mathrm{diag}(10, 10, 10, 10, 10, 10, 10)$
		$\boldsymbol{B} = \mathrm{diag}(2, 2, 2, 2, 2, 2, 2)$
		$\boldsymbol{\Phi} = \mathrm{diag}(10, 10, 10, 10, 10, 10, 10)$
		$\boldsymbol{\Gamma} = \mathrm{diag}(50, 50, 100, 200, 100, 50, 50)$
		$p = 5, q = 3$
	LQR 最优控制器参数	$\boldsymbol{Q} = \mathrm{diag}(10, 10, \cdots, 10)_{26 \times 26}$
		$\boldsymbol{R} = \mathrm{diag}(1, 1, 1, 1, 1, 1, 1)$
	空间机械臂控制周期	$\tau = 0.01\ \mathrm{s}$
控制精度要求	关节角度精度	$e_{mi} \leqslant 0.02^\circ$
	关节角速度精度	$\dot{e}_{mi} \leqslant 0.02\ (^\circ) \cdot \mathrm{s}^{-1}$
	振动抑制程度	$\geqslant 50\%$

8.4.2　角动量转移与抑振规划仿真结果

进行柔性组合体角动量转移优化仿真。通过求解约束方程将问题转化为单变量极值问题，选取 θ_{2f} 作为优化变量，角动量转移目标函数 J_{ang} 随 θ_{2f} 的变化曲线如图 8－4 所示。从图中可以看出，当 θ_{2f} 在［20，160］区间变化时，目标函数 J_{ang} 存在最小值。当 $\theta_{2f}=94.2°$时，$J_{\text{ang}}=0.504$（°）$\cdot s^{-1}$为最小值。将 θ_{2f} 代入约束方程式（8－2）可求得柔性组合体相对位置姿态稳定后的空间机械臂关节角度 $\boldsymbol{\Theta}_f=[-8.8\quad 94.2\quad -8.5\quad -146.4\quad 154.9\quad 85.8\quad -8.8]^{\text{T}}$（°）。

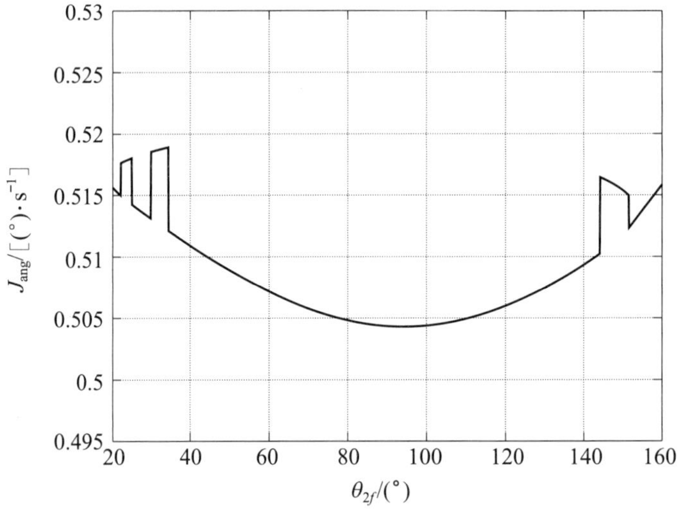

图 8－4　角动量转移优化目标函数

进行柔性组合体抑振轨迹规划仿真。粒子群算法目标函数 J_{vib} 随迭代次数 k 的变化曲线如图 8－5 所示。从图中可以看出，随着迭代次数 k 增加，目标函数 J_{vib} 单调递减。当迭代至 $k=28$ 时，$J_{\text{vib}}=2.652\ \text{kg}\cdot\text{m}^2$ 达到最小值，且在后续迭代过程中保持不变，因此该值可作为柔性组合体抑振轨迹规划的最优目标函数值。

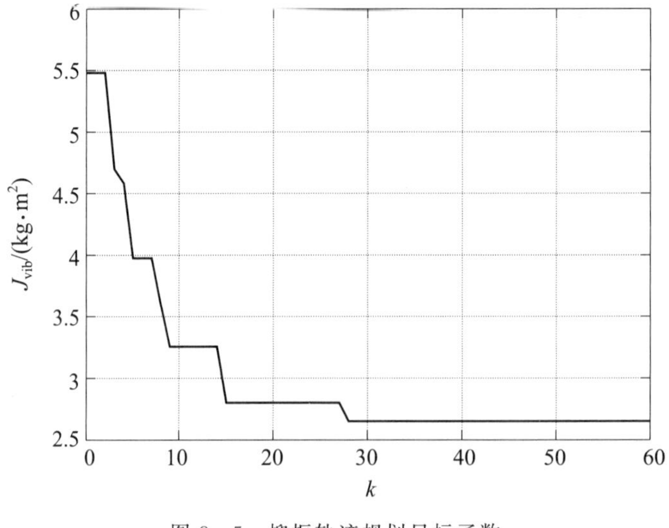

图 8－5　抑振轨迹规划目标函数

将空间机械臂关节最优抑振轨迹与常规五次多项式轨迹进行对比，关节角度和角速度 $\boldsymbol{\Theta}_m$ 、$\dot{\boldsymbol{\Theta}}_m$ 分别如图 8－6～图 8－7 所示。从图中可以看出，空间机械臂关节最优抑振轨迹和五次多项式轨迹相比，$\boldsymbol{\Theta}_m$ 、$\dot{\boldsymbol{\Theta}}_m$ 的初末值均相同，但最优抑振轨迹的曲线波动更为平缓，且能保证更高阶导数连续。因此，最优抑振轨迹运动产生的柔性振动理论上应小于五次多项式轨迹运动产生的柔性振动。

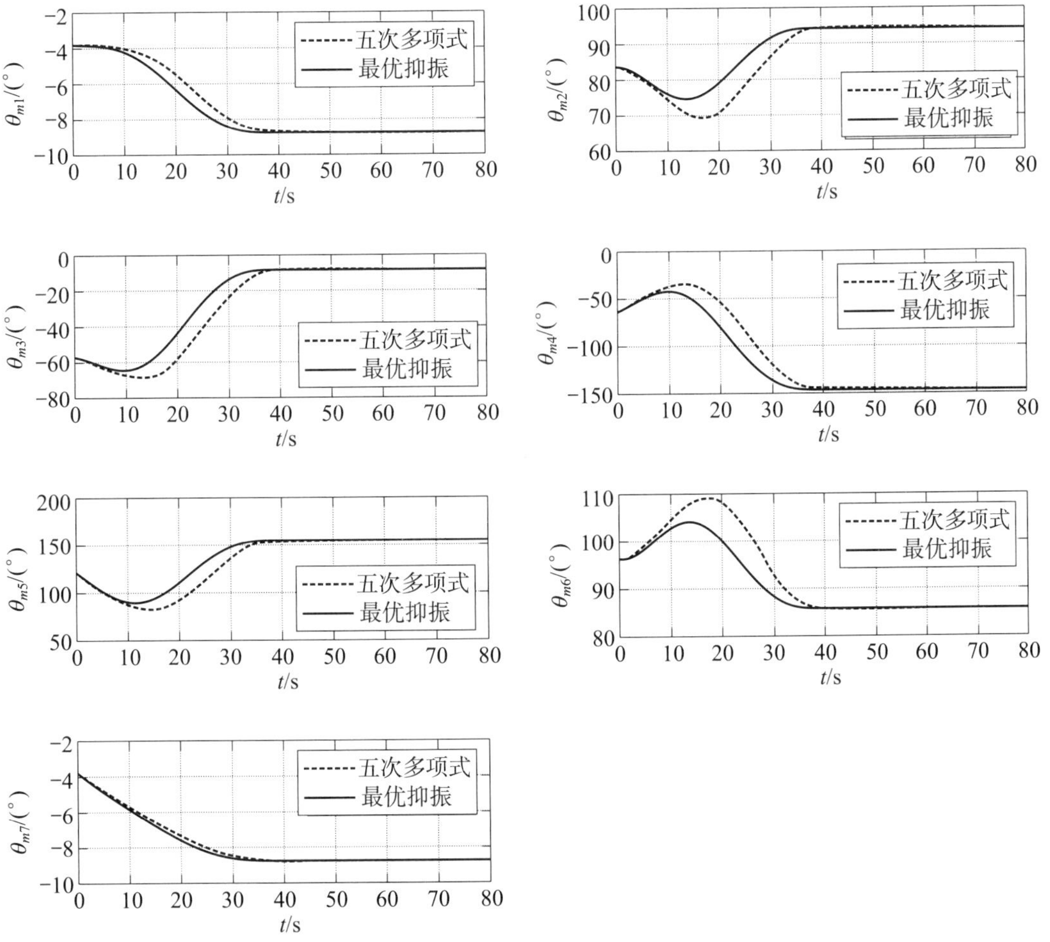

图 8－6　空间机械臂关节角度

最优抑振轨迹和五次多项式轨迹的空间机械臂臂杆、服务卫星太阳翼和目标卫星太阳翼的一阶模态坐标 $\boldsymbol{\eta}_m$、$\boldsymbol{\eta}_s$、$\boldsymbol{\eta}_t$ 的对比结果如图 8－8 所示。从图中可以看出，最优抑振轨迹和五次多项式轨迹相比，$\boldsymbol{\eta}_m$、$\boldsymbol{\eta}_s$、$\boldsymbol{\eta}_t$ 的振动均有所减小，其中运动结束后的残余振动幅值减小约 80%，表明空间机械臂和卫星太阳翼的柔性振动均得到有效抑制。

仿真结果表明，本章提出的柔性组合体角动量转移与抑振轨迹规划方法有效可行，能够满足目标捕获后柔性组合体的相对位置姿态调整与稳定要求，具有工程实用性。该方法具有以下特点：1）能够有效实现柔性组合体的角动量转移，并保证柔性组合体相对位置

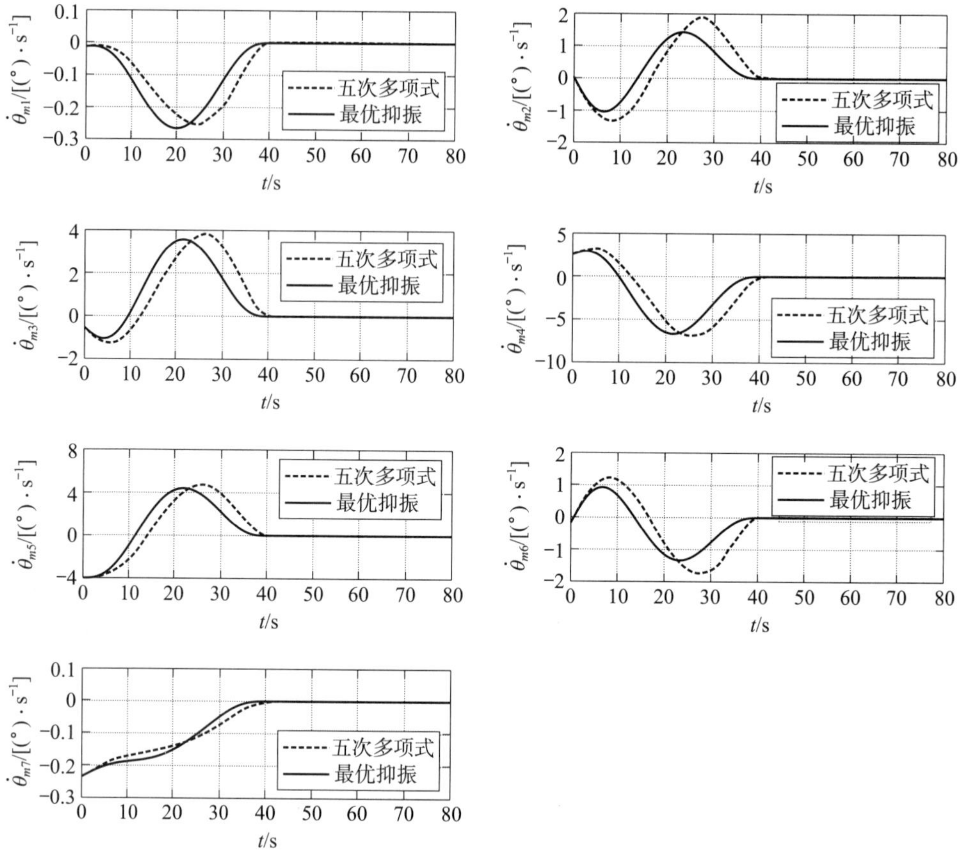

图 8－7　空间机械臂关节角速度

姿态稳定后的角速度最小；2）能够显著降低空间机械臂和卫星太阳翼等柔性部件的振动，从而提高柔性组合体的相对位置姿态控制精度。

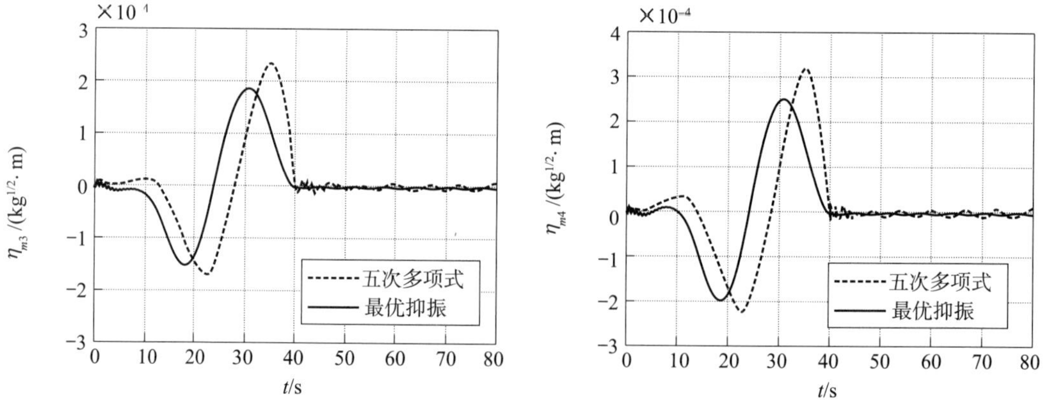

(a) 空间机械臂臂杆3　　　　(b) 空间机械臂臂杆4

图 8－8　空间机械臂臂杆和卫星太阳翼一阶模态坐标

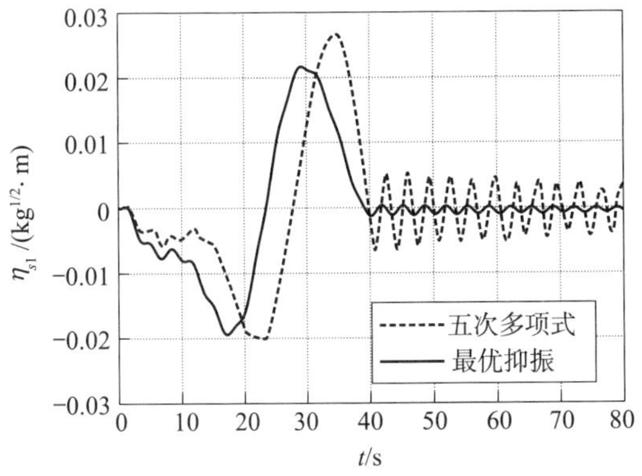

(c) 服务卫星太阳翼1

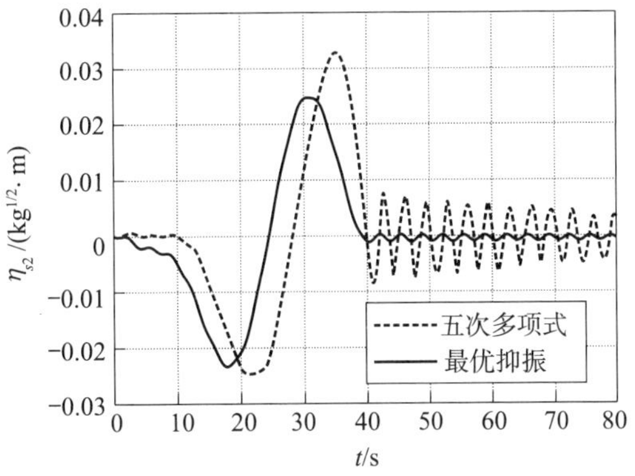

(d) 服务卫星太阳翼2

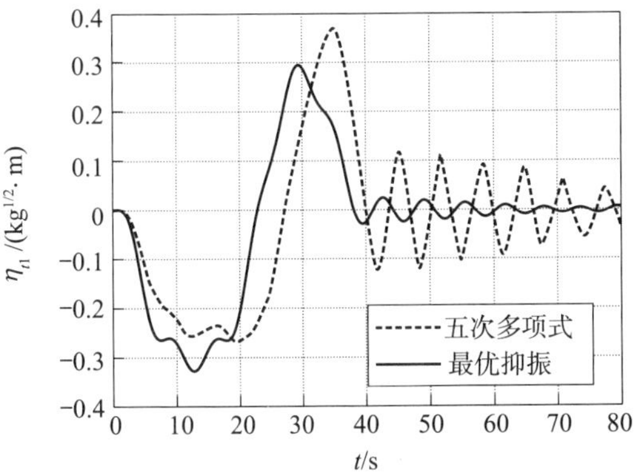

(e) 目标卫星太阳翼1

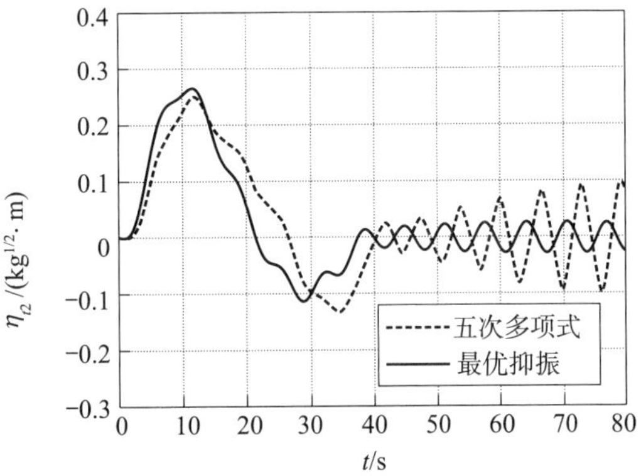

(f) 目标卫星太阳翼2

图 8－8　空间机械臂臂杆和卫星太阳翼一阶模态坐标（续）

由于该方法的规划对象为空间机械臂关节角度 $\boldsymbol{\Theta}_m$，未对关节内部结构进行研究，也未考虑关节柔性，因此该方法无法抑制空间机械臂关节的柔性振动。空间机械臂关节振动抑制问题可在柔性组合体轨迹跟踪与振动抑制复合控制系统设计时进一步加以解决。

8.4.3　柔性组合体复合控制仿真结果

进行柔性组合体轨迹跟踪与振动抑制复合控制仿真，将仿真结果与仅采用轨迹跟踪控制的仿真结果进行对比，空间机械臂关节角度和角速度跟踪误差 $\boldsymbol{E}_m$ 、$\dot{\boldsymbol{E}}_m$ 分别如图 8－9～图 8－10 所示。从图中可以看出，柔性组合体仅采用轨迹跟踪控制时，受空间机械臂关节柔性振动影响，$\boldsymbol{E}_m$ 、$\dot{\boldsymbol{E}}_m$ 存在振动且振幅较大，未能满足期望控制精度要求。采用轨迹跟踪与振动抑制复合控制后，$\boldsymbol{E}_m$ 、$\dot{\boldsymbol{E}}_m$ 振动明显减小，振幅减小程度大于 60%，且在绝大部分时间能够被控制在期望精度内，符合控制系统设计要求。

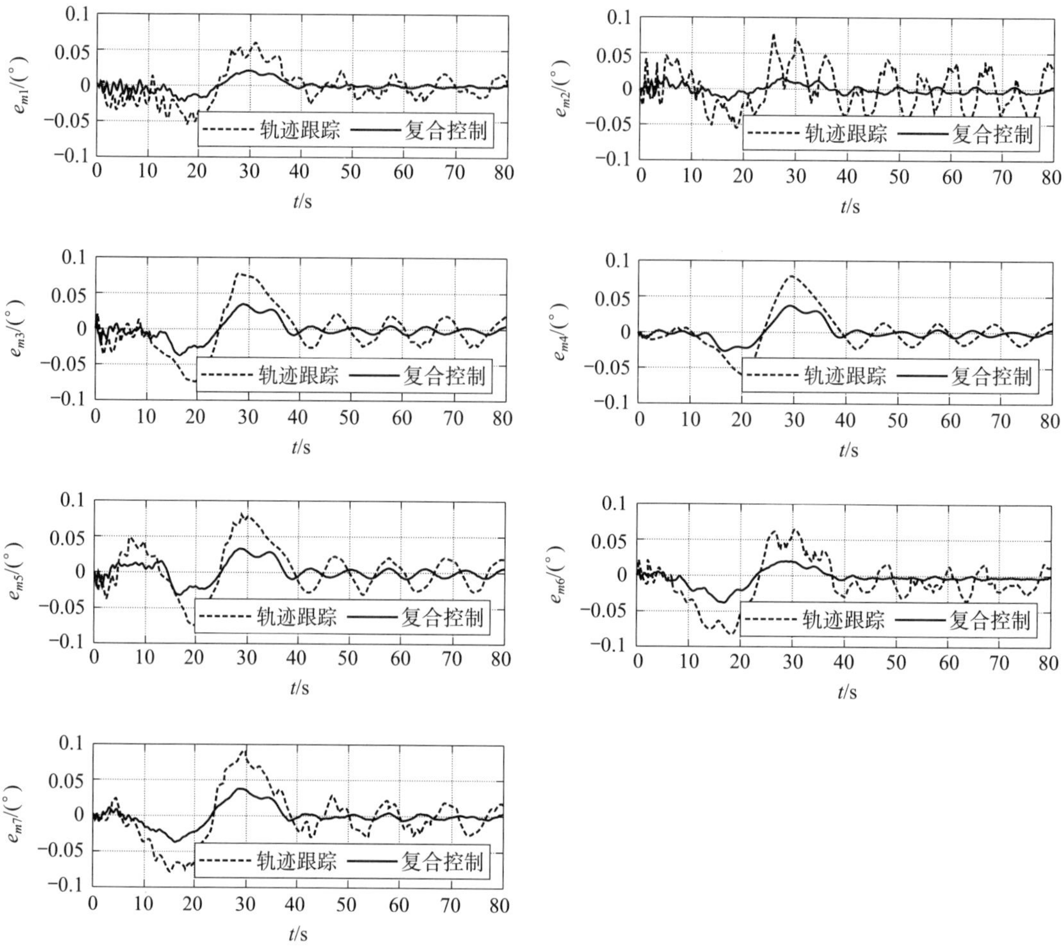

图 8-9　空间机械臂关节角度跟踪误差

采用复合控制和仅采用轨迹跟踪仿真得到的空间机械臂臂杆、服务卫星太阳翼和目标卫星太阳翼的一阶模态坐标 $\boldsymbol{\eta}_m$、$\boldsymbol{\eta}_s$、$\boldsymbol{\eta}_t$ 的对比结果如图 8-11 所示。从图中可以看出，柔性组合体仅采用轨迹跟踪控制时，由于考虑了空间机械臂关节柔性，受其影响，$\boldsymbol{\eta}_m$、$\boldsymbol{\eta}_s$、$\boldsymbol{\eta}_t$ 在空间机械臂运动过程中和运动结束后的振动与图 8-8～图 8-10 中的期望轨迹相比均有所增大。采用轨迹跟踪与振动抑制复合控制后，$\boldsymbol{\eta}_m$、$\boldsymbol{\eta}_s$、$\boldsymbol{\eta}_t$ 振动明显减小，振幅减小程度大于 50%，表明在复合控制器作用下，空间机械臂臂杆和卫星太阳翼的柔性振动均得到有效抑制。

柔性组合体复合控制仿真得到的空间机械臂关节控制力矩 $\boldsymbol{T}_m$ 如图 8-12 所示。从图中可以看出，受空间机械臂和卫星太阳翼振动影响，$\boldsymbol{T}_m$ 也存在一定的振动，符合工程实际情况。在空间机械臂运动过程中和运动结束后的全部时间内，$\boldsymbol{T}_m$ 的最大绝对值小于 200 N·m，不超过关节力矩限定值，工程实现可行。

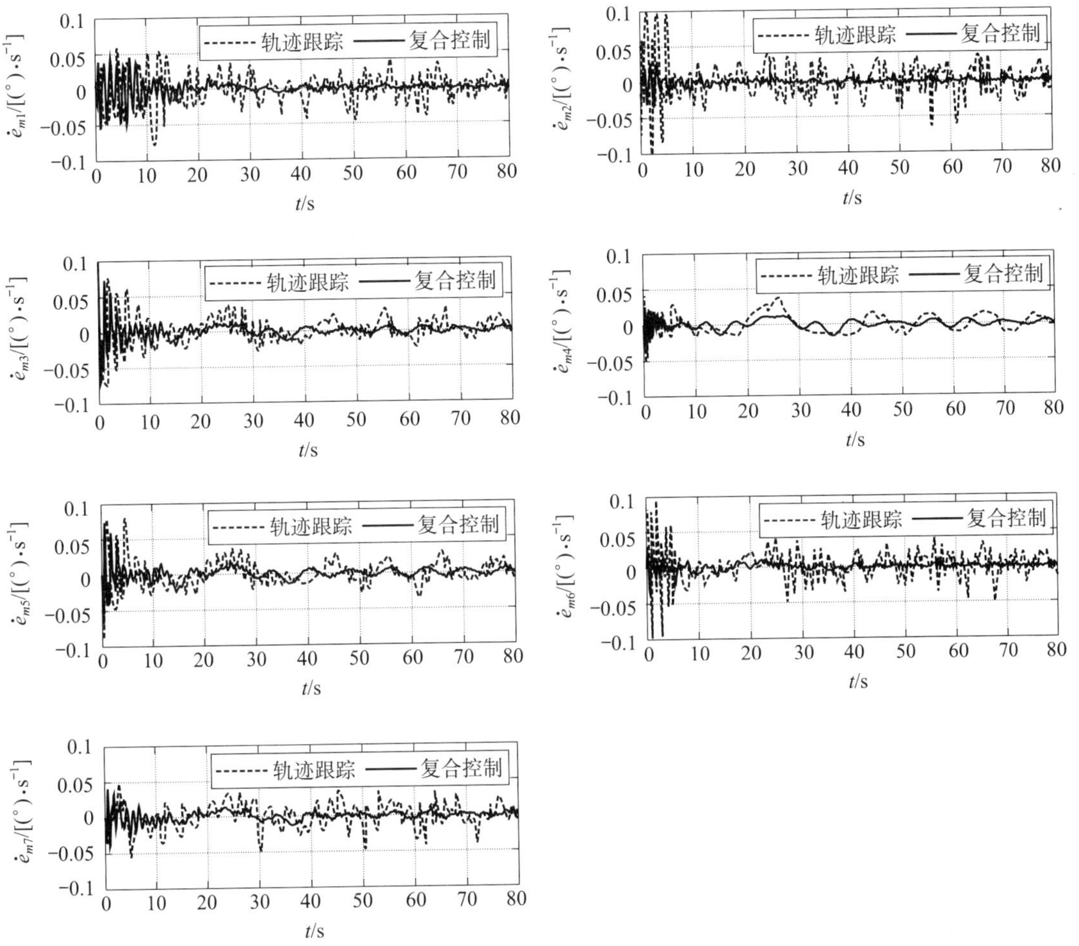

图 8-10　空间机械臂关节角速度跟踪误差

仿真结果表明，本章设计的柔性组合体轨迹跟踪与振动抑制复合控制方法有效可行，能够满足柔性组合体相对位置姿态调整与稳定的任务要求，具有工程实用性。该方法具有以下特点：1）能够将柔性组合体的刚性运动和柔性振动解耦，在快慢两种不同的时间尺度内分别独立控制；2）能够在不确定因素干扰下控制空间机械臂精确地跟踪其期望轨迹，并保证一定的跟踪精度；3）能够对空间机械臂关节、臂杆和卫星太阳翼在运动过程中和运动结束后的柔性振动进行有效抑制。

该复合控制方法的主要问题在于计算复杂，每个控制周期都需要实时解算柔性组合体动力学模型，对控制系统硬件性能要求较高。考虑工程实用性，可以预先算出组合体位置姿态调整与稳定过程中几种典型构型的动力学参数，工程实施时根据需要直接调用相应参数生成控制力矩，由此带来的建模误差通过控制律鲁棒项予以补偿。

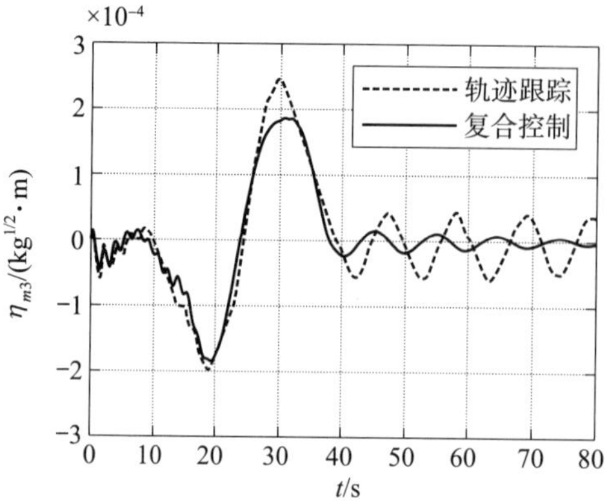

(a) 空间机械臂臂杆3

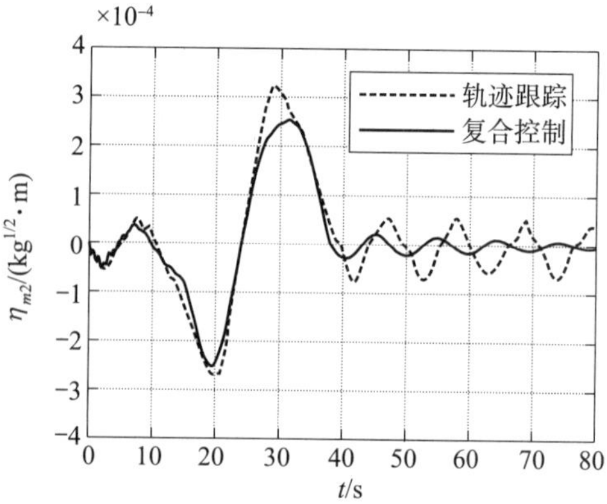

(b) 空间机械臂臂杆4

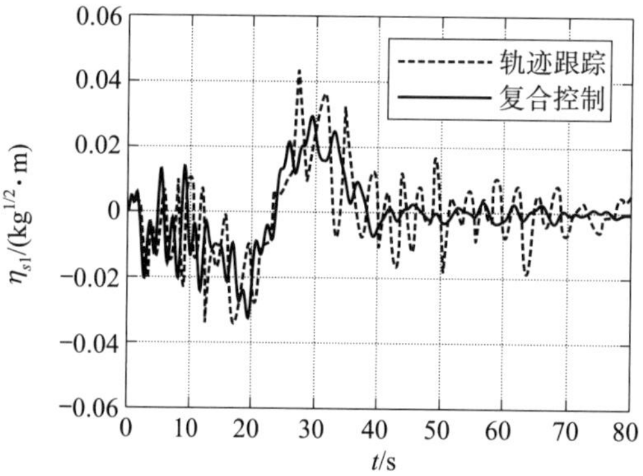

(c) 服务卫星太阳翼1

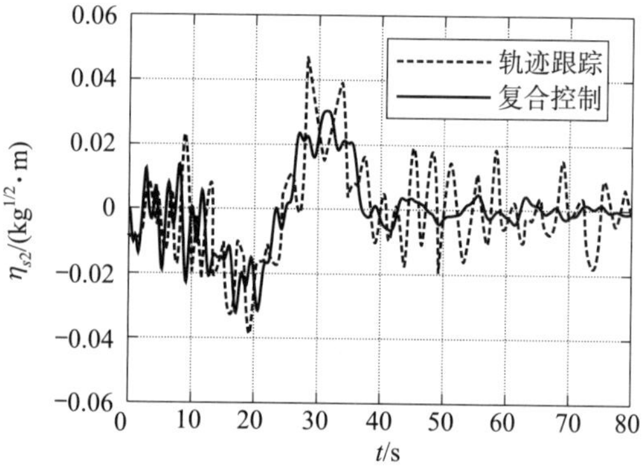

(d) 服务卫星太阳翼2

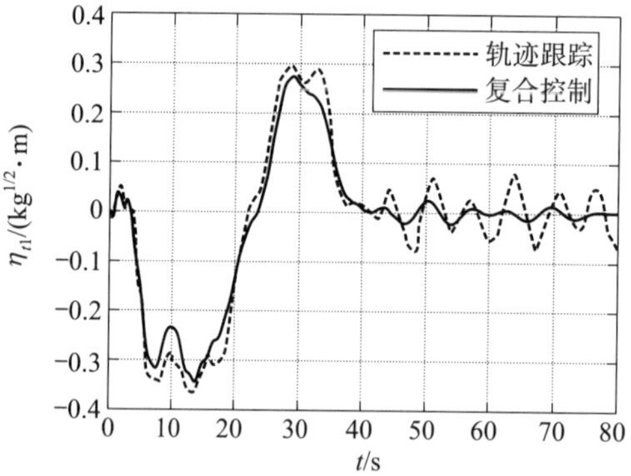

(e) 目标卫星太阳翼1

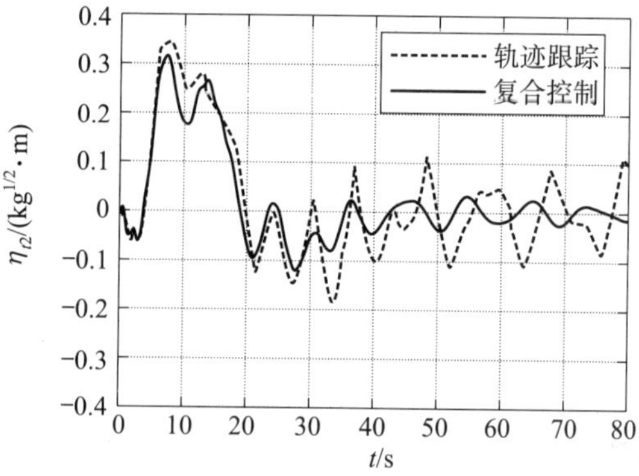

(f) 目标卫星太阳翼2

图 8－11　空间机械臂臂杆和卫星太阳翼一阶模态坐标

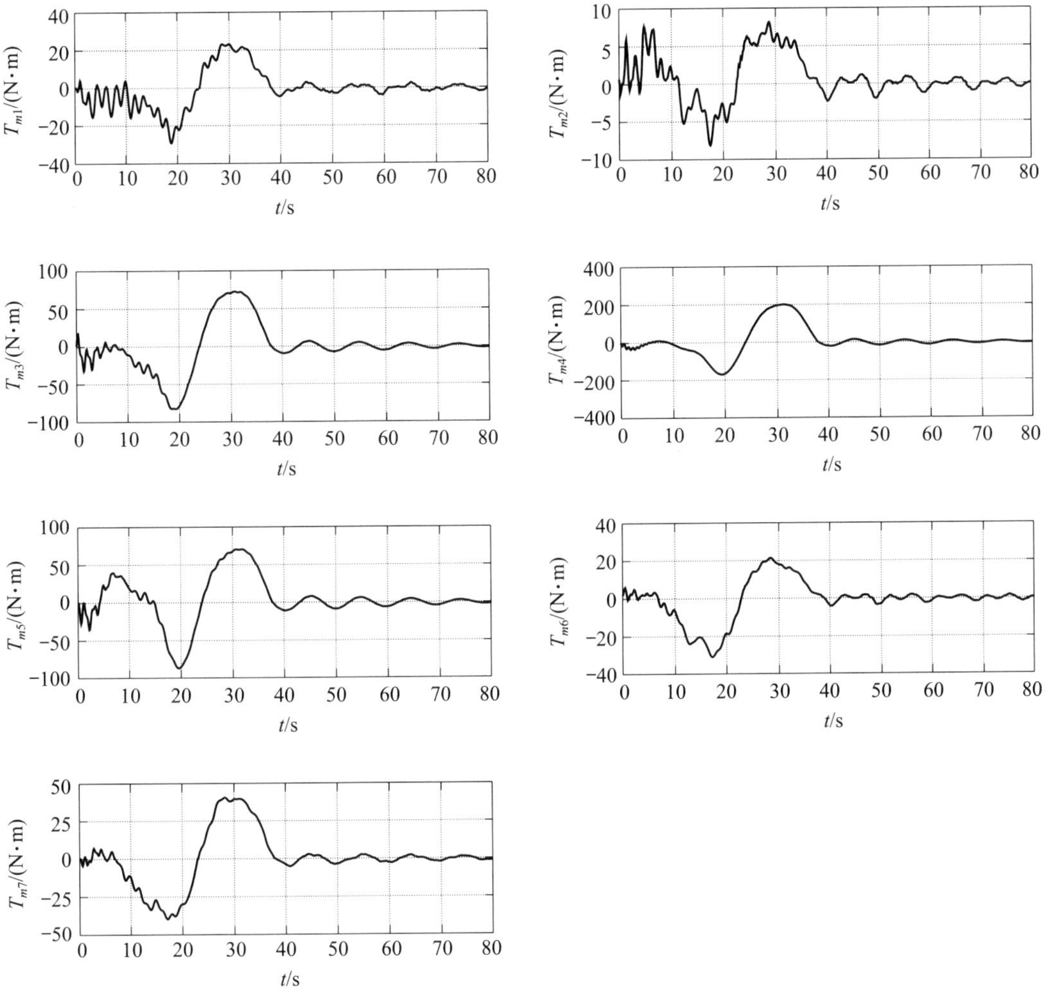

图 8-12　空间机械臂关节控制力矩

8.5　本章小结

本章主要研究了目标捕获后柔性组合体的角动量转移与抑振控制问题。针对柔性组合体相对位置姿态调整与稳定问题，提出了一种角动量转移与振动抑制规划方法，基于角动量守恒优化空间机械臂最终构型，并采用粒子群算法规划空间机械臂最优抑振轨迹，所得规划结果既能保证柔性组合体相对位置姿态稳定后的角速度最小，又能避免激起组合体角动量转移过程中空间机械臂臂杆和卫星太阳翼的柔性振动。针对包含空间机械臂关节、臂杆和卫星太阳翼等多个柔性部件的复杂柔性组合体相对位置姿态控制问题，设计了一种轨迹跟踪与振动抑制复合控制方法，采用奇异摄动理论对组合体的刚性运动和柔性振动进行解耦，在快慢两种不同的时间尺度内分别独立设计控制器，从而保证柔性组合体在实现空间机械臂精确轨迹跟踪控制的同时有效抑制其柔性部件的振动。

第 9 章　航天器在轨服务任务规划与控制仿真软件

本书通过理论推导和仿真验证，详细阐述了航天器在轨服务和空间失稳目标捕获过程中涉及的动力学建模、服务序列规划、安全逼近策略、脉冲接触消旋、运动目标捕获、组合体调整稳定等一系列关键技术。本章在上述关键技术研究验证的基础上，设计开发航天器在轨服务任务规划与控制仿真软件，搭建仿真软件框架结构，整合仿真程序功能模块，并利用航天器在轨服务任务规划与控制仿真软件进行空间失稳目标逼近/消旋/捕获/稳定全过程仿真，为航天器在轨服务工程实施应用提供相关仿真工具和技术支持。

9.1　航天器在轨服务任务规划与控制仿真软件开发

9.1.1　仿真软件框架结构设计

航天器在轨服务任务规划与控制仿真软件的框架结构如图 9－1 所示，整个仿真软件以商业软件 MATLAB 为平台进行算法封装与界面开发，并通过程序接口与 STK、ADAMS 等软件进行联合仿真，包括 7 个功能模块和若干子模块。

MATLAB 仿真软件平台：为各功能模块提供统一的软件平台，整合各功能模块形成仿真软件；包括编程语言库、数值算法库、文件数据库、微分方程求解器和输入输出数据接口等。

前后置处理模块：接受模型、规划和控制等仿真参数输入，并将其通过仿真软件平台分配到相应的功能模块中进行仿真；仿真结束后将计算结果数据以曲线、表格和动画等形式输出。

航天器在轨服务建模与序列规划模块：利用 STK 和 MATLAB 解算服务卫星与目标卫星的轨道运动、服务卫星速度增量和时间消耗等信息，对航天器在轨服务任务建模与序列规划过程进行仿真；包括在轨服务任务建模、强化学习序列规划等子模块。

空间失稳目标安全逼近规划与控制模块：利用 MATLAB 解算服务卫星与目标卫星的相对运动、服务卫星控制力/力矩等信息，对空间失稳目标安全逼近和服务卫星相对轨道姿态耦合控制过程进行仿真；包括安全逼近任务规划、服务卫星耦合控制等子模块。

空间失稳目标接触消旋建模与控制模块：利用 ADAMS 和 MATLAB 解算目标卫星位置姿态运动、接触消旋力/力矩、服务卫星和空间机械臂控制力/力矩等信息，对空间失稳目标接触消旋过程进行仿真；包括脉冲接触消旋控制、服务卫星协同控制等子模块。

空间失稳目标在轨捕获规划与控制模块：利用 ADAMS 和 MATLAB 解算空间机械臂末端与目标卫星捕获锚点的相对运动、空间机械臂关节运动和控制力矩等信息，对空间失稳目标在轨捕获过程进行仿真；包括目标捕获轨迹规划、全局终端滑模控制等子模块。

组合体角动量转移/抑振规划与控制模块：利用 ADAMS 和 MATLAB 解算柔性组合体角动量、空间机械臂关节运动和控制力矩、柔性部件模态等信息，对目标捕获后柔性组合体的调整稳定过程进行仿真；包括角动量转移/抑振规划、轨迹跟踪/抑振控制等子模块。

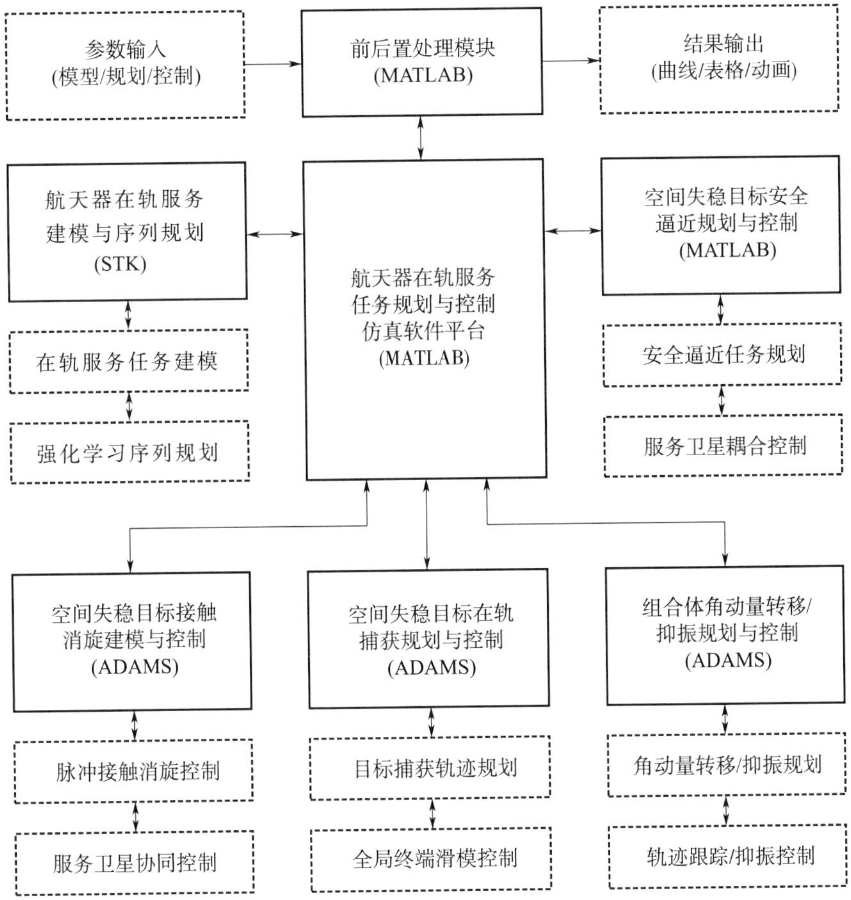

图 9－1　航天器在轨服务任务规划与控制仿真软件框架结构

9.1.2　仿真软件功能模块开发

航天器在轨服务任务规划与控制仿真软件的主要功能模块包括航天器在轨服务建模与序列规划模块、空间失稳目标安全逼近规划与控制模块、空间失稳目标接触消旋建模与控制模块、空间失稳目标在轨捕获规划与控制模块、组合体角动量转移/抑振规划与控制模块等，本节分别对上述功能模块的开发过程进行简要介绍。

9.1.2.1　航天器在轨服务建模与序列规划模块

在 STK 中建立服务卫星和目标卫星的轨道动力学模型，在 MATLAB 中设计实现在轨服务任务建模与强化学习序列规划方法，采用 MATLAB. Connector 建立两者的数据连接，通过 STK 和 MATLAB 联合仿真构建航天器在轨服务建模与序列规划模块，如图 9－

2 所示。目标卫星轨道采用高精度 HPOP 模型，轨道根数设置为地球同步轨道。服务卫星轨道采用 Astrogator 模型，根据不同目标卫星交会过程和不同服务任务执行过程，分别设置 Maneuver、Propagate、Hold 等序列。Maneuver 的推力模式设置为脉冲式，推力方向在惯性坐标系 ECI 中设置。Propagate 的外推模型采用地球点质量模型。Hold 的参考坐标系设置为目标卫星 VVLH 坐标系。MATLAB 通过 stkini 函数建立与 STK 的数据连接，通过 stkExec 函数向 STK 发送指令，根据规划得到的目标卫星最优服务序列对服务卫星的轨道交会和任务执行过程进行控制。

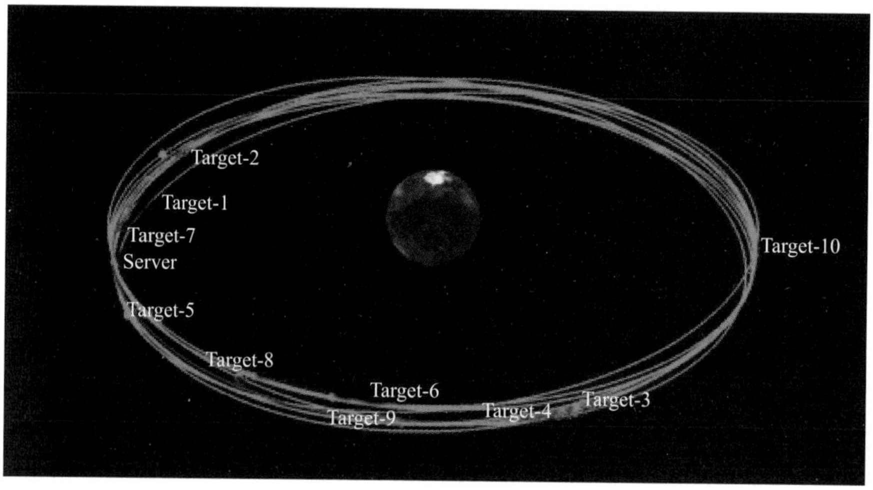

图 9－2　航天器在轨服务建模与序列规划模块

9.1.2.2　空间失稳目标安全逼近规划与控制模块

在 MATLAB/Simulink 中利用 S 函数建立服务卫星相对轨道姿态耦合动力学模型和规划控制算法，构建空间失稳目标安全逼近规划与控制模块，如图 9－3 所示，ApproachPlanning 为空间失稳目标安全逼近与紧急撤离 S 函数，ServiceController 为服务卫星相对轨道姿态耦合控制 S 函数，TargetDynamics 为服务卫星与目标卫星相对轨道姿态耦合动力学模型 S 函数。

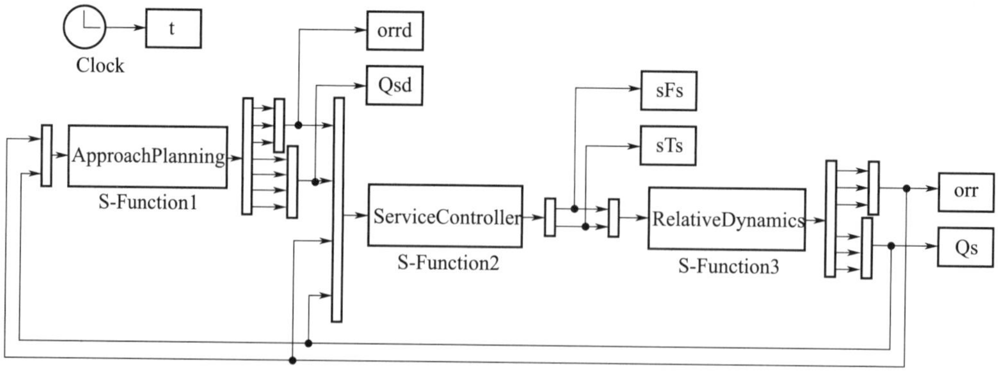

图 9－3　空间失稳目标安全逼近规划与控制模块

9.1.2.3　空间失稳目标接触消旋建模与控制模块

在Pro/E中绘制目标卫星、服务卫星和空间机械臂的3D装配体模型，并将其导入到ADAMS/View中，添加质量信息、约束和驱动，建立刚体系统动力学模型。通过ADAMS/Controls设置输入输出变量，生成ADAMS Plant，建立与MATLAB的数据连接。在MATLAB/Simulink中利用S函数实现建模与控制算法，通过ADAMS和MATLAB联合仿真构建空间失稳目标接触消旋建模与控制模块，如图9-4所示。图中，DETController为空间失稳目标脉冲接触消旋最优控制S函数，ContactDynamics为消旋杆接触检测方法和接触力模型S函数，MSC Sofware为目标卫星、服务卫星和空间机械臂的ADAMS动力学模型。

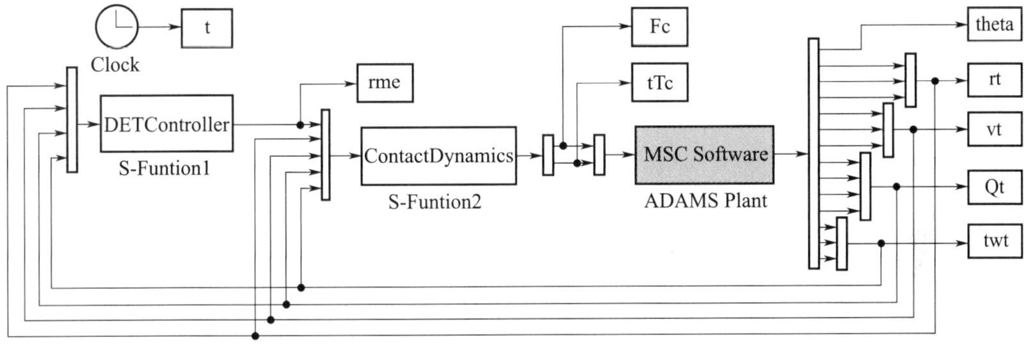

图9-4　空间失稳目标接触消旋建模与控制模块

9.1.2.4　空间失稳目标在轨捕获规划与控制模块

将Pro/E中绘制的目标卫星、服务卫星和空间机械臂的3D装配体模型导入ADAMS/View中，添加质量信息、约束和驱动，建立刚体系统动力学模型。通过ADAMS/Controls设置输入输出变量，生成ADAMS Plant，建立与MATLAB的数据连接。在MATLAB/Simulink中利用S函数实现规划与控制算法，通过ADAMS和MATLAB联合仿真构建空间失稳目标在轨捕获规划与控制模块，如图9-5所示。图中，CapturePlanning为空间机械臂自主捕获失稳目标轨迹规划S函数，GTSMController为空间机械臂全局终端滑模控制S函数，MSC Sofware为目标卫星、服务卫星和空间机械臂的ADAMS动力学模型。

9.1.2.5　组合体角动量转移/抑振规划与控制模块

在PATRAN/NASTRAN中建立空间机械臂臂杆和卫星太阳翼的有限元模型，并将其导入ADAMS/View中，替换相应的刚体模型，建立柔性组合体系统动力学模型。通过ADAMS/Controls设置输入输出变量，生成ADAMS Plant，建立与MATLAB的数据连接。在MATLAB/Simulink中利用S函数实现规划与控制算法，通过ADAMS和MATLAB联合仿真构建组合体角动量转移/抑振规划与控制模块，如图9-6所示。图中，VibrationPlanning为柔性组合体角动量转移与抑振规划S函数，GTSMController为慢变

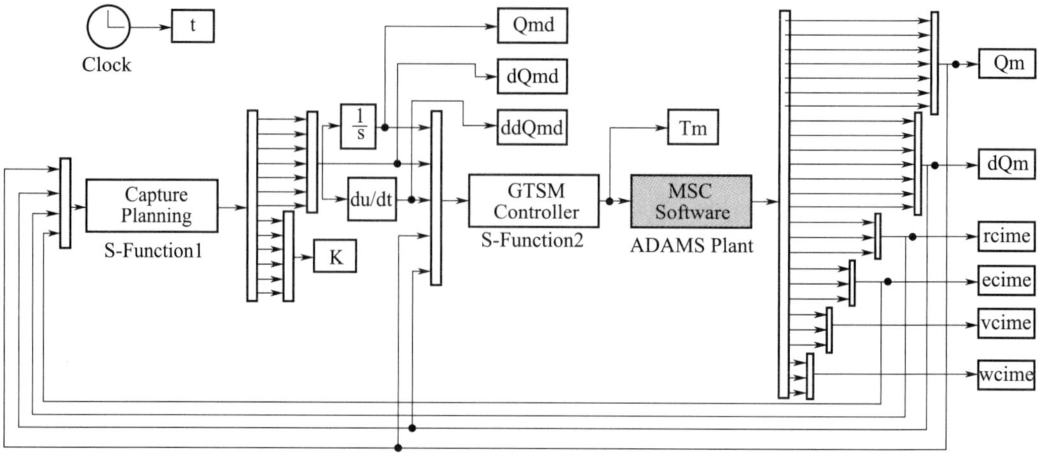

图 9-5 空间失稳目标在轨捕获规划与控制模块

子系统全局终端滑模控制 S 函数，LQRController 为快变子系统 LQR 最优控制 S 函数，MSC Software 为空间机械臂连接的柔性组合体的 ADAMS 动力学模型。

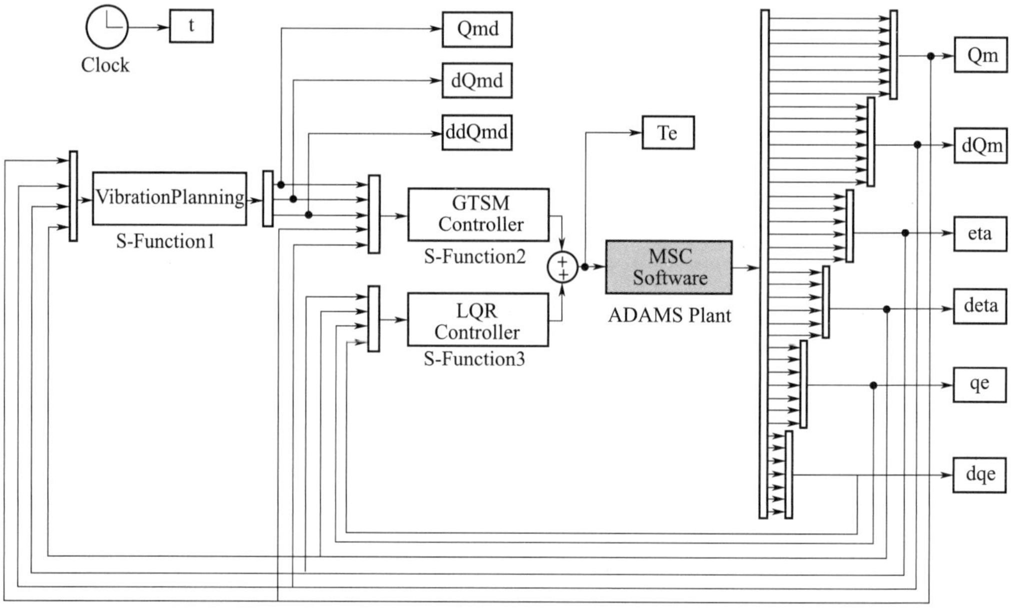

图 9-6 组合体角动量转移/抑振规划与控制模块

9.2　空间失稳目标逼近/消旋/捕获/稳定全过程仿真

9.2.1　仿真算例设定与程序流程

基于航天器在轨服务任务规划与控制仿真软件对空间失稳目标逼近/消旋/捕获/稳定全过程进行动力学与控制仿真，以验证本书所述理论方法的有效性和实用性。目标卫星、服务卫星和空间机械臂采用 1.4.2 节的设定，质量特性参数见表 3-4。目标卫星和服务卫星的几何包络尺寸见表 5-1。空间机械臂构型和 D-H 坐标系如图 3-2 所示，D-H 参数见表 3-1。空间机械臂关节动力学参数见表 3-5，空间机械臂臂杆和卫星太阳翼材料参数见表 3-6。

目标卫星设定运行在地球同步轨道，姿态绕最大惯量轴自旋。最大惯量轴在惯性空间中的指向角 $\alpha_1=45°$、$\alpha_2=60°$。目标卫星相对于惯性坐标系 $\{\boldsymbol{I}\}$ 的角速度 ${}^{I}\boldsymbol{\omega}_t=[20\ 0\ 0]^{\mathrm{T}}$ (°)·s^{-1}。服务卫星初始悬停保持在目标卫星轨道坐标系 $\{\boldsymbol{o}\}$ 的 $-x_o$ 轴方向，服务卫星质心 O_s 与目标卫星质心 O_t 的相对距离 $R_0=1\ 000$ m，相对速度 $V_0=0\ \mathrm{m\cdot s^{-1}}$。其他仿真参数详见本书相应章节。

空间失稳目标逼近/消旋/捕获/稳定全过程可细分为安全逼近、接触消旋、在轨捕获和组合体稳定 4 个过程，仿真程序流程见表 9-1。

表 9-1　空间失稳目标逼近/消旋/捕获/稳定全过程仿真程序流程

过程/阶段		服务卫星任务	持续时间
安全逼近过程	轨道转移阶段	服务卫星转移至动态安全走廊入口点	300 s
接触消旋过程		服务卫星利用消旋杆对目标卫星减速消旋	4 000 s
安全逼近过程	直线逼近阶段	服务卫星沿直线逼近至最终停泊点	60 s
在轨捕获过程		空间机械臂末端同步跟踪目标卫星捕获锚点	20 s
组合体稳定过程		服务卫星对目标卫星相对位置姿态稳定	80 s

9.2.2　安全逼近过程仿真结果

空间失稳目标安全逼近过程仿真如图 9-7 所示，仿真得到的服务卫星与目标卫星的相对位置 $\boldsymbol{r}_r$ 和相对速度 $\boldsymbol{v}_r$ 分别如图 9-8～图 9-9 所示。从图中可以看出，在轨道转移阶段，服务卫星沿规划得到的最优轨迹从初始位置转移至动态安全走廊入口点，同时相对距离 $r_r=\|\boldsymbol{r}_r\|$ 随时间递减，相对速度 $\boldsymbol{v}_r$ 随时间先递增后递减。在直线逼近阶段，服务卫星沿直线逼近至最终停泊点，相对速度 $\boldsymbol{v}_r$ 采用梯形曲线，相对位置 $\boldsymbol{r}_r$ 的三轴分量均随时间递减，符合工程实际情况。

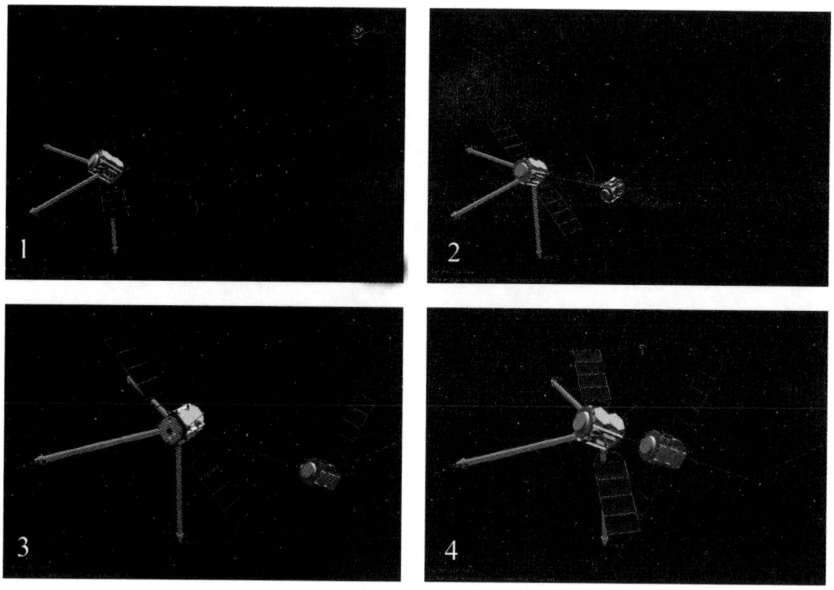

图 9－7　空间失稳目标安全逼近过程仿真

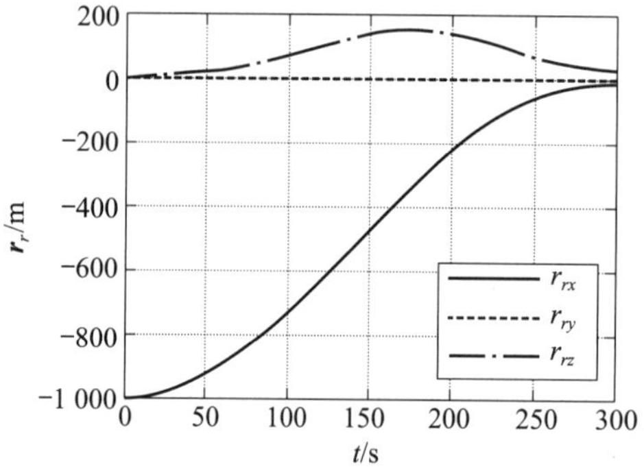

(a) 轨道转移阶段

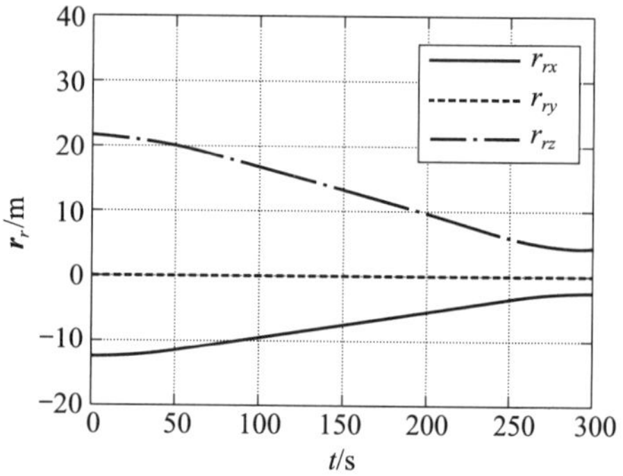

(b) 直线逼近阶段

图 9－8　服务卫星与目标卫星相对位置

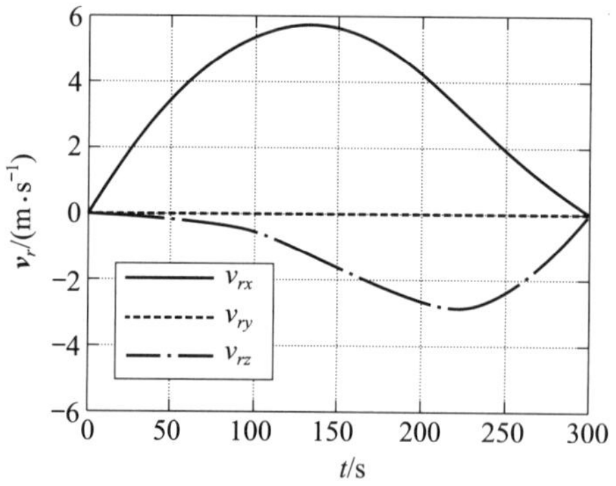

(a) 轨道转移阶段

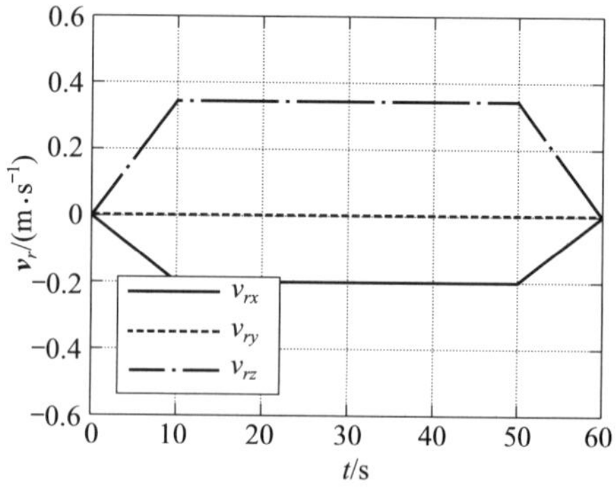

(b) 直线逼近阶段

图 9－9　服务卫星与目标卫星相对速度

9.2.3　接触消旋过程仿真结果

空间失稳目标接触消旋过程仿真如图 9 - 10 所示，仿真得到的目标卫星在其本体坐标系 {$\boldsymbol{t}$} 中的角速度 ${}^{t}\boldsymbol{\omega}_{t}$ 和姿态章动角 θ_t 分别如图 9 - 11～图 9 - 12 所示。从图中可以看出，在目标卫星消旋过程中，角速度 ${}^{t}\boldsymbol{\omega}_{t}$ 的纵向分量 ω_{tx} 随时间递减，在 t = 3 350 s 时减至 1.5 (°) · s^{-1}，横向分量 ω_{ty}、ω_{tz} 无明显波动，消旋结束时不超过 0.1 (°) · s^{-1}，满足期望控制要求。受工程实际约束，消旋力矩未能满足章动收敛条件，姿态章动角 θ_t 在消旋过程中有所发散，但在脉冲接触消旋最优控制律作用下，姿态章动角 θ_t 发散的峰值小于 1°，章动抑制结果切实有效。

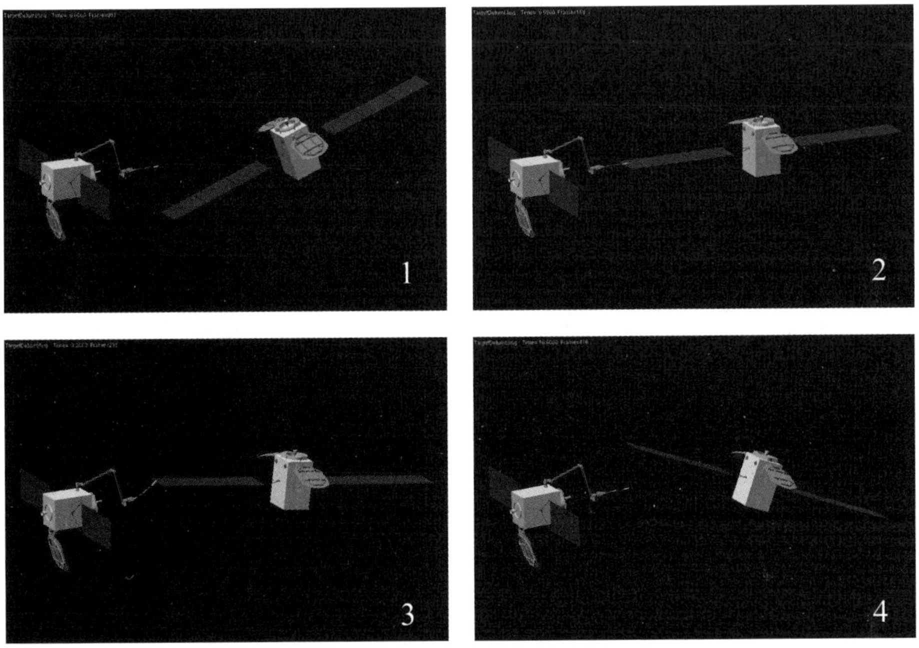

图 9 - 10　空间失稳目标接触消旋过程仿真

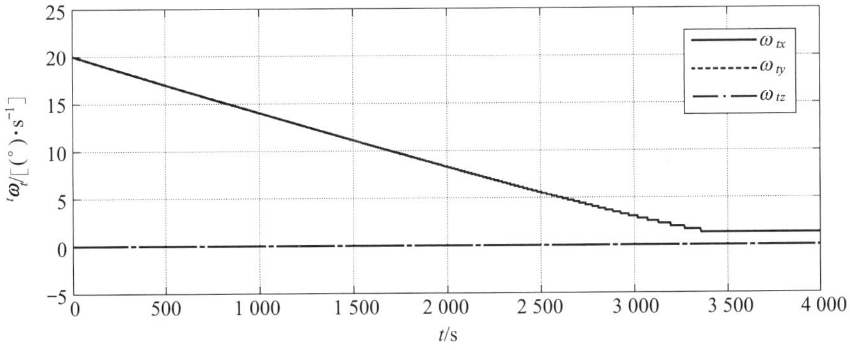

图 9 - 11　目标卫星角速度

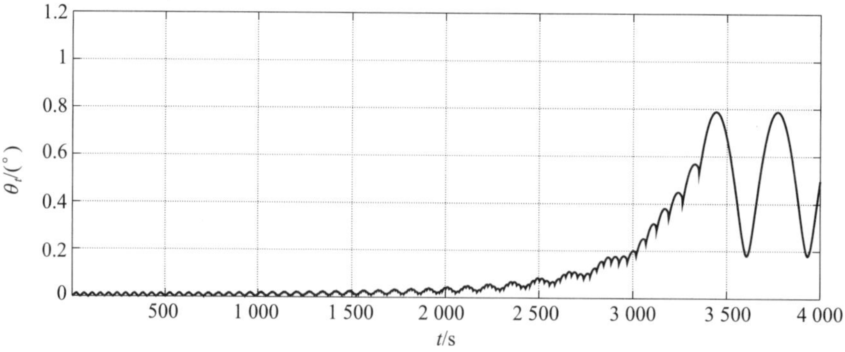

图 9-12　目标卫星姿态章动角

9.2.4　在轨捕获过程仿真结果

空间失稳目标在轨捕获过程仿真如图 9-13 所示，仿真得到的空间机械臂末端与目标卫星捕获锚点的相对位置 $\boldsymbol{r}_{me}^{ci}$ 和相对欧拉角 $\boldsymbol{e}_{me}^{ci}$ 分别如图 9-14～图 9-15 所示。从图中可以看出，在目标卫星捕获过程中，相对位置 $\boldsymbol{r}_{me}^{ci}$ 和相对欧拉角 $\boldsymbol{e}_{me}^{ci}$ 的三轴分量均随时间递减，在 $t=20$ s 时收敛至指定精度，且曲线连续光滑，不存在起始和残余速度过大情况，表明空间机械臂在自主捕获失稳目标轨迹规划和全局终端滑模轨迹跟踪控制律作用下，其末端能够实现对目标卫星捕获锚点的相对位置姿态同步跟踪，满足捕获任务要求。

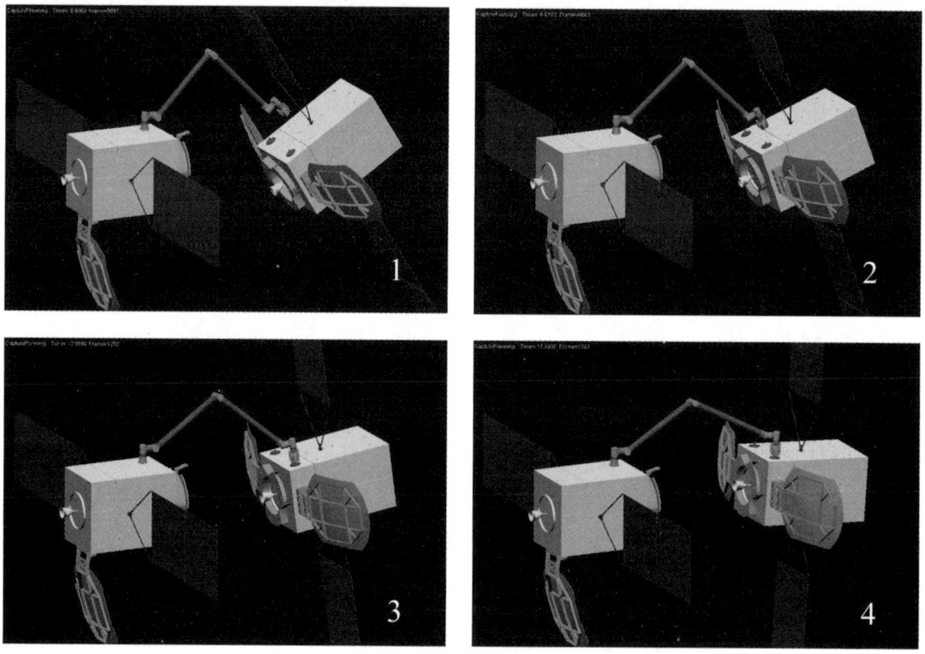

图 9-13　空间失稳目标在轨捕获过程仿真

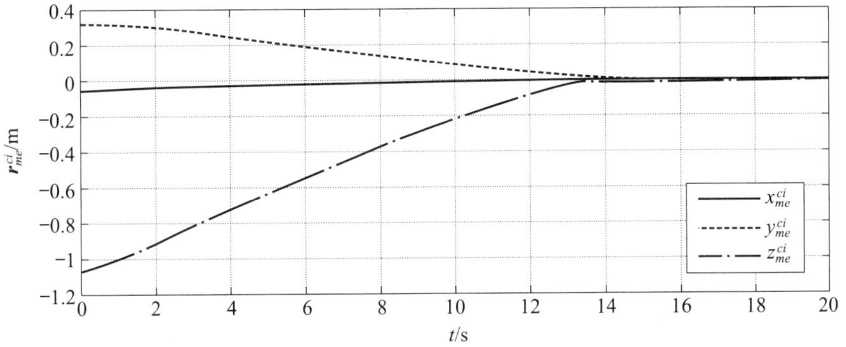

图 9－14　空间机械臂末端与捕获锚点相对位置

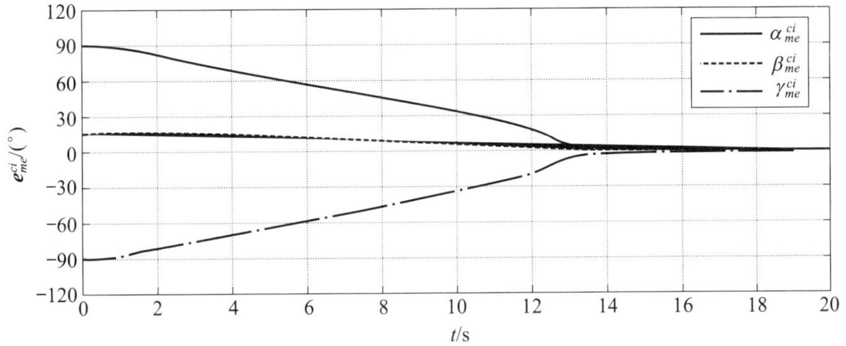

图 9－15　空间机械臂末端与捕获锚点相对欧拉角

9.2.5　组合体稳定过程仿真结果

柔性组合体调整与稳定过程仿真如图 9－16 所示，仿真得到的目标卫星角动量 L_t、空间机械臂角动量 L_m、服务卫星平台角动量 L_s 和柔性组合体总角动量 L_c 如图 9－17 所示，服务卫星与目标卫星的相对角速度 $\boldsymbol{\omega}_r$ 如图 9－18 所示。从图中可以看出，在柔性组合体调整与稳定过程中，目标卫星角动量 L_t 趋于减少，服务卫星平台角动量 L_s 和空间机械臂角动量 L_m 趋于增加，角动量由目标卫星转移至服务卫星平台和空间机械臂。在角动量转移过程中，柔性组合体总角动量 L_c 保持不变，满足角动量守恒。$t=60$ s时，服务卫星与目标卫星的相对角速度 $\boldsymbol{\omega}_r$ 收敛趋向于零，服务卫星实现对目标卫星的相对位置姿态稳定。

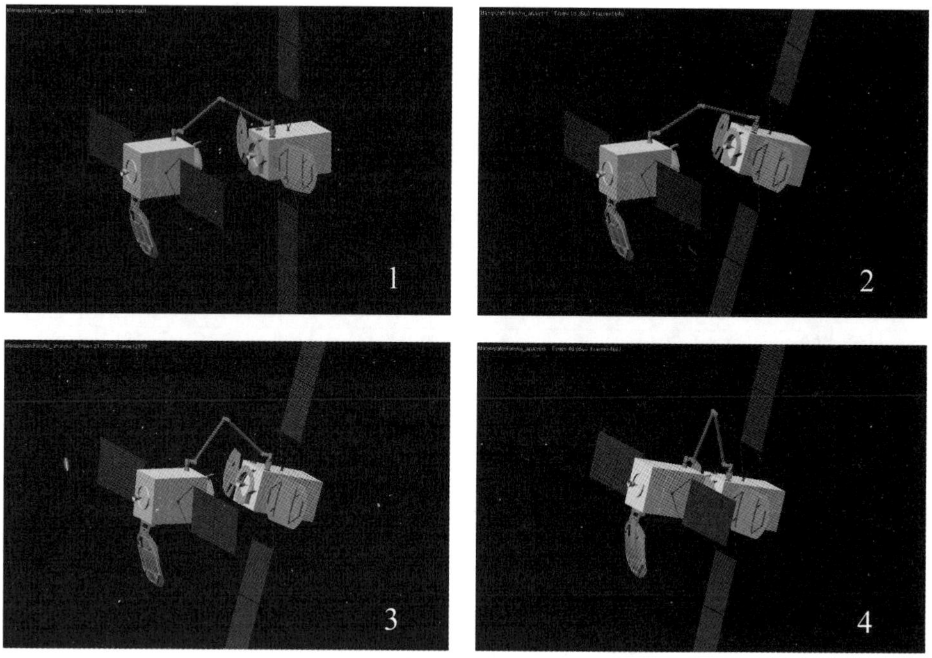

图 9－16　柔性组合体调整与稳定过程仿真

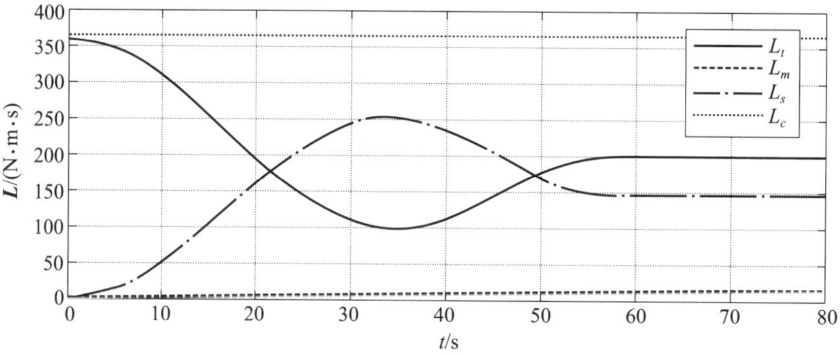

图 9－17　柔性组合体角动量

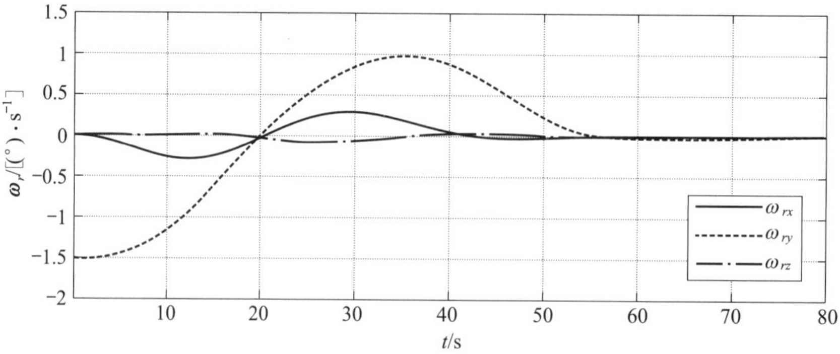

图 9－18　服务卫星与目标卫星相对角速度

9.3　本章小结

本章设计开发了航天器在轨服务任务规划与控制仿真软件，构建了软件框架结构，分析了主要模块功能和相互关系。开发了航天器在轨服务建模与序列规划模块、空间失稳目标安全逼近规划与控制模块、空间失稳目标接触消旋建模与控制模块、空间失稳目标在轨捕获规划与控制模块、组合体角动量转移/抑振规划与控制模块等功能模块。设定了仿真算例和程序流程，利用该仿真软件对空间失稳目标逼近/消旋/捕获/稳定全过程进行了仿真，验证了其中涉及的动力学、规划与控制等关键技术，为航天器在轨服务工程实施应用提供了实用可行的仿真工具和技术参考。

第 10 章　在轨服务机械臂工程设计与验证

在轨服务机械臂涉及机械工程、控制工程、宇航科学、材料学、仪器学、力学、光学、电子学、通信技术、计算机技术等多学科的复杂空间系统。在轨服务机械臂的设计包括系统设计、执行子系统设计、控制子系统设计、感知子系统设计等方面的内容。在轨服务机械臂作为一类复杂空间机电产品，除了需要满足航天器机电类产品的通用验证要求外，还需要结合机械臂的特点，有针对性地开展验证工作。本章阐述在轨服务机械臂工程设计方法，给出具体设计实例，并介绍在轨服务机械臂的地面验证与在轨验证方案。

10.1　在轨服务机械臂工程设计

10.1.1　设计要求

在轨服务机械臂系统的设计要求通常包括任务要求、功能要求、性能要求及环境适应性要求。

10.1.1.1　任务要求

在轨服务机械臂的主要任务包括：

1）合作/非合作目标抓捕。

2）目标转移与辅助停泊。

3）在轨加注、模块更换及其他维修操作任务。

10.1.1.2　功能要求

在轨服务机械臂的主要功能要求包括：

1）运动功能：具有多自由度（一般为两个以上自由度）运动的功能。

2）操作功能：配置特定用途的末端执行器，具备对特定目标执行捕获、夹持、旋拧等操作的功能。

3）负载功能：具备携带负载完成位置转移及姿态调整的功能。

4）感知测量功能：具备对工作环境、操作对象的形状、位姿、速度、相互作用力/力矩进行感知、测量的功能。

5）多模式控制功能：具备根据任务需求和感知、测量信息控制自身运动的功能，具体指位置控制、速度控制或力控制等，以适应特定任务要求。

6）决策与规划功能：具有依据感知和信息对任务进行分析判断、决策规划和实施控制的能力。

7）多模式交互功能：具备地面指令操作、地面手柄操作、在轨航天员操作等多种交互模式。

8）压紧与释放功能：发射时处于收拢构型，通过压紧释放机构与服务卫星连接，承受发射段等阶段的力学载荷。入轨后，压紧释放机构解锁释放，恢复自由运动功能。

10.1.1.3　性能要求

在轨服务机械臂的性能指标通常包括：自由度、质量、最大包络、功耗、工作空间、刚度、定位精度、速度/加速度、末端输出力、承载能力、寿命和可靠度等。

1）自由度：此指标用于反映机械臂动作的灵活性，可用轴直线移动、摆动或旋转动作的数目来表示。对于在轨服务机械臂，机械臂具有的独立坐标轴运动的数目称为机械臂的运动自由度，简称自由度。

2）质量：此指标用于规定在轨服务机械臂的最大容许质量，必要时，还要规定机械臂的质心、惯性矩或惯性积等质量特性。

3）最大包络：此指标用于规定在轨服务机械臂处于发射压紧状态的最大包络尺寸，必要时还要规定其他工作构型的包络尺寸要求。

4）功耗：此指标用于规定在轨服务机械臂不同状态下所允许消耗的电功率，包括驱动机械臂运动的电机功耗、保持机械臂处于预定温度范围内的热控功耗、电子部件工作或待机功耗等。常用的功耗指标有：待机功耗、平均功耗、稳态功耗、峰值功耗等。

5）工作空间：此指标用于规定机械臂手臂末端或手腕中心所能到达的所有点的几何包络，也叫工作区域。因为末端执行器的尺寸和形状多种多样，为了真实反映机械臂的特征参数，其通常指不安装末端执行器时的工作空间。工作空间有可达工作空间和灵活工作空间之分，前者指机械臂末端能够到达的所有点构成的空间集合，也称作总工作空间；后者指在轨服务机械臂末端能够以任何姿态到达的所有点构成的空间集合，是总工作空间的一个子集。

6）刚度：此指标用于规定在轨服务机械臂特征部位在载荷作用下的位移，有静刚度和动刚度之分：静刚度一般用在轨服务机械臂特征部位产生单位位移时所受的静态或准静态载荷来衡量；动刚度一般用在轨服务机械臂收拢状态和展开状态的固有频率来衡量。通常对在轨服务机械臂系统同时提静刚度和动刚度要求。

7）定位精度：此指标一般以机械臂末端的精度来衡量，包括绝对定位精度和重复定位精度。绝对定位精度是指机械臂末端实际到达位置与理论目标位置之间差异的最大值。重复定位精度是指机械臂末端重复到达同一目标位置与实际到达位置之间的差异，实际上测量获得的精度是一个统计值。

8）速度/加速度：此指标是用于规定机械臂运动特性的指标。由于驱动器输出功率的限制，从一定速度到最大稳定速度或从最大稳定速度到停止，都需要一定时间。加速或减速过快，可能引起定位超调或振荡加剧，使到达目标位置后需要等待振荡衰减的时间延长，从而使有效速度反而降低。所以，考虑机械臂的运动特性时，除注意最大稳定速度外，还应注意其允许的最大加/减速度。

9）末端输出力：此指标用于规定在轨服务机械臂在指定构型下末端的最大输出力/力矩。

10）承载能力：此指标用于规定在轨服务机械臂在特定环境、特定工作范围内的任何位姿上能承受的最大质量。

11）寿命：此指标用于规定在轨服务机械臂的总装测试时间、储存时间和在轨使用时间以及经过维护维修能继续工作的时间。

12）可靠度：此指标用于规定在轨服务机械臂在规定的时间及规定的条件下，完成预定功能的能力，通常以概率来度量。

10.1.1.4 环境适应性要求

在轨服务机械臂产品的环境约束要求主要包括发射环境以及轨道环境等航天器特有的环境要求，其中发射环境主要指需要承受发射阶段的力学载荷；而轨道环境相对复杂，除了需要承受在轨工作阶段的力学载荷，还需要考虑以下空间环境因素的影响：

1）真空：空间环境的真空度通常可以达到 $10^{-2}\sim10^{-11}$ Pa，选择在轨服务机械臂所用材料时需考虑真空环境带来的材料出气、材料蒸发、材料升华、材料分解、材料干摩擦、冷焊以及液体润滑材料的挥发等效应。

2）紫外辐照：太阳辐射出的紫外线对金属、陶瓷、玻璃材料和高聚物等都会产生影响，其中对高分子聚合物影响很大，严重时可导致材料弹性和强度降低，机械性能变差。根据不同的任务轨道，需满足机械臂任务对其紫外辐照总剂量的要求。

3）原子氧：这主要是指地球低轨轨道上以原子态氧存在的残余气体环境，此轨道上的在轨服务机械臂需满足任务期内原子氧累积总量的要求。原子氧与航天器发生相互作用可以引起航天器结构材料的剥蚀老化，损害航天器热控涂层，严重危害航天器的可靠运行。

4）电离总剂量：这主要是指空间重离子及质子效应的影响使其电子系统不能正常工作，引发电子器件产生物理效应和电气效应。根据任务轨道，需满足机械臂任务对其电离总剂量的要求。

5）单粒子效应：这主要是指单个高能粒子穿过微电子器件的灵敏区时造成器件状态非正常改变的一种辐射效应，包括空间单粒子翻转效应、单粒子闩锁效应、单粒子烧毁效应及单粒子栅击穿效应等。根据任务轨道，需满足机械臂任务对其单粒子防护的要求。

6）位移效应：位移效应主要是指高能辐射导致半导体材料的原子离开原晶格位置转移到别的位置上的一种辐射效应。在轨服务机械臂选用的光电探测器件需重点考虑抗位移效应要求。

7）温度交变环境：其主要是指空间光照区和阴影区存在的极端温度交变环境。空间热传导和热辐射等热交换能力差，同时光照面和阴影面的较大温差都对在轨服务机械臂机构运动产生一定影响，轻则降低机械臂的运动性能，重则导致机械臂卡死。

10.1.2 设计流程

对于新型在轨服务机械臂研制任务，系统总体设计大致可分为任务需求分析、总体方案可行性论证、总体方案设计、总体方案详细设计等几个阶段，其中总体方案详细设计又可分为总体初样详细设计和总体正样详细设计。从前到后，总体设计工作逐步深化和细化。

通常在得到在轨服务机械臂用户的设计研制任务后，首先需要根据用户需求，依据设计要素和约束要求，开展任务需求分析，确定任务实现技术途径等；然后开展在轨服务机械臂系统概念性设计，进行任务剖面分析和初步规划，初步论证在轨服务机械臂系统构型、功能组成和与其他系统的接口要求，识别关键技术并明确技术途径，最终形成在轨服务机械臂系统的多个概念性方案。

基于任务需求分析形成的概念性方案，开展在轨服务机械臂系统的具体要求和功能性能分析；初步确定系统组成及配置关系，提出对各子系统及核心单机的基本要求，重点包括执行子系统、控制子系统、感知子系统、能源系统、热控系统等；开展系统初步构型及设备布局设计；针对系统质量、功率等总体参数进行分配预算；确定关键技术并组织攻关，最终形成机械臂系统可行性方案。

在总体方案可行性论证的基础上，完成在轨服务机械臂系统总体技术指标的确定与分解；完成系统构型及布局设计；根据产品配套关系，完成各子系统初步设计；完成总体设计规范，提出环境设计、可靠性、安全性、空间环境适应性及其试验等要求；完善各子系统及单机部件的技术要求；完成关键技术攻关，并进行机械臂与相关系统的接口协调与设计，形成在轨服务机械臂总体方案报告。

之后开展总体方案详细设计，包括总体初样详细设计和总体正样详细设计。总体初样详细设计主要支持结构件、电性件、热控件的研制与试验验证；总体正样详细设计主要是在初样件的基础上，针对暴露的薄弱环节或相关问题进行更改设计。无论是初样设计还是正样设计，均需确定总体技术指标及接口要求，并以单机的机、电、信息及热接口数据表的形式完成签署；完成系统构型、布局及总装详细设计；完成子系统及各组成部分的详细设计；根据设计规范要求，完成系统空间环境分析、故障模式及影响分析、可靠性安全性设计等；完成在轨任务流程及飞行程序设计；完成试验、测试方案及试验矩阵；最终完成总体、分系统和单机的详细设计报告，建立产品基线作为后续产品研制的依据。

10.1.3　任务分析与指标分解

10.1.3.1　任务分析

在开展在轨服务机械臂系统设计时，必须从总体要求的任务、功能和性能指标出发，并充分考虑星上资源约束和空间环境约束。

在轨服务机械臂通常主要执行两类任务：捕获和操作。总体要求中通常会明确捕获初始条件，即服务卫星与空间目标之间的相对位姿关系，这个初始条件将决定机械臂的工作空间、自由度、运动速度、跟踪精度等功能和性能指标。目标质量特性、运动特性、几何特性等也是在轨服务机械臂设计需重点考虑的因素，影响机械臂末端执行器的具体抓捕方式、末端力大小、感知子系统测量精度、控制子系统响应特性等。操作任务通常对机械臂的灵巧工作空间、展开刚度、位置/力等信息的测量和控制精度等有较高要求。空间环境则影响在轨服务机械臂的材料、器件、工艺选择，发射段力学环境则对收拢状态基频等有严格要求。总之，在轨服务机械臂的功能与性能设计与任务密切相关，需要通过任务分析统筹考虑任务实现能力和质量、功耗、包络、环境等多种约束之间的矛盾，力争系统最优。

10.1.3.2 指标分解

对于在轨服务机械臂来说，总体通常只对与任务紧密相关的系统指标提出要求，在机械臂设计过程中，设计人员需要结合任务要求，将系统功能和性能指标及设计约束合理分配到各子系统及其部组件，为子系统设计提供必要且合理的输入。通常，有些系统指标仅与某个子系统相关，指标可留一定余量后直接分配至该子系统；但有些系统指标与机械臂的多个子系统相关，一方面需参考各子系统同类产品已实现的情况，另一方面需依据机械臂的特殊性合理制定分配原则，并借助仿真软件按照初步分配结果进行系统性能的分析预示，以评价指标分配的合理性，如有必要则进行适当的调整，并反复迭代直至满足要求。

10.1.4 系统设计

在轨服务机械臂系统设计包括构型设计、供配电设计、信息流设计、热设计、接口设计等。此外，在轨服务机械臂系统设计还需要考虑人机工效学、系统可靠性和安全性、系统测试性、系统维修性、系统保障性以及元器件、原材料及工艺的选用要求等内容。

10.1.4.1 构型设计

在轨服务机械臂的构型布局是指组成机械臂各模块之间的一种连接关系，包含模块种类、模块数量和模块之间的连接方位等信息。其通常至少分为压紧状态发射构型以及在轨工作状态构型，以及其他特殊要求状态构型，如长期停泊、轨道机动、维修维护、故障恢复、健康检查等。

在轨服务机械臂系统的构型设计是随着总体设计的不断深入，需要反复迭代设计优化的过程，通常需要经历整个研制过程才能保证在轨任务可靠实现。一般情况下，一个完整的任务可以分解成一系列子任务，例如搬运任务可分解为检测、抓取、搬运、放置等，而在构型设计中开始仅需考虑与机械臂自身功能性能相关的布局约束及指标要求；然后需要针对每个特定任务，重点分析机械臂在操作空间中的运动轨迹以及可达性要求。此外，对于在轨服务机械臂，还需充分考虑各模块的质量特性、尺寸、功耗、视场、机械和电接口、承载、热控、电磁兼容性、装配和操作等多方面的要求。在轨服务机械臂系统构型对于整个空间任务非常重要，合理的系统构型设计不仅可以降低发射阶段的空间占用资源，降低系统质量，减小发射成本，更重要的是可以降低机械臂对压紧布局的要求，降低系统复杂度，提高系统的可靠性。在轨服务机械臂系统设计初期，应该首先结合在轨服务机械臂系统的应用需求和捕获空间要求确定机械臂的自由度数、尺寸参数、工作空间和安装固定方式等技术参数，据此设计合理的系统构型。在对产品构型分析的基础上，设计应尽量做到体积小、质量轻、展开收缩比高，且有足够的安全裕度和运动安全距离。在轨服务机械臂构型设计要求包括确定机械臂的自由度配置关系、确定机械臂的外形、确定各模块的布局等。

10.1.4.2　供配电设计

在轨服务机械臂的供配电设计一般做如下考虑：

1）满足空间机械臂执行任务过程中的能源供给需求。

2）单机内部供配电设计应尽可能简单，尽可能用软件功能代替硬件功能，接口设计应尽量采用推荐的电路，确保设计的可靠和规范。

3）应尽量采用已定型的或已验证的包括微处理器在内的标准部件、标准单元电路、标准电子功能模块和通用件。

4）供配电所用元器件的降额设计满足元器件可靠性降额准则的相关要求。

5）供配电电路应有故障安全设计，不允许出现因一次性的操作失误或元器件失效而引起系统灾难性的后果。

10.1.4.3　信息流设计

在轨服务机械臂的信息流设计一般考虑如下：

1）当系统为分布式体系结构时，应选用总线连接相关设备，以减少电缆数量，简化软件设计，提高可靠性。

2）根据通信速率要求、可靠性要求、寿命要求、成本要求及工作环境特点进行总线类型的选择。

3）系统信息流设计应考虑系统的可扩展性。

4）系统信息流设计应与硬件设计匹配，确保硬件产品的性能满足信息流设计需求。

5）系统信息流应根据数据的变化速率和关键程度进行设计，重点关注表征系统关键状态的数据。

6）系统信息流设计需考虑故障情况下系统的功能性能，保证故障的隔离。

10.1.4.4　热设计

在轨服务机械臂系统热设计的目的是保障各部件在轨的温度条件，通常采用被动热控制技术和电加热主动热控制技术相结合的方案。具体设计原则包括：

1）热设计中应尽量选择低功耗的元器件，并尽可能利用机械臂结构进行传热。

2）应对整机进行充分的热分析，满足元器件的温度降额要求，并要考虑设备的极端工况。

3）必要时还应进行设备的热平衡试验，验证热分析的正确性和热设计的合理性，为改进热设计提供依据。

10.1.4.5　接口设计

接口设计是在轨服务机械臂设计过程中非常重要的技术状态控制目标，通常包括机械接口、供电接口、信息接口、热接口等，一般采用接口数据单来进行状态控制。

1）机械接口：包括机械臂与服务卫星的机械接口，也包括对地面安装、起吊、试验设备的接口，接口要求包括连接形式、位置、尺寸、对接面精度等。

2）供电接口：机械臂与服务卫星的配电接口，包括母线形式（一次母线、指令母线、火工母线等）、接口电压、电压变换约束等。

3）信息接口：机械臂与服务卫星的信息通路，包括总线接口（1553B总线、以太网、CAN总线等）、数据类型、遥测与指令资源等。

4）热接口：主要指机械臂与服务卫星的接触面热特性、外表面热特性、工作温度、储存温度、起控温度以及加热功率等。

10.1.5 执行子系统设计

执行子系统是在轨服务机械臂的基础，直接用于实现在轨服务机械臂的运动功能和操作任务。因此，执行子系统的性能直接影响在轨服务机械臂的最终应用效果。在轨服务机械臂的系统构型确定后，执行子系统的主要框架已经基本确定，设计一般流程包括：开展系统任务分析，明确系统组成，分解细化子系统各组成部分的设计要求和具体技术指标，提出设计方案并逐步细化、优化、改进，确定最终状态。

10.1.5.1 功能与组成设计

完整的在轨服务机械臂执行子系统包括所有的活动部件及连接各活动部件的结构，如关节、末端执行器、基座、臂杆、连接件以及压紧释放机构等。机械臂执行子系统设计的主要内容包括材料选择、机械部组件设计、空间润滑设计和验证方案设计等。在轨服务机械臂执行子系统一般包括以下几个部分：

1）结构：在轨服务机械臂结构为系统提供刚度支撑，其设计时除了考虑在轨执行任务时承受的载荷之外，还应考虑系统发射段力学载荷和空间工作环境。

2）关节：关节指可输出一定力矩和转速的组件，按照任务需求与控制要求，一般还配置具有感知位置、速度、力矩等参数的测量元件。关节是在轨服务机械臂实现各种运动的基础。

3）末端执行器：末端执行器是机械臂直接用来执行各种操作任务的执行单元，通常安装在操作机械臂的自由端。末端执行器一般需根据机械臂执行的特定任务来设计，以适应不同任务的接口要求。末端执行器一般也会配置触觉、力觉、温度等传感器，以感知、测量并反馈操作过程中的各种物理量，用于系统的闭环控制。

4）压紧释放机构：与地面机械臂相比，在轨服务机械臂的不同之处还包括需要适应发射段的力学环境。压紧释放机构的主要作用即在火箭发射时将处于收拢状态的在轨服务机械臂压紧在服务卫星上，确保在轨服务机械臂可以承受发射段载荷而不破坏；入轨后压紧释放机构解锁，解除对在轨服务机械臂的约束，使其能够恢复正常工作状态。

10.1.5.2 结构设计

在轨服务机械臂结构是指连接机械臂各部分并形成系统构型、提供安装基础并保持一定刚度和尺寸稳定性的部组件的总称，其主要功能包括实现机械臂系统构型、提供安装接口和承受力学载荷三个方面。

按照结构形状划分，机械臂结构一般可分为杆系结构和壳体结构。杆系结构是由一维形状的杆件和相关的杆接头组成的结构；壳体结构是二维的旋转壳或其他曲面形状结构。例如，机械臂臂杆主要承受弯曲和扭转载荷，通常为圆形薄壁杆件；而臂杆转接件及关节、末端执行器等部组件外壳由于承受载荷较为复杂，通常采用金属机加薄壁壳体或3D打印成型薄壁壳体。

常用的结构材料有金属材料（如铝合金、镁合金及钛合金等）、复合材料（如树脂基复合材料和金属基复合材料）。结构材料的选用是在轨服务机械臂设计中首先要进行的工作，与地面机械臂相比，在轨服务机械臂结构材料的选用更注重轻量化设计要求和空间环境适应性要求。

10.1.5.3　关节设计

在轨服务机械臂关节作为机械臂的驱动部件，通常集成了机构、电控、热控等功能，形成多种功能的一体化关节。关节是机械臂各杆件的连接部分，是实现机械臂各种运动的运动副。按照功能分类，关节通常包括旋转式关节和移动式关节两种，通过转动关节模块和移动关节模块的多种自由组合，可形成回转＋摆动、移动＋摆动、移动＋回转等多种自由度的组合形式，最终可形成多自由度机械臂。在轨服务机械臂通常采用结构紧凑的转动式关节，以下主要介绍转动式关节。

在轨服务机械臂关节的组成一般包括驱动源、减速器、传感器、驱动控制器四个部分，同时为适应空间高低温环境，通常会采取热控措施（热控组件）。

1）驱动源：机械臂常用的驱动源有液压驱动、气压驱动和电气驱动，在轨服务机械臂受空间真空环境所限，驱动方式主要以电气驱动为主，即采用电机实现关节驱动，常用的电机有步进电机、直流有刷电机、直流无刷电机等。

2）减速器：由于电机转速较高，力矩较小，直接驱动通常不能满足机械臂关节的力矩输出要求，需经过减速器将输出力矩放大，使转速降低。常用的减速器包括行星减速器、谐波减速器等。

3）传感器：用于感知关节状态信息，包括位置传感器、速度传感器、力传感器、温度传感器、电流传感器等。

4）驱动控制器：用于控制关节输出不同的角度、速度、力矩以及运动轨迹。

5）热控组件：包括主动热控组件和被动热控组件。主动热控组件一般包括在关节壳体表面粘贴的加热片等组件，用于在低温环境下给关节加热；被动热控组件包括热控多层包覆、热管、散热片等，用于将热源处的热量传递到非热源处，以保证关节在空间高低温环境中仍保持适宜的温度。

关节设计需考虑的主要性能指标包括输出力矩、速度、刚度、精度、寿命等几个方面。这些指标需在设计过程中进行分析预示，必要时还需开展试验验证。

10.1.5.4　末端执行器设计

末端执行器（其运动机构也称为末端执行机构），通常安装于在轨服务机械臂的操作终端，是用于实现目标捕获、工具使用、样品采集等任务的一类专属空间机构。由于在轨服务机械臂在轨需要执行任务的类型、方式、寿命、要求不尽相同，所以一般需要根据机械臂所执行的任务具体分析，综合设计。例如，若在轨服务机械臂的任务是抓取目标，则末端执行器设计为接口形状、尺寸适合抓取对象的抓取机构；若在轨服务机械臂的任务是完成加工、装配任务，则相应的末端执行器设计为专门的操作工具或执行器件（灵巧手、螺丝刀、加注工具等）。

末端执行器根据操作对象的不同，可划分为通用末端执行器和专用末端执行器；根据灵巧程度，可划分为多指灵巧型末端执行器和简单操作型末端执行器；根据是否与目标实现电气连接，可分为机械连接型末端执行器和机电连接型末端执行器；根据在轨操作能力，可划分为小型、中型和大型末端执行器；根据捕获目标的特点，可分为合作目标捕获末端执行器和非合作目标捕获末端执行器。

末端执行器的具体结构都由其所执行的具体任务决定，但通常都包含驱动组件、传动组件、执行组件、测量组件、控制组件、热控组件等部分。

1）驱动组件：驱动组件是末端执行器的基本组件，通常由一种或多种驱动源（电机、弹簧驱动组件、记忆合金组件等）组成，提供末端执行器执行动作所需的驱动力或驱动力矩。其中，电机具有长期连续、双向驱动、可控性强等特点，在空间末端执行器中应用最为广泛。

2）传动组件：末端执行器常用的传动形式有螺旋传动、齿轮传动、空间/平面连杆机构传动、腱传动等。滚珠丝杠用来把驱动组件输出的旋转运动转变为直线运动，具有传动平稳、传动精度高、摩擦阻力小等优点。齿轮传动包含定轴传动、行星传动、谐波传动等，其中谐波传动具有体积小、重量轻、传动比大的优点。空间/平面连杆机构利用串、并联机构设计原理并根据实际需求使末端执行器沿设计轨迹实现规划动作。腱传动通常与驱动组件结合使用，利用钢丝绳、芳纶纤维绳等具有高强度、高韧性的特点实现末端执行器的柔顺操作。

3）执行组件：执行组件是末端执行器最终实现功能输出的核心组件，根据在轨需求的不同与传动组件结合实现所需的功能。对于采样需求的末端执行器，其执行组件多为挖铲、钻杆、砂轮等；对于有操作需求的末端执行器，其执行组件多为捕获机构、缠绕机构、工具适配器等。

4）测量组件：为实时测量末端执行器的工作状态，同时向在轨服务机械臂系统反馈末端状态信息，一般在末端执行器上会设置各类传感器。测量组件通常由位置、速度、力/力矩、温度、位置开关等传感组件组成。常用的传感组件有旋转变压器、霍尔传感器、一维力/力矩传感器、六维力传感器、温度传感器、空间相机、雷达、接触开关、接近开关等。

5）控制组件：末端执行器控制组件需具备与上位机通信、控制驱动电机、判断工作状态、实施温度控制等能力。对有非合作目标操作任务需求的控制组件，还应具有自主判断决策能力。根据任务需求，控制子系统应具有一定带宽，确保系统的快速响应能力。

6）热控组件：末端执行器所采用的热控组件的形式与关节类似，一般包括主动热控组件和被动热控组件。

末端执行器在设计过程中通常需考虑的关键性能包括：几何容差、捕获冲击、锁定精度、承载能力、连接刚度、感知能力、可靠性、寿命等。

10.1.5.5　压紧释放机构设计

压紧释放机构的主要功能是压紧功能和释放功能，一般包括压紧机构和释放机构，但通常通过一体化设计形成一套紧凑的机构。压紧功能是指，压紧释放机构可将在轨服务机械臂各部分以收拢方式压紧在服务卫星本体上，确保系统在发射段和飞行段可以承受较大的载荷而不破坏，并且满足系统基频的要求；释放功能是指，服务卫星入轨后，按照任务要求，压紧释放机构能够顺利地解除对机械臂各部分的约束，使机械臂能够恢复正常工作。

在轨服务机械臂构造复杂，包括关节、末端执行器、相机、直属结构等多个组成部分，所以机械臂的压紧释放机构一般由多个压紧释放装置组成，以保证在收拢状态下的可靠压紧。在轨服务机械臂由多个压紧释放装置压紧在服务卫星平台上，解锁释放时可采用单点释放方式，即每个压紧释放装置由相应的释放装置解锁释放，或者采用多点同时释放方式，即由单个释放装置通过联动机构同时解锁多个压紧释放装置。在实际应用时，由于受包络、重量、解锁时序、可靠度等约束条件的限制，往往采取单点释放和多点同时释放混合的方式。释放装置就是解除已紧固约束的装置，可分为火工释放装置和非火工释放装置。

压紧释放机构设计的核心参数之一是预紧力的设计。预紧力的大小非常重要，其作用是保证在发射载荷条件下，压紧释放机构的压紧面不产生松动或滑动。但是预紧力也不能过大，以免在压紧释放机构中产生太大的载荷而使机构产生过大变形或损坏。

在轨服务机械臂压紧释放机构构型布局设计中，为了使压紧释放机构的布局更加合理，需考虑以下几方面问题：

1）最短路径传力原则。

2）压紧点尽可能设置结构刚度较大的位置。

3）压紧释放机构释放后不可与周围零部件形成干涉或造成损伤。

4）压紧点的布局不得影响机械臂在轨展开及各关节正常运动。

5）考虑服务卫星结构的变形以及安装接口的匹配性。

10.1.5.6　空间润滑设计

在轨服务机械臂的润滑和地面用润滑有着十分明显的差异性，主要原因是，空间机构产品通常涉及超高真空、微重力、高低温交变、氧化还原介质、原子氧和紫外光辐射等特殊环境，使用工况则兼有轻载高速、重载低速、长期停止随机启动、长时间运动等不同要求或多工况并存的情况。因此，空间机构产品的润滑需要兼顾多方面的要求，以保证产品满足使用寿命的要求。在轨服务机械臂常用的润滑材料包括以下四个类型：润滑油材料、润滑脂材料、固体润滑材料、自润滑材料。

10.1.6 控制子系统设计

10.1.6.1 功能与组成设计

在轨服务机械臂控制子系统可分为三个层次：命令调度层、运动规划层和执行控制层，控制指令和数据在各层之间传递，如图 10-1 所示。

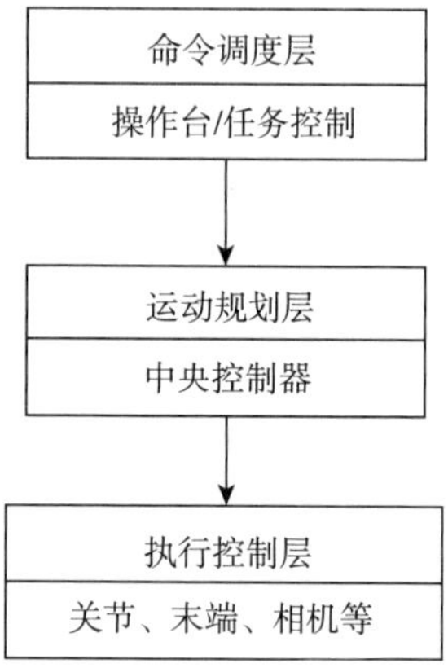

图 10-1 在轨服务机械臂控制子系统组成

（1）命令调度层

典型执行设备：机械臂操作台。

基本功能：

1）提供对外操作的接口，将航天员或服务卫星的指令转换为机械臂运动控制命令。

2）转发地面发送的机械臂指令。

3）对机械臂的状态进行自主监控和管理。

（2）运动规划层

典型执行设备：中央控制单元。

基本功能：

1）接收命令调度层的指令，调用相应的规划和计算单元，生成运动控制指令，发送给执行控制层。

2）收集机械臂的运动状态，反馈给命令调度层。

3）监测机械臂的运动状态，例如碰撞检测、运动超限检测、安全检测等。

4）接收机械臂传感器的测量数据，可用于运动规划和状态监测。

（3）执行控制层

典型执行设备：关节控制器、末端控制器、相机控制器等。

基本功能：

1）接收运动规划层给出的运行命令，执行操作或通过伺服控制策略，在运动部件内部形成闭环控制，保证伺服运动满足运动规划层的要求。

2）对相机图像进行采集和处理，自主调整相机运行参数，确保测量数据有效、图像传输稳定。

3）对部件的状态进行实时监控，按运动规划层的要求反馈部件的状态，如运动角度、到位状态等。

4）对部件运动进行安全保护，通过电流检测、运动超限检测确保机械臂运行安全。

10.1.6.2　控制子系统架构

在轨服务机械臂控制子系统通常具有两种架构形式：集中式和分布式。集中式控制子系统是指控制子系统中命令调度层、运动规划层和执行控制层对应的功能在同一台控制设备中实现，机械臂各执行机构的各类电信号（如电机绕组、传感器等）均输入同一台控制设备中，控制子系统与机械臂执行机构之间为功率线和信号线。分布式控制子系统是指控制子系统各任务层对应的硬件平台单独设计，各任务层硬件设备之间采用专用总线进行数据和指令的传输。

10.1.6.3　控制信息流设计

在轨服务机械臂控制子系统的信息流主要从通信总线选型、数据类型分析、故障情况分析、工作模式分析等方面对信息流进行设计。

（1）通信总线选型

当控制子系统采用分布式架构设计时，为了减少电缆数量、降低设计复杂度，一般会在各控制单元之间选用标准总线进行连接，在航天领域中可选用的总线包括 485 总线、CAN 总线、1553B 总线、1394 总线、Spacewire 总线等。其中 485 总线、CAN 总线、1553B 总线用于低速应用（传输速率小于 1 Mbit/s），1394 总线、Spacewire 总线则用于高速应用（传输速率大于 100 Mbit/s），具体设计时可根据设计需求进行选用。

（2）数据类型分析

在轨服务机械臂内部传输的数据可根据传输周期要求和重要程度进行分类，一般分为以下几类数据：

1）常规遥测数据：用于表征设备的状态，典型数据包括电源电压、指令计数、遥测计数等，此部分数据一般为周期性传送，传输周期一般为 0.5～1 s。

2）关键状态数据：用于表征设备的重要状态，此部分数据需要上位机重点监控，当发生异常时需及时采取处理措施，防止造成设备损伤，如关节速度/位置状态、力传感器输出值、视觉测量值、过流状态等，此部分数据可采用周期性传送或在异常发生时传送，传输周期一般为 10～50 ms。

3）控制数据：用于传输控制指令，包括关节速度/位置指令、运动停止指令、末端抓取/释放指令、模式切换指令等，此部分数据为周期性传送或按需发送，且优先级为最高，信息系统设计时应保证控制数据上传的可靠性，以便在任何情况下均能控制机械臂的工作状态。

（3）故障情况分析

信息流设计需考虑故障情况下系统的可用性，应保证“一重故障可用，两重故障安全”，对各数据传输路径进行分析，对于一些关键数据传输路径应考虑冗余设计、检/纠错编码设计、自动重发设计等，以保证信息传输的可靠性。

（4）工作模式分析

信息流设计需根据工作模式进行针对性设计。不同的工作模式对数据的传输需求有很大不同，在机械臂不工作时，主要对机械臂的健康状态进行监控，而在机械臂执行任务的过程中需对各部件的速度、位置以及传感器测量信息等数据进行重点监控。在数据传输速率有限的情况下，需要对上述数据的传输进行合理规划，在满足功能/性能要求的情况下尽量降低数据传输需求。

10.1.6.4 工作模式设计

在轨服务机械臂控制子系统的工作模式对应机械臂的工作模式，代表了机械臂的工作状态，设置工作模式的好处是可以使机械臂快速地达到某些特定状态，也便于不同模式间的切换和管理。不同类型、不同任务需求的机械臂的工作模式设置不尽相同，本书仅给出常用的工作模式，供读者参考。

1）关机模式，指机械臂处于不加电状态。

2）待机模式，指机械臂上电，但未执行操作的状态。

3）自由模式，指机械臂上电，未执行操作，且机构处于解锁随动的状态。

4）伺服准备模式，指机械臂上电并完成了运动之前的准备工作，包括驱动电源加电、制动器解锁等操作，机械臂各机构处于位置保持状态，保持机械臂当前的构型和状态。

5）运动模式，指机械臂运动和执行操作的状态。此模式下机械臂接收指令并进行规定动作，完成运动规划、末端操作、动态抓捕等操作。对运动模式，根据控制方式、操作源的不同，可进行不同的子模式设计，包括预编程运动模式、视觉自主模式、末端/目标参数输入控制模式、手柄控制模式、单部件控制模式、多部件联动模式、力控制模式等。

10.1.6.5 硬件设计

（1）控制器硬件电路设计

控制了系统硬件设计应重点考虑以下几个方面：关键元器件选型、与执行子系统的匹配设计。

控制子系统的关键元器件包括处理器、FPGA、通信接口芯片以及电机驱动芯片等。元器件选型的主要约束包括性能要求、抗辐照要求、可靠性要求等。

在轨服务机械臂控制子系统产品设计与执行子系统耦合紧密。执行子系统特性如电机组件的功率和额定速度、传感器的配置及输出信号特性等均对控制子系统设计有影响。控制子系统的电缆要连接互相之间有相对运动的部件，电缆的布局和走线设计也尤为重要。控制子系统与执行子系统的匹配设计重点考虑如下因素：

1）极限工作工况分析：应考虑执行子系统在极限情况下的工作状态，如在电机堵转情况下对驱动模块的功率需求、在高低温情况下传动系统效率的变化、关节转角与电缆弯曲角度的关系等。

2）执行子系统测试试验分析：在控制子系统与执行子系统装配完成后要对整个机械臂系统进行调试测试及试验，在此过程中会对控制子系统产品进行测试、拆卸、软件更新等，控制子系统产品的设计应考虑可测试性和保障性，必要时设计专用的测试接口，对于需要经过整个机械臂系统调试测试后才能确定状态的软件，硬件设计时建议设计为可在轨维护软件，以方便测试试验阶段的软件更新。

3）电缆走线分析：受在轨服务机械臂构型的影响，控制子系统电缆的走线空间比较小，同时电缆还要承受部件运动带来的弯扭力，并且在轨服务机械臂的电缆传输的信号包括功率信号、传感器信号、数字信号等多种特性的数据，电磁兼容性设计非常重要。在执行子系统设计初期就应考虑电缆设计，为电缆走线预留空间。

（2）控制子系统电磁兼容设计

电子设备的电磁兼容性（Electromagnetic Compatibility，EMC）主要是指电子设备在其所处的环境中按设计要求正常运行的能力，并且不对该环境中的其他任何事物构成不能承受的电磁干扰。满足EMC要求的电子设备既不会影响其他设备的正常运行，也不会受其他设备工作的影响而出现性能的下降或故障。

在轨服务机械臂产品的EMC设计应与其功能设计同步进行，统筹考虑。确定EMC指标时，需要考虑包括寿命周期、研制费效比等在内的综合因素。在产品设计过程中，应该明确EMC设计的基本参数，包括电磁干扰值、电磁干扰发射限值、电磁敏感度阈值、电磁敏感度限值、安全裕度、性能降低判据、性能失效判据等。

在在轨服务机械臂产品研制过程中，要求给出在轨服务机械臂电子设备列表及其主要电气性能参数表，以便于进行系统的频率规划和分析。对于经分析可能产生干扰或受扰的设备，应在接地、电缆布局、设备布局、工作模式等方面采取相应的防护措施。

在轨服务机械臂控制子系统的电子设备会使用各类电源模块、继电器等电子设备，对于伺服驱动设备还会配置电机驱动模块，这些模块在工作时会产生电磁干扰，在设计时需确保在轨服务机械臂的所有电子设备在整个任务剖面期间均可以正常工作，确保在轨服务机械臂的所有电子设备在整个任务剖面期间对外传导或辐射的电磁干扰不会影响其他设备的正常工作。

为保证控制子系统的电磁兼容性满足设计要求，在开展电子设备硬件产品和系统方案设计时，需要从以下几个方面考虑：

1）合理选用元器件，避免选用EMC敏感器件。

2）合理地进行接地设计，避免地回路干扰。

3）合理地进行印制电路板布局设计。

4）进行滤波设计，减少电流脉动造成的母线电压波动。

5）利用壳体抑制。

6）合理地进行走线与电缆设计。

10.1.6.6　软件设计

控制子系统软件分为系统管理部分和算法部分。其中，系统管理部分实现对整个系统的调度和监控，是控制子系统运行的“神经”，它对软件实现的功能进行串联和管理；算法部分是机械臂的“大脑”，控制机械臂执行动作，完成任务。

（1）硬件资源对软件设计的影响

受限于空间环境、元器件等级等诸多因素，在轨服务机械臂控制子系统硬件资源不及地面控制器丰富，因此在控制子系统软件实现时需要考虑控制器硬件资源对软件设计的影响。特别是随着控制算法复杂度的增加，在软件设计之初就需要对软件所需的资源进行估计和评价，确保任务可执行、算法可实现。控制算法一般会有时间要求，控制器的计算速度应确保控制算法的周期需要，并对系统的中断、分支进行详细的考虑，以免造成控制周期混乱。

（2）软件开发与测试

软件开发与测试过程主要包括需求分析、软件设计、软件实现、软件测试、系统联试、第三方评测及软件验收等过程。

需求分析主要开展系统、分系统以及单机级的任务、功能、接口的分析，确认与硬件系统的匹配，确定信息流，由任务提出方提出软件需求；任务承制方根据软件需求，完成需求规格说明，开展概要设计和详细设计，确定开发方法和开发工具；按照需求进行软件编码工作，开展静态分析、代码审查等工作，软件编码完成后进行单元测试，确保覆盖软件各分支；设计组装测试用例，测试软件单元、部件之间的接口，开展确认测试，确认测试应覆盖所有软件的功能、性能、软/硬件接口等；在确认测试后方可开展系统联试，重点检查不同软件配置项、对外接口等功能；软件在验收交付前应经过第三方测试，在验收前需对研制的过程、文档进行总结，形成总结报告。在软件研制过程中，需求方、开发方、测试方应为不同的设计人员。

对于在轨服务机械臂控制子系统，由于其固有特点，在软件测试过程中应综合考虑系统的任务需求，给出典型工况，作为软件的测试用例，对于软硬结合紧密（如电机驱动等）的软件研制，可采用半物理仿真等方法进行用例测试。

（3）同步性设计

控制子系统软件设置不同的软件配置项，各软件配置项之间、配置项内部各模块之间的同步性设计应在软件开发初期就进行。对于同步性要求较高的系统，应做好时序的设计，避免因时序混乱造成功能故障。

10.1.7　感知子系统设计

在轨服务机械臂感知子系统设计围绕满足在轨服务机械臂在轨应用需求而展开，涵盖子系统设计、单机设计、加工、装调、测试、试验以及子系统测试、试验的全过程。子系统设计应结合机械臂的任务需求和在轨应用环境，在开展任务分析的基础上完成单机以及部组件的功能分解以及技术指标分配，并以系统最优为目标。自顶向下的功能分解和技术指标分配并不是一个单向过程，需要按照“设计-仿真分析-试验验证-设计改进”的循环过程不断迭代优化。

系统设计内容主要包括：根据设计依据和约束条件进行任务分析，选择系统类型；确定视觉子系统的组成、功能及工作模式，并分解出子系统内各单机（部组件）的功能、性能指标；开展相机等单机及其部组件设计，包括机、电、热、信息流等接口设计；确定关键技术和攻关途径；确定测试及试验项目、试验方案等；设计软件；进行可靠性、安全性、维修性、测试性、保障性和环境适应性设计与分析；进行技术风险分析等。

10.1.7.1　系统类型选取

根据不同的判断准则，在轨服务机械臂感知子系统可以分为多种类型。每种类型具有各自不同的优势、不足和适用范围。

根据感知子系统在测量过程中是否向目标发射能量，可以将感知子系统分为两类：主动感知系统和被动感知系统。例如：可见光感知子系统属于被动感知系统，激光、结构光、雷达感知子系统等属于主动感知系统。主动感知系统依靠自身发射能量并接收目标对所发射能量的反射能量以实现感知。被动感知系统可以快速捕捉场景图像，信息获取效率高；观测距离远，观测数据中包含的信息量丰富，这使其更加适用于对场景进行理解并指导机械臂在运动过程中完成障碍物检测和避障、目标识别和跟踪、场景建模等任务；以非接触的、被动的方式获取场景信息，不会对其他传感器造成干扰，功耗低、体积小、重量轻、方便灵活；易受光照条件影响，测量精度低于主动感知系统。

根据感知子系统的空间分布，可以将其分为安装在机械臂末端执行器上的感知子系统（Eye-in-hand）和固定于机械臂工作区的感知子系统（Eye-to-hand），如图 10-2 所示。Eye-in-hand 感知子系统指视觉传感器安装在机械臂末端执行器的固定位置上，其位姿随末端执行器的运动而改变。Eye-to-hand 感知子系统的视觉传感器安装在机械臂工作空间内的某个位置上，且可配置具有一定自由度的机械装置（例如云台）。对于 Eye-in-hand 感知子系统，通过调整末端执行器的位姿，可使视觉传感器靠近目标，从而提高目标测量精度，但是，视觉传感器的运动易造成图像模糊，且无法保证目标一直处于视场范围内而出现目标丢失的问题；此外，由于视觉传感器安装在末端执行器上，其增加了末端执行器的负载。Eye-to-hand 感知子系统可以全局监测机械臂，同时获取机械臂及其工作环境的测量数据，但是，在机械臂运动过程中可能出现遮挡问题；此外，由于视觉传感器距离目标较远，目标测量精度不高。

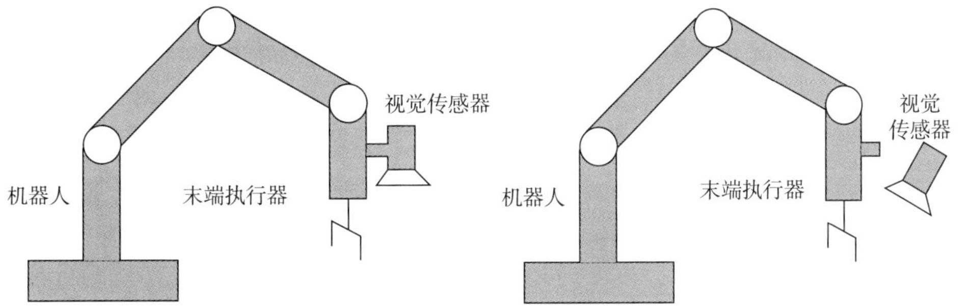

(a) Eye-in-hand 感知子系统　(b) Eye-to-hand 感知子系统

图 10-2　感知子系统空间分布示意

根据视觉传感器的数量，可以将感知子系统分为单目、双目、多目感知子系统。单目感知子系统采用单台单目视觉传感器进行测量，无法直接获取深度信息，一般需要在目标安装尺寸、形状、分布和数量等信息已知的人工视觉标记或通过运动才能完成测量。双目/多目感知子系统采用处于不同空间位置的两个/多个单目视觉传感器进行测量，可以直接获取深度信息。与单目感知子系统相比，这不但可以有效地提高测量精度，而且可以提高系统可靠性，即使其中的一目无法正常工作，仍然可以完成测量，但双目/多目感知子系统的计算复杂程度高、计算量大。

此外，还有一些其他的分类方式。例如，根据视觉传感器的类型，可以将感知子系统分为同类感知子系统和异类感知子系统；根据视觉传感器测量数据的处理方式，可以将感知子系统分为集中式感知子系统和分布式感知子系统。设计感知子系统时应根据在轨服务机械臂的实际需求以及设计约束进行选取和组合。

10.1.7.2 功能与组成设计

在轨服务机械臂感知子系统主要实现目标检测识别和目标测量。目标检测识别指对工作环境内的不同目标进行检测、识别并建立关联，即确定在不同时间、不同位置、不同传感器获得的观测数据中检测、识别出的目标是同一目标还是新的目标。目标测量指对目标进行跟踪，对目标与传感器的相对位置、姿态、线速度、角速度等信息进行估计以及对目标进行三维建模，其中位置和姿态表征目标坐标系与传感器坐标系之间的转换关系（6 自由度位姿数据，包括 3 个位置平移量和 3 个姿态旋转角）。

在轨服务机械臂感知子系统一般由下列部分组成：

1）光学组件：起接收目标信号光能量和抑制杂光等作用，通常由若干光学元件（如透镜、棱镜、反射镜等）组成，每个光学元件都由平面、球面、非球面的，具有一定折射率的介质构成，由结构组件将其按要求组装在一起。

2）电子组件：利用光电探测器件及配套电路将光学组件接收的光学信号转换为电信号，实现测量数据的采集；使用微处理器芯片及配套电路对测量数据进行本地处理，实现数据的压缩编码及输出、目标检测识别和目标测量等功能；对于主动感知系统，电子组件还包括能量投射装置。

3）结构组件：主要包括光学组件壳体、遮光罩、电子组件壳体以及与机械臂的安装接口等结构件，用于提高感知系统对运载环境和空间工作环境的适应性，保证感知系统的性能。

10.1.7.3 主要技术指标

任务需求往往是针对整个机械臂提出的，而不是直接针对感知子系统提出的。感知子系统设计的重要一环就是将对机械臂的需求分解成对感知子系统的具体需求，进而通过需求分析确定感知子系统的基本技术指标，作为感知子系统详细设计的输入条件。感知子系统基本技术指标见表 10－1。

表 10－1　感知子系统基本技术指标

指标类别	指标名称
外形参数	体积
	质量
电学参数	输入电压
	功耗
光学参数	波段范围
	视场角
	畸变
	杂光系数
成像参数	图像分辨率
	图像采集帧频
	信噪比
测量参数	测量距离
	测量精度
	测量刷新率

10.1.7.4　工作流程设计

在轨服务机械臂感知子系统典型工作流程示意如图 10－3 所示。在轨服务机械臂控制子系统接收感知子系统输出的遥测数据（含目标测量结果以及系统状态数据），完成机械臂的运动规划。

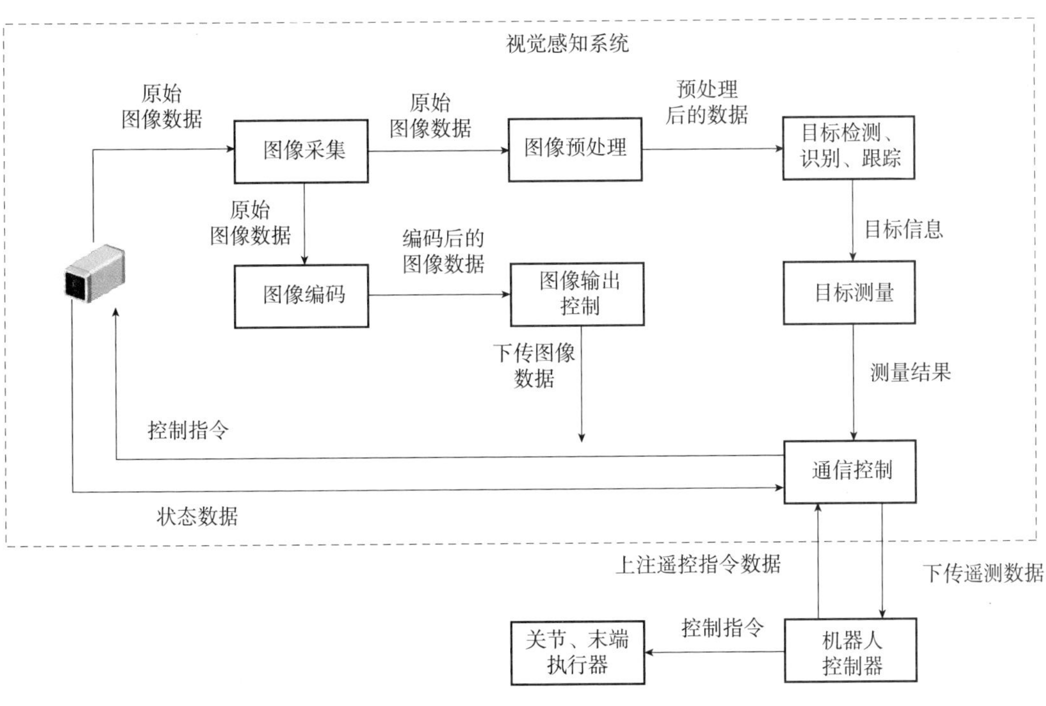

图 10－3　感知子系统典型工作流程示意

10.2 在轨服务机械臂设计实例

10.2.1 设计要求

10.2.1.1 任务要求

在轨服务机械臂的主要任务包括：

1）悬停合作目标捕获任务。

2）非合作动态目标捕获任务。

3）目标转移和停泊任务。

4）目标精细操作服务。

10.2.1.2 功能要求

在轨服务机械臂的主要功能包括：

1）大范围运动功能。

2）多自由度联动功能。

3）多模式控制功能：包括位置控制模式、力控制模式、随动控制模式等。

4）多模式操作功能：包括自主操作模式、地面遥操作模式等。

5）末端抓捕和锁紧功能。

6）路径规划功能。

7）视觉测量功能。

8）自身故障检测功能。

10.2.1.3 性能要求

在轨服务机械臂的主要技术指标见表10-2。

表10-2 在轨服务机械臂主要技术指标

指标名称	指标要求
臂长/m	≥6
质量/kg	≤240
负载质量/kg	0～8 000
自由度	7
位置精度/mm	≤10
姿态精度/(°)	≤1

10.2.1.4 其他要求

对在轨服务机械臂的要求还包括：需适应高轨空间环境、可靠度不小于要求值、软件支持在轨注入修改升级等。

10.2.2　系统总体设计

10.2.2.1　系统构型布局

在轨服务机械臂系统构型布局包括：总体安装布局、本体构型布局、压紧点布局等。

（1）总体安装布局

为满足运载包络约束条件，在轨服务机械臂要尽可能降低安装状态的高度，同时满足服务卫星上设备总体布局的限制要求，如避开太阳翼收拢状态的几何包络、避开力矩陀螺及发动机羽流影响等。

（2）本体构型布局

在轨服务机械臂共设置 7 个关节，采用“3＋1＋3”配置，即肩部具有 3 个自由度（回转、偏航、俯仰），肘部具有 1 个自由度（俯仰），腕部具有 3 个自由度（俯仰、偏航、回转），在收拢构型状态下，机械臂肩部和腕部的自由度配置为左、右镜像关系。同时，所有关节采用偏置方案，即关节所连接的两根杆件轴线之间存在一定设定的距离。这种配置关系使在轨服务机械臂处于收拢构型时，两个臂杆位于同一平面内，便于机械臂压紧；同时，各关节的转角范围不会受到相邻部件几何干涉的限制（可以实现±180°，甚至更大的转角范围）。在轨服务机械臂的收拢构型如图 10－4 所示，展开构型如图 10－5 所示。

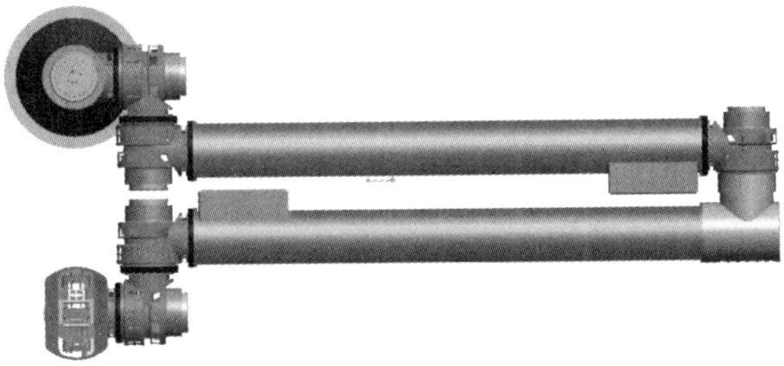

图 10－4　机械臂收拢构型

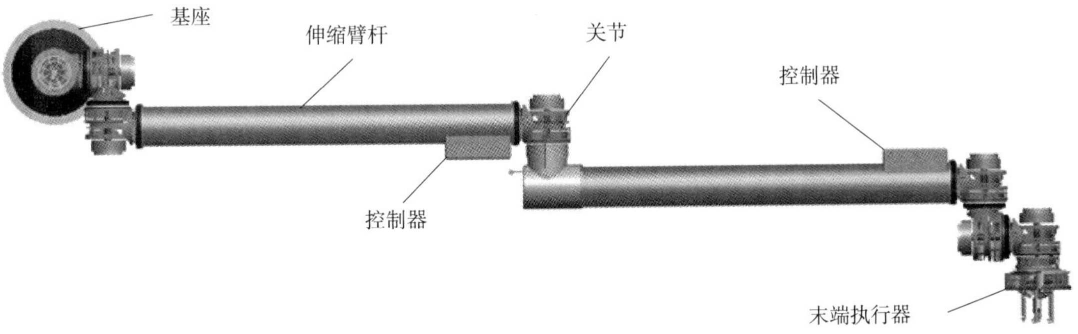

图 10－5　机械臂展开构型

（3）压紧点布局

在轨服务机械臂的压紧点布局主要考虑机械臂发射段的承载性能，即保证机械臂能够经受发射段力学环境载荷而不发生强度破坏或产生永久变形。依据力学分析优化结果，在轨服务机械臂采用多点压紧方案，在肩俯仰关节、肘俯仰关节、肘部结构件、腕俯仰关节和末端执行器上布置 5 处压紧释放装置。

10.2.2.2 系统工作模式

在轨服务机械臂的工作模式指的是针对机械臂的不同工作状态设计的机械臂运行模式，具体工作模式见表 10－3。

表 10－3 在轨服务机械臂工作模式

<table>
<tr><th>序号</th><th>工作状态</th><th colspan="2">工作模式</th></tr>
<tr><td>1</td><td>待机制动状态</td><td colspan="2">待机制动模式</td></tr>
<tr><td>2</td><td>伺服待机状态</td><td colspan="2">伺服待机模式</td></tr>
<tr><td>3</td><td>自由随动状态</td><td colspan="2">自由随动模式</td></tr>
<tr><td rowspan="8">4</td><td rowspan="8">伺服运动状态</td><td colspan="2">预编程模式</td></tr>
<tr><td colspan="2">视觉自主模式</td></tr>
<tr><td rowspan="2">末端运动模式</td><td>末端直线运动</td></tr>
<tr><td>末端手柄操作运动</td></tr>
<tr><td rowspan="3">单关节运动模式</td><td>单关节参数输入运动（速度、位置）</td></tr>
<tr><td>多关节联动参数输入运动</td></tr>
<tr><td>单关节手柄操作（速度）</td></tr>
<tr><td colspan="2">力控制模式</td></tr>
</table>

10.2.2.3 系统信息总线

在轨服务机械臂安装在服务卫星舱外，信息系统的总线连接关系设计如下：

1）机械臂通过 1553B 总线与服务卫星平台进行数据交互。

2）机械臂内部各设备间采用 1553B 总线进行数据交互。

3）相机的视频信息传给服务卫星平台进行处理。

10.2.2.4 系统组成

在轨服务机械臂系统主要包括三部分：

（1）执行子系统

主要功能：构成在轨服务机械臂基础结构，实现系统主要构型参数；发射段保持机械臂在服务卫星舱体外部的压紧，入轨后解锁释放；为机械臂上设备提供安装接口和适宜的力学环境；接收中央控制器发来的控制指令；按照指令完成关节、末端执行器闭环控制，执行各种运动；向中央控制器反馈运动控制结果和状态信息。

主要单机产品：基座及其他结构件、臂杆、关节、末端执行器、压紧释放机构等。

（2）控制子系统

主要功能：解析地面发出的运动指令；规划机械臂的运动轨迹，设定运动参数，控制机械臂的运动过程；向地面反馈机械臂的状态信息；管理系统供配电、视觉融合及各种遥控指令和遥测信息等；在紧急情况下发送机械臂运动停止指令等。

主要单机产品：中央控制器、关节控制器等。

（3）感知子系统

主要功能：对目标物体及其他设备进行视觉成像；处理和传递图像信息；识别目标物体上标志点的位置，完成目标位置和姿态测量。

主要单机产品：测量相机。

10.2.3　执行子系统设计

10.2.3.1　执行子系统的组成

在轨服务机械臂采用 7 自由度冗余配置方案，包括 7 个关节、1 个末端执行器、2 个臂杆和 1 套压紧释放机构。在轨服务机械臂的所有关节均为转动关节，关节采用模块化设计，其结构形式完全相同。

10.2.3.2　关节设计

在轨服务机械臂的关节为高刚度大输出力矩关节，关节本体构型如图 10－6 所示。在关节中集成了动力源、传动机构、感知元件、驱动电路和热控等功能模块，对外接口包括机械连接接口和供电、通信电路接口。该关节采用永磁同步电机驱动的谐波传动系统，输出轴及输入轴均采用旋转变压器作为角度传感器。

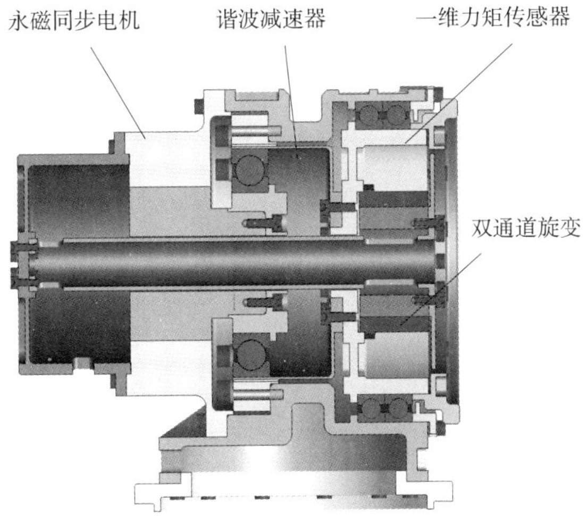

图 10－6　关节本体构型

10.2.3.3　末端执行器设计

在轨服务机械臂的末端执行器主要由壳体组件、捕获与拖动组件、末端控制器、六维力传感器等组成。捕获与拖动组件位于壳体内，捕获模块通过梯形滑块与安装在壳体上的导轨连接，拖动模块与捕获模块固连。锁紧模块固定在壳体的外圆周上。六维力传感器安装在末端执行器底部，用于测量机械臂执行任务过程中的末端力，为机械臂柔顺控制提供反馈信息。末端执行器的组成如图 10－7 所示。

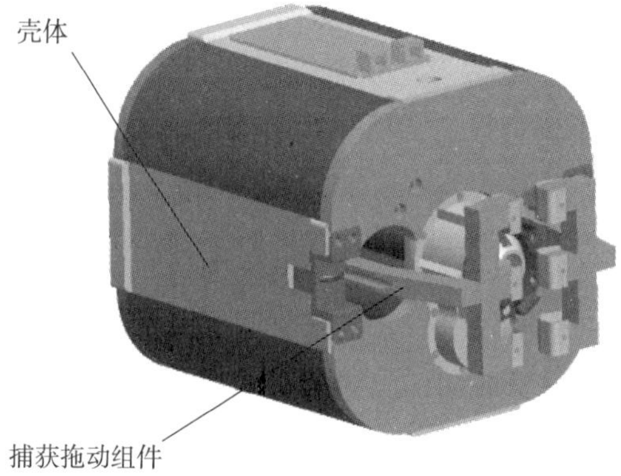

图 10－7 末端执行器的组成

10.2.3.4 臂杆设计

臂杆共有两套，臂杆本体由壳体、端部法兰、电缆连接件、接地连接件组成。壳体用碳纤维/氰酸酯无纬布整体固化成型，其余连接件都采用胶接加螺纹连接与壳体连为一体。

10.2.3.5 压紧释放机构设计

在轨服务机械臂压紧释放机构为独立杆式压紧机构，每个压紧点单独使用一个火工切割器进行解锁。

10.2.4 控制子系统设计

10.2.4.1 子系统组成

在轨服务机械臂控制子系统采用分布式体系结构，包括命令调度层、运动规划层以及执行控制层。控制子系统由中央控制器、关节控制器、末端控制器等组成。

机械臂控制子系统能够完成各种在轨任务下的操作与控制。机械臂各控制器的主要功能如下：

1）中央控制器：根据机械臂状态、相机测量数据、力传感器数据及操作控制指令，调用路径规划算法生成运动控制指令并发送给关节控制器；当发现故障时及时采取措施保护机械臂安全；进行相机云台控制；进行机械臂健康管理。

2）关节控制器：根据中央控制器的控制指令控制关节运动，保证关节运动的精度。

3）末端控制器：根据中央控制器的控制指令控制末端执行器机构运动，完成对目标的抓取或释放操作。

10.2.4.2 子系统硬件设计

（1）中央控制器

中央控制器电子组件为双机冷备份工作模式，每个单机硬件模块包括二次电源模块、CPU 处理器及外围电路（包括存储器、算法控制电路、逻辑控制电路、1553B 总线接口等)、A/D 采集模块、指令热控模块、云台控制模块。

(2) 关节控制器

关节控制器采用冷备份方式，主、备电路互为冗余备份，主份电路控制驱动主电机，备份电路控制驱动备电机，在任何时刻只有一个电机工作，两个电机制动器需要同时打开，同时闭合。主、备份电路的切换通过中央控制器遥控指令实现。关节控制器主要应由 DCDC 电源变换配电电路、CPU 控制电路、FPGA 计算电路、电机驱动电路、1553B 总线接口电路、电机速度传感器解算电路、关节位置传感器解算电路、电压/电流信号采集电路和关节热控控制电路等部分组成。

(3) 末端控制器

末端控制器采用冷备份设计，主、备电路互为冗余备份，其组成包括以下几部分：电源模块控制电路、电源变换电路、电机电源控制电路、热控控制电路、抱闸（制动器控制）电路、功率驱动电路、信号采集电路、遥测参数采集电路、遥控指令产生电路、FPGA 电路、CPU 及外围处理电路、1553B 总线接口电路。

10.2.4.3　子系统软件设计

机械臂控制子系统软件主要运行于中央控制器、关节控制器、末端控制器中。各设备软件的功能要求如下。

(1) 中央控制器软件

通信功能：通过 1553B 总线与关节控制器、末端控制器、相机及以太网交换机进行通信。

运动学控制功能：完成直线运动、视觉自主运动、力控制等运动方式的运动学计算以及碰撞检测计算。

管理功能：完成机械臂控制模式的切换及控制，并对各设备状态进行监控和控制。

(2) 关节控制器软件

通信功能：通过 1553B 总线与中央控制器进行通信，将电机电流、速度、位置等信息输出至中央控制器。

伺服控制功能：根据中央控制器指令控制关节电机，进行位置、速度、电流反馈的闭环控制。

位置传感器解算功能：能够采集测速旋转变压器和位置测量旋转变压器的输出电压信号，进行信号解算，得到相应的位置信息用于电机和关节闭环控制。

(3) 末端控制器软件

通信功能：通过 1553B 总线与中央控制器进行通信，将电机电流、速度、位置等信息输出至中央控制器。

伺服控制功能：根据中央控制器指令控制末端电机，进行速度、电流的闭环控制。

力传感器信号解算功能：采集力传感器信号并进行解算。

10.2.5 感知子系统设计

10.2.5.1 子系统组成

在轨服务机械臂感知子系统主要包括外部视觉感知模块、力传感器以及内部位置传感器、限位传感器及温度传感器等。这里主要介绍视觉感知模块的设计。

10.2.5.2 视觉感知信息流设计

视觉感知模块信息流接口主要包括1553B总线接口和以太网总线接口。

视觉模块计算出的目标位姿信息通过1553B总线送至中央控制器，中央控制器根据目标位姿进行路径规划，将关节的运动控制命令发送至各个关节，形成视觉闭环控制，同时通过1553B总线将视觉信息发送至服务卫星平台。视觉模块的图像信息通过以太网发送给服务卫星平台。

10.2.5.3 子系统硬件设计

视觉相机由光学部分（含遮光罩）、电子学部分、结构外壳等组成，如图10-8所示。电子学部分包括焦面电路、信号处理电路、视频压缩电路、图像预处理电路、位姿计算电路、电源控制电路。

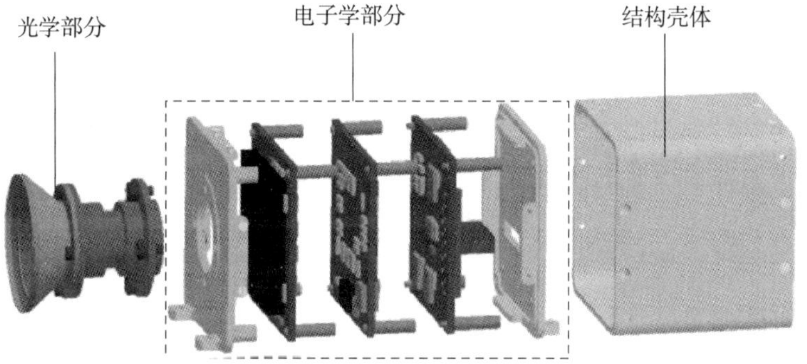

图10-8 相机模块的组成示意

10.2.5.4 视觉测量系统软件设计

视觉测量系统软件指的是运行于DSP及FPGA处理芯片上的嵌入式软件，其负责硬件的驱动和系统功能的实现，执行指定任务并完成1553B总线、以太网总线通信，例如相机控制软件、视频压缩软件、图像处理软件、位姿计算软件以及交换机软件等。

10.3 在轨服务机械臂工程验证

10.3.1 验证项目矩阵

在轨服务机械臂系统需要完成基本功能与性能测试、爬行/展开/转位等专项试验、在轨维修验证试验以及任务级验证试验，具体试验项目见表10-4。

表10-4　在轨服务机械臂系统试验项目

序号	阶段	项目	子项目
1	地面	性能指标测试	负载能力
			工作空间半径
			末端速度、末端加速度
			末端位姿精度测试
			末端力/力矩测试
			刚度测试
			制动距离测试
2		功能测试	大负载、大范围转移功能
			多自由度运动功能
			多模式控制功能
			多模式操作功能
			路径规划功能
			视觉伺服测试
			紧急停机功能
3		任务验证试验	在轨抓捕与转移试验
			目标精细操作试验
4	在轨	性能指标测试	同地面
5		功能测试	同地面
6		参数标定试验	模态参数标定
7		任务验证试验	同地面

10.3.2　地面验证方案

10.3.2.1　功能性能测试

开展在轨服务机械臂的功能性能测试通常需构建地面模拟零重力环境。主要考虑两个方面的原因：一是由于关节输出力矩限制，在轨服务机械臂在地面重力环境下无法自由运动；二是重力环境会使在轨服务机械臂承受实际在轨工作时并不存在的重力矩，导致机构间隙变化和结构变形，影响测试结果。工程上通常采用气浮装置构建二维运动零重力环境，或采用悬吊装置来平衡机械臂各部件所受重力，支持在轨服务机械臂进行三维运动功能和性能测试。

（1）平面运动功能/性能测试

在轨服务机械臂的平面运动功能性能测试使用的主要设备是气浮式零重力模拟系统。该系统通常包括气浮平台、气浮支架、气源等组成部分。其中气浮平台用于为气浮支架提供大范围运动所需的理想平面，其平面度通常达到微米级，其尺寸决定了在轨服务机械臂平面运动范围。对于在轨服务机械臂来说，一般至少需要10 m×10 m的平台面积；气浮支架用于将在轨服务机械臂支撑在气浮平台上，其底部为气足，与气浮平台配合可实现 $10^{-4}\ g$ 的微重力环境，气浮支架的数量依据平面运动自由度的数量以及机械臂的重量确定，一般至少在大小臂杆和末端上各布置一个气浮支架；气源用于给气足供气，通常采用一个气源通过配气柜和管路同时供多个气足使用。

典型在轨服务机械臂至少需 6 个自由度，通常具有肩、肘、腕三个俯仰关节，一般这 3 个关节的轴线垂直于气浮平台布置，在水平面内具有 3 个运动自由度。图 10－9 为在轨服务机械臂的气浮装置示意图，该机械臂重量较大，共使用了 6 个气浮支架，可支持机械臂完成平面内的运动功能和性能测试。由于该机械臂采用模块化关节，各关节性能一致，基于该特性，可以由平面运动性能推算机械臂三维运动性能。

图 10－9　气浮式零重力模拟系统

（2）三维运动功能/性能测试

在轨服务机械臂进行三维运动功能/性能测试时，需使用悬吊式零重力模拟装置为机械臂提供模拟零重力环境。悬吊式零重力模拟系统通常需要在每个具备独立运动自由度的结构件上设置吊点，且吊点应通过结构件的重心。每个吊点在竖直方向上通过恒张力装置平衡结构件重力并允许自由升降，在水平方向上具有跟踪结构件运动的能力，且需尽可能不限制结构件在各个方向上的自由转动。恒张力装置和水平跟踪装置有被动和主动两类，被动装置精度较差，但系统简单可靠；主动装置精度高，但系统复杂。实际应用时可根据在轨服务机械臂系统任务需求灵活选择合适的方案。

悬吊式零重力模拟系统的主要问题是各吊点之间存在较为严重的干涉问题，尽管可以利用在轨服务机械臂的自由度配置特性尽可能降低干涉影响，但仍然会大幅度减小机械臂的工作空间，所以通常只能支持机械臂在一定范围内进行三维运动功能和性能测试。

10.3.2.2　任务验证试验

（1）全物理试验验证

全物理试验指的是在轨服务机械臂及其任务对象全部采用物理样机开展的试验。对于传统上较少自由度的空间机构，一般需要采用这种试验方式，以获得最可靠的验证数据。对于在轨服务机械臂来说，由于其通常具有 6 个甚至更多的自由度，且其工作空间较大，一般需要在地面零重力模拟装置的支持下才能实现二维运动或小范围的三维运动，这从根本上限制了在轨服务机械臂全物理验证试验的覆盖性。因此，对于在轨服务机械臂来说，全物理验证方式是必要的，但不是充分的，需要其他验证方式作为补充。

（2）半物理试验验证

在轨服务机械臂捕获空间目标时，末端执行器与抓捕目标在捕获过程中发生接触碰撞。由于接触碰撞过程复杂，其数学模型存在准确度低、计算实时性差等不足，因而采用全数学仿真验证方式难以准确分析和评估接触碰撞过程对服务卫星、在轨服务机械臂和空间目标的运动及受力的影响。若采用全物理验证方式，气浮式零重力装置只能实现二维平面内的零重力环境，而采用悬吊式零重力装置则会限制机械臂的运动范围，因此，事实上无法通过全物理的方式实现在轨服务机械臂捕获目标任务的地面验证。有鉴于此，为了尽可能保证在轨服务机械臂地面验证的全面性和真实性，需借助专门研制的半物理验证系统来完成任务验证。在该系统中，发生接触碰撞的空间目标捕获接口和在轨服务机械臂末端执行器为真实产品，空间目标和在轨服务机械臂的其余部分以及服务卫星采用数学模型描述。真实产品用于获取接触碰撞产生的真实力信息，数学模型用于计算在轨服务机械臂及空间目标的运动状态，两者相结合，避免了全数学仿真验证和全物理验证方式的不足，成为验证在轨服务机械臂抓捕目标等在轨任务的有效方式。

在轨服务机械臂半物理验证系统如图 10－10 所示，主要包括服务卫星模拟机械臂和空间动态目标模拟机械臂及其相关配套设施及软件，这两个模拟机械臂由实时动力学仿真结果驱动，在每个控制周期内实时复现机械臂末端执行器和空间目标捕获接口的运动。当末端执行器与目标捕获接口接触后，通过模拟机械臂末端的两个六维力传感器实时获取接触碰撞引起的作用力，并将该作用力带入动力学模型，计算下一控制周期内末端执行器和目标捕获接口的运动状态，再通过两个模拟机械臂复现此计算结果，由此形成闭环控制系统，从而以地面高带宽机械臂的运动模拟了在轨抓捕过程中在轨服务机械臂和空间目标的运动，从而完成接触碰撞过程的验证。该系统能够验证在轨服务机械臂抓捕不同对象的任务，是在轨服务机械臂系统较为理想的一种验证方式。

10.3.3　在轨验证方案

10.3.3.1　功能性能测试

在轨服务机械臂随服务卫星进入预定轨道成功解锁展开后，首先开展功能性能测试，一方面用于评估机械臂是否满足在轨使用要求，另一方面也用于与地面测试结果对比，为后续机械臂设计提供支撑数据。

在轨功能性能测试项目与地面相同，为便于与地面数据对比，通常在轨测试尽可能采用与地面相同的运动轨迹和控制模式。由于在轨测试时缺少地面使用的各种专用设备，所以测试数据的获取主要来源于机械臂自身的各类传感器。除此之外，也可以借助星上配置的相机等测试设备获取测试数据。

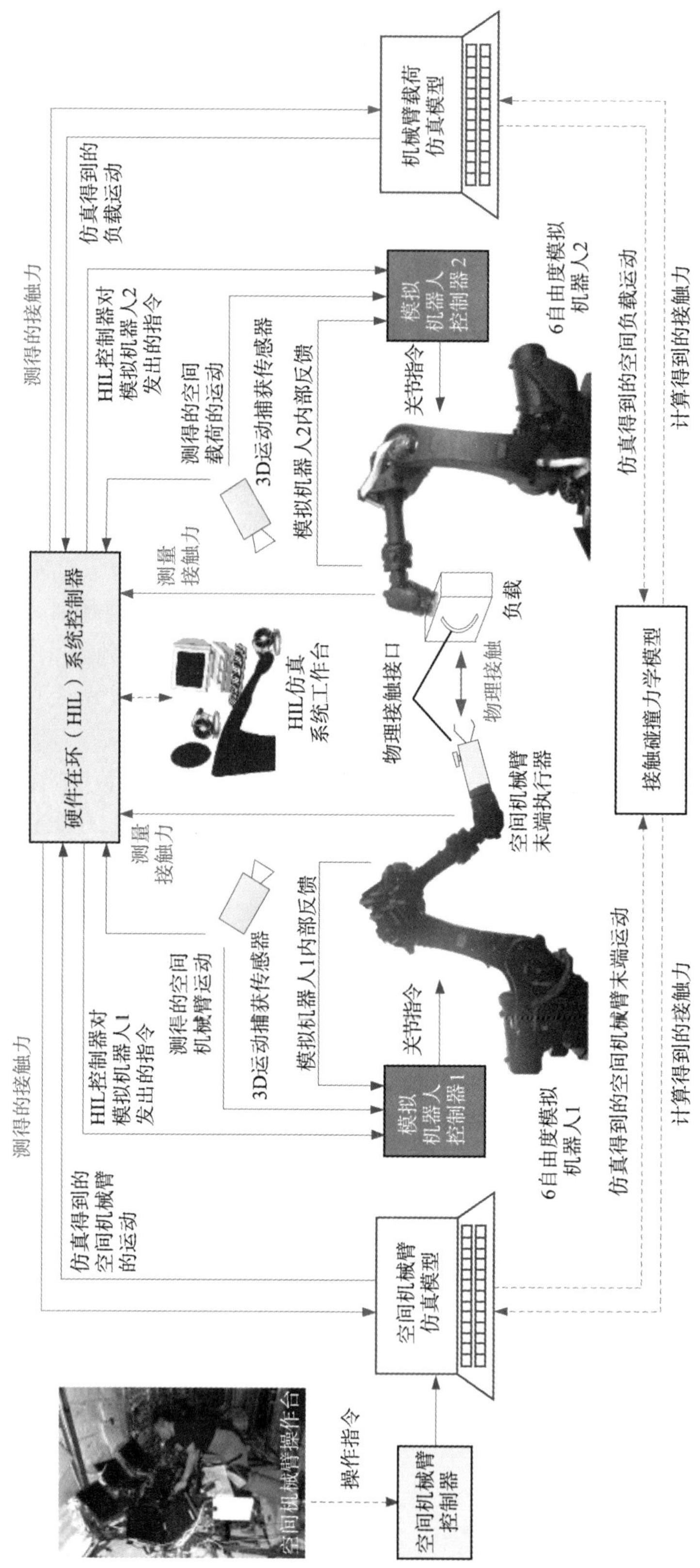

图 10－10　在轨服务机械臂半物理验证系统

10.3.3.2　参数标定试验

除功能性能测试外，为了进一步提高在轨服务机械臂的性能，通常还通过专门设计的参数标定试验对重要参数进行在轨标定。这些参数包括机械臂结构参数、传感器参数、关节间隙、关节摩擦力矩、静态刚度、模态参数等。

参数标定试验一般需要配置专用的标定设备，如标定相机、标定板、专用靶标等。参数标定试验需要进行专门的试验设计，明确标定原理、试验流程、数据处理方法等。标定试验需关注以下问题：

1）标定装置的设计不得影响在轨服务机械臂正常功能和性能。

2）标定试验所使用的特征标记需要在地面精测。

3）标定相机需开展视场干涉分析。

4）标定试验中涉及的各种操作及相关设备的能力需提前通过仿真进行验证。

5）提前开展标定试验相关数据（包括标定系统测量数据和机械臂自身测量数据）的敏感性分析，识别敏感数据并进行重点控制。

10.3.3.3　任务验证试验

任务验证试验是在轨服务机械臂入轨后，为验证特定任务的任务流程、飞行程序、接口匹配、天地协同甚至故障预案等而开展的验证性试验。通常此类任务具有一定特殊性或首次在轨执行，技术难度大，风险系数高，直接执行任务存在较多不确定性，故在正式执行任务之前，首先进行任务验证试验。

以在轨服务机械臂执行非合作动态目标抓捕任务为例，由于目标为动态目标，机械臂执行抓捕任务有严格的时间窗口限制，如果不能按照预期完成抓捕，则必须快速撤离以避免发生意外碰撞。该任务对机械臂的高精度测量能力、快速稳定的移动能力、准确抓捕和可靠锁定能力、组合体安全消旋能力都具有非常大的挑战性。为确保任务安全，通常可通过可控释放服务卫星上携带的小型模拟目标，或者借助轨道上已有的可控运动合作目标，设计非合作目标在轨抓捕试验，按照由易至难的顺序逐步开展验证工作，全面测试在轨服务机械臂执行抓捕任务的能力，并验证服务卫星相关分系统的接口匹配性以及天地协同能力，从而降低正式任务的技术风险，确保任务安全。

10.4　本章小结

本章主要介绍了在轨服务机械臂工程设计与验证相关内容。阐述了在轨服务机械臂工程设计方法，结合任务、功能、性能、环境适应性等设计要求开展了任务分析与指标分解；提出了在轨服务机械臂系统设计方案，包括构型设计、供配电设计、信息流设计、热设计、接口设计等，并详细介绍了执行子系统、控制子系统、感知子系统的设计方案。给出了在轨服务机械臂设计实例，通过实例介绍如何针对具体工程需求，利用前述理论基础和工程设计方法完成实际产品设计。阐述了在轨服务机械臂工程验证方案，列出了验证项目矩阵，介绍了地面验证和在轨验证的初步方案，包括功能性能测试、参数标定试验、任务验证试验等。本章可为在轨服务机械臂工程设计与验证方案实施提供参考。

参考文献

[1] 周志成，曲广吉．通信卫星总体设计和动力学分析 [M]. 北京：中国科学技术出版社，2012.

[2] 周志成．通信卫星工程 [M]. 北京：中国宇航出版社，2013.

[3] 曲广吉．航天器动力学工程 [M]. 北京：中国科学技术出版社，2000.

[4] Liu Y Q, Zhao Y, Tan C L, et al. Economic value analysis of on-orbit servicing for geosynchronous communication satellites [J]. Acta Astronautica, 2021 (180): 176-188.

[5] 陈小前，袁建平，姚雯，等．航天器在轨服务技术 [M]. 北京：中国宇航出版社，2009.

[6] Li W J, Cheng D Y, Liu X G, et al. On-orbit service (OOS) of spacecraft: A review of engineering developments [J]. Progress in Aerospace Sciences, 2019 (108): 32-120.

[7] Flores-Abad A, Ma O, Pham K, et al. A review of space robotics technologies for on-orbit servicing [J]. Progress in Aerospace Sciences, 2014 (68): 1-26.

[8] Long A M, Richards M G, Hastings D E. On-orbit servicing: a new value proposition for satellite design and operation [J]. Journal of Spacecraft and Rockets, 2007, 44 (4): 964-976.

[9] 翟光，张景瑞，周志成．静止轨道卫星在轨延寿技术研究进展 [J]. 宇航学报，2012，33 (7): 849-859.

[10] 梁斌，徐文福，李成，等．地球静止轨道在轨服务技术研究现状与发展趋势 [J]. 宇航学报，2010，31 (1): 1-13.

[11] 陈士明，周志成，曲广吉，等．国外地球静止轨道在轨服务卫星系统技术发展概况 [J]. 国际太空，2014 (4): 55-63.

[12] 高振良，孙小凡，刘育强，等．航天器在轨延寿服务发展现状与展望 [J]. 航天器工程，2022，31 (4): 98-107.

[13] 迟惑．哈勃的太空维修传奇 [J]. 太空探索，2018 (12): 44-48.

[14] 郭筱曦．国外载人航天在轨服务技术发展现状和趋势分析 [J]. 国际太空，2016 (7): 26-32.

[15] 闫海江，靳永强，魏祥泉，等．国际空间站在轨服务技术验证发展分析 [J]. 中国科学（技术科学），2018，48 (2): 185-199.

[16] 蔡婷．商业卫星在轨服务跨出历史性一步 [J]. 中国航天，2019 (11): 65-68.

[17] 王雪瑶．欧洲“移除碎片”试验卫星即将进行在轨试验 [J]. 国际太空，2018 (9): 54-57.

[18] 王雪瑶，宋博．美国国防高级研究计划局启动“地球同步轨道卫星自主服务”项目 [J]. 国际太空，2016 (11): 33-38.

[19] 地理空间项目网．美国 GEOEye-1 卫星天线故障暂时停止运行 [EB/OL]. [2009-12-18]. http://www.chinamapping.com.cn/infomation/hyzx/hydt/page01.php?info_id=10554.

[20] 中国航空新闻网．太空通信公司计划通过修复使 AMOS-5 卫星工作 15 年 [EB/OL]. [2013-11-08]. http://www.cannews.com.cn/2013/1108/57521.shtml.

[21] SpaceNews. EchoStar loses contact with EchoStar-3 while changing orbit [EB/OL]. [2017-08-02]. https://spacenews.com/echostar-loses-contact-with-echostar-3-while-changing-

orbit/.

[22] 孙自法．我国首颗直播卫星鑫诺二号出现技术故障［J］．中国航天，2006（12）：10－11.

[23] 新华．尼日利亚通信卫星一号失效［J］．中国航天，2008（12）：21－22.

[24] 国家自然科学基金委员会．太空两万里：中星9A的救赎与复活之路［EB/OL］．［2017－07－14］．https：//nsfc.gov.cn/publish/portal0/tab446/info69762.htm.

[25] 于登云，孙京，马兴瑞．空间机械臂技术及发展建议［J］．航天器工程，2007，16（4）：1－8.

[26] 刘宏，刘冬雨，蒋再男．空间机械臂技术综述及展望［J］．航空学报，2021，42（1）：33－46.

[27] 李大明，饶炜，胡成威，等．空间站机械臂关键技术研究［J］．载人航天，2014，20（3）：238－242.

[28] 薛智慧，刘金国．空间机械臂操控技术研究综述［J］．机器人，2022，44（1）：107－128.

[29] 王耀兵．空间机器人［M］．北京：北京理工大学出版社，2018.

[30] 刘宏，刘宇，姜力．空间机器人及其遥操作［M］．哈尔滨：哈尔滨工业大学出版社，2012.

[31] 王文龙，杨建中．航天器对接与捕获技术综述［J］．机械工程学报，2021，57（20）：215－231.

[32] 王超，董正宏，尹航，等．空间目标在轨捕获技术研究综述［J］．装备学院学报，2013，24（4）：63－66.

[33] 陈士明．在轨服务——空间检查、维修、加注、升级和组装［J］．卫星通信国际简讯，2019（7）：28－41.

[34] Whelan D A，Adler E A，Wilson S B，et al. DARPA Orbital Express program：Effecting a revolution in space－based systems［C］. Proceedings of SPIE－The International Society for Optical Engineering，2000：48－50.

[35] Stamm S，Motaghedi P. Orbital Express capture system：concept to reality［C］. Spacecraft Platforms and Infrastructure. Orlando，FL，United states：SPIE，2004：78－91.

[36] Ogilvie A，Allport J，Hannah M，et al. Autonomous satellite servicing using the Obital Express demonstration manipulator system［C］. International Symposium on Artificial Intelligence Robotics and Automation in Space，2008.

[37] Bosse A B，Barnds W J，Brown M A，et al. SUMO：spacecraft for the universal modification of orbits［C］. Bellingham，WA：2004.

[38] Debus T，Dougherty S. Overview and performance of the Front－End Robotics Enabling Near－Term Demonstration（FREND）Robotic Arm［C］. AIAA Infotech@Aerospace Conference. Seattle，Washington：AIAA，2009.

[39] 陈罗婧，郝金华，袁春柱，等．"凤凰"计划关键技术及其启示［J］．航天器工程，2013，22（5）：119－128.

[40] Tactical Technology Office. Phoenix［EB/OL］．［2022－11－01］．http：//www.darpa.mil/our_work/TTO/programs/phoenix.aspx.

[41] David Barnhart. Phoenix industry day［EB/OL］．［2022－11－01］．http：//www.darpa.mil/WorkArea/DownloadAsset.aspx? id＝2147486122.

[42] 李侃．全球首个商业在轨服务航天器任务拓展飞行器－1［J］．国际太空，2019（11）：4－7.

[43] 李侃．全球首次商业在轨服务任务成功实施［J］．国际太空，2020（3）：17－19.

[44] 小默．"MEV－2"在轨服务器成功与现役卫星对接［J］．太空探索，2021（6）：32－32.

[45] 王阳阳，王弋弋．轨道ATK推出新型在轨服务飞行器［J］．中国航天，2018（5）：74－75.

[46] 高端装备产业研究中心．地球同步轨道卫星机器人服务（RSGS）项目浅析［EB/OL］.［2022-11-01］. https：//mp. weixin. qq. com/s/Po6itZogI1LvpbTvxDK2dw.

[47] 田甜，刘海印．美国航空航天局机器人在轨加注任务简析［J］. 中国航天，2019（4）：42-47.

[48] NASA's Exploration &In-space Services. OSAM-1 Mission：On-orbit Servicing，Assembly，and Manufacturing 1［EB/OL］.［2022-11-01］. https：//nexis. gsfc. nasa. gov/index. html.

[49] 胡绍林，李晔，陈晓红．航天器在轨服务技术体系解析［J］. 载人航天，2016，22（4）：452-458.

[50] Tarabini L，Gil J，Gandia F，et al. Ground guided CX-OLEV rendezvous with uncooperative geostationary satellite［J］. Acta Astronautica，2007（61）：312-325.

[51] Ruiz M，Cura J M D，Rebolo R，et al. Smart-OLEV reaction control system［C］. Denver，Colorado：2009.

[52] Martin E，Dupuis E，Piedboeuf J，et al. The TECSAS mission from a Canadian perspective［C］. Munich，Germany：2005.

[53] 贾平，刘海印，李辉．德国轨道任务服务系统发展分析［J］. 中国航天，2016（6）：24-29.

[54] Aglietti G S，Taylor B，Fellowes S，et al. RemoveDEBRIS：An in-orbit demonstration of technologies for the removal of space debris［J］. The Aeronautical Journal，2019，124（1271）：1-23.

[55] Airbus. RemoveDEBRIS：Testing technology to clear out space junk［EB/OL］.［2022-11-01］. https：//www. airbus. com/en/products-services/space/in-space-infrastructure/removedebris.

[56] Aikenhead B A，Daniell R G，Frederick M D. Canadarm and the space shuttle［J］. Journal of Vacuum Science and Technology A：Vacuum，Surfaces，and Films，1983，1（2）：126-132.

[57] McGregor R，Oshinowo L. Flight 6A：deployment and checkout of the Space Station Remote Manipulator System（SSRMS）［C］. The 6th International Symposium on Artificial Intelligence and Robotics & Automation in Space，2001：34-42.

[58] Mukherji R，Rey D A. Special Purpose Dexterous Manipulator（SPDM）advanced control features and development test results［C］. The 6th International Symposium on Artificial Intelligence and Robotics Automation in Space，2001：59-68.

[59] 朱仁璋，王鸿芳，徐宇杰，等．从 ETS-Ⅶ到 HTV——日本交会对接/停靠技术研究［J］. 航天器工程，2011，20（4）：6-31.

[60] Oda M. Experiences and lessons learned from the ETS-Ⅶ robot satellite［C］. IEEE International Conference on Robotics and Automation，San Francisco，CA，2000：914-920.

[61] 欧阳琦，赵勇，陈小前．共面圆轨道航天器在轨服务任务规划［J］. 中国空间科学技术，2010，30（1）：34-40.

[62] 朱啸宇，乔兵，张庆展，等．一种基于燃料站的可往返式在轨加注任务调度模型及优化算法［J］. 工程科学与技术，2017，49（S2）：186-194.

[63] 肖海，刘新学，舒健生，等．多在轨服务飞行器目标分配问题研究［J］. 计算机仿真，2017，34（1）：90-93，128.

[64] 谭迎龙，乔兵，朱啸宇，等．一种以燃耗为优化目标的航天器在轨加注作业调度［J］. 载人航天，2018，24（2）：143-149.

[65] 梁彦刚，王伟林．在轨服务航天器任务指派问题［J］. 国防科技大学学报，2013，35（5）：26-30，51.

[66] 刘冰雁，叶雄兵，周赤非，等．基于改进 DQN 的复合模式在轨服务资源分配［J］．航空学报，2020，41（5）：323630.

[67] 张琪新，孙富春，叶文，等．基于离散粒子群算法的航天器在轨服务任务分配问题研究［J］．计算机测量与控制，2011（11）：2747－2751.

[68] Zhou H，Yan Y，Huang X，et al. Multi－objective planning of a multiple geostationary spacecraft refueling mission［J］. Engineering Optimization，2017，49（3）：531－548.

[69] Shen H，Tsiotras P. Optimal scheduling for servicing multiple satellites in a circular constellation［C］. AIAA/AAS Astrodynamics Specialists Conference. August 5－8，2002，Monterey，CA，2002.

[70] 郑红星，周思雨，李伟杰，等．"一对多"的空间在轨服务序列规划研究［J］．无人系统技术，2019，2（6）：34－39.

[71] 刘庆国，刘新学．单 OSV 服务多卫星的转移轨道优化研究［J］．飞行力学，2016，34（2）：59－63.

[72] 欧阳琦，姚雯，陈小前．地球同步轨道卫星群在轨加注任务规划［J］．宇航学报，2010，31（12）：2629－2634.

[73] 刘晓路，许英杰，贺仁杰，等．面向卫星的在轨服务任务规划方法［J］．国防科技大学学报，2020，42（5）：143－150.

[74] 杨家男，侯晓磊，Hu Yu Hen，等．基于启发强化学习的大规模 ADR 任务优化方法［J］．航空学报，2021，42（4）：524354.

[75] Dutta A，Tsiotras P. Network flow formulation for cooperative peer－to－peer refueling strategies［J］. Journal of Guidance，Control，and Dynamics，2010，33（5）：1539－1549.

[76] Dutta A，Tsiotras P. An egalitarian peer－to－peer satellite refueling strategy［J］. Journal of Spacecraft and Rockets，2008，45（3）：608－618.

[77] Dutta A，Arora N，Russell R P. Peer－to－peer refueling strategy using low－thrust propulsion［J］. Journal of Spacecraft and Rockets，2012，49（5）：944－954.

[78] 都柄晓．面向在轨加注的多航天器交会任务规划方法研究［D］．长沙：国防科技大学，2014.

[79] 肖业伦．航空航天器运动的建模——飞行动力学的理论基础［M］．北京：北京航空航天大学出版社，2003.

[80] London H S. Second approximation to the solution of the rendezvous equations［J］. AIAA Journal，1963，1（7）：1691－1693.

[81] Richardson D L，Mitchell J W. A third－order analytical solution for relative motion with a circular reference orbit［J］. Journal of the Astronautical Sciences，2003，51（1）：1－12.

[82] Lawden D F. Optimal trajectories for space navigation［J］. Butterworths，London，1963：79－86.

[83] Carter T E. New form for the optimal rendezvous equations near a keplerian orbit［J］. Journal of Guidance，Control，and Dynamics，1990，13（1）：183－186.

[84] Schweighart S A，Sedwick R J. High fidelity linearized J2 model for satellite formation flight［J］. Journal of Guidance，Control，and Dynamics，2002，25（6）：1073－1080.

[85] 耿长福．航天器动力学［M］．北京：中国科学技术出版社，2006.

[86] 卢伟．在轨服务航天器与失控目标交会对接的相对位姿耦合控制［D］．哈尔滨：哈尔滨工业大学，2012.

[87] Murtazin R. Rendezvous missions：From ISS to lunar space station［J］. Acta Astronautica，2014（101）：151－156.

[88] Werner D. Orbital ATK's giant leap into satellite servicing begins with baby steps [J]. Space News International, 2018, 29 (9): 14 - 15.

[89] Dong H, Hu Q, Akella M. Safety control for spacecraft autonomous rendezvous and docking under motion constraints [J]. Journal of Guidance Control and Dynamics, 2017, 40 (7): 1 - 14.

[90] Boyarko G, Yakimenko O, Romano M. Optimal rendezvous trajectories of a controlled spacecraft and a tumbling object [J]. Journal of Guidance Control and Dynamics, 2011, 34 (4): 1239 - 1250.

[91] Xin M, Pan H. Nonlinear optimal control of spacecraft approaching a tumbling target [J]. Aerospace Science and Technology, 2011 (15): 79 - 89.

[92] Li Q, Yuan J, Zhang B, et al. Model predictive control for autonomous rendezvous and docking with a tumbling target [J]. Aerospace Science and Technology, 2017 (69): 700 - 711.

[93] Corpino S, Mauro S, Pastorelli S, et al. Control of a noncooperative approach maneuver based on debris dynamics feedback [J]. Journal of Guidance Control and Dynamics, 2018, 41 (2): 431 - 448.

[94] Zhou B, Liu X, Cai G. Motion - planning and pose - tracking based rendezvous and docking with a tumbling target [J]. Advances in Space Research, 2020, 65 (4): 1139 - 1157.

[95] Abdollahzadeh P, Esmailifar S. Automatic orbital docking with tumbling target using sliding mode control [J]. Advances in Space Research, 2021, 67 (5): 1506 - 1525.

[96] Vinod A, Oishi M. Optimal trade - off analysis for efficiency and safety in the spacecraft rendezvous and docking problem [J]. IFAC - PapersOnLine, 2018 (51): 136 - 141.

[97] Wei Z, Wen H, Hu H, et al. Ground experiment on rendezvous and docking with a spinning target using multistage control strategy [J]. Aerospace Science and Technology, 2020 (104): 105967.

[98] Yamanake K, Yokota K. Guidance and navigation system design of R - bar approach for rendezvous and docking [C]. The 17th AIAA International Communications Satellite Systems Conference and Exhibit, Yokohama, Japan, 1998.

[99] Fehse W. Automated Rendezvous and Docking of Spacecraft [M]. Cambridge: Cambridge University Press, 2003.

[100] Bergez G, Mongrard O, Santimi C, et al. ATV separation and departure strategy from uncontrolled International Space Station [C]. The 18th International Symposium on Space Flight Dynamics, Munich, Germany, 2004.

[101] Peters S, Schopplein M, Forstner R, et al. Simulation environment for the rendezvous path and abort trajectory of ADReS - A [C]. AIAA Space, Long Beach, USA, 2016.

[102] 路勇，刘晓光，周宇，等. 空间翻滚非合作目标消旋技术发展综述 [J]. 航空学报，2017，38 (7): 1 - 14.

[103] Nishida S I, Kawamoto S. Strategy for capturing of a tumbling space debris [J]. Acta Astronautica, 2011, 68 (1): 113 - 120.

[104] Matunaga S, Kanzawa T, Ohkami Y. Rotational motion - damper for the capture of an uncontrolled floating satellite [J]. Control Engineering Practice, 2001, 9 (2): 199 - 205.

[105] Kawamoto S, Matsumoto K, Wakabayashi S. Ground experiment of mechanical impulse method for uncontrollable satellite capturing [C]. The 6th International Symposium on Artificial Intelligence and Robotics & Automation in Space (i - SAIRAS), Montreal: Canadian Space Agency, 2001.

[106] Wang D K, Huang P F, Meng Z J. Coordinated stabilization of tumbling targets using tethered space

manipulators [J]. IEEE Transactions on Aerospace and Electronic Systems, 2015, 51 (3): 2420 - 2432.

[107] Huang P F, Zhang F, Meng Z J, et al. Adaptive control for space debris removal with uncertain kinematics, dynamics and states [J]. Acta Astronautica, 2016 (128): 416 - 430.

[108] Huang P F, Wang M, Meng Z J, et al. Reconfigurable spacecraft attitude takeover control in post - capture of target by space manipulators [J]. Journal of the Franklin Institute, 2016, 353 (9): 1985 - 2008.

[109] Zhang F, Sharf I, Misra A, et al. On - line estimation of inertia parameters of space debris for its tetherassisted removal [J]. Acta Astronautica, 2015 (107): 150 - 162.

[110] Hovell K, Ulrich S. Attitude stabilization of an uncooperative spacecraft in an orbital environment using visco - elastic tethers [C]. AIAA Guidance, Navigation, and Control Conference, AIAA SciTech Forum, San Diego: AIAA, 2016.

[111] Nakajima Y, Mitani S, Tani H, et al. Detumbling space debris via thruster plume impingement [C]. AIAA/AAS Astrodynamics Specialist Conference, AIAA SPACE Forum, Long Beach: AIAA, 2016.

[112] Peters T V, Olmos E D. COBRA contactless detumbling [J]. CEAS Space Journal, 2016, 8 (3): 143 - 165.

[113] Bennett T, Schaub H. Touchless electrostatic three - dimensional detumbling of large axi - symmetric debris [J]. Journal of the Astronautical Sciences, 2015, 62 (3): 233 - 253.

[114] 赵一鸣. 基于库仑力的非接触式目标消旋研究 [D]. 哈尔滨: 哈尔滨工业大学, 2016.

[115] Sugai F, Abiko S, Tsujita T, et al. Detumbling an uncontrolled satellite with contactless force by using an eddy current brake [C]. IEEE/RSJ International Conference on Intelligent Robots and Systems (IROS), Tokyo: IEEE, 2013: 783 - 788.

[116] Sugai F, Abiko S, Tsujita T, et al. Development of an eddy current brake system for detumbling malfunctioning satellites [C]. IEEE/SICE International Symposium on System Integration (SII), Fukuoka: IEEE, 2012: 325 - 330.

[117] Gomez N O, Walker S J I. Guidance navigation and control for the eddy brake method [J]. Journal of Guidance Control and Dynamics, 2017, 40 (1): 52 - 68.

[118] Gomez N O, Walker S J I. Eddy currents applied to de - tumbling of space debris: analysis and validation of approximate proposed methods [J]. Acta Astronautica, 2015, 114: 34 - 53.

[119] Youngquist R C, Nurge M A, Starr S O, et al. A slowly rotating hollow sphere in a magnetic field: first steps to de - spin a space object [J]. American Journal of Physics, 2016, 84 (3): 181 - 191.

[120] Nakamura Y, Mukherjee R. Nonholonomic path planning of space robots via a bidirectional approach [J]. IEEE Transactions on Robotics and Automation, 1991, 7 (4): 500 - 514.

[121] Vafa Z, Dubowsky S. The kinematics and dynamics of space manipulators: the virtual manipulator approach [J]. International Journal of Robotics Research, 1990, 9 (4): 3 - 21.

[122] 梁斌, 刘良栋, 李庚田. 空间机器人的动力学等价机械臂 [J]. 自动化学报, 1998, 24 (6): 761 - 767.

[123] Umetani Y, Yoshida K. Resolved motion rate control of space manipulators with generalized jacobian matrix [J]. IEEE Transactions Robotics and Automation, 1989, 5 (3): 303 - 314.

[124] Saha S K. A unified approach to space robot kinematics [J]. IEEE Trans Robotics Automat, 1996,

12 (13): 401 - 405.

[125] Papadopoulos E, Dubowsky S. On the nature of control algorithms for free - floating space manipulators [J]. IEEE Trans Robotics Automat, 1991, 7 (5): 750 - 758.

[126] Nguyen P K, Ravindran R, Carr R, et al. Structural flexibility of the shuttle remote manipulator system mechanical arm [C]. Guidance and Control Conference. Washington D. C. : AIAA, 1982: 246 - 256.

[127] Hauschild J P. Control of a flexible link robotic manipulator in zero gravity conditions [R]. A report presented to the University of Waterloo in fulfillment of the requirements for GENE. 503, Waterloo, Ontario, Canada, August 2003. Canada: University of Waterloo, 2003.

[128] Marom I. A study of the flexible space platform based deployable manipulator [D]. The University of British Columbia, Vancouver, B. C. Canada, July 1993.

[129] Adenilson R, Silva D, Luiz C, et al. Joint dynamics modeling and parameter identification for space robot applications [R]. Mathematical Problems in Engineering, Volume, 2007.

[130] Ferretti G, Magnani G, Porrati P, et al. Real - time simulation of a space robotic arm [C]. IEEE/RSJ 2008 International Conference on Intelligent Robots and Systems, Nice, France, September 22 - 26, 2008.

[131] 潘博．空间机械臂关节动力学分析研究 [D]. 北京：中国空间技术研究院，2010.

[132] Sakawa Y, Matsuno F, Fukushima S. Modeling and feedback - control of a flexible arm [J]. Journal of Robotic Systems, 1985, 2 (4): 453 - 472.

[133] Chen W. Dynamic modeling of multi - link flexible robotic manipulator [J]. Computers and Structures, 2001, 79 (2): 183 - 195.

[134] Lee H H. New dynamic modeling of flexible - link robots [J]. Journal of Dynamic Systems Measurement and Control, 2005, 127 (2): 307 - 309.

[135] Abe A. Trajectory planning for residual vibration suppression of a two - link rigid - flexible manipulator considering large deformation [J]. Mechanism and Machine Theory, 2009 (44): 1627 - 1639.

[136] Tokhi M O, Mohamed Z. Finite difference and finite element approaches to dynamic modeling of a flexible manipulator [J]. Journal of Systems &Control Engineering, 1997, 211 (2): 145 - 156.

[137] Fattath A, Angles J. Dynamic of two cooperating flexible - link manipulators - planar case [J]. Transactions of the Canadian Society for Mechanical Engineering, 1997, 21 (1): 1 - 17.

[138] Mohamed Z, Tokhi M O. Command shaping techniques for vibration control of a flexible robot manipulator [J]. Mechatronics, 2004 (1): 69 - 90.

[139] Bian Y S, Gao Z H, Yun C. Vibration reduction of open - chain flexible manipulators by optimizing independent motions of branch links [J]. Chinese Journal of Aeronautics, 2008 (21): 79 - 85.

[140] Megahed S M, Hamza K T. Modeling and simulation of planar flexible link manipulators with rigid tip connections to revolute joints [J]. Robotica, 2004 (22): 285 - 300.

[141] Raboud D W, Lipsett A W, Faulkner M G, et al. Stability evaluation of very flexible cantilever beams [J]. International Journal of Nonlinear Mechanics, 2001 (36): 1109 - 1122.

[142] Gamarra - Rosado V O, Yuhara E A. Dynamic modeling and simulation of a flexible robotic manipulator [J]. Robotica, 1999, 17 (5): 523 - 528.

[143] Siciliano B. Closed - loop inverse kinematics algorithm for constrained flexible manipulators under

gravity [J]. Journal of Robotic Systems, 1999, 16 (6): 353 - 362.

[144] Martins J, Botto M A, Costa J S D. Modeling flexible beams for robotic manipulators [J]. Multibody System Dynamics, 2002, 7 (1): 79 - 100.

[145] Tso S K, Yang T W, Xu W L, et al. Vibration control for a flexible link robot arm with defection feedback [J]. International Journal of Non - Linear Mechanics, 2003 (38): 51 - 62.

[146] 章定国．多杆空间柔性机器人递推 Lagrange 动力学建模和仿真 [J]. 应用数学和力学, 2009, 30 (10): 1202 - 1212.

[147] Eftychios G, Christoforou. The control of flexible - link robots manipulating large payload: theory and experiments [J]. Journal of Robotic System, 2000, 17 (5): 255 - 271.

[148] Zohoor H, Khorsandijou S M. Dynamic model of a flying manipulator with two highly flexible links [J]. Applied Mathematical Modeling, 2008, 32 (10): 2117 - 2132.

[149] 贠今天, 王树新, 丁杰男．计及环境特征的柔性多体系统动力学理论 [J]. 机械工程学报, 2005, 41 (5): 26 - 30.

[150] 胡权, 贾英宏, 徐世杰．多体系统动力学 Kane 方法的改进 [J]. 力学学报, 2011, 43 (5): 968 - 972.

[151] Mccllough J R, Sharpe A, Doetsch K H. The role of the Real - time Simulation Facility, SIMFAC, in the design, development and performance verification of the Shuttle Remote Manipulator System (SRMS) with man - in - the - loop, NASA - 81N14147 [R]. Washington D. C.: NASA, 1981.

[152] Couwenberg M J H, Blommestijn R J H, Schulten D J, et al. The ERA simulation facility for the European robotic arm programme [C]. The 50th International Astronautical Congress. Paris: IAF, 1999.

[153] Maclean J R, Huynh A, Quiocho L J. Investigation of boundary conditions for flexible multibody spacecraft dynamics, NASA - DETC2007 - 35511 [R]. Washington D. C.: NASA, 2007.

[154] Subudhi B, Morris A S. On the singular perturbation approach to trajectory control of a multilink manipulator with flexible links and joints [J]. Journal of System and Control Engineering, 2001, 215 (6): 587 - 598.

[155] 张晓东．空间柔性机械臂控制策略研究 [D]. 北京: 北京邮电大学, 2008.

[156] Papadopoulos E. Path planning for space manipulators exhibiting nonholonomic behavior [C]. International Conference on Intelligent Robots and Systems, Raleigh, North Carolina, 1992: 669 - 675.

[157] Pandey S, Agrawal S. Path planning of free - floating prismatic - jointed manipulators [J]. Multibody System Dynamics, 1997 (1): 127 - 140.

[158] Lampariello R, Deutrich K. Simplified path planning for free - floating robots [R]. DLR Internal Report, DLR 515 - 99 - 04, 1999: 1 - 166.

[159] 徐文福．空间机器人目标捕获的路径规划与实验研究 [D]. 哈尔滨: 哈尔滨工业大学, 2007.

[160] 蔡自兴, 谢斌．机器人学 [M]. 北京: 清华大学出版社, 2000.

[161] Paul R P. Manipulator cartesian path control [J]. IEEE Transactions on Systems, Man, and Cybernetics, 1979, 9 (11): 702 - 711.

[162] Taylor R H. Planning and execution of straight line manipulator trajectories [J]. Journal of Research and Development, 1979, 23 (4): 424 - 436.

[163] Inaba N, Oda M. Visual serving of space robot for autonomous satellite capture [J]. Transactions of the Japan Society for Aeronautical and Space Sciences, 2003, 46 (153): 173 - 179.

[164] Yoshida K, Nakanishi H, Ueno H, et al. Dynamics, control and impedance matching for robotic capture of a non - cooperative satellite [J]. Advanced Robotics, 2004, 18 (2): 175 - 198.

[165] 徐拴锋，杨保华，张笃周，等．面向非合作目标抓捕的机械臂轨迹规划方法 [J]. 中国空间科学技术，2014，8 (4)：8 - 15.

[166] 徐文福，李成，梁斌，等．空间机器人捕获运动目标的协调规划与控制方法 [J]. 自动化学报，2009，35 (9)：1216 - 1225.

[167] Dimitrov D, Yoshida K. Utilization of the bias momentum approach for capturing a tumbling satellite [C]. International Conference on Intelligent Robots and Systems, Sendai, Japan, 2004: 683 - 692.

[168] 刘厚德，梁斌，李成，等．航天器抓捕后复合体系统稳定的协调控制研究 [J]. 宇航学报，2012，33 (7)：920 - 929.

[169] Park K, Park Y. Fourier - based optimal - design of a flexible manipulator path to reduce residual vibration of the end - point [J]. Robotica, 1993, 11 (3): 263 - 272.

[170] Sarkar P K, Yamamoto M, Mohri A. Significance of spline curve in path planning of flexible manipulator [C]. The 1997 IEEE International Conference on Robotics and Automation, New Mexico, 1997: 2535 - 2540.

[171] Akira A. Trajectory planning for residual vibration suppression of a two - link rigid - flexible manipulator considering large deformation [J]. Mechanism and Machine Theory, 2009, 44 (9): 1627 - 1639.

[172] Kojima H, Kibe T. Optimal trajectory planning of a two - link flexible robot arm based on genetic algorithm for residual vibration reduction [C]. IEEE International Conference on Intelligent Robots and Systems, New Mexico, 2001: 2276 - 2281.

[173] 吴立成，孙福春，孙曾圻，等．柔性空间机器人振动抑制轨迹规划算法 [J]. 机器人，2003 (3)：250 - 254.

[174] 徐文福，徐超，孟得山．基于粒子群优化的刚柔混合机械臂振动抑制规划 [J]. 控制与决策，2014 (4)：632 - 638.

[175] 娄军强，魏燕定，李国平，等．基于遗传优化算法的柔性机械臂抑振轨迹规划研究 [J]. 振动与冲击，2016，35 (11)：1 - 6.

[176] 孙迪生，王炎．机器人控制技术 [M]. 北京：机械工业出版社，1998.

[177] Yashida K, Kurazume R. Dual arm coordination in space free - flying robot [C]. IEEE Proc. on Robotics and Automation, 1991: 2516 - 2521.

[178] Dickson W C, Cannon R H. Experimental results of two free - flying robots capturing and manipulating a free - flying object [C]. IEEE Intelnational Conference on Intelligent Robots and Systems, 1995: 51 - 58.

[179] Taira Y, Sagara S, Katoh R. Digital adaptive control of space robot manipulators using transpose of generalized jacobian matrix [C]. The 2000 International Conference on Intelligent Robots and Systems. 2000, Takamatsu: 1553 - 1558.

[180] Parlaktuna O, Ozkan M. Adaptive control of free - floating space manipulators using dynamically equivalent manipulator model [J]. Robotics and Autonomous Systems, 2004 (46): 185 - 193.

[181] Shibli M, Su C Y, Aghili F. Adaptive inverse dynamics control of a free - flying space robot in contact with a target satellite: a hubble space telescope case [C]. Canadian Conference on Electrical and Computer Engineering, Ottawa, Canada, 2006: 1275 - 1278.

[182] Abiko S, Hirzinger G. An adaptive control for a free - floating space robot by using inverted chain approach [C]. The 2007 IEEE/RSJ International Conference on Intelligent Robots and Systems, San Diego, CA, USA, 2007: 2236 - 2241.

[183] Spong M W. On the robust control of robot manipulators [J]. IEEE Transactions on Automatic Control, 1992, 37 (11): 1782 - 1786.

[184] Tomei P. Robust adaptive control of robots with arbitrary transient performance and disturbance attenuation [J]. IEEE Transactions on Automatic Control, 1999, 44 (3): 654 - 658.

[185] Feng B M, Ma G C, Xie W N, et al. Robust tracking control of space robot via neural network [C]. The 2006 Intelligent Symposium on Systems and Control in Aerospace and Astronautics, Harbin, China, 2006: 902 - 906.

[186] 王景，王昊瀛，刘良栋，等．空间机械臂的鲁棒复合自适应控制 [J]. 自动化学报，2002，28 (3): 376 - 382.

[187] David G W, Rush D R, Gordon G P, et al. Augmented sliding mode control for flexible link manipulators [J]. Journal of Intelligent and Robotic Systems, 2002 (34): 415 - 430.

[188] Herman P. Sliding mode control of manipulators using first - order equations of motion with diagonal mass matrix [J]. Journal of the Franklin Institute, 2005 (342): 353 - 363.

[189] Huang P, Yuan J P, Liang B. Adaptive sliding - mode control of space robot during manipulating unknown objects [C]. IEEE International Conference on Control and Automation, Guangzhou, China, 2007: 2907 - 2912.

[190] Jiang K, Zhaug J G, Chen Z M. A new approach for the sliding mode control based on fuzzy reaching law [C]. The 4th World Congress on Intelligent Control and Aulomation, June 14 - 20, 2002 Shanghai, China: 656 - 660.

[191] Hwang G C, Chang S. A stability approach to fuzzy control design for nonlinear system [J]. Fuzzy Sets and Systems, 1992, 48 (2): 279 - 287.

[192] Stanley R, Gerber D. A fuzzy controller for space manipulator systems [J]. IEEE Transactions on Robotics and Automation, 1992 (25): 130 - 145.

[193] 李永明，孙富春，刘华平，等．自由飞行空间机器人基座位姿调整的模糊 PD 控制 [J]. 宇航学报，2011，32 (7): 1508 - 1515.

[194] 张文辉，齐乃明，马静，等．漂浮基空间机器人的基于模糊神经网络的自适应补偿控制 [J]. 中国科学院研究生学报，2011，28 (4): 514 - 521.

[195] Kiguchi K, Fukuda T. Position/force control of robot manipulators for geometrically unknown objects using fuzzy neural networks [J]. IEEE Transactions on Industrial Electronics, 2000, 47 (3): 641 - 649.

[196] Ak A G, Cansever G. Adaptive neural network based fuzzy sliding mode control of robot manipulator [C]. IEEE Conference on Cybernetics and Intelligent Systems, 2006: 1 - 6.

[197] Chatlatanagulchai W, Meckl P H. Motion control of two - link flexible - joint robot with actuator nonlinearities using neural networks and direct method [C]. IEEE Conference on Control

Applications，2005：1552 - 1557.

[198] 谢箭，刘国良，颜世佐，等．基于神经网络的不确定性空间机器人自适应控制方法研究 [J]．宇航学报，2010，31 (1)：123 - 129.

[199] Singer M. Command generation for flexible systems [D]. Cambridge：Massachusetts Institute of Technology，1997.

[200] Pain M. Closed - loop input shaping control of vibration in flexible structures via adaptive sliding mode control [J]. Shock and Vibration，2012，19 (2)：221 - 233.

[201] Yan A Z，Wang G Q，Xu H，et al. Reduction of residual vibration in a rotating flexible beam [J]. Acta Mechanica，2004，171 (3)：137 - 149.

[202] 陕晋军，刘暾，齐乃明，等．应用分力合成方法提高系统性能指标的研究 [J]．中国空间科学技术，2003，23 (1)：14 - 20.

[203] 张建英，刘暾．频域内分力合成主动振动抑制方法研究 [C]．第二十七届中国控制会议，中国，昆明，2008：667 - 671.

[204] Hu Q L，Ma G F，Wei Z. Maneuver and vibration reduction of flexible spacecraft using sliding mode/command shaping technique [J]. Journal of Harbin Institute of Technology，2006，13 (4)：477 - 488.

[205] Karimi H R，Yazdanpanah M J. A new modeling approach to single - link flexible manipulator using singular perturbation method [J]. Electrical Engineering，2006 (88)：375 - 382.

[206] 张奇志，孙增祁，孙富春．基于奇异摄动的柔性机械手预测控制 [J]．机械科学与技术，2001，20 (2)：172 - 174.

[207] 张友安，吕凤琳，孙富春．基于奇异摄动的双连杆柔性臂模糊控制 [J]．计算机仿真，2004，21 (4)：109 - 112.

[208] 洪昭斌，陈力．柔性空间机械臂基于奇异摄动法的鲁棒跟踪控制和柔性振动主动控制 [J]．工程力学，2010，27 (8)：191 - 197.

[209] 谢永春，雷拥军，郭建新，等．航天器动力学与控制 [M]．北京：北京理工大学出版社，2018.

[210] Wang X L，Zhou Z C，Qu G J. Safely flying strategy of space robot for approaching a tumbling satellite [C]. The 29th Chinese Control and Decision Conference，Chongqing，China，May 28 - 30，2017.

[211] Wang X L，Zhou Z C，Qu G J. Path planning and analysis for space robot to approach a tumbling satellite [C]. Global Space Exploration Conference，Beijing，China，June 6 - 8，2017.

[212] 王耀兵．空间机器人 [M]．北京：北京理工大学出版社，2018.

[213] Wang X L，Zhou Z C，Zhao H，et al. Capture and stabilization strategy for large tumbling GEO debris removal using space robotic manipulator system [C]. The 71st International Astronautical Congress，The CyberSpace Edition，Oct. 12 - 14，2020.

[214] 周志成，王兴龙，曲广吉．大型空间柔性组合航天器动力学建模与控制 [J]．中国科学（物理学 力学 天文学），2019 (49)：024507.

[215] Wang X L，Zhou Z C，Qu G J. Dynamics modeling of flexible spacecraft combination connected by a space manipulator [C]. The 68th International Astronautical Congress，Adelaide，Australia，Sept. 25 - 29，2017.

[216] 蔡亚星，王兴龙，朱阅訸．GEO在轨服务任务建模与强化学习服务序列规划 [J]．空间控制技术

与应用，2022，48（3）：62－71.

[217] 赵冬斌，邵坤，朱圆恒，等．深度强化学习综述：兼论计算机围棋的发展 [J]. 控制理论与应用，2016，33（6）：701－717.

[218] Cai Y X，Wang X L，Luo Y Z，et al. Mission planning of safe approach and emergency evacuation to large slow－rotating space debris [J]. Advances in Space Research，2022（69）：1513－1527.

[219] Wang X L，Zhou Z C，Chen Y J，et al. Optimal contact control for space debris detumbling and nutation damping [J]. Advances in Space Research，2020（66）：951－962.

[220] 王兴龙，周志成，王典军，等．面向空间近距离操作的机械臂与服务卫星协同控制 [J]. 宇航学报，2020，41（1）：101－109.

[221] 王兴龙，周志成，曲广吉．空间机械臂捕获失稳目标的动态轨迹规划方法 [J]. 宇航学报，2017，38（7）：678－685.

[222] Wang X L，Zhou Z C，Qu G J. Global fast terminal sliding mode control of space manipulator for capturing a tumbling satellite [C]. IEEE. 2nd Advanced Information Technology，Electronic and Automation Control Conference，Chongqing，China，March 25－26，2017.

[223] 王兴龙，周志成，曲广吉．视觉测量误差对空间机械臂捕获目标卫星控制精度的影响分析 [J]. 航天器工程，2017，26（3）：31－37.

[224] 王兴龙，周志成，曲广吉．目标捕获后航天器组合体的角动量转移与抑振规划 [J]. 宇航学报，2018，39（3）：249－256.

[225] Wang X L，Zhou Z C，Chen S M，et al. Trajectory tracking and vibration suppression of spacecraft combination connected by a space manipulator [C]. The 38th Chinese Control Conference，Guangzhou，China，July 27－30，2019.

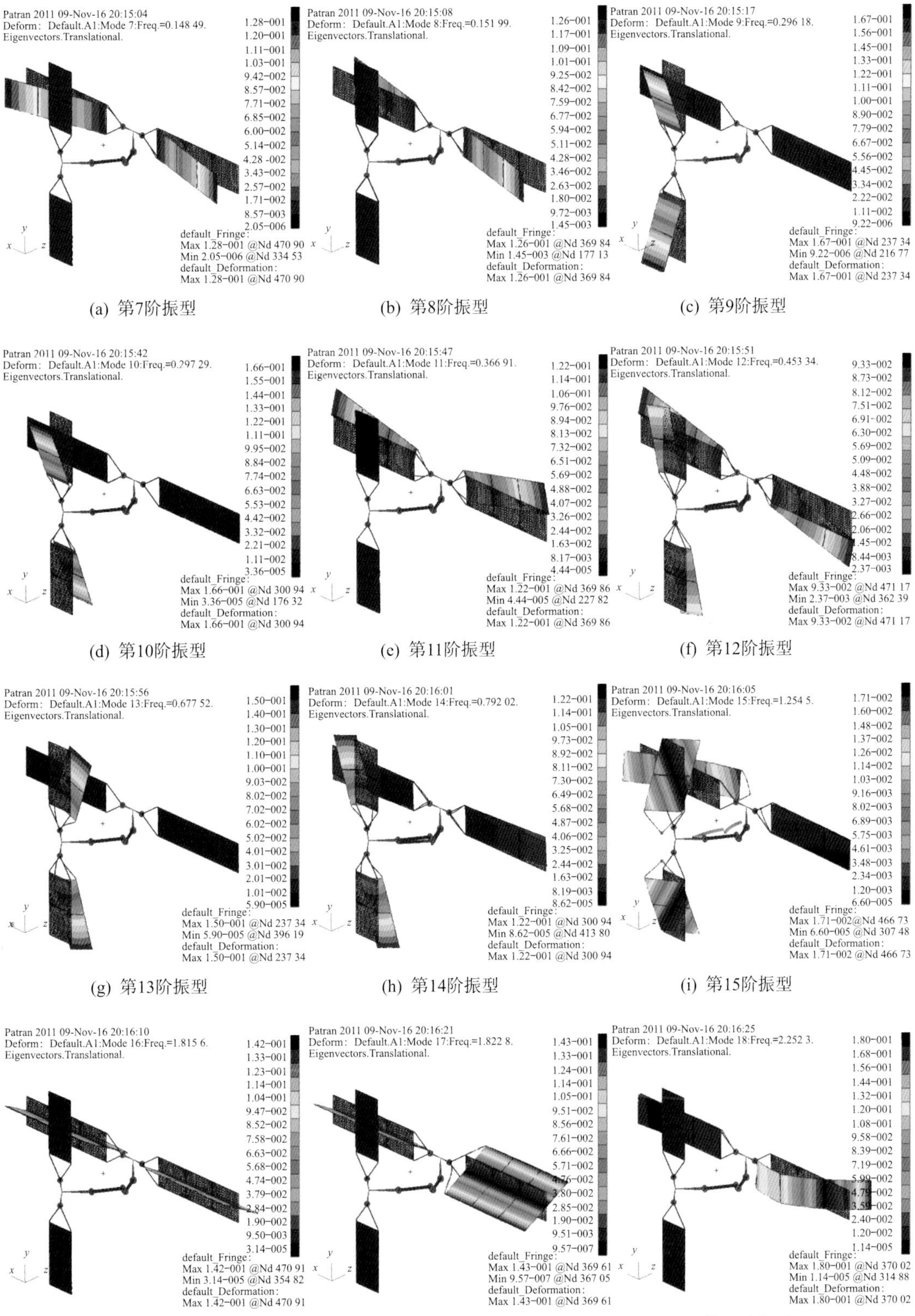

(a) 第7阶振型 (b) 第8阶振型 (c) 第9阶振型

(d) 第10阶振型 (e) 第11阶振型 (f) 第12阶振型

(g) 第13阶振型 (h) 第14阶振型 (i) 第15阶振型

(j) 第16阶振型 (k) 第17阶振型 (l) 第18阶振型

图 3-7 柔性组合体系统模态振型(P78—79)

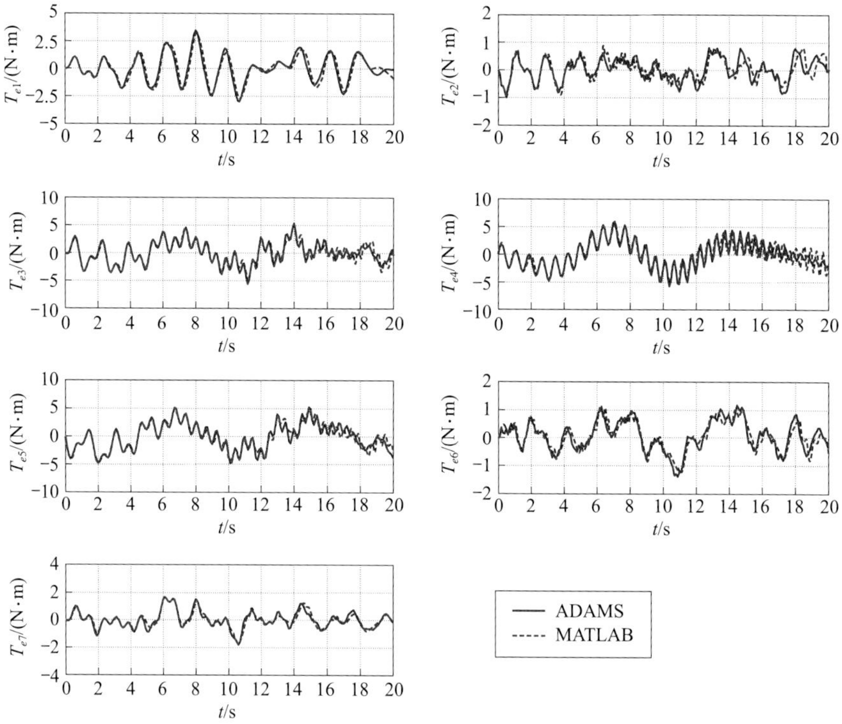

图 3－8 空间机械臂关节电机驱动力矩(P80)

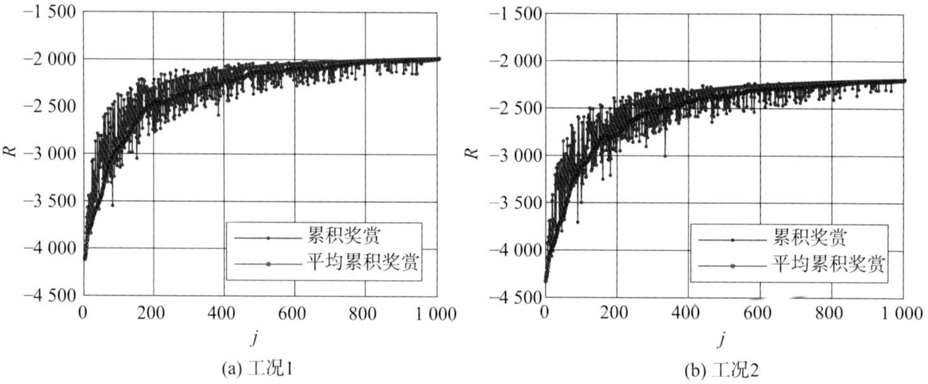

(a) 工况1　　(b) 工况2

图 4－13 强化学习过程累积奖赏(P101)

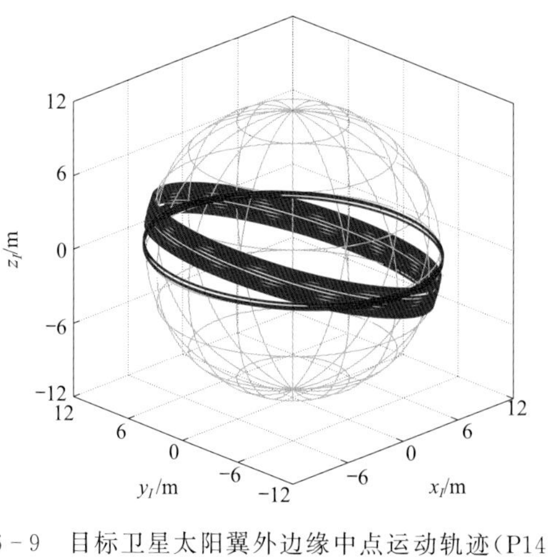

图 6－9 目标卫星太阳翼外边缘中点运动轨迹(P141)

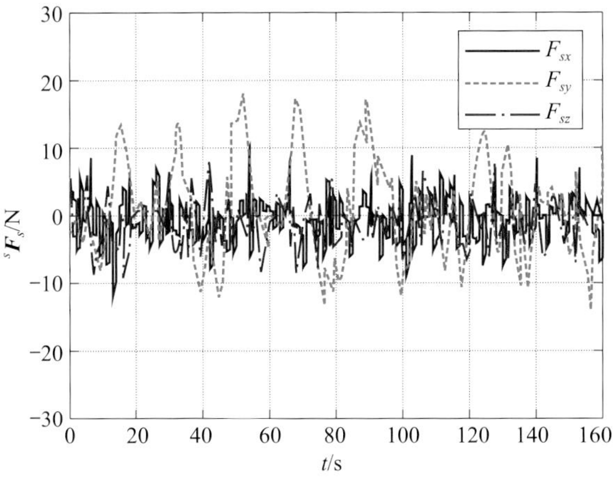

图 6－20　服务卫星平台控制力(P147)

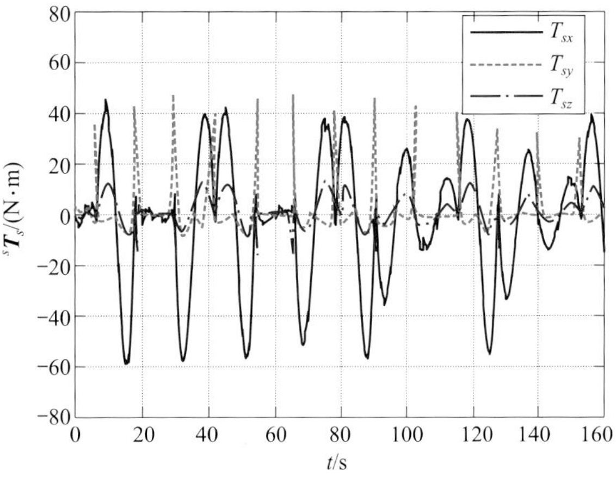

图 6－21　服务卫星平台控制力矩(P147)

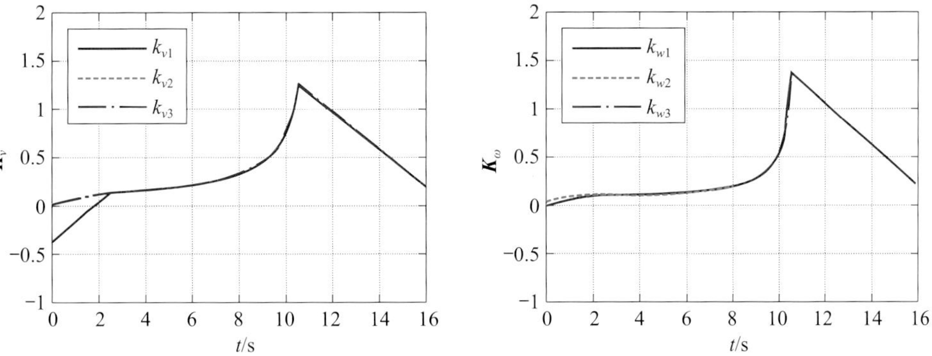

(a) 线速度增益矩阵　　(b) 角速度增益矩阵

图 7－6　速度增益矩阵(P167)

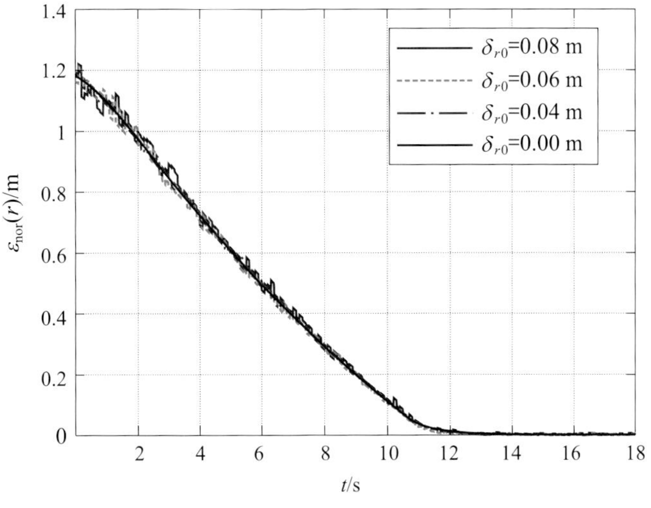

图 7－15　测量误差对相对位置最终控制精度的影响(P175)

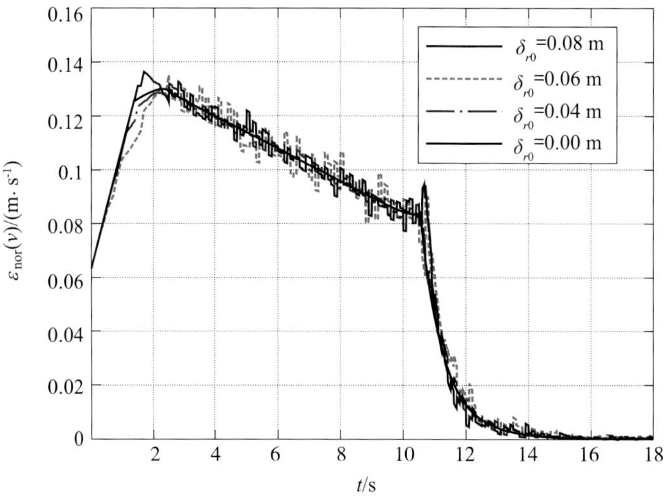

图 7－16　测量误差对相对速度最终控制精度影响(P175)

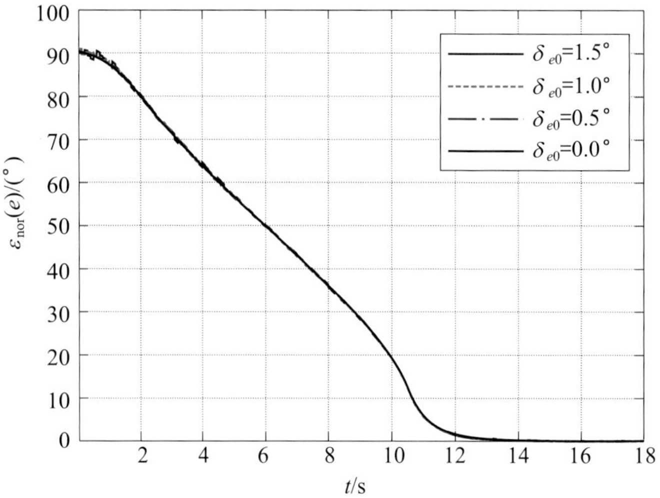

图 7－17　测量误差对相对姿态最终控制精度影响(176)

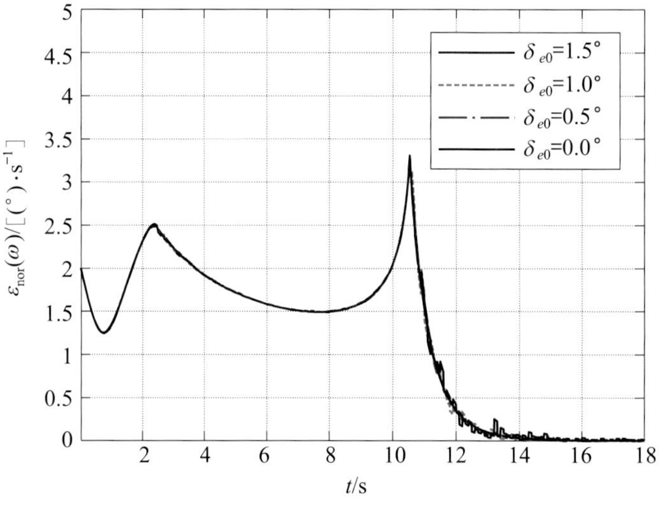

图 7－18　测量误差对相对角速度最终控制精度影响(P176)